新工科建设·电子信息类系列教材

信号与系统分析

(第3版)

主　编　赵泓扬
副主编　张美凤　郭来功
参　编　卢海林　郑仲桥　张刚兵　陈小刚
　　　　相入喜　鲍　彧　张海啸　褚　静

電子工業出版社
Publishing House of Electronics Industry
北京·BEIJING

内 容 简 介

本书全面系统地论述了信号与系统分析的基本理论、基本分析方法及其应用。全书内容包括信号与系统的基本知识、连续时间系统的时域分析、离散时间系统的时域分析、傅里叶变换及系统的频域分析、离散时间信号的傅里叶变换、拉普拉斯变换及系统的 s 域分析、Z 变换及离散系统的 z 域分析、系统的状态变量分析、MATLAB 在信号与系统中的应用。

本书可供普通高等学校电气工程及其自动化、自动化、电子信息工程、通信工程、光电信息科学与工程、测控技术、仪器仪表、生物医学工程、物联网工程、计算机等专业的本科生作为信号与系统课程的教材，也可作为从事相关领域工程技术人员的参考书。

图书在版编目(CIP)数据

信号与系统分析/赵泓扬主编．—3 版．—北京：电子工业出版社，2023.6
ISBN 978－7－121－45175－1

Ⅰ．①信…　Ⅱ．①赵…　Ⅲ．①信号分析－高等学校－教材 ②信号系统－系统分析－高等学校－教材
Ⅳ．①TN911.6

中国国家版本馆 CIP 数据核字(2023)第 041771 号

责任编辑：窦　昊
印　　刷：三河市华成印务有限公司
装　　订：三河市华成印务有限公司
出版发行：电子工业出版社
　　　　　北京市海淀区万寿路 173 信箱　邮编：100036
开　　本：787×1092　1/16　印张：21.5　字数：550.4 千字
版　　次：2010 年 2 月第 1 版
　　　　　2023 年 6 月第 3 版
印　　次：2023 年 6 月第 1 次印刷
定　　价：66.00 元

凡所购买电子工业出版社图书有缺损问题，请向购买书店调换。若书店售缺，请与本社发行部联系，联系及邮购电话：(010)88254888，88258888。

质量投诉请发邮件至 zlts@phei.com.cn，盗版侵权举报请发邮件至 dbqq@phei.com.cn。

本书咨询服务方式：(010) 88254466，douhao@phei.com.cn。

第3版前言

"信号与系统"是高等学校通信和电子类专业的核心基础课,其理论和方法在许多科学和技术领域均有重要应用。为适应学科发展,编者结合多年的教学实践,对本书进行了修订。

第3版保持原有的框架结构,将连续系统与离散系统并列研究,先讨论连续,再讨论离散,并按照时域分析、变换域分析和状态变量分析的次序划分章节,既强调连续系统与离散系统的共性,也突出各自的特点。

本书内容精炼,结构合理,通过简洁清晰的表达来强化基本概念和方法,突出基础性、系统性和实用性,并利用MATLAB进行模拟仿真。本书适用于不同学时的教学,教师可根据实际情况灵活组合授课内容。

本书由赵泓扬主编及统稿,第2章由郭来功编写,第3章由张刚兵、相入喜、张海啸编写,第7章由郑仲桥、陈小刚、鲍彧、褚静编写,第5、9章由张美凤编写,其余章节由赵泓扬编写,附录、习题答案由卢海林整理。电子工业出版社的窦昊编辑为本书的再版做了大量的工作,谨致以衷心的感谢。

限于编者水平,书中不足和错误之处在所难免,欢迎读者批评指正。

编者

2023年6月

目　录

第1章　信号与系统的基本知识

本章要点

- 信号的分类
- 信号的基本运算与波形变换
- 常用的连续信号和离散信号
- 冲激函数和阶跃函数的定义、性质
- 卷积的定义、图解
- 系统的基本概念、描述方法
- 系统的特性分析

1.1　引　　言

信号与系统的概念已经深入到人们生活的各个方面，其理论和分析方法也几乎渗透到各个学科领域。例如，在通信、图像处理、雷达、自动控制、集成电路、生物医学、遥测遥感及声学、地震学等领域和学科，它都有广泛应用。

信号(signal)有多种表现形式。上课铃声、火车汽笛声等是声信号；古代传送的烽火、十字路口的交通红绿灯等是光信号；无线广播和电视发射的信号属于电磁波信号。此外，交警指挥的手势、军舰使用的旗语、计算机屏幕上的图形文字等都是信号。

系统(system)是由若干相互联系、相互作用的实物按照一定的规律组合而成的具有某种特定功能的整体。在日常生活中，人们常用的手机、计算机、电视机、自动柜员机(ATM)、公交车的刷卡机等工具和设备都可以看成一个系统，它们传送的语音、数据、文字、图像等都可以看成信号。

信号与系统有着十分密切的联系。在系统中，信号按照一定的规律变化，系统在输入信号的驱动下对它进行处理并产生输出信号。常将输入信号称为激励，将输出信号称为响应，如图1-1所示。例如，在电路(电路本身是一个系统)中，随时间变化的电流或电压是信号，电路对输入信号的响应是输出信号；超市收银员使用的扫描仪也是一个系统，该系统通过红外光扫描商品的条形码得到商品的价格；照相机也是一个系统，该系统接收来自不同光源和物体反射回来的光信号而产生一幅照片。

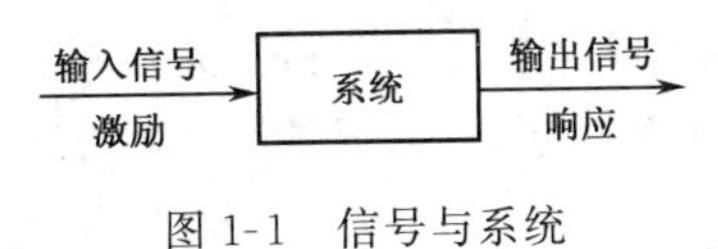

图1-1　信号与系统

本书主要讨论信号与系统的基本理论和基本分析方法，研究信号经过系统传输或处理的一般规律，为进一步研究通信理论、控制理论、信号处理和信号检测等学科奠定必要的基础。

1.2 信号的基本知识

1.2.1 信号的定义

广义地说,信号是随时间和空间变化的某种物理量。例如,在通信工程中,一般将语言、文字、图像、数据等统称为消息。在消息中包含着一定的信息,信息是不能直接传送的,必须借助于一定形式的信号(声信号、光信号、电信号等)才能进行传送和各种处理。因此,信号是消息的载体,而消息则是信号的内容。

在数学上,信号可以表示为一个或多个独立变量的函数。例如,语音信号可以表示为声压 x 随时间 t 变化的函数,记为 $x(t)$;静止的黑白图像信号可以表示为亮度(或称灰度)f 随二维空间坐标 x、y 变化的函数,记为 $f(x,y)$;活动的图像信号可表示为亮度 f 随二维空间坐标 x、y 和时间 t 变化的函数,记为 $f(x,y,t)$等。本书主要讨论目前应用广泛的电信号(一般是随时间、位置变化的电流或电压),讨论的范围也仅限于一个独立的变量(即一维信号)。为了方便,以后均以时间表示自变量(尽管在某些具体应用中,自变量不一定是时间)。

信号常可以表示为时间函数(或序列),称该函数(或序列)的图像为信号的波形。后面在讨论信号的有关问题时,“信号”和“函数(或序列)”两个词可以相互通用,不予区分。

信号的特性可以从时间特性和频率特性两方面来描述。信号的时间特性是指从时间域对信号进行的分析,如信号的波形、出现时间的先后、持续时间的长短、随时间变化的快慢和大小、重复周期的大小等。信号的频率特性是指从频率域对信号进行的分析,如任一信号都可以分解为许多不同频率(呈谐波关系)的余弦分量,而每一余弦分量则可用它的振幅和相位来表征。时域和频域是两种不同的观察和表示信号的方法。信号的时间特性和频率特性有着密切的联系,不同的时间特性将导致不同的频率特性,这种关系将在第4章中讨论。

1.2.2 信号的分类

信号的种类很多,从不同的角度可以有不同的分类方法。信号按照属性可分为电信号和非电信号两类;按数学的对称性,可以分为奇信号、偶信号、非对称信号。这里仅从信号的数学描述出发,介绍几种与信号的性质和特征相关的信号分类。

1. 确定信号与随机信号

若信号可以由一确定的数学表达式(时间函数)表示,或者信号的波形是唯一确定的,则这种信号就是确定信号,如正弦信号。反之,如果信号不能用确定的图形、曲线或函数来准确描述,其具有不可预知的不确定性,则称为随机信号或不确定信号,如图1-2所示。

任意给定一时刻值时,对确定信号可以唯一确定其信号的取值;而对于随机信号而言,其取值是不确定的。严格来说,在自然界中确定信号是不存在的,因为在信号传输过程中,不可避免地受到各种干扰和噪声的影响,这些干扰和噪声都具有随机性。对于随机信号,不能将其表示为确切的时间函数,要用概率、统计的观点和方法来研究它。尽管如此,研究确定信号仍是十分重要的,这是因为它是一种理想化的模型,不仅适应于工程应用,也是研究随机信号的重要基础。本书只分析确定信号。

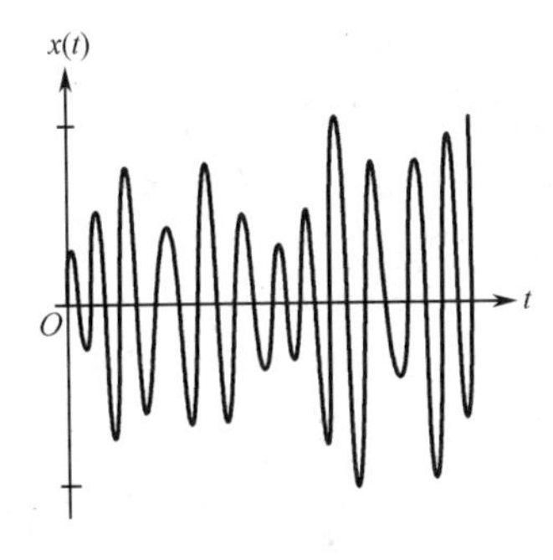

图 1-2　随机信号

2. 连续时间信号与离散时间信号

根据信号定义域取值是否连续,可将信号分为连续时间信号和离散时间信号。

连续时间信号(简称连续信号)是指在某一时间间隔内,对于任意时刻(除若干不连续点外)都可以给出确定的函数值的信号,如图 1-3 所示。在本书中,连续时间信号一般用 $f(t)$表示,其中的 t 为自变量。连续时间信号的幅值可以是连续的(即可以是任何实数),也可以是离散的(即只能取有限个规定的数值)。时间和幅值都连续的信号又称为模拟信号。

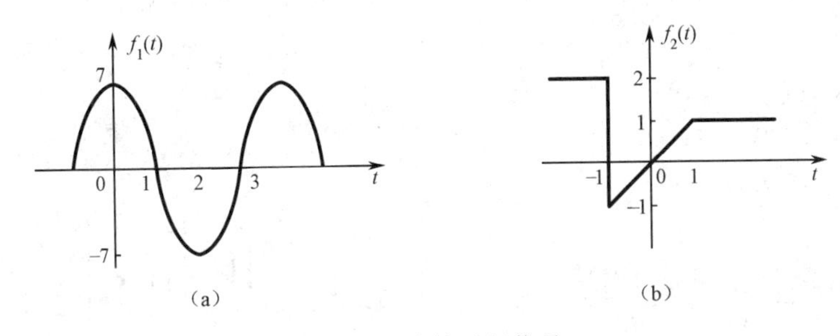

图 1-3　连续时间信号

离散时间信号(简称离散信号)是指仅在某些不连续的瞬间有定义、在其他时间没有定义的信号,如图 1-4 所示。在本书中,离散时间信号一般用 $f(k)$表示,k 为自变量。离散时间间隔一般都是均匀的,也可以是不均匀的。本书只讨论离散时间间隔均匀且离散时刻为整数的情况(即 $k=0,\pm1,\pm2\cdots$),这样的离散时间信号也叫作序列。离散时间信号可以通过对连续时间信号采样(抽样)而得到。

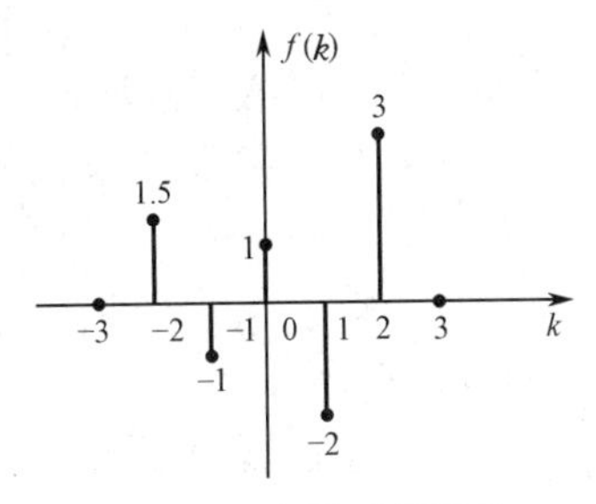

图 1-4　离散时间信号

如果离散时间信号的幅值是连续的,即幅值可以取任何实数,则称为抽样信号;如果离散时间信号的幅值只能取某些规定的数值,则称为数字信号。

序列 $f(k)$ 的表达式可以写成闭合形式,也可以逐个列出 $f(k)$ 的值。通常把对应某序号 m 的序列值叫作第 m 个样点的"样值"。图1-4中的信号可以表示为

$$f(k)=\begin{cases}0, & k\leqslant -3\\ 1.5, & k=-2\\ -1, & k=-1\\ 1, & k=0\\ -2, & k=1\\ 3, & k=2\\ 0, & k\geqslant 3\end{cases}$$

为简便起见,信号 $f(k)$ 也表示为

$$f(k)=\{0,\ 1.5,\ -1,\ \underset{\substack{\uparrow\\ k=0}}{1},\ -2,\ 3,\ 0\}$$

3. 周期信号与非周期信号

在确定信号中,根据信号是否具有周期性可将其分为周期信号和非周期信号。

所谓周期信号,就是指在$(-\infty,\infty)$的时间范围内,每隔一定时间按相同规律重复变化的信号,如图1-5所示。

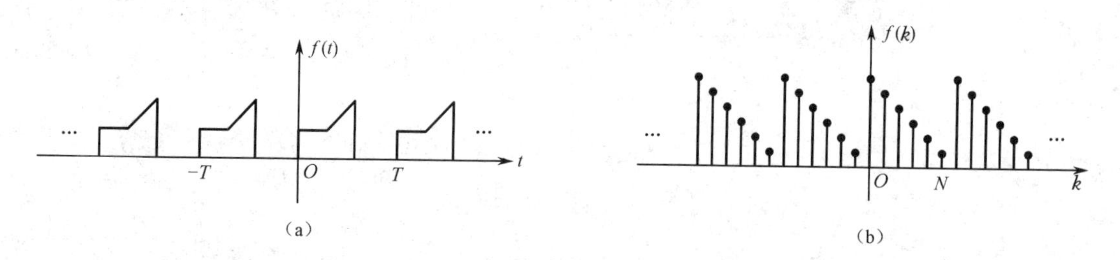

图1-5 周期信号

连续周期信号可以表示为

$$f(t)=f(t+mT),m=0,\pm1,\pm2\cdots \tag{1-1}$$

离散周期信号可以表示为

$$f(k)=f(k+mN),m=0,\pm1,\pm2\cdots \tag{1-2}$$

满足上述两关系式的最小 T(或 N)值叫作信号的周期。只要给出周期信号在任意周期内的函数式(或波形),便可确定它在任意时刻的值。

非周期信号在时间上不具有周而复始变化的特性,并且不具有周期 T(或者认为周期 T 是趋于无限大的情况)。真正的周期信号实际上是不存在的,实际中所谓的周期信号只是指在相当长的时间内按照某一规律重复变化的信号。

注意:①两个连续的周期信号之和不一定是周期信号,只有当这两个连续信号的周期 T_1 与 T_2 之比为有理数时,其和信号才是周期信号,周期 T 为 T_1、T_2 的最小公倍数;②两个离散

的周期序列之和一定是周期序列，其周期 N 等于两个序列周期的最小公倍数。

4. 实信号与复信号

实信号是指物理上可以实现的，取值是实数的信号。它常常为时间 t（或 k）的实函数（或序列），如正弦函数、单边指数函数等。实信号的共轭对称信号是它本身。

复信号指取值为复数的信号。虽然实际上不会产生复信号，但为了理论分析的需要，常常引用数值为复数的复信号，最常用的是复指数信号。

连续信号的复指数信号可表示为

$$f(t)=\mathrm{e}^{st},\ -\infty<t<\infty \tag{1-3}$$

式中，$s=\sigma+\mathrm{j}\omega$，其中 σ 是 s 的实部，记作 $\mathrm{Re}[s]$；ω 是 s 的虚部，记作 $I_{\mathrm{m}}[s]$。

根据欧拉公式，式(1-3)可以展开为

$$f(t)=\mathrm{e}^{st}=\mathrm{e}^{(\sigma+\mathrm{j}\omega)t}=\mathrm{e}^{\sigma t}\cos(\omega t)+\mathrm{j}\mathrm{e}^{\sigma t}\sin(\omega t) \tag{1-4}$$

式(1-4)表明一个复指数信号可以分解为实部与虚部两部分。其中，实部为余弦信号，虚部为正弦信号。

指数因子的实部 σ 表征了正弦和余弦的振幅随时间变化的情况。若 $\sigma>0$，则正、余弦信号为增幅振荡；若 $\sigma<0$，则为衰减振荡。指数因子的虚部 ω 则表示正、余弦信号的角频率。

利用复指数信号可以描述许多基本的信号，如直流信号（$\sigma=0,\omega=0$）、指数信号（$\sigma\neq0$，$\omega=0$）等。

复指数信号的重要特性之一就是它对时间的导数和积分仍为复指数信号。

5. 能量信号与功率信号

按照信号的能量特点，可以将信号分为能量信号和功率信号。

如果在无限大的时间间隔内，信号的能量为有限值而平均功率为零，则称此信号为能量有限信号，简称能量信号。

如果在无限大的时间间隔内，信号的平均功率为有限值而总能量为无限大，则称此信号为功率有限信号，简称功率信号。

信号 $f(t)$ 的能量（用字母 E 表示）定义为

$$E[f(t)]=\lim_{a\to\infty}\int_{-a}^{a}|f(t)|^2\mathrm{d}t \tag{1-5}$$

信号 $f(t)$ 的功率（用字母 P 表示）指的是其平均功率，定义为

$$P[f(t)]=\lim_{a\to\infty}\frac{1}{2a}\int_{-a}^{a}|f(t)|^2\mathrm{d}t \tag{1-6}$$

持续时间有限的非周期信号都是能量信号，而直流信号、周期信号、阶跃信号等都是功率信号，因为它们的能量为无限大。一个信号不可能既是能量信号又是功率信号，但有少数信号既不是能量信号也不是功率信号，如 e^{-t}。

序列 $f(k)$ 的能量定义为

$$E[f(k)]=\lim_{N\to\infty}\sum_{k=-N}^{N}|f(k)|^2 \tag{1-7}$$

序列 $f(k)$ 的功率定义为

$$P[f(k)]=\lim_{N\to\infty}\frac{1}{2N+1}\sum_{k=-N}^{N}|f(k)|^2 \tag{1-8}$$

1.3 常用基本信号

1.3.1 常用连续时间信号

常用连续时间信号可以归纳为两类:一类为基本信号,另一类为奇异信号。

1. 基本信号

1) 正弦函数

正弦函数的表达式为

$$f(t)=A\sin(\omega t+\theta) \tag{1-9}$$

式中,A 表示幅度,ω 表示角频率,θ 表示初相位。$T=2\pi/\omega$ 为正弦函数的周期。正弦函数的波形如图 1-6 所示。正弦函数的一个重要性质是对它进行微分或积分运算后,仍为同频率的正弦函数。

2) 指数函数

指数函数的表达式为

$$f(t)=A\mathrm{e}^{at} \tag{1-10}$$

式中,A、a 均为常数。

图 1-7 给出了 $a>0$、$a=0$ 和 $a<0$ 三种情况下的指数函数波形。

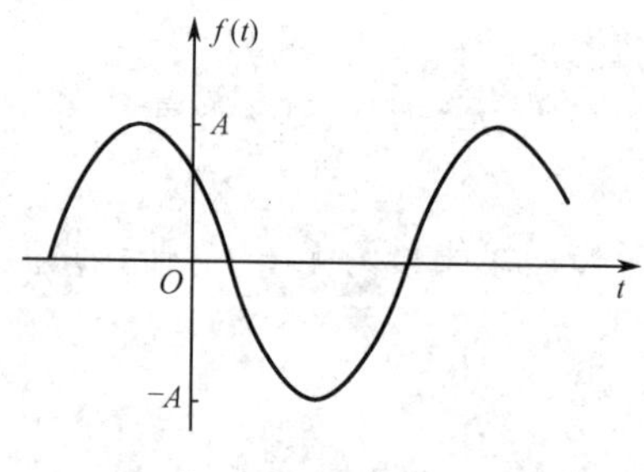

图 1-6 正弦函数

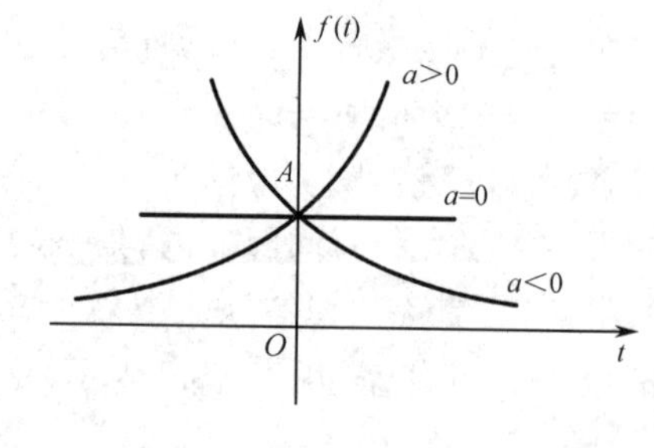

图 1-7 指数函数

3) 抽样函数(取样函数,采样函数)

抽样函数一般用 $\mathrm{Sa}(t)$ 表示,其表达式为

$$\mathrm{Sa}(t)=\frac{\sin t}{t} \tag{1-11}$$

其波形如图 1-8 所示。

从图 1-8 可以看出,抽样函数 $\mathrm{Sa}(t)$ 是偶函数,并且在 t 的正、负两方向上的振幅都逐渐衰减,当 $t=\pm\pi,\pm2\pi,\pm3\pi\cdots$ 时,函数值为零。如果把以相邻两个零点为端点的区间叫作过零区间,则 $\mathrm{Sa}(t)$ 函数只有在原点附近的过零区间的宽度为 2π,其余过零区间的宽度均为 π。

抽样函数具有下列性质:

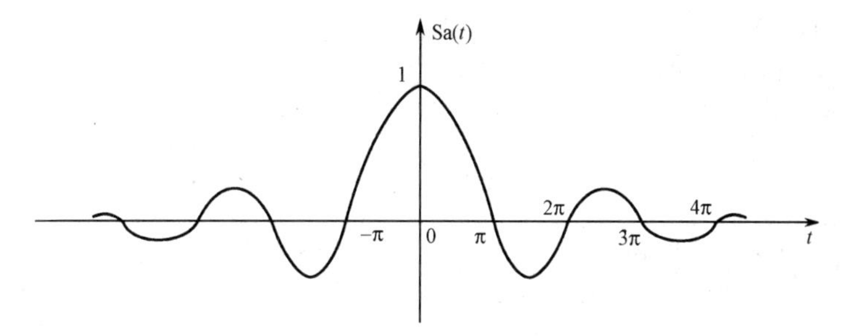

图1-8　抽样函数

$$\begin{cases}\int_0^{\infty}\mathrm{Sa}(t)\mathrm{d}t=\dfrac{\pi}{2}\\ \int_{-\infty}^{\infty}\mathrm{Sa}(t)\mathrm{d}t=\pi\end{cases}\tag{1-12}$$

辛格函数 sinc(t)的表达式与 Sa(t)函数类似,其定义为

$$\mathrm{sinc}(t)=\frac{\sin\pi t}{\pi t}=\mathrm{Sa}(\pi t)\tag{1-13}$$

4）高斯函数(钟形脉冲函数)

高斯函数的定义为

$$f(t)=E\mathrm{e}^{-\left(\frac{t}{\tau}\right)^2}\tag{1-14}$$

其波形如图1-9所示。

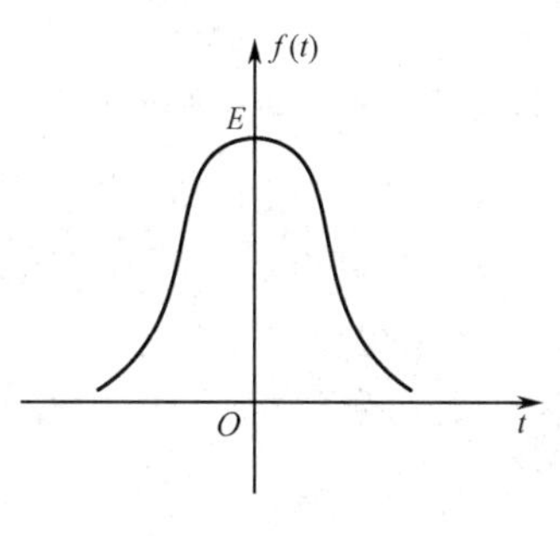

图1-9　高斯函数

高斯函数是单调下降的偶函数。在随机信号的分析中,高斯函数占有重要的地位,随机误差的正态概率密度分布函数即为高斯函数。

2. 奇异信号

在信号与系统的分析中,在上述几种常用的基本信号之外,还有一类信号,其本身具有简单的数学形式,属于连续信号,但又有不连续点,或其导数、积分有不连续点,这类信号统称为奇异信号或奇异函数。

下面介绍几种常见的奇异函数。这些典型的信号都是由实际的物理现象经过数学抽象而定义出来的。奇异信号虽然与实际信号不同,但只要把实际信号按一定的条件进行理想化,即可用这些信号来分析它们。

1）单位斜坡函数

单位斜坡函数常用 $r(t)$ 表示，其定义为

$$r(t)=\begin{cases}0, & t<0 \\ t, & t\geqslant 0\end{cases} \tag{1-15}$$

其波形如图 1-10 所示。

如果将起始点移至 t_0 处，则为

$$r(t-t_0)=\begin{cases}0, & t<t_0 \\ t-t_0, & t\geqslant t_0\end{cases} \tag{1-16}$$

其波形如图 1-11 所示。

如果斜率不为 1，而是 A（A 为大于零的常数），则可以写为 $Ar(t)$。

实际中会遇到"截平"的斜坡函数，其数学表达式为

$$r_1(t)=\begin{cases}\dfrac{A}{\tau}r(t), & t<\tau \\ A, & t\geqslant\tau\end{cases} \tag{1-17}$$

其波形如图 1-12 所示。

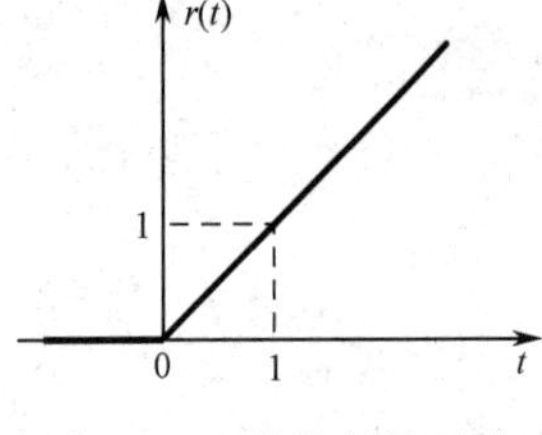

图 1-10 单位斜坡函数

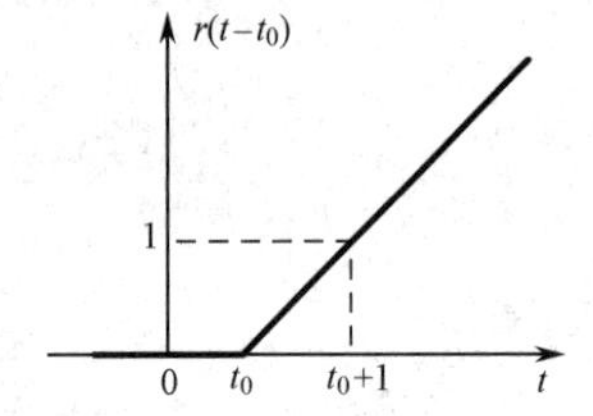

图 1-11 单位斜坡函数的移位

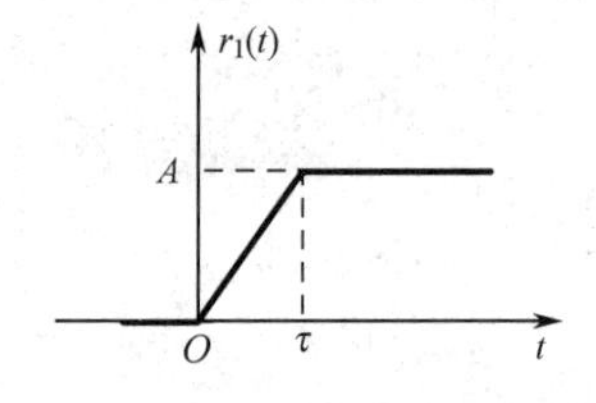

图 1-12 "截平"的斜坡函数

2）单位阶跃函数

单位阶跃函数描述了某些实际对象从一个状态瞬时变成另一个状态的过程。例如，电路中用开关接通电源时，电压瞬间变化的情况就可以用单位阶跃函数来描述。单位阶跃函数通常用符号 $u(t)$ 来表示，其波形如图 1-13 所示。

$$u(t)=\begin{cases}0, & t<0 \\ 1, & t>0\end{cases} \tag{1-18}$$

在跳变点 $t=0$ 处，单位阶跃函数没有定义。有时可根据实际的物理意义，规定 $t=0$ 处的值为 0、1 或 $\frac{1}{2}$。

如果跳变点移至 t_0，则表示为

$$u(t-t_0)=\begin{cases}0, & t<t_0 \\ 1, & t>t_0\end{cases} \tag{1-19}$$

其波形如图 1-14 所示。

容易证明：

$$r(t)=\int_{-\infty}^{t}u(x)\mathrm{d}x \tag{1-20}$$

$$u(t)=\frac{\mathrm{d}r(t)}{\mathrm{d}t}\quad(t\neq 0) \tag{1-21}$$

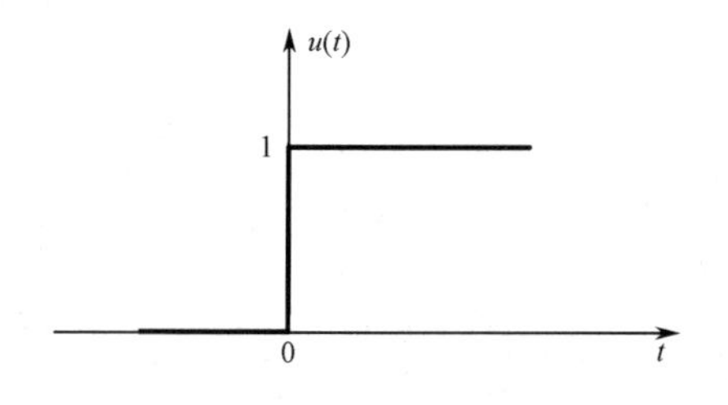

图 1-13　单位阶跃函数

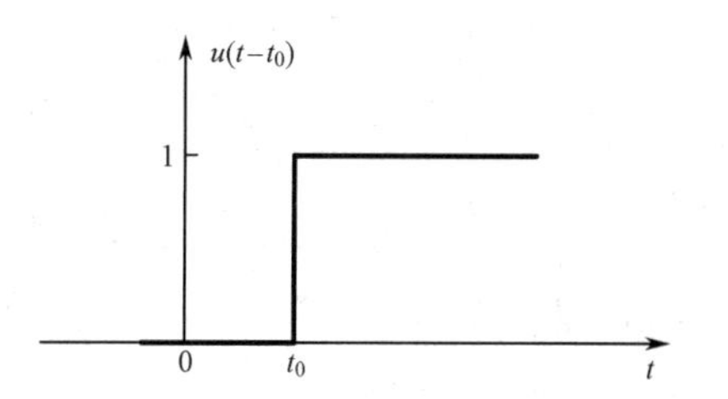

图 1-14　单位阶跃函数的移位

单位阶跃函数具有单边特性。当任意函数 $f(t)$ 与 $u(t)$ 相乘时，将使 $f(t)$ 在跳变点之前的幅度变为零，因此也称单边特性为切除特性。例如，将正弦函数 $\sin t$ 与 $u(t)$ 相乘，则可使其 $t<0$ 的部分变为零，如图 1-15 所示。

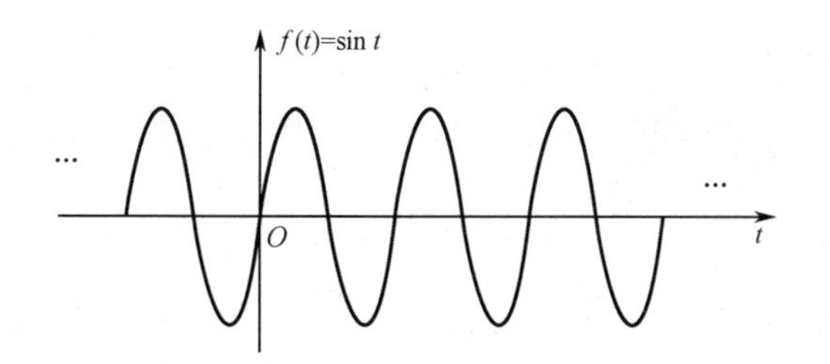

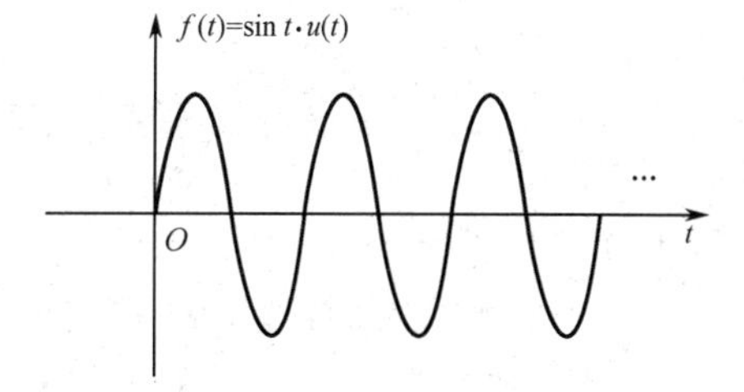

图 1-15　$\sin t \cdot u(t)$的波形

利用阶跃函数的切除特性，可以方便地将分段函数表示成闭合表达式。如图 1-16 所示的矩形脉冲 $G(t)$，可表示为 $G(t)=u(t)-u(t-t_0)$。例如，

$$f(t)=\begin{cases}1, & t<-1\\ t+2, & -1<t<3\\ -5, & t>3\end{cases}$$

可表示为 $f(t)=u(-t-1)+(t+2)[u(t+1)-u(t-3)]-5u(t-3)$。

图 1-17 所示的矩形脉冲 $g_\tau(t)$ 称为门函数，其宽度为 τ，幅度为 1。

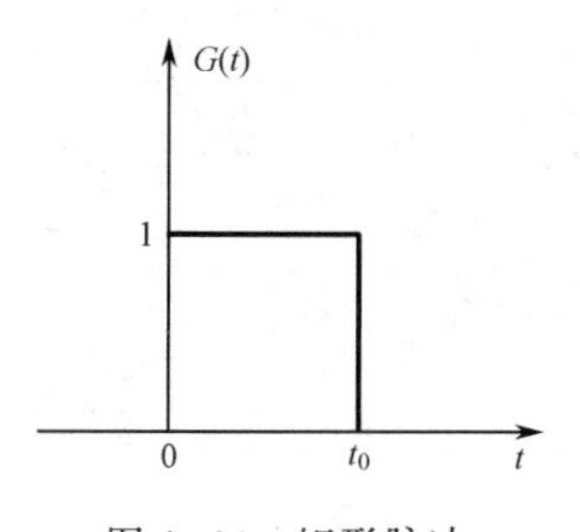

图 1-16　矩形脉冲

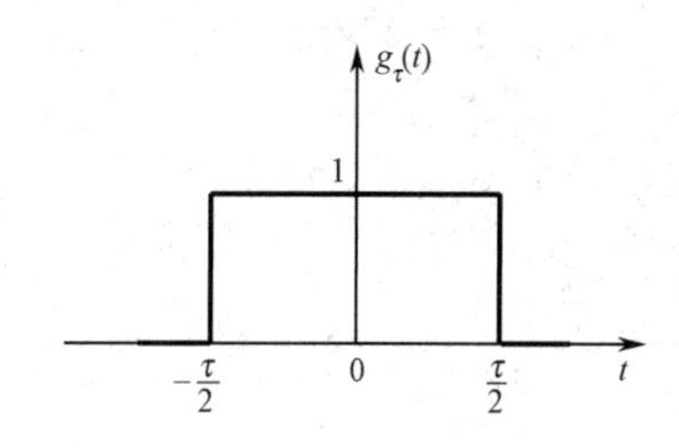

图 1-17　门函数

利用移位阶跃函数，门函数可以表示为

$$g_\tau(t)=u\left(t+\frac{\tau}{2}\right)-u\left(t-\frac{\tau}{2}\right) \tag{1-22}$$

因果信号，是指 $t<0$ 时 $f(t)=0$、$t>0$ 时 $f(t)\neq 0$ 的信号，可用 $f(t)u(t)$ 表示。

反因果信号，是指 $t>0$ 时 $f(t)=0$、$t<0$ 时 $f(t)\neq 0$ 的信号，可用 $f(t)u(-t)$ 表示。

3) 符号函数

符号函数用 $\mathrm{sgn}(t)$ 表示,其定义为

$$\mathrm{sgn}(t)=\begin{cases}1, & t>0\\ -1, & t<0\end{cases} \tag{1-23}$$

其波形如图 1-18 所示。

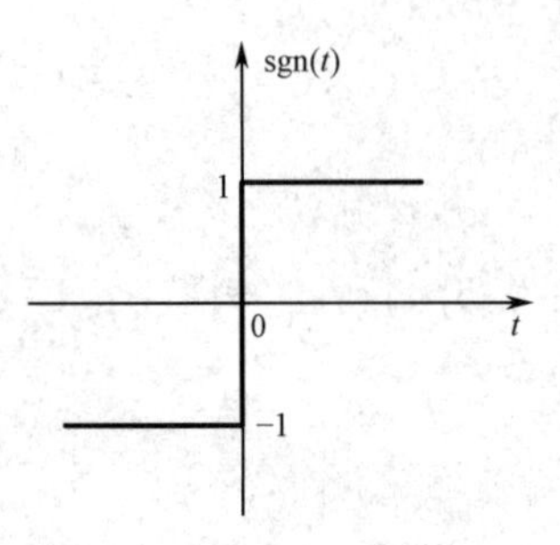

图 1-18 符号函数

用单位阶跃函数可以将 $\mathrm{sgn}(t)$ 表示为 $\mathrm{sgn}(t)=u(t)-u(-t)$ 或 $\mathrm{sgn}(t)=2u(t)-1$。

与阶跃函数类似,符号函数在跳变点处不予定义,但也有时规定 $\mathrm{sgn}(0)=0$。

4) 单位冲激函数

单位冲激函数通常用符号 $\delta(t)$ 表示,其波形如图 1-19 所示。它是一个具有有限面积的窄而高的尖峰信号。

狄拉克(Dirac)给出了冲激函数的一种定义形式:

$$\begin{cases}\delta(t)=0, t\neq 0\\ \int_{-\infty}^{\infty}\delta(t)\mathrm{d}t=1\end{cases} \tag{1-24}$$

在式(1-24)中,$\int_{-\infty}^{\infty}\delta(t)\mathrm{d}t=1$ 的含义是该函数波形下的面积等于 1。该定义表明:虽然 $\delta(t)$ 的持续时间为 0,但却有有限的面积,即 $\delta(t)$ 在 $t=0$ 时是无界的。

如果"冲激"点不在 $t=0$ 处,而在 $t=t_0$ 处,则定义可写为

$$\begin{cases}\delta(t-t_0)=0, t\neq t_0\\ \int_{-\infty}^{\infty}\delta(t-t_0)\mathrm{d}t=1\end{cases} \tag{1-25}$$

其波形如图 1-20 所示。

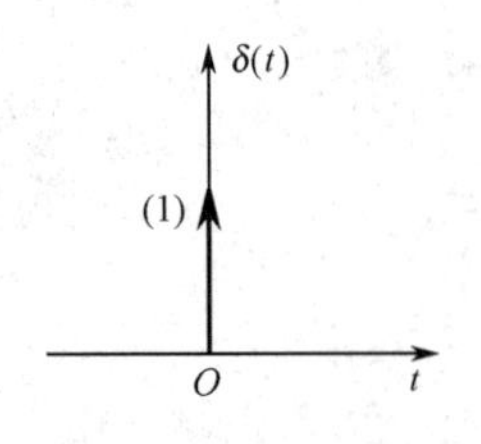

图 1-19 单位冲激函数

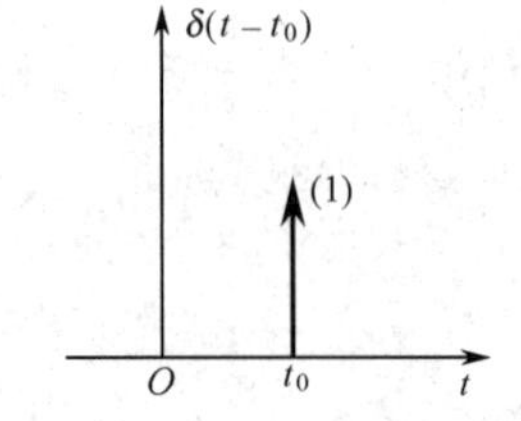

图 1-20 单位冲激函数的移位

如果 a 是常数，则 $a\delta(t)$ 表示出现在 $t=0$ 处，强度为 a 的冲激函数；如果 a 为负值，则表示强度为 $|a|$ 的负冲激。在波形图中，应将冲激强度值标在箭头旁边的括号里。图 1-21 为 $f(t)=-2\delta(t-1)$ 的波形。

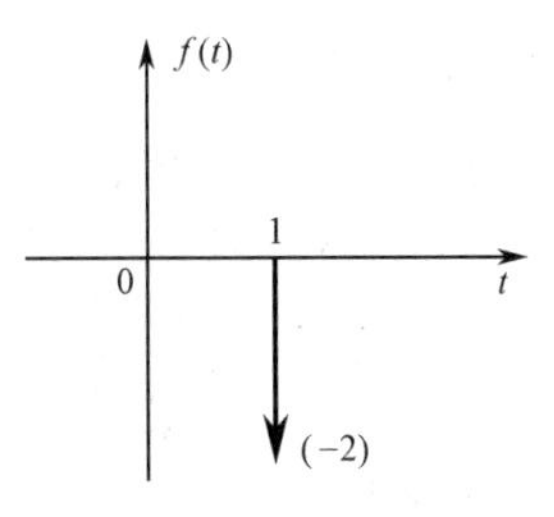

图 1-21　$f(t)=-2\delta(t-1)$ 的波形

下面从另一个角度推导阶跃函数和冲激函数。

如图 1-22 所示，选定函数 $r_\tau(t)$，t 为自变量，τ 为参变量。$p_\tau(t)$ 为 $r_\tau(t)$ 的导数，该脉冲波形下的面积为 1，称该面积为函数 $p_\tau(t)$ 的强度。

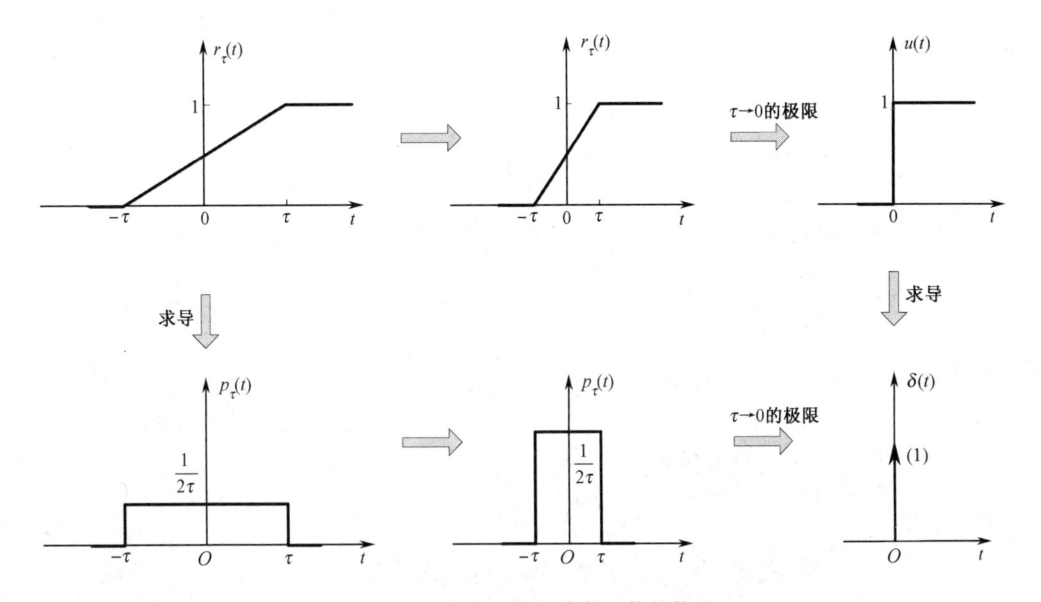

图 1-22　阶跃函数和冲激函数的推导

从图 1-22 中可以看出，当 $\tau\to 0$ 时，函数 $r_\tau(t)$ 在 $t=0$ 处由 0 立即跃变为 1，其斜率为无限大，这个函数即为单位阶跃函数 $u(t)$。当 $\tau\to 0$ 时，函数 $p_\tau(t)$ 的宽度趋于零，而幅度趋于无限大，但其强度仍为 1，这个函数即为单位冲激函数 $\delta(t)$。

由图 1-22 可知

$$\delta(t)=\frac{\mathrm{d}u(t)}{\mathrm{d}t} \tag{1-26}$$

$$u(t)=\int_{-\infty}^{t}\delta(x)\mathrm{d}x \tag{1-27}$$

5）单位冲激偶

冲激函数的微分（阶跃函数的二阶导数）将呈现正、负极性的一对冲激，为冲激偶信号，记

作 $\delta'(t)$。

可以借助三角形脉冲推导出 $\delta'(t)$。如图1-23所示的三角形脉冲 $s(t)$,其面积为1。当 $\tau\to 0$ 时,$s(t)$即变为单位冲激信号 $\delta(t)$。三角形脉冲的导数 $s'(t)$的波形是正、负极性的两个矩形脉冲,面积均为$\frac{1}{\tau}$。随着 τ 减小,这对脉冲宽度变窄,幅度增高。当 $\tau\to 0$ 时,$s'(t)$是正、负极性的两个脉冲函数,其强度为无穷大,这就是单位冲激偶 $\delta'(t)$。

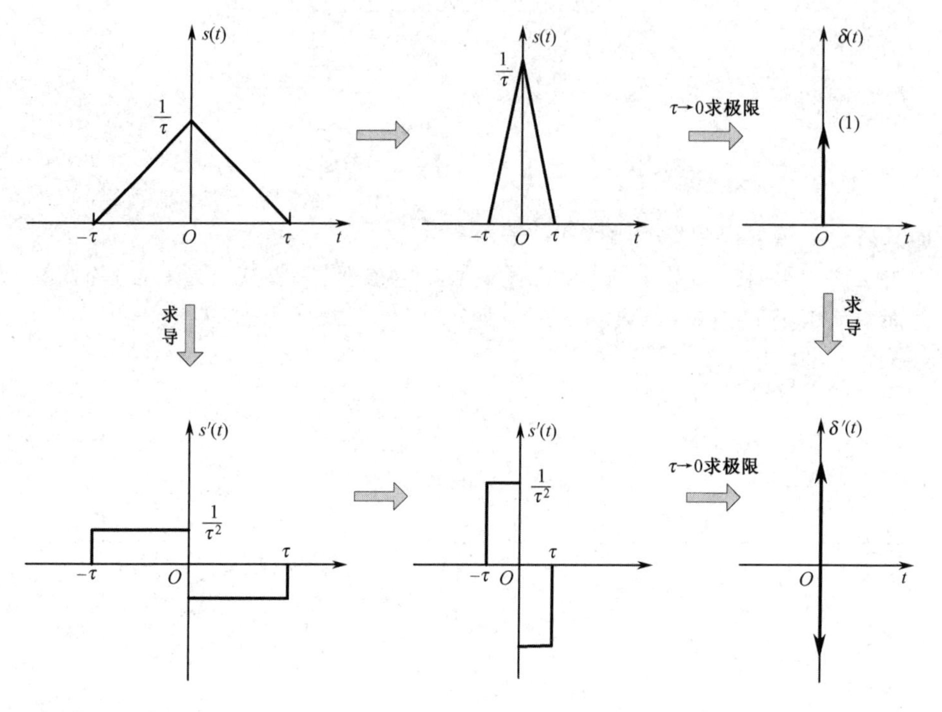

图1-23　冲激偶的推导

由图1-23可见,$\delta'(t)$的面积等于零,即

$$\int_{-\infty}^{\infty}\delta'(t)\mathrm{d}t=0 \tag{1-28}$$

为了方便,在表示冲激偶 $\delta'(t)$时,常省去负冲激,并标明 $\delta'(t)$,以免与 $\delta(t)$相混淆。

3. 冲激函数的性质

1) 与普通函数的乘积

$$f(t)\delta(t)=f(0)\delta(t) \tag{1-29}$$

$$f(t)\delta(t-t_0)=f(t_0)\delta(t-t_0) \tag{1-30}$$

2) 移位特性

$$\int_{-\infty}^{\infty}f(t)\delta(t)\mathrm{d}t=f(0) \tag{1-31}$$

$$\int_{-\infty}^{\infty}f(t)\delta(t-t_0)\mathrm{d}t=f(t_0) \tag{1-32}$$

式(1-32)表明,$f(t)$与 $\delta(t-t_0)$的乘积在$(-\infty,\infty)$区间内取积分时,其结果为 $f(t)$在冲

激点 t_0 处的函数值 $f(t_0)$，因而也称为取样特性或"筛选"特性。

3）尺度变换

冲激是一个高而窄的峰，会随着时间缩放而改变其面积。$\delta(t)$的面积为1，则$\delta(at)$的面积为$\frac{1}{|a|}$，由于冲激$\delta(at)$仍在$t=0$处发生，因此可把它看作一个未压缩的冲激$\frac{1}{|a|}\delta(t)$，即有

$$\delta(at)=\frac{1}{|a|}\delta(t) \tag{1-33}$$

由于时间移位不会影响面积的大小，所以有

$$\delta[a(t-t_0)]=\frac{1}{|a|}\delta(t-t_0) \tag{1-34}$$

下面来证明一下式(1-33)。

证明：令 $at=x$，

若 $a>0$，则有 $\int_{-\infty}^{\infty} f(t)\delta(at)\mathrm{d}t=\frac{1}{a}\int_{-\infty}^{\infty} f\left(\frac{x}{a}\right)\delta(x)\mathrm{d}x=\frac{1}{a}f(0)$。

若 $a<0$，则有 $\int_{-\infty}^{\infty} f(t)\delta(at)\mathrm{d}t=\frac{1}{|a|}\int_{-\infty}^{\infty} f\left(\frac{x}{a}\right)\delta(x)\mathrm{d}x=\frac{1}{|a|}f(0)$。

所以有

$$\int_{-\infty}^{\infty} f(t)\delta(at)\mathrm{d}t=\frac{1}{|a|}f(0)$$

又因为

$$\int_{-\infty}^{\infty} f(t)\frac{1}{|a|}\delta(t)\mathrm{d}t=\frac{1}{|a|}f(0)$$

所以有

$$\delta(at)=\frac{1}{|a|}\delta(t)$$

推论：当 $a=-1$ 时，有

$$\delta(-t)=\delta(t) \tag{1-35}$$

由此可以看出$\delta(t)$为偶函数。

4）复合函数形式的冲激函数

$$\delta[f(t)]=\sum_{i=1}^{n}\frac{1}{|f'(t_i)|}\delta(t-t_i) \tag{1-36}$$

设 $f(t)=0$ 有 n 个互不相等的实数根 $t_i(i=1,2,\cdots,n)$，在任一单根 t_i 附近足够小的邻域内，将 $f(t)$展开为泰勒级数，并忽略高次项，得

$$f(t)=f(t_i)+f'(t_i)(t-t_i)+\frac{1}{2}f''(t_i)(t-t_i)^2+\cdots\approx f'(t_i)(t-t_i)$$

因为 $f(t_i)$是 $f(t)$的单根，故 $f'(t_i)\neq 0$。因此，在 $t=t_i$ 附近，$\delta[f(t)]$可写为

$$\delta[f(t)]=\delta[f'(t_i)(t-t_i)]=\frac{1}{|f'(t_i)|}\delta(t-t_i)$$

若 $f(t)=0$ 的 n 个根均为单根，即在 $t=t_i$ 处 $f'(t_i)\neq 0$，则有

$$\delta[f(t)]=\sum_{i=1}^{n}\frac{1}{|f'(t_i)|}\delta(t-t_i)$$

式(1-36)表明,$\delta[f(t)]$是由位于各 t_i 处,强度为$\frac{1}{|f'(t_i)|}$的 n 个冲激函数构成的冲激函数序列。

例如,若 $f(t)=9t^2-1$,则

$$\delta(9t^2-1)=\frac{1}{6}\delta\left(t+\frac{1}{3}\right)+\frac{1}{6}\delta\left(t-\frac{1}{3}\right)$$

如果 $f(t)=0$ 有重根,则 $\delta[f(t)]$没有意义。

4. 冲激偶函数的性质

1) 乘积特性

$$f(t)\delta'(t)=f(0)\delta'(t)-f'(0)\delta(t) \tag{1-37}$$

$$f(t)\delta'(t-t_0)=f(t_0)\delta'(t-t_0)-f'(t_0)\delta(t-t_0) \tag{1-38}$$

证明:对式(1-30)两边求导数,即

$$\frac{\mathrm{d}}{\mathrm{d}t}[f(t)\delta(t-t_0)]=f(t_0)\delta'(t-t_0)$$

又有

$$\begin{aligned}\frac{\mathrm{d}}{\mathrm{d}t}[f(t)\delta(t-t_0)]&=f'(t)\delta(t-t_0)+f(t)\delta'(t-t_0)\\&=f'(t_0)\delta(t-t_0)+f(t)\delta'(t-t_0)\end{aligned}$$

所以有

$$f(t)\delta'(t-t_0)=f(t_0)\delta'(t-t_0)-f'(t_0)\delta(t-t_0)$$

当 $t_0=0$ 时,可以得到式(1-37)。

2) 移位特性(取样特性)

$$\int_{-\infty}^{\infty}f(t)\delta'(t)\mathrm{d}t=-f'(0) \tag{1-39}$$

$$\int_{-\infty}^{\infty}f(t)\delta'(t-t_0)\mathrm{d}t=-f'(t_0) \tag{1-40}$$

证明:对式(1-38)两边求积分,得

$$\begin{aligned}\int_{-\infty}^{\infty}f(t)\delta'(t-t_0)\mathrm{d}t&=\int_{-\infty}^{\infty}f(t_0)\delta'(t-t_0)\mathrm{d}t-\int_{-\infty}^{\infty}f'(t_0)\delta(t-t_0)\mathrm{d}t\\&=-f'(t_0)\end{aligned}$$

当 $t_0=0$ 时,可以得到式(1-39)。

3) 尺度变换

$$\delta'(at)=\frac{1}{a\cdot|a|}\delta'(t) \tag{1-41}$$

证明:对式(1-33)两边求导数,得

$$[\delta(at)]'=\frac{1}{|a|}\delta'(t)$$

而

$$[\delta(at)]'=a\delta'(at)$$

所以有

$$\delta'(at)=\frac{1}{a\cdot|a|}\delta'(t)$$

类似地，有

$$\delta^{(2)}(at)=\frac{1}{a^2\cdot|a|}\delta^{(2)}(t)$$

$$\cdots$$

$$\delta^{(n)}(at)=\frac{1}{a^n\cdot|a|}\delta^{(n)}(t) \tag{1-42}$$

推论：对于式(1-42)，若取 $a=-1$，得 $\delta^{(n)}(-t)=(-1)^n\delta^{(n)}(t)$，即有

(1) 当 n 为偶数时，有 $\delta^{(n)}(-t)=\delta^{(n)}(t)$，故可将其看作 t 的偶函数，如 $\delta(t)$，$\delta^{(2)}(t)\cdots$ 是 t 的偶函数；

(2) 当 n 为奇数时，有 $\delta^{(n)}(-t)=-\delta^{(n)}(t)$，故可将其看作 t 的奇函数，如 $\delta'(t)$，$\delta^{(3)}(t)\cdots$ 是 t 的奇函数。

1.3.2　常用离散时间信号

1. 单位序列

单位序列用 $\delta(k)$ 表示，其定义为

$$\delta(k)=\begin{cases}1, & k=0\\ 0, & k\neq 0\end{cases} \tag{1-43}$$

其波形如图 1-24 所示。

$\delta(k)$ 只在 $k=0$ 处取值为 1，其余各点均为 0。单位序列也叫作单位脉冲序列。它是离散系统分析中最简单、也是最重要的序列之一。它在离散时间系统中的作用，类似于冲激函数 $\delta(t)$ 在连续时间系统中的作用。

若将 $\delta(k)$ 平移 i 位，可得

$$\delta(k-i)=\begin{cases}1, & k=i\\ 0, & k\neq i\end{cases} \tag{1-44}$$

其波形如图 1-25 所示。

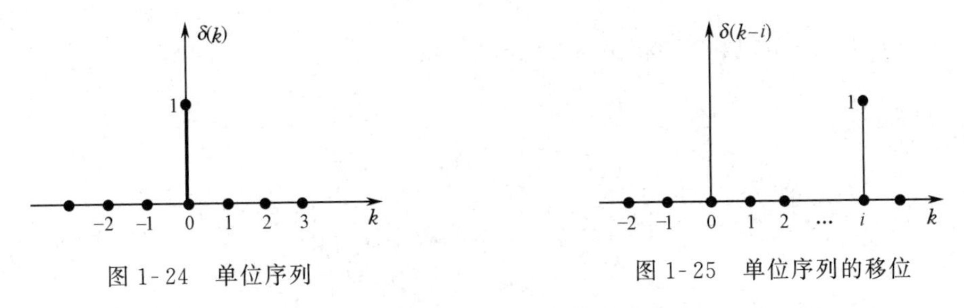

图 1-24　单位序列　　　图 1-25　单位序列的移位

由于 $\delta(k-i)$ 只在 $k=i$ 时的取值为 1，其他点处的取值均为 0，所以有

$$f(k)\delta(k-i)=f(i)\delta(k-i) \tag{1-45}$$

$$\sum_{k=-\infty}^{\infty} f(k)\delta(k-i)=f(i) \tag{1-46}$$

式(1-45)也可称为 $\delta(k)$ 的取样性质。

2. 单位阶跃序列

单位阶跃序列用 $u(k)$ 表示,其定义为

$$u(k)=\begin{cases}1, & k\geqslant 0\\ 0, & k<0\end{cases}\tag{1-47}$$

其波形如图 1-26 所示。

$u(k)$ 在 $k<0$ 时为零,在 $k\geqslant 0$ 的各点为 1。它类似于连续时间信号中的 $u(t)$。

需要注意的是,由于单位阶跃函数 $u(t)$ 在 $t=0$ 处发生跳变,故在此点常常不予以定义;而单位阶跃序列 $u(k)$ 在 $k=0$ 处明确定义为 1。

若将 $u(k)$ 平移 i 位,得

$$u(k-i)=\begin{cases}1, & k\geqslant i\\ 0, & k<i\end{cases}\tag{1-48}$$

其波形如图 1-27 所示。

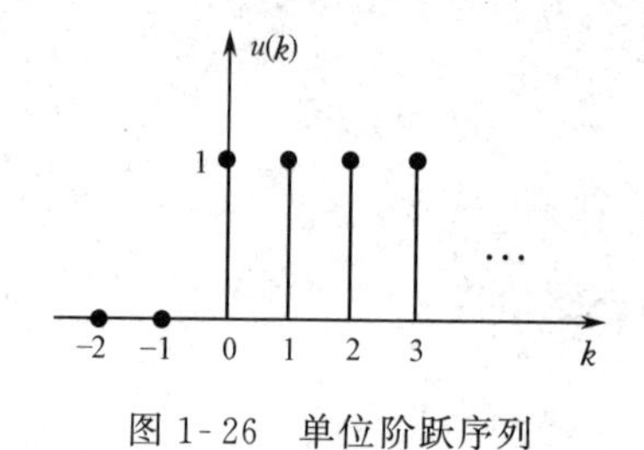

图 1-26 单位阶跃序列

图 1-27 单位阶跃序列的移位

不难看出,单位序列 $\delta(k)$ 与单位阶跃序列 $u(k)$ 之间的关系为

$$\delta(k)=u(k)-u(k-1)\tag{1-49}$$

$$u(k)=\sum_{i=-\infty}^{k}\delta(i)\ \text{或}\ u(k)=\sum_{j=0}^{\infty}\delta(k-j)\tag{1-50}$$

例如,对于序列

$$f(k)=\begin{cases}3^k, & k\geqslant 2\\ 0, & k<2\end{cases}$$

利用移位的阶跃序列,可以将它表示为 $f(k)=3^k u(k-2)$。

3. 矩形序列

矩形序列的表达式为

$$G_N(k)=\begin{cases}1, & 0\leqslant k\leqslant N-1\\ 0, & k\ \text{为其他值}\end{cases}\tag{1-51}$$

矩形序列共有 N 个幅度为 1 的样值,如图 1-28 所示。它类似于连续函数中的矩形脉冲。可以看出,$G_N(k)=u(k)-u(k-N)$。

4. 斜坡序列

斜坡序列的表达式为

$$r(k)=ku(k) \tag{1-52}$$

其波形如图 1-29 所示，它类似于连续函数中的斜坡函数。

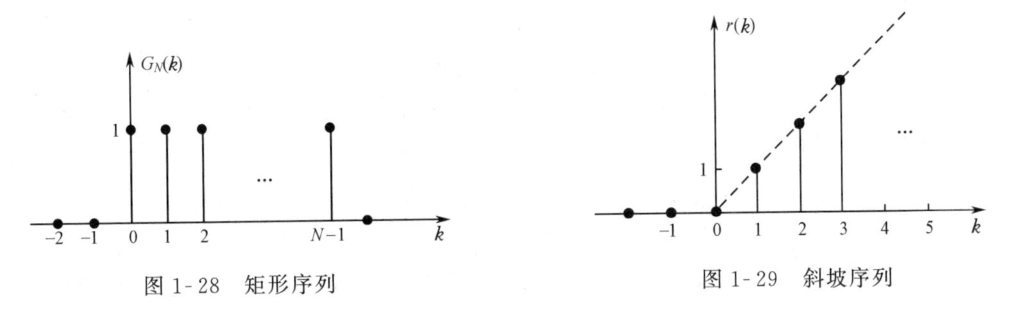

图 1-28　矩形序列　　图 1-29　斜坡序列

5. 指数序列

指数序列表达式为

$$f(k)=a^k u(k) \tag{1-53}$$

当 $|a|>1$ 时，指数序列发散；当 $|a|<1$ 时，指数序列收敛。

当 $a>0$ 时，指数序列都取正值；当 $a<0$ 时，指数序列值在正负之间摆动。

指数序列的波形如图 1-30 所示。

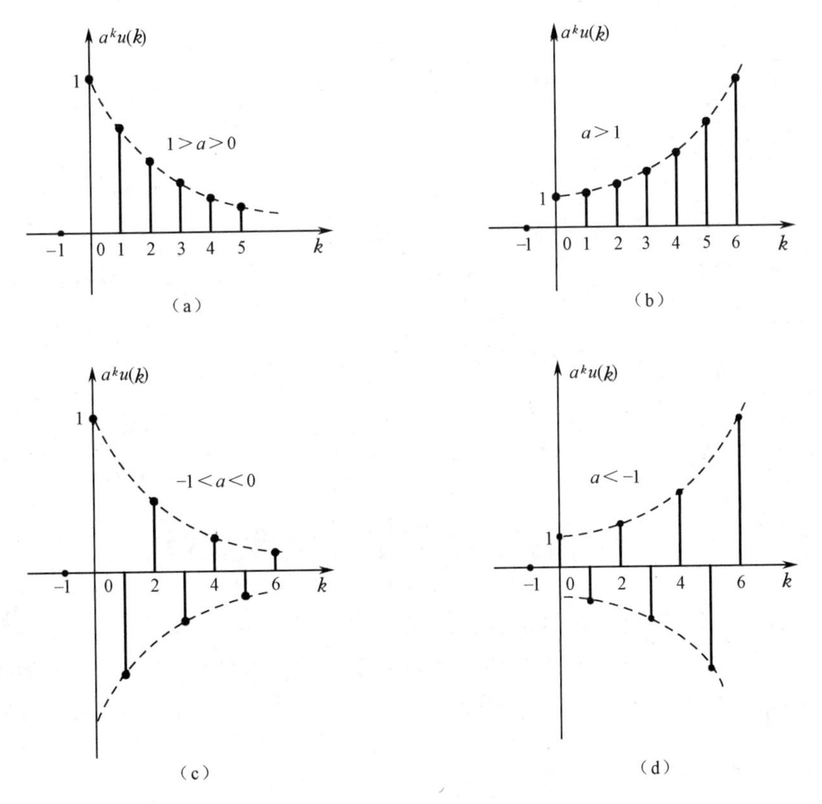

图 1-30　指数序列

6. 正弦序列

正弦序列的表达式为

$$f(k)=\sin\omega_0 k \tag{1-54}$$

式中,ω_0 为正弦序列的数字角频率(或角频率),单位为 rad/s。

正弦函数为周期函数,但正弦序列却不一定为周期序列。

(1) 若$\dfrac{2\pi}{\omega_0}$为整数,则正弦序列是周期序列,周期为$\dfrac{2\pi}{\omega_0}$。

(2) 若$\dfrac{2\pi}{\omega_0}$不是整数而是有理数 a(即 $\omega_0=2\pi/a$),则此时的正弦序列仍为周期序列,但其周期不是 a,而是 a 的某个整数倍。

证明:设正弦序列的周期为 N,根据周期信号的定义有 $\sin(\omega_0 k)=\sin\omega_0(k+N)$。将 $\omega_0=2\pi/a$ 代入该式,得

$$\sin\frac{2\pi}{a}k=\sin\left[\frac{2\pi}{a}(k+N)\right]=\sin\left(\frac{2\pi}{a}k+\frac{2\pi}{a}N\right)$$

使此等式成立的条件应是 $N\dfrac{2\pi}{a}=m\cdot 2\pi$。其中,$m=1,2,3\cdots$。

所以有

$$N=ma \tag{1-55}$$

也就是说,正弦周期序列的周期 N 应为满足式(1-55)的最小整数。

(3) 若$\dfrac{2\pi}{\omega_0}$为无理数,则式(1-55)将永不满足。此时的正弦序列就不是周期序列了,但其样值的包络线仍为正弦函数。

7. 复指数序列

复指数序列是很常用的一种复序列,它的每一个序列值都是一个复指数,具有实部和虚部两部分,其表达式为

$$f(k)=e^{j\omega_0 k}=\cos\omega_0 k+j\sin\omega_0 k \tag{1-56}$$

若用极坐标表示,则有

$$f(k)=|f(k)|e^{j\arg[f(k)]} \tag{1-57}$$

式中,$|f(k)|=1$;$\arg[f(k)]=\omega_0 k$。

1.4 信号的运算与波形变换

和数学中的函数运算一样,信号也可以进行各种运算。在信号处理中,会涉及因自变量变换而导致的信号变换,信号经过任何一种运算和变换都将产生新的信号。下面着重以连续时间信号为例,介绍信号的几种常用的运算和波形变换。

1. 信号的加法

任一瞬时的和信号等于两个信号在该时刻取值之和,即

$$y(t)=f_1(t)+f_2(t) \tag{1-58}$$

信号的加法如图1-31所示。信号的减法与加法类似。

2. 信号的乘法

任一瞬时的乘积信号的值等于两个信号在该时刻取值之积，即

$$y(t)=f_1(t)\cdot f_2(t) \tag{1-59}$$

信号的乘法如图1-32所示。收音机的调幅信号就是信号相乘的一个例子，它是将音频信号 $f_1(t)$ 加载到被称为载波的正弦信号 $f_2(t)$ 上而形成的。

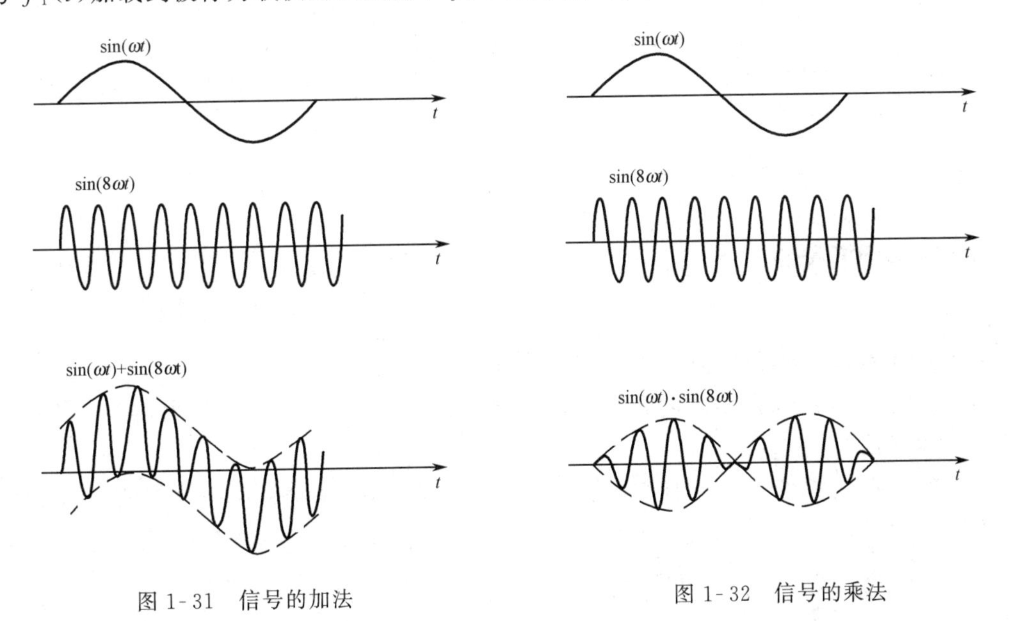

图1-31　信号的加法

图1-32　信号的乘法

3. 信号的标乘

将信号 $f(t)$ 乘以一个常数的运算叫作信号的标乘，即

$$y(t)=af(t) \tag{1-60}$$

式中，a 一般为实常数。

如果 a 为正实数，标乘运算的结果是在原信号幅度上放大（$a>1$）或缩小（$1>a>0$）a 倍；如果 a 为负实数，不仅幅度会放大或缩小，极性也会发生变化。信号的标乘如图1-33所示。

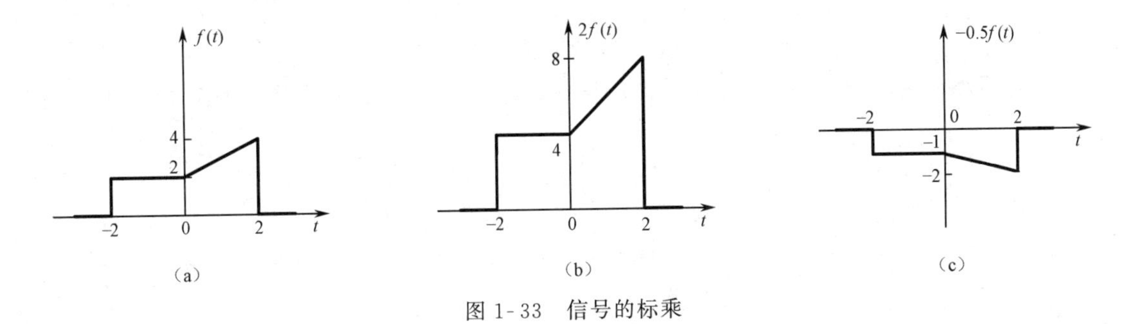

图1-33　信号的标乘

4. 信号的翻转

$$f(t) \to f(-t) \tag{1-61}$$

将信号 $f(t)$中的自变量 t 换成 $-t$,即由 $f(t)$变为 $f(-t)$,就叫作信号的翻转。其几何意义是将信号 $f(t)$以纵轴为中心进行翻转,如图 1-34 所示。

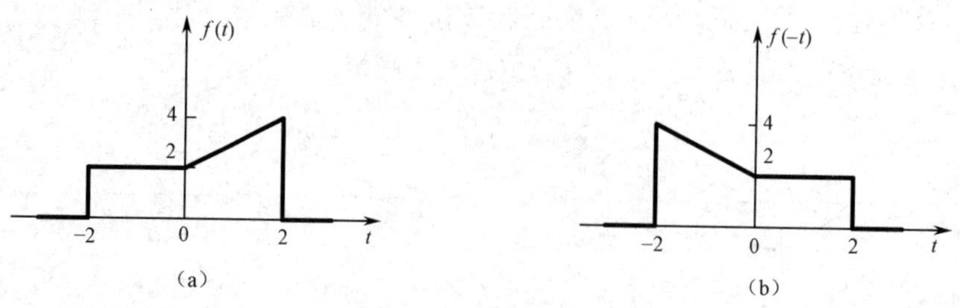

图 1-34　信号的翻转

5. 信号的时间平移

$$f(t) \to f(t-t_0),\quad t_0 \text{ 为实数} \tag{1-62}$$

一个信号和它时移后的新信号在波形上完全相同,只是信号出现的时刻不同而已。

当 $t_0>0$ 时,将原信号 $f(t)$向右平移 t_0 个单位即得到 $f(t-t_0)$。信号右移意味着时间上的滞后,也叫延迟。

当 $t_0<0$ 时,将原信号 $f(t)$向左平移 $|t_0|$个单位即得到 $f(t-t_0)$。信号左移表示时间上的超前。

信号 $f(t)$的时间平移波形如图 1-35 所示。

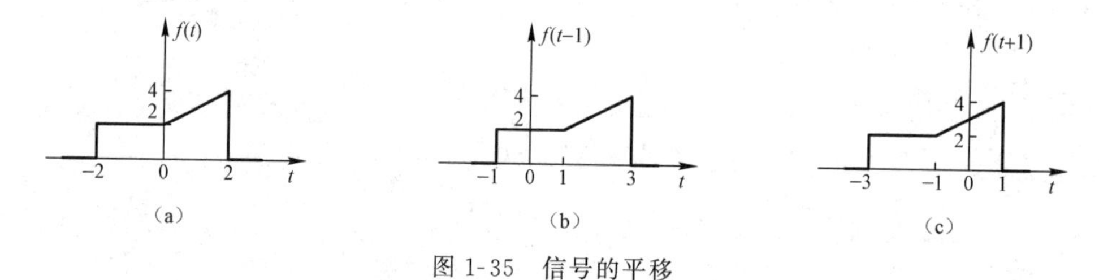

图 1-35　信号的平移

6. 信号的尺度变换

$$f(t) \to f(at),\quad a \text{ 为正数} \tag{1-63}$$

将信号 $f(t)$的时间变量 t 变为 at,可得 $f(at)$。

若时间轴保持不变,$a>1$ 表示信号波形压缩;$1>a>0$ 表示波形扩展。如图 1-36 所示。

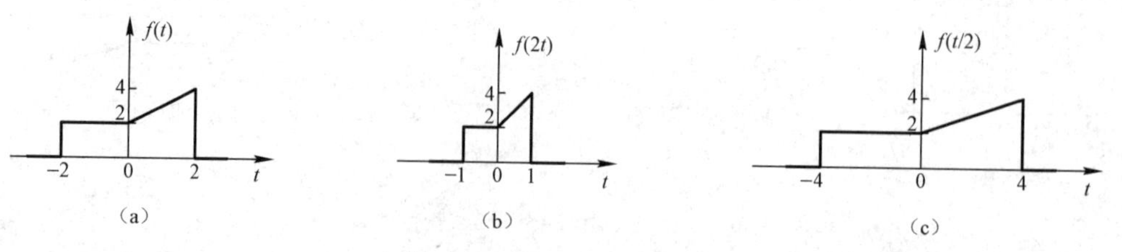

图 1-36　信号的尺度变换

需要注意的是，对包含有冲激函数的连续信号进行尺度变换时，冲激函数的强度也将发生变化，如图1-37所示。

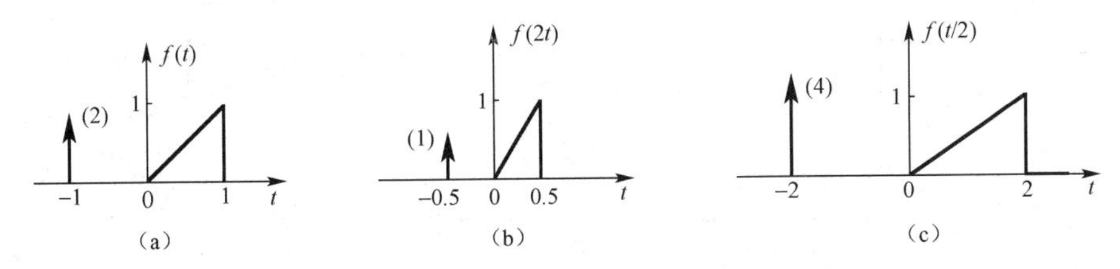

图1-37　含有冲激函数的连续信号的尺度变换

信号 $f(at+b)(a\neq 0)$ 的波形可以通过对信号 $f(t)$ 的平移、反转（若 $a<0$）和尺度变换而获得。

如果把 $f(t)$ 看成一盘录制好的声音磁带，则 $f(-t)$ 表示将这盘磁带倒转播放产生的信号；$f(2t)$ 表示将这磁带以二倍的速度加快播放；$2f(t)$ 则表示将原磁带的音量放大一倍播放。

例题1-1：已知 $f(t)$ 如图1-36(a)所示，画出 $f(2-2t)$ 的波形。

解：可以按下述顺序进行变换

方法一：$f(t)\xrightarrow{\text{左移 }2}f(t+2)\xrightarrow{\text{翻转}}f(-t+2)\xrightarrow{\text{压缩 }1/2}f(-2t+2)$，变换过程如图1-38所示。

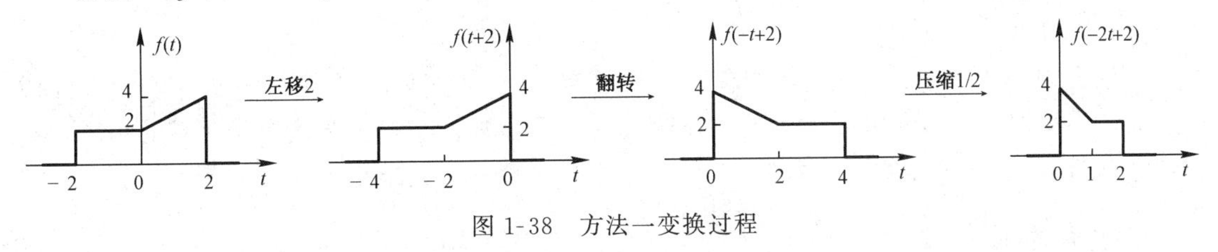

图1-38　方法一变换过程

方法二：$f(t)\xrightarrow{\text{翻转}}f(-t)\xrightarrow{\text{压缩 }1/2}f(-2t)\xrightarrow{\text{右移 }1}f[-2(t-1)]$，变换过程如图1-39所示。

图1-39　方法二变换过程

7. 信号的微分

$$y(t)=f'(t) \tag{1-64}$$

对于普通的连续可导的函数，在此不作讨论。这里主要分析含有间断点的分段函数的导数。在普通函数的意义下，间断点处的导数是不存在的。但由于引进了奇异函数的概念，对含有第一类间断点的信号也可以进行微分。在间断点上的一阶微分是一个冲激，其强度为原始信号在该时刻的跃变增量；而在其他连续区间的微分就是常规意义上的导数。

下面通过具体的例子讨论分段函数导数的求法。

例题1-2：已知 $f(t)$ 如图1-40(a)所示，求其导数，并画出波形。

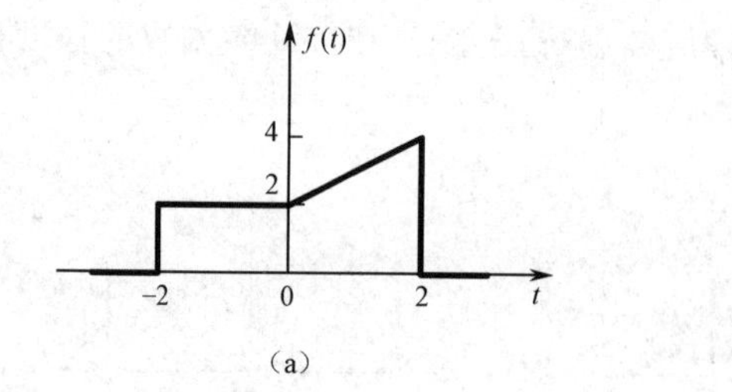

(a)

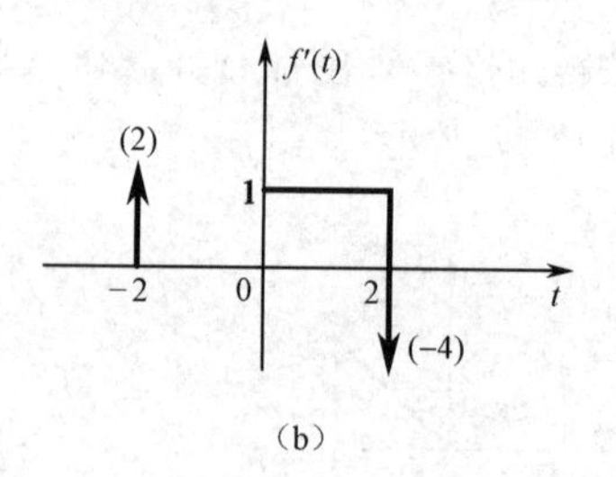

(b)

图 1-40　例题 1-2 的图

解：$f(t)$是一个分段函数，可表示为

$$f(t)=\begin{cases}0, & t<-2\\ 2, & -2<t<0\\ t+2, & 0<t<2\\ 0, & t>2\end{cases}$$

利用阶跃函数，将 $f(t)$表示成闭合的形式，即

$$f(t)=2[u(t+2)-u(t)]+(t+2)[u(t)-u(t-2)]$$

对该式求微分，得

$$\begin{aligned}f'(t)&=2[\delta(t+2)-\delta(t)]+(t+2)[\delta(t)-\delta(t-2)]+[u(t)-u(t-2)]\\&=2\delta(t+2)-4\delta(t-2)+[u(t)-u(t-2)]\end{aligned}$$

其波形如图 1-40(b)所示。

由以上讨论可以看出，当信号含有第一类间断点时，其一阶导数将在间断点处出现冲激(当间断点处向上跳变时出现正冲激，向下突变时出现负冲激)，冲激强度等于跳变的幅度。掌握了这些规则，求分段函数的导数时，可以直接通过观察写出其结果。

8. 信号的积分

$$y(t)=f^{(-1)}(t)=\int_{-\infty}^{t}f(\tau)\mathrm{d}\tau \tag{1-65}$$

信号的积分是指曲线 $f(\tau)$在区间$(-\infty,t)$内包围的面积，是 t 的连续函数。与微分恰好相反，在 $f(t)$的跳变点处，积分函数的值是连续的。而且尽管在某些区间内 $f(t)=0$，但是积分函数的值不一定为零。

例题 1-3：已知 $f(t)$波形如图 1-41(a)所示，求其积分，并画出波形。

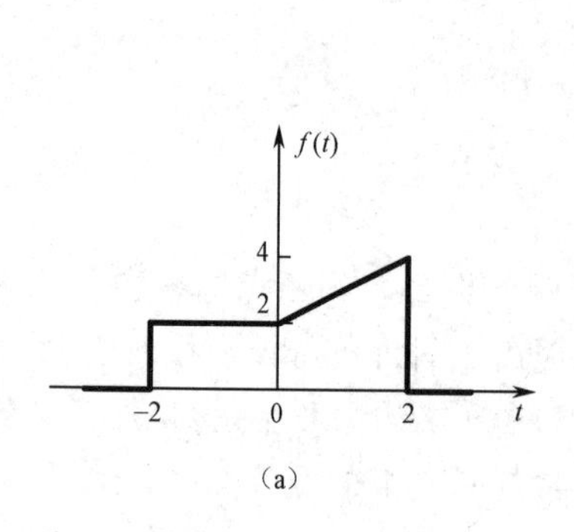

(a)

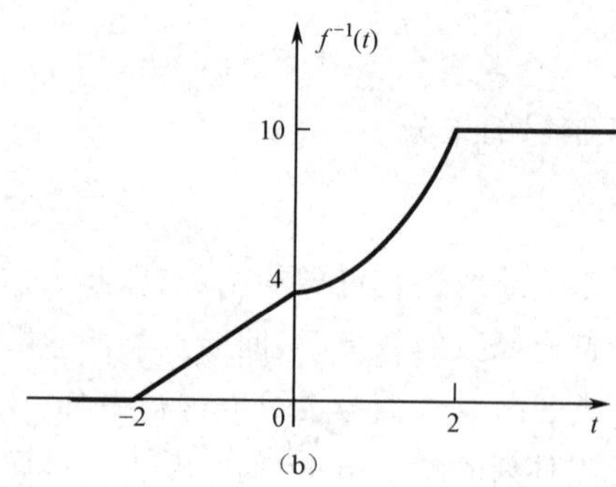

(b)

图 1-41　$f(t)$的积分

解：令 $g(t)=f^{(-1)}(t)$。

① 当 $t<-2$ 时，$f(t)=0$，所以 $g_1(t)=\int_{-\infty}^{t} f(\tau)\mathrm{d}\tau=0$。

② 当 $-2<t<0$ 时，$f(t)=2$，所以 $g_2(t)=\int_{-\infty}^{t} f(\tau)\mathrm{d}\tau=\int_{-2}^{t} 2\mathrm{d}\tau=2t+4$。

③ 当 $0<t<2$ 时，$f(t)=t+2$，所以 $g_3(t)=\int_{-\infty}^{t} f(\tau)\mathrm{d}\tau=\int_{-2}^{0} 2\mathrm{d}\tau+\int_{0}^{t}(\tau+2)\mathrm{d}\tau$

$$=\frac{1}{2}t^2+2t+4。$$

④ 当 $2<t$ 时，$f(t)=0$，所以 $g_4(t)=\int_{-\infty}^{t} f(\tau)\mathrm{d}\tau=\int_{-2}^{0} 2\mathrm{d}\tau+\int_{0}^{2}(\tau+2)\mathrm{d}\tau=10$。

因此，有

$$f^{(-1)}(t)=\int_{-\infty}^{t} f(\tau)\mathrm{d}\tau=\begin{cases}0, & t<-2\\ 4+2t, & -2<t<0\\ \frac{1}{2}t^2+2t+4, & 0<t<2\\ 10, & t>2\end{cases}$$

$f^{(-1)}(t)$的波形如图 1-41(b)所示。

与连续信号类似，离散信号也可以进行运算或变换，主要有以下几种。

(1) 两序列的迭加和相乘

$$y(k)=f_1(k)\pm f_2(k) \tag{1-66}$$

$$y(k)=f_1(k)\cdot f_2(k) \tag{1-67}$$

(2) 序列的标乘

$$y(k)=af(k) \tag{1-68}$$

(3) 序列的移序

$$f(k)\rightarrow f(k-m) \tag{1-69}$$

当 $m>0$ 时，将 $f(k)$向右平移 m 个单位，可得 $f(k-m)$。

当 $m<0$ 时，将 $f(k)$向左平移$|m|$ 个单位，可得 $f(k-m)$。

需要注意的是，由于序列只在整数时刻取值，所以 m 只能取整数。

(4) 序列的尺度变换

$$f(k)\rightarrow f(ak),a>0 \tag{1-70}$$

若 $a>1$，表示将 $f(k)$沿时间轴压缩；若 $1>a>0$，表示将 $f(k)$沿时间轴扩展。

需要注意的是，当离散信号压缩或扩展时，离散信号应只留下离散时间点上的值，要按规律去除某些点或者补足相应的零值。

(5) 序列的差分

序列的一阶前向差分的定义为

$$\Delta f(k)=f(k+1)-f(k) \tag{1-71}$$

序列的一阶后向差分的定义为

$$\nabla f(k)=f(k)-f(k-1) \tag{1-72}$$

式中，Δ 和∇ 称为差分算子。由上两式可见，前向差分与后向差分的关系为

$$\nabla f(k)=\Delta f(k-1)$$

关于差分的性质,在第 3 章有更详细的讲解。

下面通过一个实例来说明离散信号的波形变换,如图 1-42 所示。

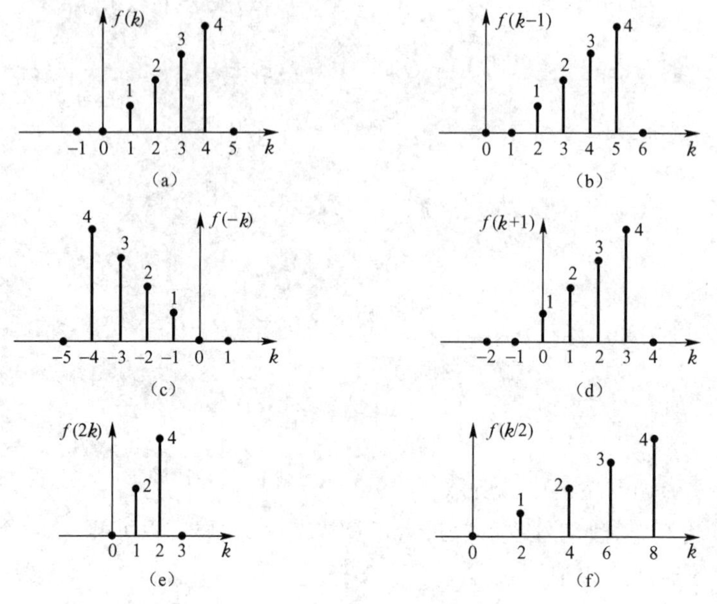

图 1-42 离散信号的波形变换

1.5 信号的时域分解

在对信号进行分析和处理之前,往往需要将其分解成各种不同分量之和,称为信号的分解。

1. 将任意连续信号表示为阶跃函数之和

对于任意的连续信号,可以用阶跃函数之和的形式来表示它。例如,图 1-43 中光滑曲线代表的是任意函数 $f(t)$,可以用一系列阶跃函数之和来近似表示。为使推导简洁,我们假定当$t<0$ 时,$f(t)=0$。

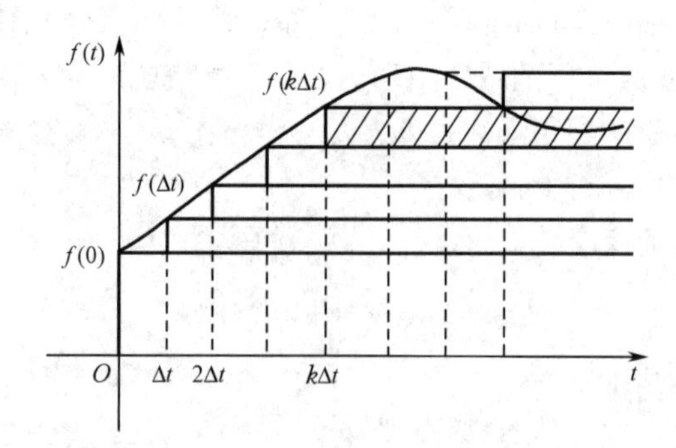

图 1-43 用阶跃函数之和表示任意函数

由图 1-43 可知,第一个阶跃函数 $f_0(t)$在$t=0$ 时加入,第二个阶跃 $f_1(t)$在 $t=\Delta t$ 时加入，依次迭加，Δt 为时间轴上的等间隔宽度。

由于 $f_0(t)$ 的阶跃高度为 $f(0)$，所以第一个阶跃函数为

$$f_0(t)=f(0)u(t)$$

在第一个阶跃之上迭加第二个阶跃，其阶跃高度是 $\Delta f(t)=f(\Delta t)-f(0)$

因此有

$$f_1(t)=[f(\Delta t)-f(0)]u(t-\Delta t)=\left[\frac{f(\Delta t)-f(0)}{\Delta t}\right]\Delta t\cdot u(t-\Delta t)=\left[\frac{\Delta f(t)}{\Delta t}\right]_{t=\Delta t}\cdot\Delta t\cdot u(t-\Delta t)$$

式中，$\left[\frac{\Delta f(t)}{\Delta t}\right]_{t=\Delta t}$ 为 $t=0$ 和 $t=\Delta t$ 处曲线上两点连线的斜率。

在 $t=k\Delta t$ 处应迭加一个高度为 $\Delta f(t)=f[k\Delta t]-f[(k-1)\Delta t]=f(k\Delta t)-f(k\Delta t-\Delta t)$ 的阶跃函数，即

$$f_k(t)=[f(k\Delta t)-f(k\Delta t-\Delta t)]u(t-k\Delta t)=\left[\frac{\Delta f(t)}{\Delta t}\right]_{t=k\Delta t}\cdot\Delta t\cdot u(t-k\Delta t)$$

将上述各阶跃函数 $f_0(t),f_1(t),\cdots,f_k(t),\cdots,f_n(t)$ 迭加起来成为一阶梯函数，可用它来近似表示 $f(t)$，即

$$\begin{aligned}f(t)&\approx f(0)u(t)+\left[\frac{\Delta f(t)}{\Delta t}\right]_{t=\Delta t}\cdot\Delta t\cdot u(t-\Delta t)+\left[\frac{\Delta f(t)}{\Delta t}\right]_{t=2\Delta t}\cdot\Delta t\cdot u(t-2\Delta t)+\cdots\\&=f(0)u(t)+\sum_{k=1}^{\infty}\left[\frac{\Delta f(t)}{\Delta t}\right]_{t=k\Delta t}\cdot\Delta t\cdot u(t-k\Delta t)\end{aligned}\tag{1-73}$$

这样，利用式(1-73)就可将任意函数近似表示为阶跃函数加权和的形式。其近似的程度完全取决于时间间隔 Δt 的大小。Δt 越小，近似程度越高。

在 $\Delta t\to 0$ 的极限情况下，误差也趋于零，此时可将 Δt 写为 $\mathrm{d}\tau$，而 $k\Delta t$ 将变为连续变量 τ，代表阶跃高度的函数增量 $\Delta f(t)$ 将成为无穷小量 $\mathrm{d}f(\tau)$，因而在式(1-73)中有

$$\left[\frac{\Delta f(t)}{\Delta t}\right]_{t=k\Delta t}\to\frac{\mathrm{d}f(\tau)}{\mathrm{d}\tau}=f'(\tau)$$

同时，对各项取和将变成取积分，此时的近似式也将变为等式，即

$$f(t)=f(0)u(t)+\int_0^{\infty}f'(\tau)u(t-\tau)\mathrm{d}\tau\tag{1-74}$$

式(1-74)表明，在时域中可将任意函数表示为无限多个阶跃函数相迭加的积分。该式中的 τ 为积分变量。

2. 将任意连续信号表示为冲激函数之和

任意连续函数除了可以表示为阶跃函数之和，还可以近似表示为冲激函数之和。

如图 1-44(a)所示，任意函数 $f(t)$ 可以用一系列矩形脉冲相迭加的阶梯形曲线来近似表示。将时间轴等分为小区间，将每个小区间 Δt 作为各矩形脉冲的宽度，而各脉冲的高度分别等于它左侧边界对应的函数值。

前面已讲，脉冲函数在一定条件下可以演变为冲激函数。据此，可把这些脉冲函数分别用一些冲激函数表示出来，如图 1-44(b)所示，各冲激函数的位置是它所代表的脉冲左侧边界所在的时刻，各冲激函数的强度就是它所代表的脉冲的面积。因此，函数 $f(t)$ 又可以用一系列冲激函数之和来近似地表示，即

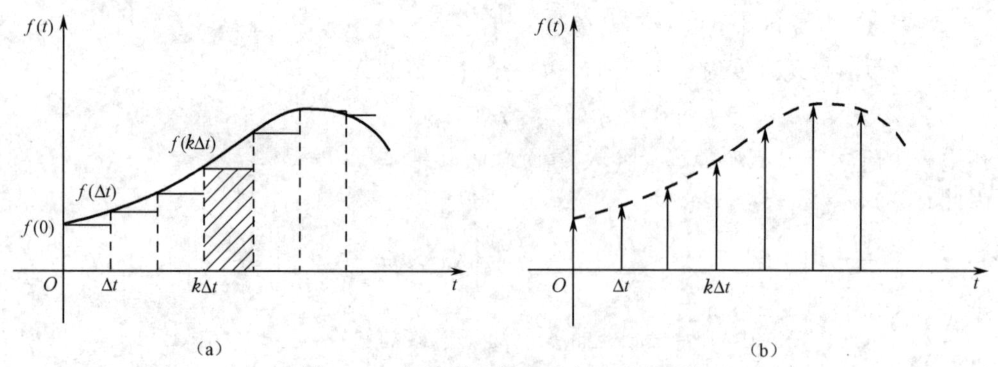

图 1-44　用冲激函数之和表示任意函数

$$
\begin{aligned}
f(t) &\approx f(0)\cdot\Delta t\cdot\delta(t)+f(\Delta t)\cdot\Delta t\cdot\delta(t-\Delta t)+f(2\Delta t)\cdot\Delta t\cdot\delta(t-2\Delta t)+\cdots \\
&=\sum_{k=0}^{\infty} f(k\Delta t)\cdot\delta(t-k\Delta t)\cdot\Delta t
\end{aligned}
\tag{1-75}
$$

冲激函数之和对 $f(t)$ 近似的程度,取决于时间间隔 Δt 的大小。Δt 越小,近似的程度越高。在 $\Delta t\rightarrow 0$ 的情况下,可将 Δt 写为 $\mathrm{d}\tau$,则式(1-75)中不连续变量 $k\Delta t$ 将变成连续变量 τ,同时对各项的取和将变成取积分,且式(1-75)将变为等式,即有

$$
f(t)=\int_0^{\infty} f(\tau)\delta(t-\tau)\mathrm{d}\tau \tag{1-76}
$$

也就是说,可以将任意函数表示为无限多个冲激函数相迭加的迭加积分。该式中的 τ 为积分变量。

3. 将任意离散时间信号表示为单位序列之和

任意离散时间信号 $f(k)$ 的波形如图 1-45 所示。

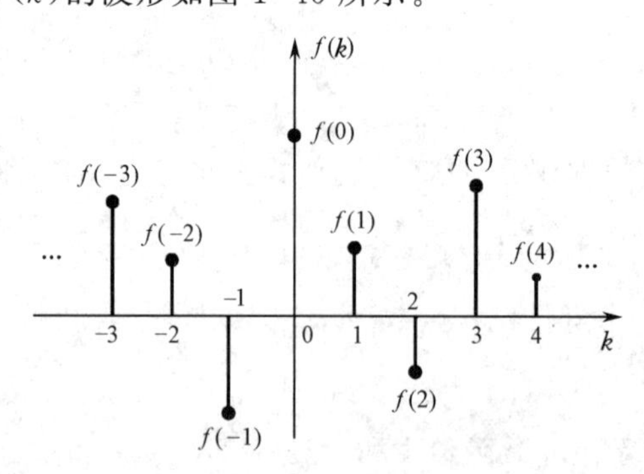

图 1-45　序列 $f(k)$ 的波形

这个信号是由其序列值$\{\cdots,f(-3),f(-2),f(-1),f(0),f(1),f(2),f(3),f(4),\cdots\}$组成的,而$f(k)$ 的每一个序列值都可利用移位的单位序列与相应的序列值之积来表示,如$f(0)=f(0)\delta(k)$, $f(i)=f(i)\delta(k-i)$等。

图 1-45 所示的离散信号 $f(k)$可以表示成

$$
\begin{aligned}
f(k)=\cdots&+f(-3)\delta(k+3)+f(-2)\delta(k+2)+f(-1)\delta(k+1)+f(0)\delta(k)+ \\
&f(1)\delta(k-1)+f(2)\delta(k-2)+f(3)\delta(k-3)+f(4)\delta(k-4)+\cdots
\end{aligned}
$$

即

$$f(k)=\sum_{i=-\infty}^{\infty}f(i)\delta(k-i) \tag{1-77}$$

式(1-77)表明，任一离散时间信号 $f(k)$ 可表示为加权的延时的单位序列之和，其加权因子为 $f(i)$，即 $f(k)$ 相应的序列值。换言之，任意离散时间信号都可以分解为一系列不同加权、不同位置(时间移位)的单位序列。

1.6　卷　积

卷积是一种数学运算方法。卷积包括连续信号的卷积积分和离散信号的卷积和，它们都简称卷积。

1.6.1　卷积积分

两个具有相同变量 t 的函数 $f_1(t)$ 与 $f_2(t)$，经过以下积分可以得到第三个相同变量的函数 $f(t)$，即

$$f(t)=\int_{-\infty}^{\infty}f_1(\tau)f_2(t-\tau)\mathrm{d}\tau \tag{1-78}$$

式(1-78)就叫作卷积积分。常用符号“ * ”表示两函数的卷积运算，即

$$f(t)=f_1(t)*f_2(t) \tag{1-79}$$

1. 卷积积分的计算

卷积积分的计算可用解析方法完成。

例题 1-4： 已知 $f_1(t)=\mathrm{e}^{-t}u(t)$，$f_2(t)=u(t)-u(t-3)$，求 $f_1(t)*f_2(t)$。

解：由卷积积分的定义，得

$$\begin{aligned}f_1(t)*f_2(t)&=\int_{-\infty}^{\infty}f_1(\tau)f_2(t-\tau)\mathrm{d}\tau=\int_{-\infty}^{\infty}\mathrm{e}^{-\tau}u(\tau)[u(t-\tau)-u(t-\tau-3)]\mathrm{d}\tau\\&=\int_{-\infty}^{\infty}\mathrm{e}^{-\tau}u(\tau)u(t-\tau)\mathrm{d}\tau-\int_{-\infty}^{\infty}\mathrm{e}^{-\tau}u(\tau)u(t-\tau-3)\mathrm{d}\tau\\&=\left[\int_0^t\mathrm{e}^{-\tau}\mathrm{d}\tau\right]u(t)-\left[\int_0^{t-3}\mathrm{e}^{-\tau}\mathrm{d}\tau\right]u(t-3)\\&=(1-\mathrm{e}^{-t})u(t)-[1-\mathrm{e}^{-(t-3)}]u(t-3)\end{aligned}$$

利用定义直接计算卷积积分时，需要注意以下两点：

① 积分过程中的积分上、下限如何确定；

② 积分结果的有效存在时间如何用阶跃函数表示出来。

下面分别叙述。

1) 积分上、下限的确定

一般情况下，卷积积分中出现的积分项，其被积函数总是含有两个阶跃函数因子，二者结合会构成一个矩形脉冲函数。此矩形脉冲的两个边界就是积分的上、下限，且左边界为下限，右边界为上限。

例如，例题 1-4 中的第一项 $\int_{-\infty}^{\infty}\mathrm{e}^{-\tau}u(\tau)u(t-\tau)\mathrm{d}\tau$ 中含有阶跃因子 $u(\tau)u(t-\tau)$，其积分变量为 τ。

对于 $u(\tau)$：当 $\tau>0$ 时，$u(\tau)=1$，其他情况为0。

对于 $u(t-\tau)$：当 $t-\tau>0$，即 $\tau<t$ 时，$u(t-\tau)=1$，其他情况为0。

$u(\tau)u(t-\tau)$ 要想有意义，即 $u(\tau)u(t-\tau)=1$，必须有 $0<\tau<t$。其他情况下的 $u(\tau)u(t-\tau)=0$。

因此，第一项积分的积分限为 $0\sim t$。

同理，分析可知第二项积分的积分限为 $0\sim(t-3)$。

2）*积分结果有效存在时间的确定*

这个有效存在时间总是用阶跃函数来表示的，并且仍然可以由被积函数中的两个阶跃函数因子来确定。

还是以例题1-4中的第一项 $\int_{-\infty}^{\infty}e^{-\tau}u(\tau)u(t-\tau)d\tau$ 为例，前面已经知道，当 $0<\tau<t$ 时，$u(\tau)u(t-\tau)=1$，此时积分可简化为 $\int_0^t e^{-\tau}\cdot 1d\tau$，然而这需要一个前提，即 $t>0$。只有在 $t>0$ 的前提下，$u(\tau)$ 与 $u(t-\tau)$ 才有对接，$u(\tau)u(t-\tau)=1$ 才成立，即相当于在 $\int_0^t e^{-\tau}\cdot 1d\tau$ 后跟加一个阶跃函数 $u(t)$。

同理，对于第二项，当 $t-3>\tau>0$ 时，$u(\tau)u(t-\tau-3)=1$，它成立的前提是 $t-3>0$，即相当于积分后跟加阶跃函数 $u(t-3)$。

在具体计算时，方法也很简单，将两阶跃函数的时间相加即可。例如，例题1-4中的第一项中的 $u(\tau)u(t-\tau)$，两阶跃的时间相加为 $\tau+t-\tau=t$，所以积分之后的阶跃函数为 $u(t)$。

2. 卷积积分的图解

利用卷积积分的图解来进行说明，可以帮助理解卷积的概念，把一些抽象的关系加以形象化。

函数 $f_1(t)$ 和 $f_2(t)$ 的卷积积分为

$$f(t)=f_1(t)*f_2(t)=\int_{-\infty}^{\infty}f_1(\tau)f_2(t-\tau)d\tau$$

由该定义式可见，为实现某一点的卷积计算，需要完成下列五个步骤。

(1) 变量置换：将 $f_1(t)$、$f_2(t)$ 变为 $f_1(\tau)$、$f_2(\tau)$，即把 τ 变成函数的自变量。

(2) 反褶：将 $f_2(\tau)$ 反褶，变为 $f_2(-\tau)$。

(3) 平移：将 $f_2(-\tau)$ 平移 t，变为 $f_2[-(\tau-t)]$，即 $f_2(t-\tau)$。此处，t 作为常数存在。

(4) 相乘：将两信号 $f_1(\tau)$ 和 $f_2(t-\tau)$ 的重叠部分相乘。

(5) 积分：求 $f_1(\tau)f_2(t-\tau)$ 乘积下的面积，即为 t 时刻的卷积结果 $f(t)$ 的值。

要进行下一个点的计算时，需要改变参变量 t 的值，并重复步骤(3)～(5)。

下面举例说明卷积的过程。

例题1-5： 函数 $f_1(t)$ 和 $f_2(t)$ 的波形如图1-46所示，请用图解法求其卷积图。

解：卷积的过程及结果如图1-47所示。

总结：

(1) 两个脉宽不等的矩形脉冲，其卷积结果为一个等腰梯形，这个梯形的参数可由两矩形的参数直接得出。

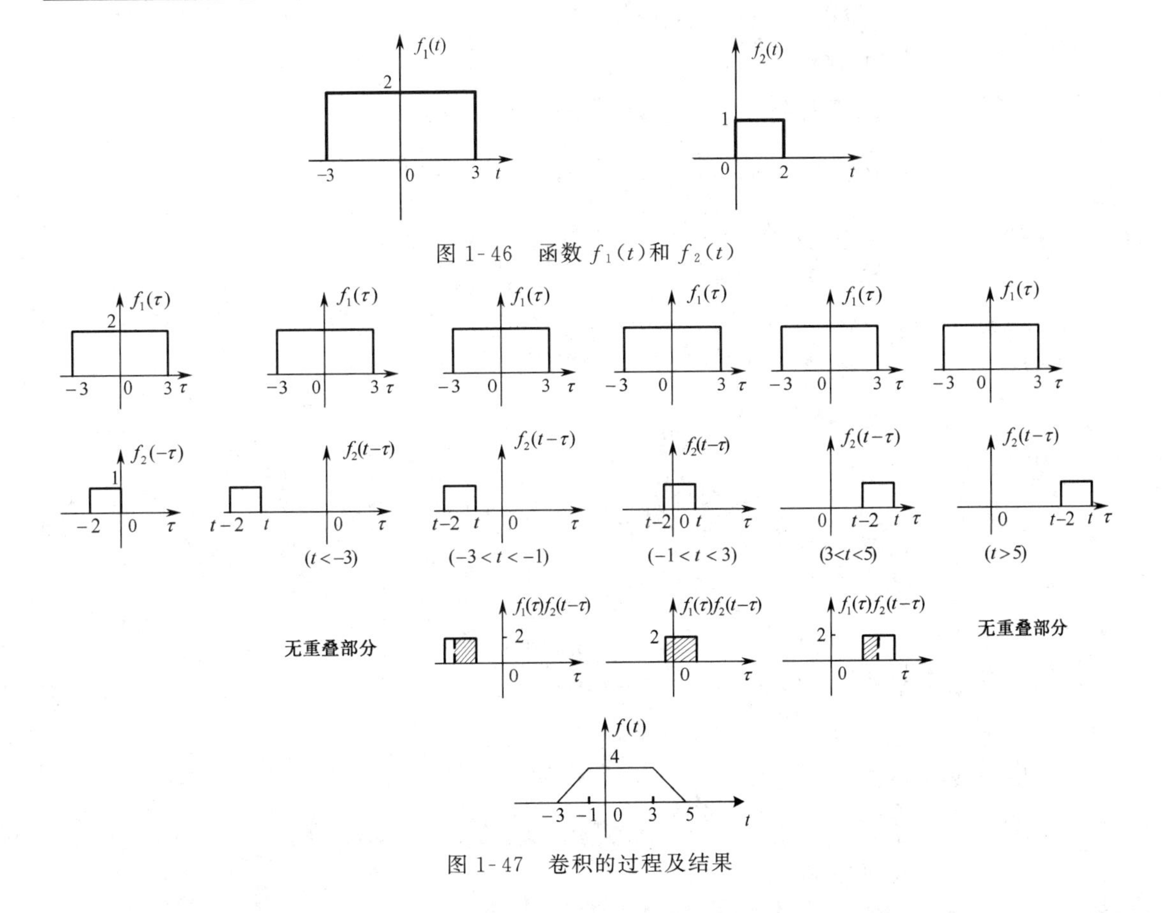

图 1-46　函数 $f_1(t)$ 和 $f_2(t)$

图 1-47　卷积的过程及结果

(2) 梯形起点时间的数值等于两矩形起点时间的数值之和，梯形终止点时间的数值等于两矩形终止点时间的数值之和，这一点对于所有卷积结果都是适用的。

(3) 梯形顶部的宽度等于两矩形宽度之差。

(4) 如果两个宽度相等的矩形脉冲做卷积，其结果为一个等腰三角形。

3. 卷积积分的性质

卷积是一种数学运算，它具有以下基本性质。

1) 交换律

$$f_1(t) * f_2(t) = f_2(t) * f_1(t) \tag{1-80}$$

证明：卷积定义为

$$f_1(t) * f_2(t) = \int_{-\infty}^{\infty} f_1(\tau) f_2(t-\tau) \mathrm{d}\tau$$

令 $t-\tau=\lambda$，则有

$$\begin{aligned} f_1(t) * f_2(t) &= \int_{\infty}^{-\infty} f_1(t-\lambda) f_2(\lambda) \mathrm{d}(-\lambda) = \int_{-\infty}^{\infty} f_2(\lambda) f_1(t-\lambda) \mathrm{d}\lambda \\ &= f_2(t) * f_1(t) \end{aligned}$$

2) 分配律

$$f_1(t) * [f_2(t) + f_3(t)] = f_1(t) * f_2(t) + f_1(t) * f_3(t) \tag{1-81}$$

证明：

$$f_1(t)*[f_2(t)+f_3(t)]=\int_{-\infty}^{\infty}f_1(\tau)[f_2(t-\tau)+f_3(t-\tau)]\mathrm{d}\tau$$
$$=\int_{-\infty}^{\infty}f_1(\tau)f_2(t-\tau)\mathrm{d}\tau+\int_{-\infty}^{\infty}f_1(\tau)f_3(t-\tau)\mathrm{d}\tau$$
$$=f_1(t)*f_2(t)+f_1(t)*f_3(t)$$

3）结合律

$$[f_1(t)*f_2(t)]*f_3(t)=f_1(t)*[f_2(t)*f_3(t)] \tag{1-82}$$

证明：

$$[f_1(t)*f_2(t)]*f_3(t)=\int_{-\infty}^{\infty}\left[\int_{-\infty}^{\infty}f_1(\lambda)f_2(\tau-\lambda)\mathrm{d}\lambda\right]f_3(t-\tau)\mathrm{d}\tau$$
$$=\int_{-\infty}^{\infty}f_1(\lambda)\left[\int_{-\infty}^{\infty}f_2(\tau-\lambda)f_3(t-\tau)\mathrm{d}\tau\right]\mathrm{d}\lambda$$
$$=\int_{-\infty}^{\infty}f_1(\lambda)\left[\int_{-\infty}^{\infty}f_2(\tau)f_3(t-\lambda-\tau)\mathrm{d}\tau\right]\mathrm{d}\lambda$$
$$=f_1(t)*[f_2(t)*f_3(t)]$$

上述三条性质与乘法运算的性质相似。

4）卷积的微分

两函数卷积后的导数等于两函数之一的导数与另一函数的卷积，即

$$\frac{\mathrm{d}}{\mathrm{d}t}[f_1(t)*f_2(t)]=f_1(t)*\frac{\mathrm{d}f_2(t)}{\mathrm{d}t}=\frac{\mathrm{d}f_1(t)}{\mathrm{d}t}*f_2(t) \tag{1-83}$$

证明：

$$\frac{\mathrm{d}}{\mathrm{d}t}[f_1(t)*f_2(t)]=\frac{\mathrm{d}}{\mathrm{d}t}\int_{-\infty}^{\infty}f_1(\tau)f_2(t-\tau)\mathrm{d}\tau=\int_{-\infty}^{\infty}f_1(\tau)\frac{\mathrm{d}f_2(t-\tau)}{\mathrm{d}t}\mathrm{d}\tau$$
$$=f_1(t)*\frac{\mathrm{d}f_2(t)}{\mathrm{d}t}$$

同理可证：

$$\frac{\mathrm{d}}{\mathrm{d}t}[f_1(t)*f_2(t)]=\frac{\mathrm{d}f_1(t)}{\mathrm{d}t}*f_2(t)$$

5）卷积的积分

$$f(t)=f_1(t)*f_2(t)$$

定义

$$f^{(-1)}(t)=\int_{-\infty}^{t}f(x)\mathrm{d}x$$

则有

$$f^{(-1)}(t)=f_1^{(-1)}(t)*f_2(t)=f_1(t)*f_2^{(-1)}(t) \tag{1-84}$$

证明：

$$f^{(-1)}(t)=\int_{-\infty}^{t}\left[\int_{-\infty}^{\infty}f_1(\tau)f_2(\lambda-\tau)\mathrm{d}\tau\right]\mathrm{d}\lambda=\int_{-\infty}^{\infty}f_1(\tau)\left[\int_{-\infty}^{t}f_2(\lambda-\tau)\mathrm{d}\lambda\right]\mathrm{d}\tau$$
$$=f_1(t)*\int_{-\infty}^{t}f_2(\lambda)\mathrm{d}\lambda=f_1(t)*f_2^{(-1)}(t)$$

同理可证：$f^{(-1)}(t)=f_1^{(-1)}(t)*f_2(t)$。

利用以上性质，可以证明：

$$f(t)=f_1(t)*f_2(t)=f'_1(t)*f_2^{(-1)}(t)=f_1^{(-1)}(t)*f'_2(t) \tag{1-85}$$

6）相关函数

为比较某信号与另一延时 τ 的信号之间的相似程度，需引入相关函数的概念。相关函数是鉴别信号的有力工具，被广泛用于雷达回波的识别、通信同步信号的识别等领域。相关函数也叫作相关积分，它与卷积的运算方法类似。

如果实函数 $f_1(t)$和 $f_2(t)$为能量有限信号，则它们之间的互相关函数定义为

$$R_{12}(\tau)=\int_{-\infty}^{\infty}f_1(t)f_2(t-\tau)\mathrm{d}t=\int_{-\infty}^{\infty}f_1(t+\tau)f_2(t)\mathrm{d}t \tag{1-86}$$

$$R_{21}(\tau)=\int_{-\infty}^{\infty}f_1(t-\tau)f_2(t)\mathrm{d}t=\int_{-\infty}^{\infty}f_1(t)f_2(t+\tau)\mathrm{d}t \tag{1-87}$$

可见，互相关函数是两信号之间的时间差 τ 的函数。

一般来说，$R_{12}(\tau)\neq R_{21}(\tau)$。不难证明，它们之间的关系是

$$\begin{aligned}R_{12}(\tau)&=R_{21}(-\tau)\\R_{21}(\tau)&=R_{12}(-\tau)\end{aligned} \tag{1-88}$$

若 $f_1(t)=f_2(t)=f(t)$，则这时无须区分 $R_{12}(\tau)$和 $R_{21}(\tau)$，均用 $R(\tau)$表示，此时称为自相关函数，即

$$R(\tau)=\int_{-\infty}^{\infty}f(t)f(t-\tau)\mathrm{d}t=\int_{-\infty}^{\infty}f(t+\tau)f(t)\mathrm{d}t$$

容易看出，对自相关函数有

$$R(\tau)=R(-\tau) \tag{1-89}$$

即实函数 $f(t)$的自相关函数是时移 τ 的偶函数。

函数 $f_1(t)$与 $f_2(t)$卷积的表达式为

$$f_1(t)*f_2(t)=\int_{-\infty}^{\infty}f_1(\tau)f_2(t-\tau)\mathrm{d}\tau \tag{1-90}$$

将式(1-86)中的变量 t 与 τ 互换，可将实函数 $f_1(t)$与 $f_2(t)$的互相关函数写为

$$R_{12}(t)=\int_{-\infty}^{\infty}f_1(\tau)f_2(\tau-t)\mathrm{d}\tau \tag{1-91}$$

比较式(1-90)和式(1-91)，可知相关函数和卷积积分之间有许多相同之处。图 1-48 分别画出了 $f_1(t)$与 $f_2(t)$的卷积积分和求相关函数的图解过程。由图 1-48 可以看出，两种运算的不同之处仅在于：卷积运算开始时需要将 $f_2(\tau)$反褶为 $f_2(-\tau)$，而相关运算不需要反褶，仍为$f_2(\tau)$。而其他的移位、相乘和积分的运算方法相同。

根据卷积的定义知

$$f_1(t)*f_2(-t)=\int_{-\infty}^{\infty}f_1(\tau)f_2[-(t-\tau)]\mathrm{d}\tau=\int_{-\infty}^{\infty}f_1(\tau)f_2(\tau-t)]\mathrm{d}\tau$$

将该式与式(1-91)相比，得

$$R_{12}(t)=f_1(t)*f_2(-t) \tag{1-92}$$

若 $f_1(t)$和 $f_2(t)$均为实偶函数，则卷积运算与相关运算完全相同。

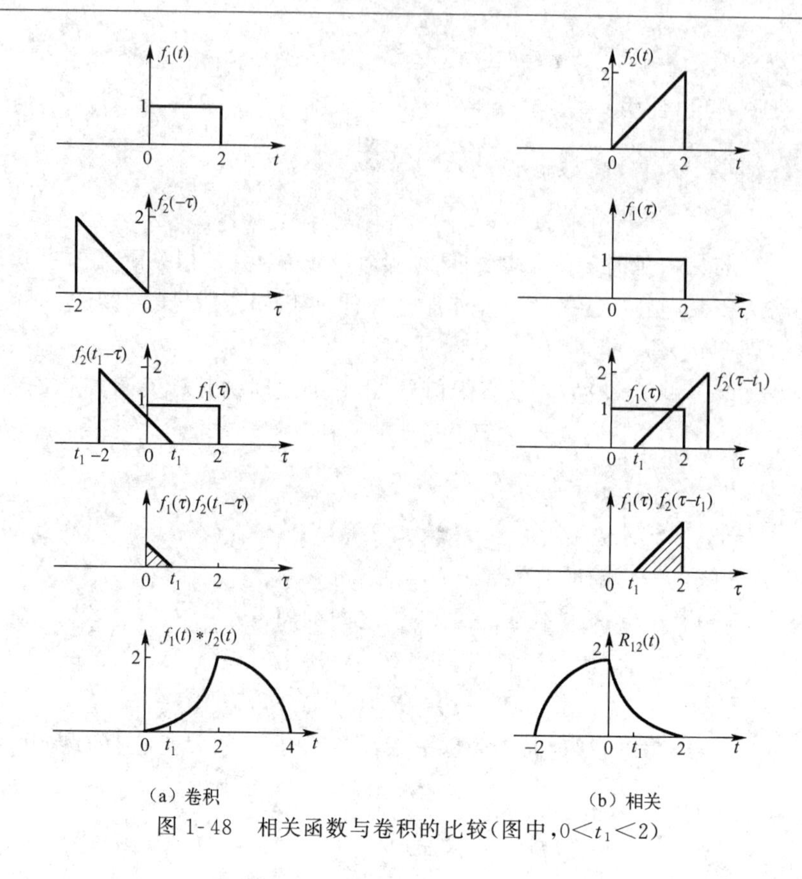

图 1-48　相关函数与卷积的比较(图中,$0<t_1<2$)

4. 函数 $f(t)$ 与冲激函数的卷积

(1) 函数 $f(t)$ 与单位冲激函数 $\delta(t)$ 进行卷积,其结果仍然是函数 $f(t)$ 本身,即

$$f(t)*\delta(t)=f(t) \tag{1-93}$$

而

$$f(t)*\delta(t-t_0)=f(t-t_0) \tag{1-94}$$

式(1-94)表明,函数 $f(t)$ 与 $\delta(t-t_0)$ 卷积的结果,相当于把函数本身延迟了 $t_0(t_0>0)$。

证明:利用卷积的定义和冲激函数的性质,得

$$f(t)*\delta(t-t_0)=\delta(t-t_0)*f(t)=\int_{-\infty}^{\infty}\delta(\tau-t_0)f(t-\tau)d\tau=f(t-t_0)$$

(2) 函数 $f(t)$ 与阶跃函数 $u(t)$ 的卷积为

$$f(t)*u(t)=\int_{-\infty}^{t}f(\tau)\mathrm{d}\tau \tag{1-95}$$

证明:

由于 $f(t)*\delta(t)=f(t)$,对式(1-95)两边取积分,利用卷积的积分特性,得

$$f(t)*\delta^{(-1)}(t)=f^{(-1)}(t)$$

即

$$f(t)*u(t)=\int_{-\infty}^{t}f(\tau)\mathrm{d}\tau$$

(3) 函数 $f(t)$ 与冲激偶 $\delta'(t)$ 的卷积为

$$f(t)*\delta'(t)=f'(t) \tag{1-96}$$

$$f(t) * \delta'(t-t_0)=f'(t-t_0) \tag{1-97}$$

类似地，有

$$f(t) * \delta^{(m)}(t-t_0)=f^{(m)}(t-t_0) \tag{1-98}$$

$$f(t) * \delta^{(-m)}(t-t_0)=f^{(-m)}(t-t_0) \tag{1-99}$$

1.6.2　卷积和

离散序列的卷积和包括线性卷积和圆卷积，这里要讨论的是线性卷积，圆卷积将在第 5 章中具体讨论。

1. 卷积和的计算

设两个具有相同变量的序列 $f_1(k)$ 与 $f_2(k)$，其卷积和的定义为：

$$f(k)=f_1(k) * f_2(k)=\sum_{i=-\infty}^{\infty} f_1(i)f_2(k-i) \tag{1-100}$$

如果 $f_1(k)$ 与 $f_2(k)$ 均为因果序列（即 $f(k)=0, k<0$），则有

$$f(k)=f_1(k) * f_2(k)=\sum_{i=0}^{k} f_1(i)f_2(k-i) \tag{1-101}$$

例题 1-6： 已知 $f_1(k)=3^k u(k)$，$f_2(k)=2^k u(k)$，求 $f_1(k) * f_2(k)$。

解：根据卷积和的定义，得

$$\begin{aligned}
f_1(k) * f_2(k) &= \sum_{i=-\infty}^{\infty} 3^i u(i) \cdot 2^{k-i} u(k-i) = 2^k \sum_{i=-\infty}^{\infty} \left(\frac{3}{2}\right)^i u(i)u(k-i) \\
&= 2^k \sum_{i=0}^{k} \left(\frac{3}{2}\right)^i \cdot u(k) = 2^k \frac{1-\left(\frac{3}{2}\right)^{k+1}}{1-\frac{3}{2}} u(k) \\
&= (3^{k+1}-2^{k+1})u(k)
\end{aligned}$$

与求卷积积分类似，求卷积和也要注意两点：一是求和上、下限的确定；二是求和结果存在的有效时间。其具体原理同卷积积分一样，这里不做具体的说明。

2. 卷积和的图解

作图法也是求简单序列卷积和的有效方法。用作图法计算 $f_1(k)$ 与 $f_2(k)$ 的卷积和，其步骤包括以下 5 步。

(1) 变量置换：将序列 $f_1(k)$、$f_2(k)$ 的自变量用 i 代换，变为 $f_1(i)$、$f_2(i)$。

(2) 反褶：将序列 $f_2(i)$ 反转，变为 $f_2(-i)$。

(3) 平移：将序列 $f_2(-i)$ 沿 i 轴正方向平移 k 个单位，变为 $f_2(k-i)$。

(4) 相乘：求乘积 $f_1(k)f_2(k-i)$。

(5) 求和：在给定 k 值情况下，对乘积 $f_1(k)f_2(k-i)$ 取和。

如果进行下一个点的计算，则需改变作为参变量的 k 值，再重复步骤(3)～(5)即可。

下面举例说明求两序列卷积和的过程。

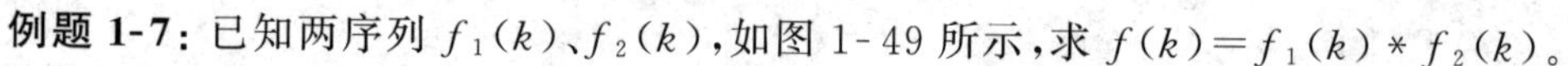

例题 1-7：已知两序列 $f_1(k)$、$f_2(k)$，如图 1-49 所示，求 $f(k)=f_1(k)*f_2(k)$。

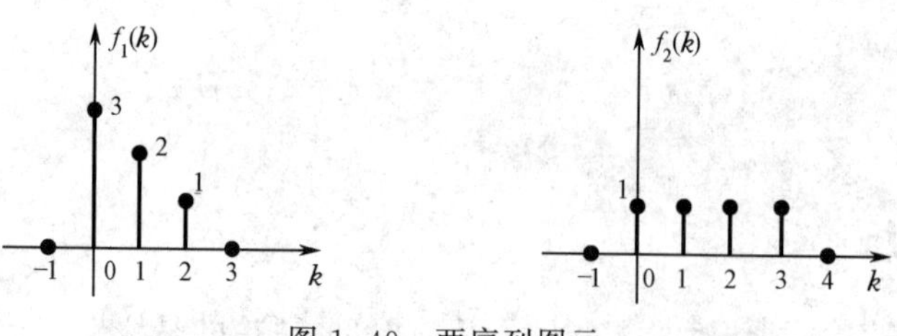

图 1-49　两序列图示

解：卷积和的过程及结果如图 1-50 所示。

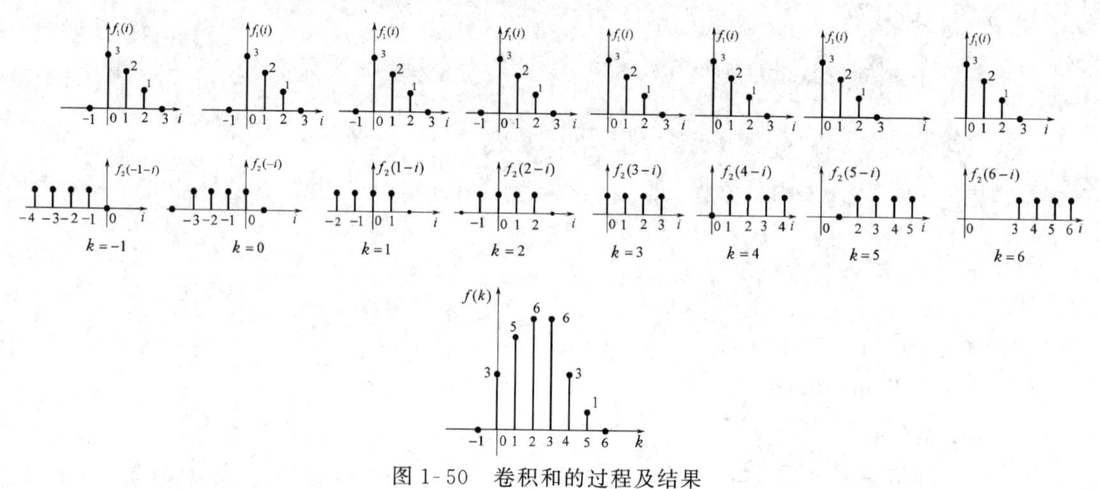

图 1-50　卷积和的过程及结果

通过求解可得

$$f(k)=\{0,\ 3,\ 5,\ 6,\ 6,\ 3,\ 1,\ 0\}$$

$$\underset{k=0}{\uparrow}\ (\text{指向 } 3)$$

3. 列表法求卷积和

利用序列阵表的方法(列表法)计算卷积和会更加简便，在计算两个有限长序列的卷积和时尤为简洁。

两个因果序列的 $f_1(k)$ 与 $f_2(k)$ 的卷积和为

$$f(k)=f_1(k)*f_2(k)=\sum_{i=0}^{k}f_1(i)f_2(k-i)$$

在求和符号内，$f_1(i)$ 的序号 i 与 $f_2(k-i)$ 的序号 $(k-i)$ 之和恰好等于 k。首先将各 $f_1(k)(k=0,1,2\cdots)$ 的值排成一行，将各 $f_2(k)(k=0,1,2\cdots)$ 的值排成一列，如图 1-51 所示。然后在表中各行与列的交叉点处计入相应的乘积。

从图 1-51 可以看出，斜线(虚线表示)上各项 $f_1(i)f_2(j)$ 的序号之和是常数，而斜线上各数值之和就是卷积和。例如，沿 $f_1(0)f_2(3)$ 到 $f_1(3)f_2(0)$ 的斜线上各乘积之和为

$$f(3)=f_1(0)f_2(3)+f_1(1)f_2(2)+f_1(2)f_2(1)+f_1(3)f_2(0)$$

对于例题 1-7，用序列阵表可以表示为图 1-52。

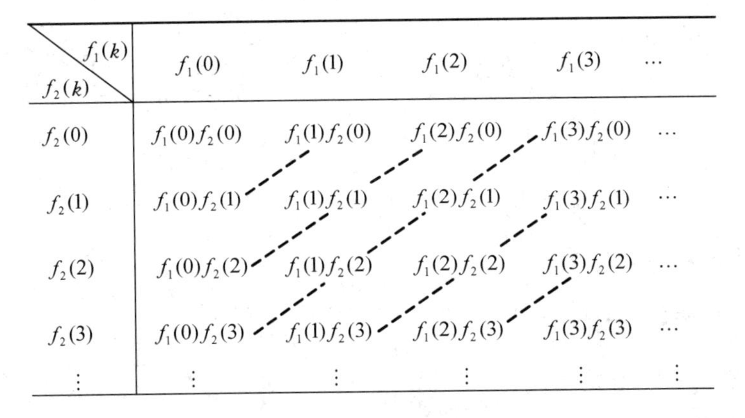

$f_2(k)$ \ $f_1(k)$	$f_1(0)$	$f_1(1)$	$f_1(2)$	$f_1(3)$	…
$f_2(0)$	$f_1(0)f_2(0)$	$f_1(1)f_2(0)$	$f_1(2)f_2(0)$	$f_1(3)f_2(0)$	…
$f_2(1)$	$f_1(0)f_2(1)$	$f_1(1)f_2(1)$	$f_1(2)f_2(1)$	$f_1(3)f_2(1)$	…
$f_2(2)$	$f_1(0)f_2(2)$	$f_1(1)f_2(2)$	$f_1(2)f_2(2)$	$f_1(3)f_2(2)$	…
$f_2(3)$	$f_1(0)f_2(3)$	$f_1(1)f_2(3)$	$f_1(2)f_2(3)$	$f_1(3)f_2(3)$	…
⋮	⋮	⋮	⋮	⋮	⋮

图 1-51　求卷积和的序列阵表

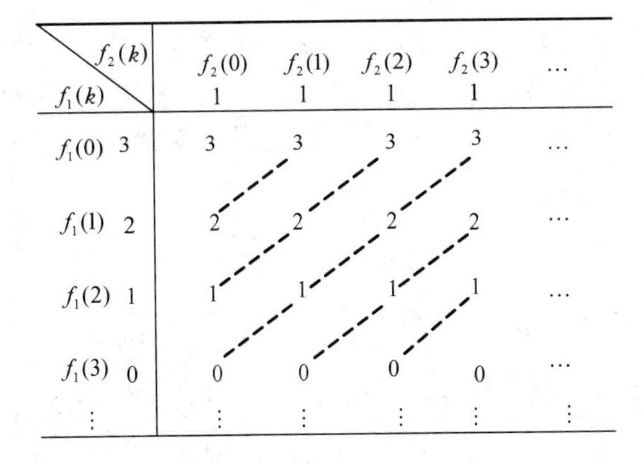

$f_1(k)$ \ $f_2(k)$	$f_2(0)$ 1	$f_2(1)$ 1	$f_2(2)$ 1	$f_2(3)$ 1	…
$f_1(0)$ 3	3	3	3	3	…
$f_1(1)$ 2	2	2	2	2	…
$f_1(2)$ 1	1	1	1	1	…
$f_1(3)$ 0	0	0	0	0	…
⋮	⋮	⋮	⋮	⋮	⋮

图 1-52　列表法求例题 1-7

由图 1-52 可得

$$f(k)=\{0,\ \underset{\substack{\uparrow\\ k=0}}{3},\ 5,\ 6,\ 6,\ 3,\ 1,\ 0\}$$

4. 卷积和的性质

卷积和的运算具有以下性质。

(1) 交换律：

$$f_1(k)*f_2(k)=f_2(k)*f_1(k) \tag{1-102}$$

(2) 分配律：

$$f_1(k)*[f_2(k)+f_3(k)]=f_1(k)*f_2(k)+f_1(k)*f_3(k) \tag{1-103}$$

(3) 结合律：

$$f_1(k)*[f_2(k)*f_3(k)]=[f_1(k)*f_2(k)]*f_3(k) \tag{1-104}$$

(4) 卷积和的差分：

$$\nabla[f_1(k)*f_2(k)]=\nabla f_1(k)*f_2(k)=f_1(k)*\nabla f_2(k) \tag{1-105}$$

(5) 卷积和的累加：

$$\sum_{m=-\infty}^{k}[f_1(m)*f_2(m)]=\left[\sum_{m=-\infty}^{k}f_1(m)\right]*f_2(k)=f_1(k)*\left[\sum_{m=-\infty}^{k}f_2(m)\right]\tag{1-106}$$

(6) $f(k)*\delta(k)=f(k)$ (1-107)

(7) $f(k)*\delta(k-k_0)=f(k-k_0)$ (1-108)

(8) $f(k)*u(k)=\sum_{i=-\infty}^{k}f(i)$ (1-109)

以上性质的证明比较简单,这里从略。

5*. [①] 反卷积

卷积的计算公式为

$$y(k)=f(k)*h(k)$$

前面讨论的都是已知 $f(k)$和 $h(k)$来求解 $y(k)$。而在许多实际问题中,常需要做逆运算,即给定 $y(k)$、$f(k)$来求 $h(k)$,或给定 $y(k)$、$h(k)$来求 $f(k)$。称这两类问题为反卷积或解卷积。

下面分析已知 $y(k)$和 $h(k)$,求 $f(k)$的问题(假设都为因果序列)。

前面已知卷积和的定义为

$$y(k)=f(k)*h(k)=\sum_{i=0}^{k}f(i)h(k-i)$$

将此式写为矩阵运算的形式,即

$$\begin{bmatrix}y(0)\\y(1)\\y(2)\\\vdots\\y(k)\end{bmatrix}=\begin{bmatrix}h(0)&0&0&\cdots&0\\h(1)&h(0)&0&\cdots&0\\h(2)&h(1)&h(0)&\cdots&0\\\vdots&\vdots&\vdots&\vdots&\vdots\\h(k)&h(k-1)&h(k-2)&\cdots&h(0)\end{bmatrix}\cdot\begin{bmatrix}f(0)\\f(1)\\f(2)\\\vdots\\f(k)\end{bmatrix}$$

解此矩阵,可以逐次求得 $f(k)$的值。即有

$$f(0)=y(0)/h(0)$$
$$f(1)=[y(1)-f(0)h(1)]/h(0)$$
$$f(2)=[y(2)-f(0)h(2)-f(1)h(1)]/h(0)$$
$$\cdots$$

以此规律类推,可得 $f(k)$的表达式为

$$f(k)=\left[y(k)-\sum_{i=0}^{k-1}f(i)h(k-i)\right]/h(0)\tag{1-110}$$

同理,已知 $y(k)$和 $f(k)$,则

$$h(k)=\left[y(k)-\sum_{i=0}^{k-1}h(i)f(k-i)\right]/f(0)\tag{1-111}$$

式(1-110)和式(1-111)即为反卷积的计算公式,利用计算机可以方便地求得其数值解。

对反卷积计算方法的研究目前已成为信号处理领域的一个重要课题。在各种时域算法之

注① *号表示这部分内容可以不作为课堂上的教学内容。

外，也可以利用变换域的方法来求反卷积，这将在第7章中详细介绍。

1.7　系统的基本知识

1.7.1　系统的定义

广义地说，系统就是由一些相互作用和相互依赖的事物组成的具有特定功能的整体，如通信系统、自动控制系统、机械系统等。

几乎在科学技术的每一个领域，为了简化信号的提取都必须进行信号处理，即对信号进行某种加工或变换，其目的是削弱信号中的多余内容，滤除噪声和干扰，或者将信号变换成容易分析和识别的形式，便于估计和选择其特征参量。系统可以看成是产生信号变换的任何过程。

在无线电电子学中，信号与系统之间有着十分密切的联系。离开了信号，系统将失去存在的意义。信号是消息的表现形式，并可看作是运载消息的工具，而系统则是完成对信号传输、加工处理的设备。系统的核心是输入、输出之间的关系（或者叫作运算功能）。

1.7.2　系统的分类

系统的分类错综复杂。通常有以下几种分类方式。

1. 连续时间系统与离散时间系统

若系统的输入和输出信号均为连续时间信号，则称此系统为连续时间系统，简称连续系统。一般地，由电阻、电感和电容组成的电路都是连续时间系统。

若系统的输入和输出信号均为离散时间信号，则称此系统为离散时间系统，简称离散系统。数字计算机就是典型的离散时间系统。

实际上，离散时间系统和连续时间系统常组合运用，此时称为混合系统。

2. 线性系统与非线性系统

凡能满足齐次性和可加性的系统都称为线性系统。齐次性的含义是当输入信号乘以某常数时，响应也会倍乘相应的常数。可加性是指当几个激励信号同时作用于系统时，总的输出等于每个激励单独作用所产生的响应之和；不满足齐次性或可加性的系统是非线性系统。

若电路中的无源元件全部是线性元件（如R、L、C），那么这样的电路系统一定是线性系统。但不能说由非线性元件组成的电路系统就一定是非线性系统。

3. 时变系统与时不变系统

如果系统的参数不随时间发生变化，则称此系统为时不变系统。如果系统的参量随时间改变，则称其为时变系统。

4. 可逆系统与不可逆系统

若系统在不同的激励信号作用下产生不同的响应，则称此系统为可逆系统。对于每个可逆系统，都存在一个“逆系统”，将原系统与此逆系统级联组合，组合后的输出信号与输入信号相同。如图1-53所示的系统可记为可逆系统。

$f(t)$ → $y(t)=2f(t)$ → $y(t)$ → $r(t)=\frac{1}{2}y(t)$ → $r(t)=f(t)$

图 1-53 可逆系统

可逆系统的概念在信号传输与处理技术中得到广泛应用。例如,在通信系统中,为满足某些要求,可将待传输的信号进行编码,在接收信号之后要恢复原信号,则此编码器就应当是一个可逆系统。

5. 即时系统与动态系统

如果系统在任意时刻的响应仅取决于该时刻的激励,而与它过去的工作状态无关,则称此系统为即时系统(或无记忆系统)。

如果系统在任意时刻的响应,不仅与该时刻的激励有关,而且与它过去的工作状态有关,则称为动态系统(或记忆系统)。

只由电阻元件组成的系统是即时系统,而凡是含有记忆元件(如电感、电容、磁芯等)的系统都属于动态系统。即时系统可以用代数方程来描述,动态系统则可用微分方程或差分方程来描述。本书主要讨论动态系统。

1.7.3 系统的连接

无论是连续时间系统还是离散时间系统,都是由一些部件按一定的规则连接起来的。一个复杂的系统也可以分解成一些相互连接的简单系统。

1. 级联(串联)

级联的特点是把系统 S_1 的输出当作系统 S_2 的输入,即 $f_2(t)=y_1(t)$,如图 1-54 所示。级联也可以在三个或三个以上子系统中进行。

2. 并联

并联的特点是:两个子系统的输入信号是相同的,系统的输出等于两个子系统输出的和,即 $y(t)=y_1(t)+y_2(t)$,如图 1-55 所示。并联也可以在多个子系统中进行。

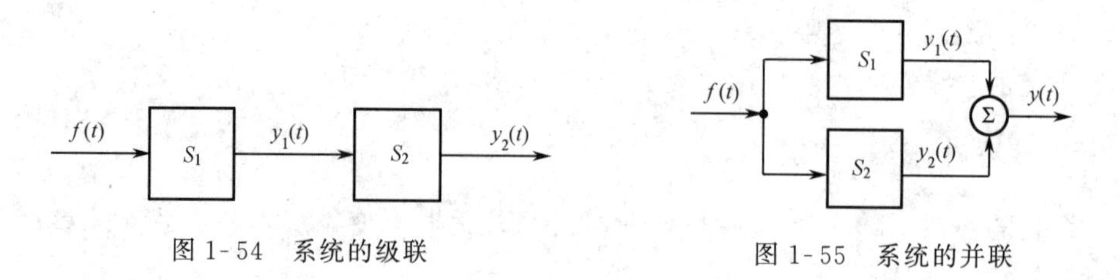

图 1-54 系统的级联

图 1-55 系统的并联

3. 混联

将级联与并联结合在一起,可以得到一个更为复杂的混联系统。图 1-56 所示即为一个混联系统。

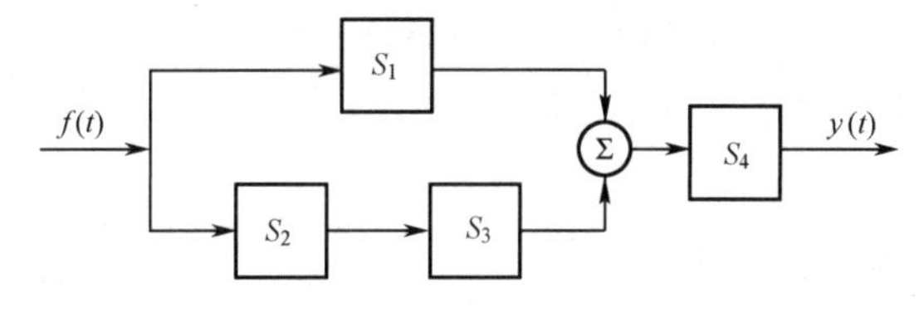

图 1-56　混联系统

1.7.4　系统的描述

分析一个系统，首先要建立系统的模型(所谓模型，就是系统基本特性的数学抽象，它以数学表达式来表征系统的特性。因此，系统的模型又称数学模型)，然后用数学方法求出解，并对所得结果赋予实际的意义。概括来说，系统分析的过程就是将实际的物理问题抽象为数学模型，经数学解析后再回到物理实际的过程。

1. 数学模型

描述连续系统的数学模型是微分方程，而描述离散系统的数学模型是差分方程。

例题 1-8：如图 1-57 所示的 RLC 串联电路，电压源 $f(t)$ 为激励，求电容两端的电压 $v_C(t)$。

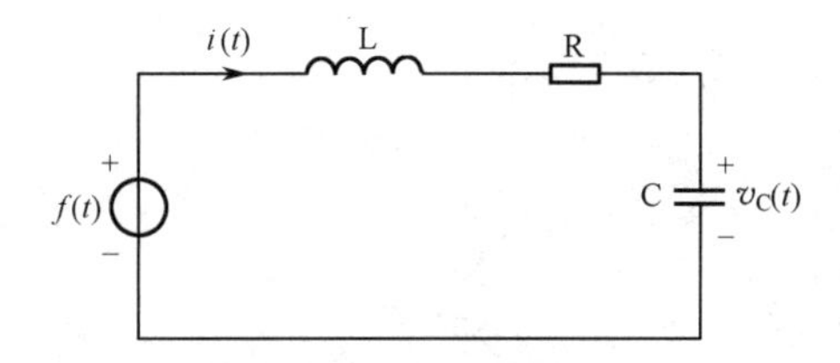

图 1-57　RLC 串联电路

解：根据 KVL 定律，列写回路电压方程

$$v_L(t)+v_R(t)+v_C(t)=f(t) \tag{1-112}$$

根据各元件电流与电压的关系，有

$$i(t)=Cv'_C(t)$$

$$v_R(t)=Ri(t)=RCv'_C(t)$$

$$v_L(t)=Li'(t)=LCv''_C(t)$$

将以上关系式代入式(1-112)，得

$$LCv''_C(t)+RCv'_C(t)+v_C(t)=f(t) \tag{1-113}$$

式(1-113)就是图 1-57 所示系统的数学模型，它是一个二阶线性微分方程。该微分方程的阶数就是系统的阶数，也就是系统中所包含的独立储能元件的个数。

系统模型的建立是有一定条件的。对于同一个物理系统，在不同的条件下，可以得到不同形式的数学模型。另外，即使工作条件一定，系统的数学模型也并不是唯一的。

例题 1-9：假如每对兔子每月可生育一对小兔，新生的小兔要隔一个月才具有生育能力。若第一个月只有一对新生小兔，求第 k 个月兔子对的数目是多少？

解：设 $y(k)$ 表示在第 k 个月兔子对的数目。已知 $y(0)=0$，$y(1)=1$，显然可推出 $y(2)=1$，

$y(3)=2, y(4)=3, y(5)=5\cdots$并可以推出在第 k 个月,有 $y(k-2)$对兔子具有生育能力,因此这些兔子对要从 $y(k-2)$对变成 $2y(k-2)$对。此外,还有$[y(k-1)-y(k-2)]$对兔子没有生育能力,所以有

$$y(k)=2y(k-2)+[y(k-1)-y(k-2)]$$

整理得

$$y(k)=y(k-1)+y(k-2) \tag{1-114}$$

这是著名的斐波那契(Fibonacci)序列,这个序列中的某个样值等于它的前两个样值之和。

2. 系统框图

除了用数学方程,还可用框图表示系统的激励与响应之间的数学运算关系。

表示系统功能的基本元件有积分器(用于连续系统)或延迟单元(用于离散系统)、数乘器、加法器。对于连续时间系统,有时还需使用延迟时间为 T 的延时器。它们的表示符号如图 1-58 所示。

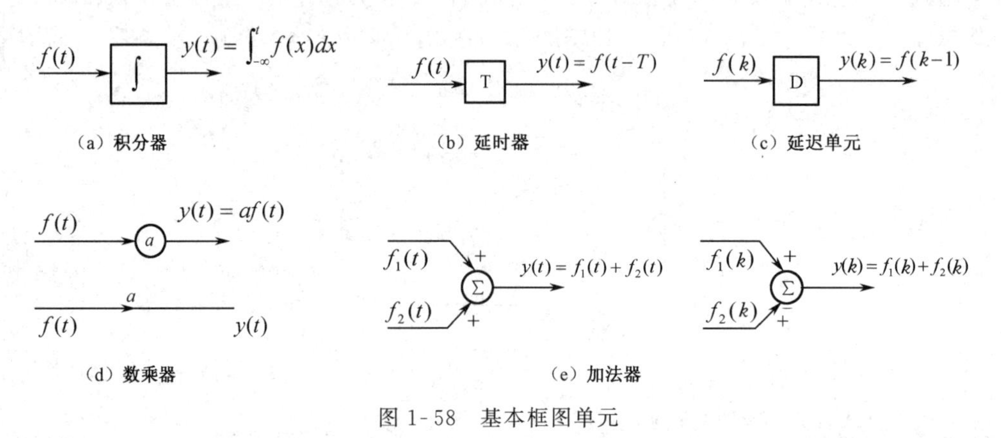

图 1-58 基本框图单元

图 1-58 中的数乘器对于离散时间系统同样适用。

例题 1-10: 某连续时间系统的框图如图 1-59 所示,写出该系统的微分方程。

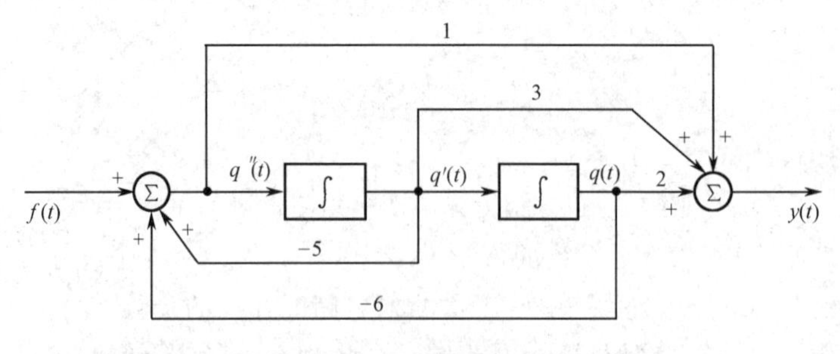

图 1-59 连续时间系统框图

解:此系统框图有两个积分器,故描述该系统的是二阶微分方程。设右边积分器的输出为 $q(t)$,则各积分器的输入分别为 $q'(t)$、$q''(t)$。

左边加法器的输出为

$$q''(t)=-5q'(t)-6q(t)+f(t)$$

整理得

$$q''(t)+5q'(t)+6q(t)=f(t) \tag{1-115}$$

右边加法器的输出为

$$q''(t)+3q'(t)+2q(t)=y(t) \tag{1-116}$$

将式(1-115)和式(1-116)中的中间变量 $q(t)$ 消掉，得

$$y''(t)+5y'(t)+6y(t)=f''(t)+3f'(t)+2f(t) \tag{1-117}$$

例题 1-11： 某离散时间系统的框图如图 1-60 所示，求其描述的差分方程。

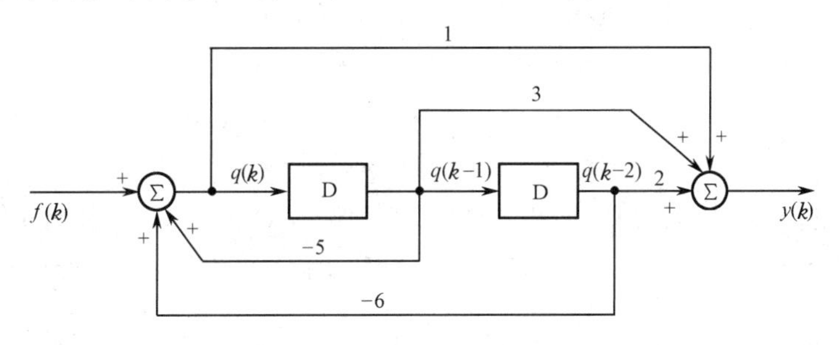

图 1-60　离散时间系统框图

解：由于该系统框图有两个延迟单元，所以系统是二阶系统。设左边延迟单元的输入信号为 $q(k)$，则各延迟单元的输出分别为 $q(k-1)$、$q(k-2)$。

左边加法器的输出为

$$q(k)=-5q(k-1)-6q(k-2)+f(k)$$

整理得

$$q(k)+5q(k-1)+6q(k-2)=f(k) \tag{1-118}$$

右边加法器的输出为

$$q(k)+3q(k-1)+2q(k-2)=y(k) \tag{1-119}$$

将中间变量 $q(k)$ 消掉，得

$$y(k)+5y(k-1)+6y(k-2)=f(k)+3f(k-1)+2f(k-2) \tag{1-120}$$

式(1-120)即为图 1-60 所示离散时间系统框图的方程，称为差分方程。

由上述例题可见，已知系统的框图，列写其微分方程或差分方程的一般步骤包括以下三步。

(1) 选中间变量 $q(t)$ 或 $q(k)$。对于连续时间系统，设其最右边积分器的输出端为 $q(t)$；对于离散时间系统，设其最左边延迟单元的输入为 $q(k)$。

(2) 写出各加法器输出信号的方程。

(3) 消掉中间变量 $q(t)$ 或 $q(k)$。

1.8　系统的特性

1.7 节已经介绍过系统可以分为很多类，本书主要讨论线性时不变(Linear Time-Invariant，LTI)系统的特性。下面以 LTI 连续时间系统为例进行具体说明。

1. 线性

线性包含两个内容:齐次性和可加性。

齐次性(或均匀性)的概念为:若 $f(t)\rightarrow y(t)$,则 $af(t)\rightarrow ay(t)$。式中,a 为任意实数。其具体意义是,如果系统输入增加 a 倍,则输出也增大 a 倍。

可加性的概念为:若 $f_1(t)\rightarrow y_1(t)$,$f_2(t)\rightarrow y_2(t)$,则 $f_1(t)+f_2(t)\rightarrow y_1(t)+y_2(t)$。其具体意义是,如果有几个输入同时作用于系统,则系统总的输出等于各输入独自引起的输出之和。

把这两个性质结合在一起,即有

若 $f_1(t)\rightarrow y_1(t)$,$f_2(t)\rightarrow y_2(t)$,则

$$a_1f_1(t)+a_2f_2(t)\rightarrow a_1y_1(t)+a_2y_2(t) \tag{1-121}$$

式中,a_1 和 a_2 为任意实常数。式(1-121)称为线性或叠加性。

动态连续系统的响应不仅取决于系统的激励 $f(t)$ $(t\geqslant 0)$,而且与系统的初始状态 $x(0)$有关。初始状态可以看作系统的另一种形式的激励,这样系统的响应取决于两种不同的激励。

根据电路分析的理论,设激励信号为零,仅由初始状态引起的响应为零输入响应$y_{zi}(t)$;设初始状态为零,仅由输入信号 $f(t)$引起的响应为零状态响应 $y_{zs}(t)$。线性系统的全响应为

$$y(t)=y_{zi}(t)+y_{zs}(t)$$

线性系统的这一性质称为分解特性。

线性系统除了满足分解特性,其零输入响应和零状态响应还必须都满足线性关系。

1) 零输入线性

当系统有多个初始状态时,其零输入响应是由各初始状态独自引起的响应的代数和。

即,若 $x_1(0)\rightarrow y_{zi1}(t)$,$x_2(0)\rightarrow y_{zi2}(t)$,则有

$$a_1x_1(0)+a_2x_2(0)\rightarrow a_1y_{zi1}(t)+a_2y_{zi2}(t) \tag{1-122}$$

2) 零状态线性

当系统有多个输入时,其零状态响应是由各输入独自引起的零状态响应的代数和。

即,若 $f_1(t)\rightarrow y_{zs1}(t)$,$f_2(t)\rightarrow y_{zs2}(t)$,则有

$$b_1f_1(t)+b_2f_2(t)\rightarrow b_1y_{zs1}(t)+b_2y_{zs2}(t) \tag{1-123}$$

综上所述,一个线性系统既具有分解特性,又具有零输入线性和零状态线性。线性性质是线性系统所具有的本质性质,是分析和研究线性系统的重要基础。

2. 时不变性

时不变性是指系统的零状态输出波形仅取决于输入波形与系统特性,而与输入信号接入系统的时间无关。

即,若 $f(t)\rightarrow y_{zs}(t)$,则有

$$f(t-t_d)\rightarrow y_{zs}(t-t_d) \tag{1-124}$$

式中,t_d 为输入信号延迟的时间,如图 1-61 所示,称这样的系统为时不变系统。离散系统时不变性的定义与此类似。

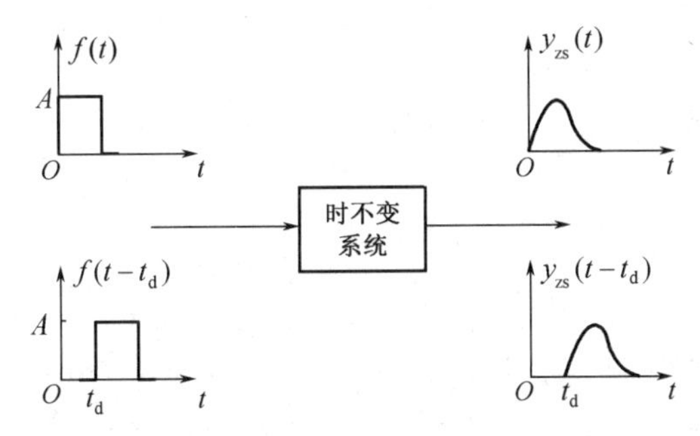

图1-61　时不变性

LTI连续时间系统还具有微分和积分特性。即，若$f(t) \to y_{zs}(t)$，则有

$$\frac{\mathrm{d}f(t)}{\mathrm{d}t} \to \frac{\mathrm{d}y_{zs}(t)}{\mathrm{d}t} \tag{1-125}$$

$$\int_{-\infty}^{t} f(x)\mathrm{d}x \to \int_{-\infty}^{t} y_{zs}(x)\mathrm{d}x \tag{1-126}$$

3. 因果性

系统的输出是由输入引起的，它的输出不能领先于输入，称这种性质为因果性。因果系统在任何时刻的输出仅取决于现在与过去的输入，而与将来的输入无关。

对任意时刻t_0（一般可选$t_0=0$）和任意输入$f(t)$，如果$f(t)=0(t<t_0)$，其零状态响应$y_{zs}(t)=0(t<t_0)$成立，则称该系统为因果系统，否则称其为非因果系统。

许多以时间为自变量的实际系统都是因果系统，如收音机、电视机、数据采集系统等。需要指出的是，自变量不是时间，因果就会失去意义。

4. 稳定性

如果系统的输入有界（即幅值为有限值），零状态响应也有界时，则称这一性质为稳定性，具有这一性质的系统叫作稳定系统。反之，若系统的输入有界且输出无界（无限值），则称这种系统为不稳定系统。

若系统的激励$|f(t)|<\infty$，其零状态响应$|y_{zs}(t)|<\infty$成立，则称该系统是稳定的。

例题1-12：某系统的全响应为$y(t)=ax(0)+b\int_0^t f(\tau)\mathrm{d}\tau, t\geqslant 0$，式中，$a$、$b$为常量，$x(0)$为初始状态，在$t=0$时接入激励$f(t)$，判断上述系统是不是线性的、时不变的。

解：从题目中可以看出该系统显然满足分解特性。其零输入响应和零状态响应分别为

$$y_{zi}(t)=ax(0),\quad y_{zs}(t)=b\int_0^t f(\tau)\mathrm{d}\tau$$

（1）判断$y_{zi}(t)$。

当初始状态为$x_1(0)$时，$y_{zi1}(t)=ax_1(0)$；

当初始状态为$x_2(0)$时，$y_{zi2}(t)=ax_2(0)$；

当初始状态为$x_3(0)=a_1x_1(0)+a_2x_2(0)$时，

$$y_{zi3}(t)=ax_3(0)=a_1\cdot ax_1(0)+a_2\cdot ax_2(0)=a_1y_{zi1}(t)+a_2y_{zi2}(t)$$

因此，零输入响应$y_{zi}(t)$满足线性条件。

(2) 判断 $y_{zs}(t)$。

当激励为 $f_1(t)$时，$y_{zs1}(t)=b\int_0^t f_1(\tau)\mathrm{d}\tau$；

当激励为 $f_2(t)$时，$y_{zs2}(t)=b\int_0^t f_2(\tau)\mathrm{d}\tau$；

当激励为 $f_3(t)=b_1f_1(t)+b_2f_2(t)$时，

$$\begin{aligned}y_{zs3}(t)&=b\int_0^t f_3(\tau)\mathrm{d}\tau=b_1\cdot b\int_0^t f_1(\tau)\mathrm{d}\tau+b_2\cdot b\int_0^t f_2(\tau)\mathrm{d}\tau\\&=b_1y_{zs1}(t)+b_2y_{zs2}(t)\end{aligned}$$

因此,零状态响应 $y_{zs}(t)$满足线性条件。

综上可知,该系统是线性系统。

(3) 判断时不变性

设 $f_d(t)=f(t-t_d),t\geqslant t_d$,即 $f_d(t)$比 $f(t)$延迟了 $t_d(t_d>0)$。

则其零状态响应为 $y_{zsd}(t)=b\int_0^t f(\tau-t_d)\mathrm{d}\tau(t\geqslant t_d)$。

令 $x=\tau-t_d$,则 $\mathrm{d}x=\mathrm{d}\tau$,代入上式得

$$y_{zsd}(t)=b\int_{-t_d}^{t-t_d}f(x)\mathrm{d}x$$

由于 $f(t)$是在 $t=0$ 时接入系统的,在 $t<0$ 时,$f(t)=0$,故上式可改写为

$$y_{zsd}(t)=b\int_0^{t-t_d}f(x)\mathrm{d}x=y_{zs}(t-t_d)$$

因此,系统是时不变的。

例题 1-13: 已知 $y_{zs}(k)=(k-2)f(k)$,判断系统是不是线性的、时不变的、因果的、稳定的。

解:

(1) 当激励为 $f_1(k)$时,$y_{zs1}(k)=(k-2)f_1(k)$;

当激励为 $f_2(k)$时,$y_{zs2}(k)=(k-2)f_2(k)$;

当激励为 $f_3(k)=a_1f_1(k)+a_2f_2(k)$时,

$$\begin{aligned}y_{zs3}(k)&=(k-2)f_3(k)\\&=(k-2)[a_1f_1(k)+a_2f_2(k)]\\&=a_1(k-2)f_1(k)+a_2(k-2)f_2(k)\\&=a_1y_{zs1}(k)+a_2y_{zs2}(k)\end{aligned}$$

因此,系统是线性的。

(2) 设 $f_d(k)=f(k-k_d)$,则

$$\begin{aligned}y_{zsd}(k)&=(k-2)f_d(k)=(k-2)f(k-k_d)\\&\neq y_{zs}(k-k_d)=(k-k_d-2)f(k-k_d)\end{aligned}$$

因此,系统是时变的。

(3) 当 $k<k_0$ 时,若 $f(k)=0$,则此时有

$$y_{zs}(k)=(k-2)f(k)=0$$

因此,系统为因果的。

(4) 若$|f(k)|<\infty$,则有

$$|y_{zs}(k)|=|(k-2)f(k)|=|k-2|\cdot|f(k)|$$

由于$|y_{zs}(k)|$随着$|k-2|$的增长而增大，所以系统不稳定。

1.9 LTI系统的分析方法

在系统分析中，对LTI系统的分析具有重要意义。在实际应用中，不仅需要对线性时不变系统进行分析，而且由于一些非线性系统或时变系统在限定范围与指定条件下也遵循线性时不变的规律，所以也不能忽视它们。线性时不变系统的分析方法是研究非线性系统和时变系统的基础。下面就线性时不变系统的分析方法做一概述。

1. 输入—输出描述法与状态变量描述法

系统数学模型的描述方法可以分为两大类型：一类是输入—输出描述法，另一类是状态变量描述法。

输入—输出描述法着眼于系统的激励与响应之间的关系，而不关心系统内部的状态变量。LTI连续时间系统的输入—输出关系用常系数微分方程来描述，而LTI离散时间系统的输入—输出关系则是用差分方程来描述。

状态变量描述法不仅关心输入和输出之间的关系，也关心系统内部的状态变量。状态变量描述法的数学模型是状态方程和输出方程。

输入—输出描述法是基础，它的主要概念和方法在状态变量法中都要用到；状态变量描述法对于多输入、多输出系统的分析常显示出优越性。此外，状态变量描述法还适用于计算机求解。

2. 时域分析法与变换域法

LTI系统数学模型的求解和分析方法可统一分为时域分析法和变换域法两类。

时域分析法直接分析时间变量函数，研究系统的时域特性。也就是说，求解系统的响应完全是在时域中进行。对于用输入—输出描述法描述的数学模型，可以利用经典法求解方程；对于用状态变量描述法描述的数学模型，则需要求解矩阵方程。在LTI系统的时域分析中，卷积方法也是一种重要的方法。

变换域法是将信号与系统模型的时间变量函数变换为相应变换域的变量函数。例如，频域分析法把时间函数变换为频率函数；复频域分析法和z域分析法分别把时间函数变换为复频率函数和数字频率函数。变换域法可以将时域分析中的微分方程和差分方程转化成代数方程，把卷积运算变换为乘积，从而使得解决实际问题更加简便。

本书后续章节将按照先输入—输出描述后状态变量描述、先连续后离散、先时域后变换域的顺序，研究LTI系统的基本分析方法，初步介绍这些方法在信号传输与处理方面的应用。

习 题

1-1 画出下列信号的波形。

(1) $f(t)=u(\sin t)$　　(2) $f(t)=\mathrm{sgn}(\sin\pi t)$

(3) $f(t)=r(\sin t)$　　(4) $f(k)=2^k u(k)$

(5) $f(t)=\cos t\cdot\mathrm{sgn}t$　　(6) $f(k)=\sin\left(\frac{k\pi}{4}\right)u(k)$

1-2　画出下列信号的波形。

(1) $f(t)=2u(t+1)-3u(t-1)+u(t-2)$

(2) $f(t)=r(t)-2r(t-1)+r(t-2)$

(3) $f(t)=u(t)r(2-t)$

(4) $f(t)=r(t)u(2-t)$

(5) $f(t)=\cos(10\pi t)[u(t-1)-u(t-2)]$

(6) $f(t)=\sin\pi(t-1)[u(2-t)-u(-t)]$

1-3　判断下列信号是否为周期信号;如果是周期信号,试确定信号的周期。

(1) $f(t)=a\cos t+b\sin 2t$　　(2) $f(t)=a\cos t+b\sin\pi t$

(3) $f(t)=e^{j(\pi t-1)}$　　(4) $f(k)=e^{j\frac{\pi}{3}k}$

(5) $f(t)=[5\sin(8t)]^2$　　(6) $f(k)=\cos^2\left(\frac{\pi}{8}k\right)$

(7) $f(k)=\sin\left(\frac{3\pi}{5}k\right)$　　(8) $f(k)=\sum\limits_{m=-\infty}^{\infty}[\delta(k-3m)-\delta(k-1-3m)]$

1-4　已知信号 $f(t)$ 的波形如图 1-62 所示,试画出下列函数的波形。

(1) $f(1-2t)$　　(2) $f(0.5t)u(2-t)$

(3) $\frac{\mathrm{d}}{\mathrm{d}t}f(t)$　　(4) $\int_{-\infty}^{t}f(x)\mathrm{d}x$

1-5　已知信号 $f(t+1)$ 的波形如图 1-63 所示,试分别画出 $f(t)$ 和 $\frac{\mathrm{d}}{\mathrm{d}t}\left[f\left(\frac{t}{2}-1\right)\right]$ 的波形。

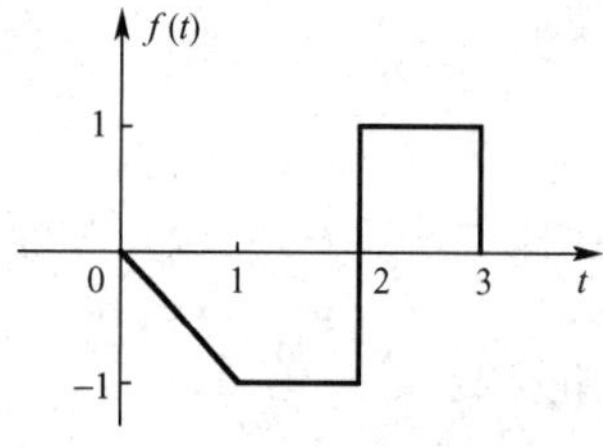

图 1-62　习题 1-4 的图

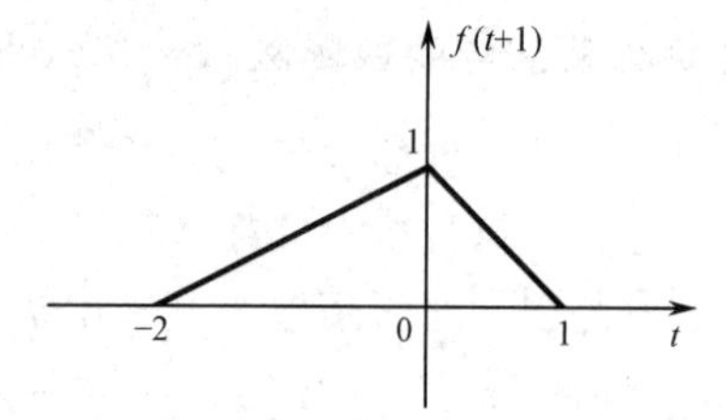

图 1-63　习题 1-5 的图

1-6　已知 $f(1-2t)$ 的波形如图 1-64 所示,试画出 $f(t)$ 的波形。

1-7　已知 $f(t)$ 的波形如图 1-65 所示,试画出 $f\left(2-\frac{t}{3}\right)$ 的波形图。

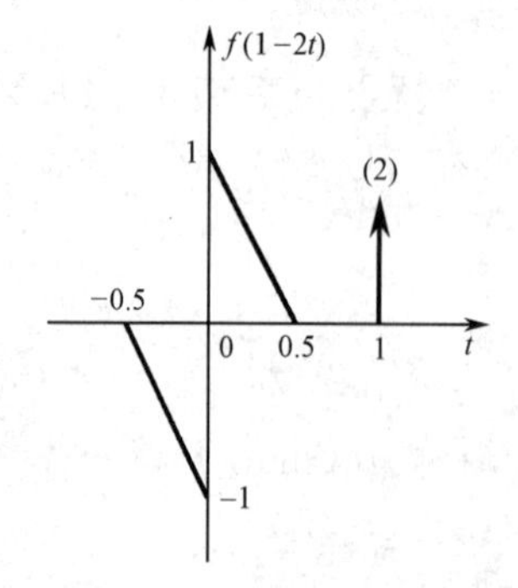

图 1-64　习题 1-6 的图

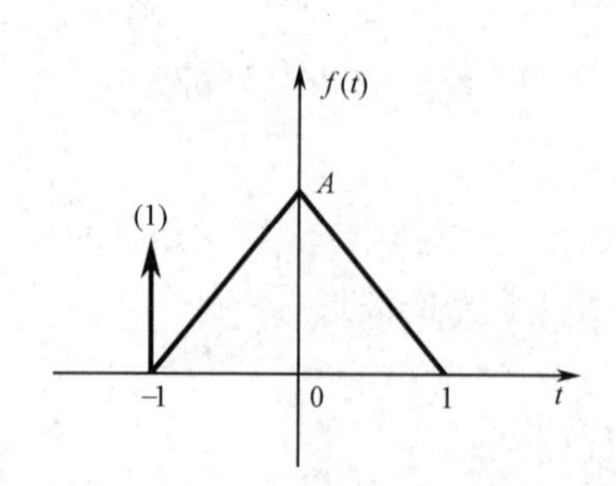

图 1-65　习题 1-7 的图

1-8　求序列 $f(k)=ku(k)$ 的一阶后向差分 $\nabla f(k)$，并画出 $\nabla f(k)$ 的波形。

1-9　已知信号的波形如图1-66所示，试写出它们的表达式。

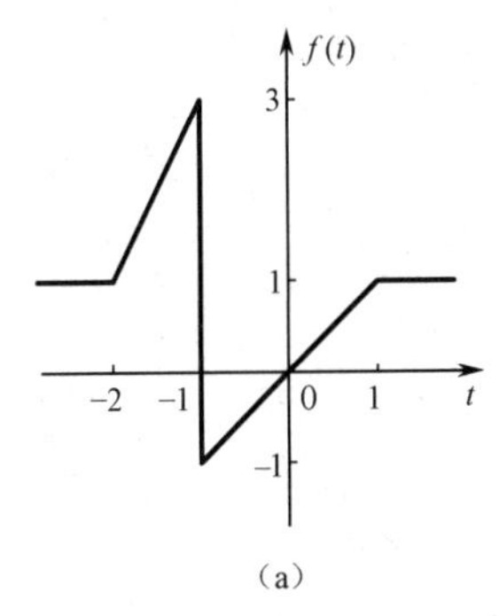

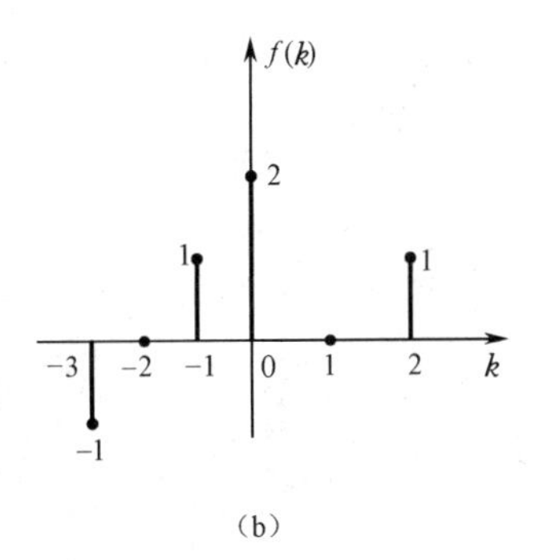

图1-66　习题1-9的图

1-10　计算下列各题。

(1) $\int_{-5}^{5}(2t^2+t-5)\delta(3-t)\mathrm{d}t$　　(2) $\int_{-\infty}^{\infty}(3t^2+t-5)\delta(2t-3)\mathrm{d}t$

(3) $\int_{-1}^{5}\left(t^2+t-\sin\frac{\pi}{4}t\right)\delta(t+2)\mathrm{d}t$　　(4) $\int_{-4}^{4}(t^2+1)[\delta(t+5)+\delta(t)+\delta(t-2)]\mathrm{d}t$

(5) $\int_{-\infty}^{\infty}(t^3+2t^2-2t+1)\delta'(t-1)\mathrm{d}t$　　(6) $\frac{\mathrm{d}}{\mathrm{d}t}[\mathrm{e}^{-t}u(t)]$

(7) $(1-t)\frac{\mathrm{d}}{\mathrm{d}t}[\mathrm{e}^{-t}\delta(t)]$　　(8) $\int_{-\infty}^{\infty}(t^2+2)\delta\left(\frac{t}{2}\right)\mathrm{d}t$

(9) $\int_{-\infty}^{t}\mathrm{e}^{-x}[\delta(x)+\delta'(x)]\mathrm{d}x$　　(10) $\int_{-\infty}^{\infty}\delta(t^2-1)\mathrm{d}t$

(11) $\int_{0}^{10}\delta(t^2-4)\mathrm{d}t$　　(12) $\int_{-\infty}^{t}(x^2+x+1)\delta\left(\frac{x}{2}\right)\mathrm{d}x$

1-11　计算下列信号的卷积积分。

(1) $f_1(t)=\mathrm{e}^{-2t}u(t)$，$f_2(t)=u(t)$

(2) $f_1(t)=u(t+2)$，$f_2(t)=u(t-3)$

(3) $f_1(t)=\mathrm{e}^{-2t}u(t+1)$，$f_2(t)=u(t-3)$

(4) $f_1(t)=\mathrm{e}^{-at}u(t)$，$f_2(t)=\sin tu(t)$

1-12　计算下列信号的卷积和。

(1) $f_1(k)=3^ku(k)$，$f_2(k)=2^ku(k)$

(2) $f_1(k)=3^ku(-k)$，$f_2(k)=2^ku(-k)$

(3) $f_1(k)=3^{-k}u(-k)$，$f_2(k)=2^{-k}u(-k)$

(4) $f_1(k)=u(k)$，$f_2(k)=[5(0.5)^k+2(0.2)^k]u(k)$

1-13　已知函数 $f_1(t)$、$f_2(t)$ 的波形如图1-67所示，试画出 $f(t)=f_1(t)*f_2(t)$ 的波形。

1-14　设 $\gamma(t)=\mathrm{e}^{-t}u(t)*\sum_{i=-\infty}^{\infty}\delta(t-3i)$，证明 $\gamma(t)=A\mathrm{e}^{-t}$，$0\leqslant t\leqslant 3$，并求出 A 的值。

1-15　已知函数 $f_1(t)$ 和 $f_2(t)$ 的波形如图1-68所示，试求互相关函数 $R_{12}(\tau)$、$R_{21}(\tau)$。

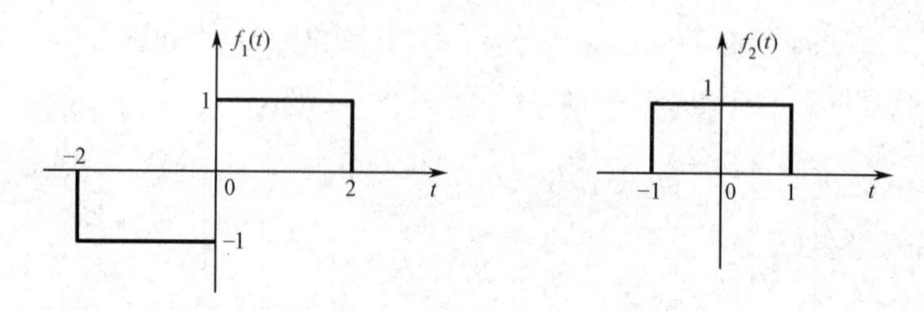

图 1-67 习题 1-13 的图

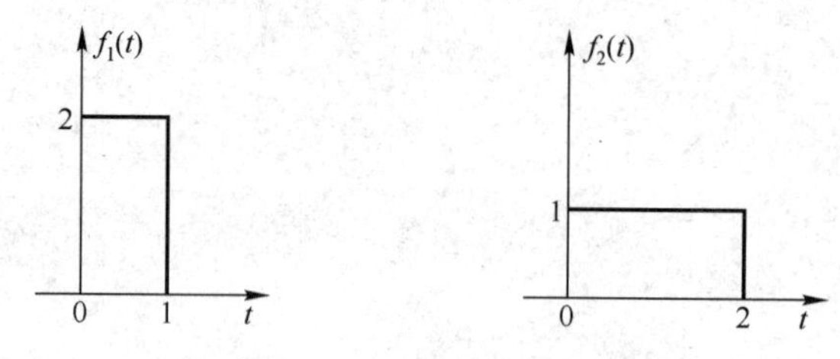

图 1-68 习题 1-15 的图

1-16 已知 $f(t)*tu(t)=(t+\mathrm{e}^{-t}-1)u(t)$,试求 $f(t)$。

1-17 现有两条生产电视机的生产线 A 和 B。生产线 A 每批生产 3 台电视机,依照统计所得的数据,其中有故障的电视机台数 a 和它的相应概率 $p[a]$ 如表 1-1 数据所示。例如,$a=1$、$p[a]=0.3$ 这一行数据表示在 3 台电视机中有 1 台发生故障的概率为 0.3。同样,生产线 B 生产的电视机中发生故障的台数 b 和它的相应概率 $p[b]$ 也在表中给出。如果把这两条生产线生产的各一批电视机合放在一起,试求 7 台电视机中各种可能故障情况的概率。

表 1-1 习题 1-17 的表

A 生产线有故障的电视机台数 a	A 生产线有故障电视机台数 a 的概率 $p[a]$	B 生产线有故障的电视机台数 b	B 生产线有故障电视机台数 b 的概率 $p[b]$
0	0.4	0	0.3
1	0.3	1	0.2
2	0.2	2	0.2
3	0.1	3	0.2
		4	0.1

1-18 图 1-69 给出的是理想的火箭推动器模型。火箭质量为 m_1,荷载舱质量为 m_2,二者中间用刚度系数为 k 的弹簧相连。火箭和荷载舱各自受到摩擦力的作用,摩擦系数分别为 μ_1 和 μ_2。试列写出火箭推动力 $f(t)$ 与荷载舱运动速度 $v(t)$ 之间的微分方程。

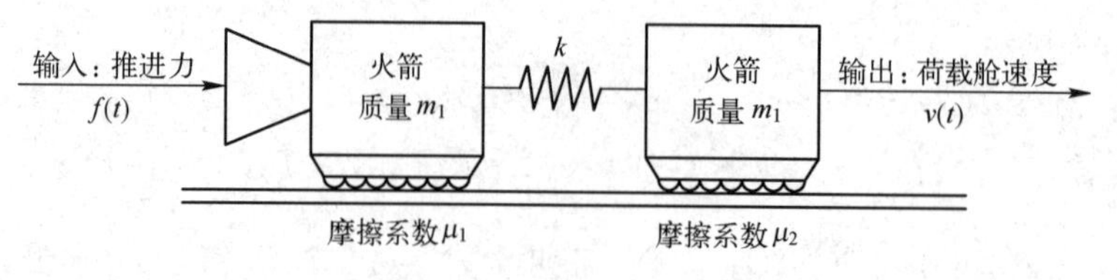

图 1-69 习题 1-18 的图

1-19　如图1-70所示的电路，$u_S(t)$为输入电压。

(1) 写出以$u_C(t)$为响应的微分方程。

(2) 写出以$i_L(t)$为响应的微分方程。

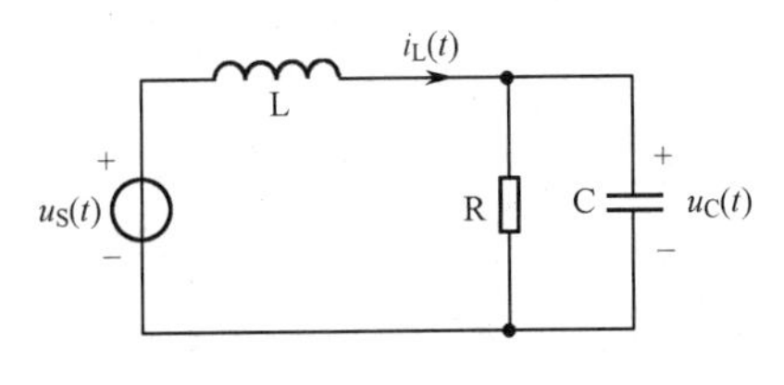

图1-70　习题1-19的图

1-20　设某地区人口的正常出生率为α，死亡率为β，第k年从外地迁入的人口为$f(k)$。若令该地区第k年的人口为$y(k)$，试写出$y(k)$的差分方程。

1-21　试写出图1-71所示各系统的微分或差分方程。

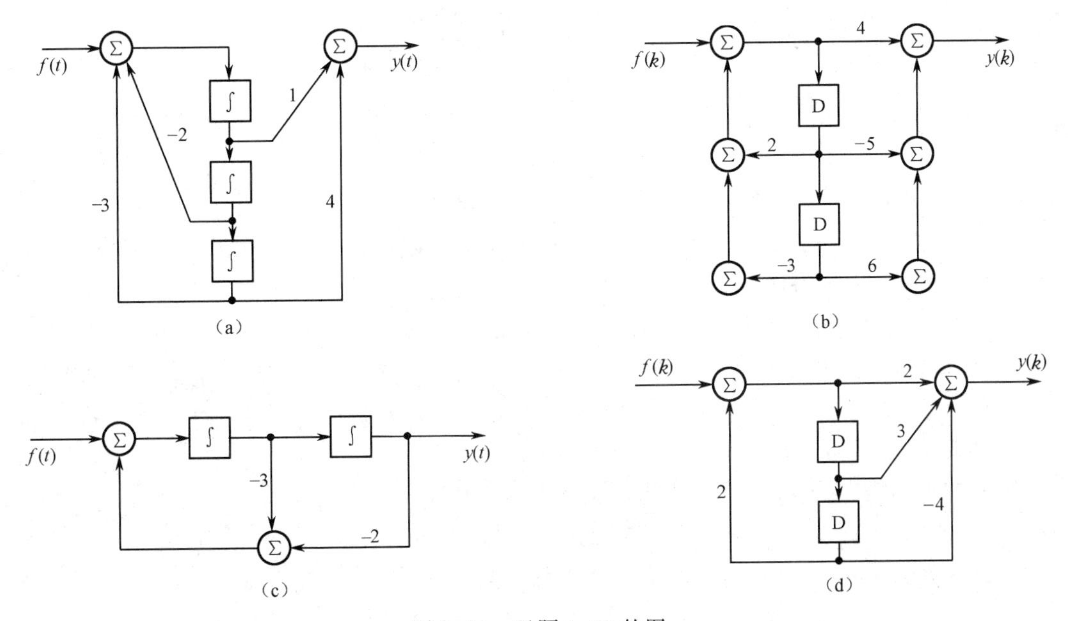

图1-71　习题1-21的图

1-22　试分析下列各系统是否线性。式中的$x(0)$为初始状态，$f(t)$或$f(k)$为激励信号。

(1) $y(t)=\mathrm{e}^{-t}x(0)+\int_0^t \sin x f(x)\mathrm{d}x$

(2) $y(t)=\sin[x(0)t]+\int_0^t f(x)\mathrm{d}x$

(3) $y(k)=kx(0)+\sum_{j=0}^{k}f(j)$

1-23　判断下列方程所描述的系统是不是线性的、时不变的。

(1) $y'(t)+\sin t\cdot y(t)=f(t)$

(2) $y(k)+y(k-1)y(k-2)=f(k)$

1-24 已知系统的输入和输出关系如下,判断各系统的线性、时不变性、因果性、稳定性。

(1) $y_{zs}(t)=f(1-t)$

(2) $y_{zs}(k)=f(k)f(k-1)$

(3) $y_{zs}(k)=(k-2)f(k)$

(4) $y_{zs}(t)=3f(2t)$

1-25 已知系统的输入和输出关系为

$$y(t)=|f(t)-f(t-1)|$$

(1) 判断系统的线性、时不变性、因果性、稳定性。

(2) 当输入为图1-72所示信号时,画出响应 $y(t)$ 的波形。

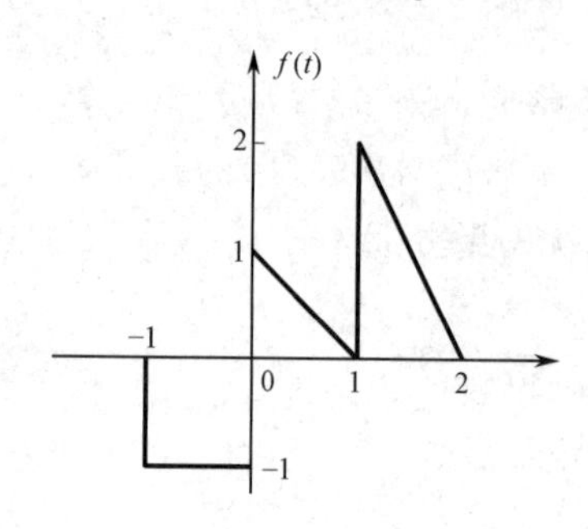

图1-72 习题1-25的图

1-26 某LTI连续时间系统,当激励 $f(t)=u(t)$ 时,其零状态响应 $y_{zs}(t)=e^{-2t}u(t)$。试求:

(1) 输入为冲激函数 $\delta(t)$ 时的零状态响应;

(2) 输入为斜升函数 $tu(t)$ 时的零状态响应。

1-27 某LTI连续时间系统,其初始状态固定不变。当激励为 $f(t)$ 时,系统的全响应为 $y_1(t)=[e^{-t}+\cos(\pi t)]u(t)$;当激励为 $2f(t)$ 时,其全响应为 $y_2(t)=[2\cos(\pi t)]u(t)$。当激励为 $3f(t)$ 时,求系统的全响应 $y_3(t)$。

1-28 某二阶LTI连续时间系统的初始状态为 $x_1(0)$ 和 $x_2(0)$,已知

当 $x_1(0)=1$、$x_2(0)=0$ 时,其零输入响应为 $y_{zi1}(t)=e^{-t}+e^{-2t}$, $t\geqslant 0$;

当 $x_1(0)=0$、$x_2(0)=1$ 时,其零输入响应为 $y_{zi2}(t)=e^{-t}-e^{-2t}$, $t\geqslant 0$;

当 $x_1(0)=1$、$x_2(0)=-1$,输入为 $f(t)$ 时,其全响应为 $y(t)=2+e^{-t}$, $t\geqslant 0$。

求:当 $x_1(0)=3$、$x_2(0)=2$、输入为 $2f(t)$ 时的全响应。

1-29 如图1-73所示,已知初始状态为零时的LTI连续时间系统,输入为 $f_1(t)$ 时对应的输出为$y_1(t)$,当输入分别为 $f_2(t)$、$f_3(t)$ 时,画出对应的输出 $y_2(t)$、$y_3(t)$ 的波形。

1-30 某线性时不变因果系统,当激励 $f_1(t)=u(t)$ 时,全响应为 $y_1(t)=(3e^{-t}+4e^{-2t})u(t)$;当激励 $f_2(t)=2u(t)$ 时,全响应为 $y_2(t)=(5e^{-t}-3e^{-2t})u(t)$。求在相同的初始条件下,激励 $f_3(t)$ 波形如图1-74所示时的全响应 $y_3(t)$。

1-31 某LTI离散时间系统,已知当激励为如图1-75(a)所示的信号 $f_1(k)$ 时,其零状态响应如图1-75(b)所示。求当激励为图1-75(c)所示的信号 $f_2(k)$ 时,系统的零状态响应 $y_{zs2}(k)$。

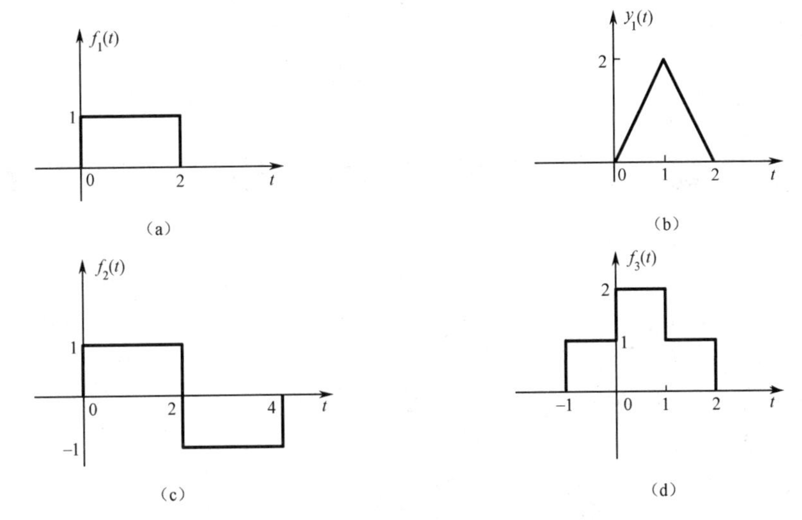

图 1-73　习题 1-29 的图

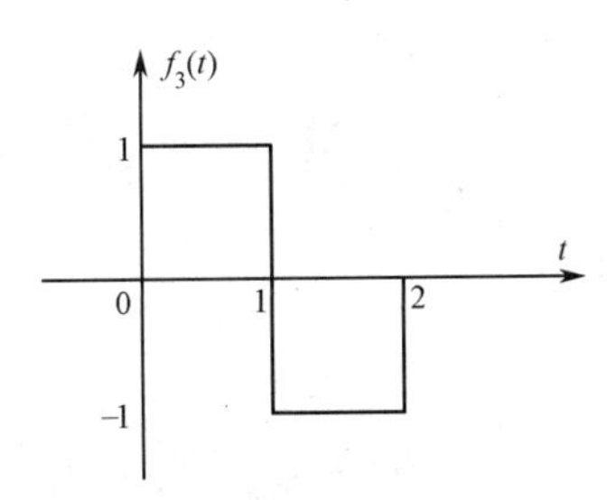

图 1-74　习题 1-30 的图

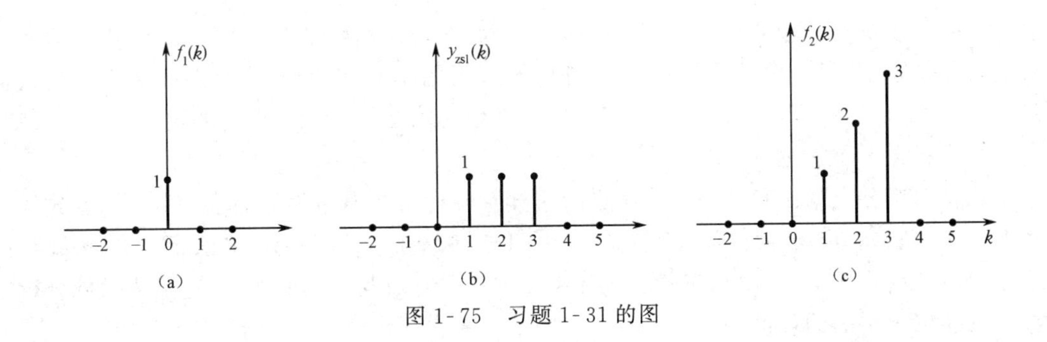

图 1-75　习题 1-31 的图

第2章　连续时间系统的时域分析

本章要点

- 微分方程的经典解法
- 自由响应、强迫响应、暂态响应、稳态响应的概念及物理意义
- 零输入响应、零状态响应的求解
- 单位冲激响应、单位阶跃响应的定义及求解
- 零状态响应和冲激响应之间的关系
- 系统框图的画法

2.1　引　　言

信号与系统分析的主要任务之一就是，在给定的系统模型下，求解系统对输入信号的响应。

系统的时域分析就是指不涉及任何数学变换，直接在时间域内对系统进行的分析。这种方法的优点是比较直观，物理概念清楚，是学习各种变换域分析的基础；缺点是求解过程冗繁。目前，随着计算机技术的发展及各种算法软件的开发，这一方法也得到广泛应用。

连续时间系统的时域分析法，总起来说可以分为两种。一种是微分方程法，即直接对微分方程进行数学求解；另一种是卷积积分法，即已知系统的单位冲激响应，对冲激响应与输入信号进行卷积积分，再求出系统的输出响应。属于连续时间系统时域分析法的还有状态变量法，这种方法将在第8章讨论。

本章将对微分方程法和卷积积分法进行阐述。在微分方程的求解部分，除了复习数学中的经典解法，还将着重说明解的物理意义。卷积积分法不仅在求解响应和表征LTI系统特性方面给出清楚的物理概念，而且在变换域分析法中也具有极其重要的意义，它是从时域分析法过渡到变换域分析法的理论基础。

2.2　微分方程的经典解法

对于一个线性系统，设其激励为$f(t)$，响应为$y(t)$，则激励与响应之间的关系可以写为

$$\begin{aligned} &a_n y^{(n)}(t)+a_{n-1}y^{(n-1)}(t)+\cdots+a_1 y^{(1)}(t)+a_0 y(t) \\ &=b_m f^{(m)}(t)+b_{m-1}f^{(m-1)}(t)+\cdots+b_1 f^{(1)}(t)+b_0 f(t) \end{aligned} \tag{2-1}$$

这里的系数$a_i(i=0,1,2,\cdots,n)$、$b_j(j=0,1,2,\cdots,m)$都是常数。式(2-1)表示的是n阶常系数线性微分方程。

根据常系数微分方程的解法，式(2-1)的微分方程的完全解由齐次解和特解两部分组

成,即

$$y(t)=y_h(t)+y_p(t) \tag{2-2}$$

式中,$y_h(t)$表示齐次解,$y_p(t)$表示特解。

微分方程的解法在高等数学课程中已有介绍,下面主要复习一下齐次解和特解的求法。

1. 齐次解

齐次解是当式(2-1)中的激励信号 $f(t)$及各阶导数都等于零时的解。齐次解应满足

$$a_n y_h^{(n)}(t)+a_{n-1}y_h^{(n-1)}(t)+\cdots+a_1 y_h^{(1)}(t)+a_0 y_h(t)=0 \tag{2-3}$$

称式(2-3)为对应于式(2-1)的齐次方程。

齐次解由形式为 $Ce^{\lambda t}$的函数组合而成。令 $y_h(t)=Ce^{\lambda t}$,将其代入式(2-3),可得该微分方程的特征方程为

$$a_n\lambda^n+a_{n-1}\lambda^{n-1}+\cdots+a_1\lambda+a_0=0 \tag{2-4}$$

式(2-4)的解 $\lambda_1,\lambda_2,\cdots,\lambda_n$叫作微分方程的特征根。

当特征根互不相同(没有重根)时,微分方程的齐次解为

$$y_h(t)=C_1e^{\lambda_1 t}+C_2e^{\lambda_2 t}+\cdots+C_ne^{\lambda_n t}=\sum_{i=1}^{n}C_ie^{\lambda_i t} \tag{2-5}$$

式中,系数 $C_i(i=1,2,\cdots,n)$由微分方程的边界条件来决定。

当特征根有重根或者复数根时,对应的齐次解的形式如表 2-1 所示。

表 2-1　不同特征根对应的齐次解的形式

特征根 λ	齐次解 $y_h(t)$的形式
单实根	$Ce^{\lambda t}$
r 重实根	$(C_{r-1}t^{r-1}+C_{r-2}t^{r-2}+\cdots+C_1t+C_0)e^{\lambda t}$
共轭复根 $\lambda_{1,2}=\alpha\pm j\beta$	$e^{\alpha t}[C\cos\beta t+D\sin\beta t]$

2. 特解

微分方程特解的形式与激励函数的形式有关。

将激励函数代入微分方程的右端,并称右端的函数式为“自由项”。表 2-2 列出了几种自由项及其所对应的特解。选定特解后将其代入方程,再求得特解函数式中的待定系数,即可得到方程的特解。

表 2-2　几种典型的自由项所对应的特解

自由项	特解 $y_p(t)$的形式
E(常数)	P
t^m	$P_mt^m+P_{m-1}t^{m-1}+\cdots+P_1t+P_0$
$e^{\alpha t}$	$Pe^{\alpha t}$[若与齐次解的形式相同,则特解为$(P_1t+P_0)e^{\alpha t}$]
$\cos\omega t$	$P_1\cos\omega t+P_2\sin\omega t$
$\sin\omega t$	
$t^me^{\alpha t}\cos\omega t$	$(P_mt^m+P_{m-1}t^{m-1}+\cdots+P_1t+P_0)e^{\alpha t}\cos\omega t+$
$t^me^{\alpha t}\sin\omega t$	$(Q_mt^m+Q_{m-1}t^{m-1}+\cdots+Q_1t+Q_0)e^{\alpha t}\sin\omega t$

例题 2-1：已知微分方程 $y'''(t)+7y''(t)+16y'(t)+12y(t)=f(t)$，求其齐次解。

解：特征方程为

$$\lambda^3+7\lambda^2+16\lambda+12=0$$

即

$$(\lambda+2)^2(\lambda+3)=0$$

求得特征根为 $\lambda_{1,2}=-2,\lambda_3=-3$。

因此，齐次解为 $y_h(t)=(C_1t+C_0)e^{-2t}+C_2e^{-3t}$。

例题 2-2：已知微分方程 $y''(t)+2y'(t)+3y(t)=f'(t)+f(t)$，分别求出当 $f(t)=e^t$ 和 $f(t)=t^2$ 时方程的特解。

解：(1) 将 $f(t)=e^t$ 代入方程右端，得到自由项 $2e^t$，显然特解的形式为

$$y_{p1}(t)=Pe^t$$

代入方程，得

$$Pe^t+2Pe^t+3Pe^t=2e^t$$

解得

$$P=\frac{1}{3}$$

因此，特解为 $y_{p1}(t)=\frac{1}{3}e^t$。

(2) 将 $f(t)=t^2$ 代入方程，得自由项为 t^2+2t，对应表 2-2，则特解的形式为

$$y_{p2}(t)=P_2t^2+P_1t+P_0$$

代入方程，得

$$3P_2t^2+(4P_2+3P_1)t+(2P_2+2P_1+3P_0)=t^2+2t$$

等式两边相同幂次的系数应相等，于是有

$$\begin{cases}3P_2=1\\4P_2+3P_1=2\\2P_2+2P_1+3P_0=0\end{cases}$$

解得 $P_2=\frac{1}{3},P_1=\frac{2}{9},P_0=-\frac{10}{27}$。

因此，特解为 $y_{p2}(t)=\frac{1}{3}t^2+\frac{2}{9}t-\frac{10}{27}$。

例题 2-3：已知描述某系统的微分方程为

$$y''(t)+5y'(t)+6y(t)=f(t)$$

求输入 $f(t)=2e^{-t},t\geqslant0,y(0)=2,y'(0)=-1$ 时的全响应。

解：(1) 求齐次解。

特征方程为

$$\lambda^2+5\lambda+6=0$$

特征根为

$$\lambda_1=-2,\quad \lambda_2=-3$$

所以齐次解的形式为

$$y_h(t)=C_1e^{-2t}+C_2e^{-3t}$$

其中，C_1、C_2 为待定系数。

(2) 求特解。

容易看出，特解的形式为 $y_p(t)=Pe^{-t}$，代入方程，得

$$Pe^{-t}+5(-Pe^{-t})+6Pe^{-t}=2e^{-t}$$

解得 $P=1$。

因此，特解为 $y_p(t)=e^{-t}$。

全解为

$$y(t)=y_h(t)+y_p(t)=C_1e^{-2t}+C_2e^{-3t}+e^{-t}$$

将 $y(0)=2,y'(0)=-1$ 代入上式，求得 $C_1=3,C_2=-2$。因此，全响应为

$$y(t)=\underbrace{\overbrace{3e^{-2t}-2e^{-3t}}^{\text{自由响应}}}_{\text{齐次解}}+\underbrace{\overbrace{e^{-t}}^{\text{强迫响应}}}_{\text{特解}},t\geqslant 0 \tag{2-6}$$

由例题 2-3 可以看出微分方程解的物理意义：微分方程的解即系统的响应，它将系统输入与输出的关系表示为显函数关系。

齐次解的形式仅仅取决于系统本身的特性，与激励信号的形式无关，因此齐次解又叫系统的自由响应(或固有响应)。特征根称为系统的“固有频率”，它决定了系统自由响应的形式。当然，齐次解的系数是与激励信号有关的。

由于特解的形式由激励信号的形式决定，故又称其为系统的强迫响应。

例题 2-4：描述某系统的方程为

$$y''(t)+5y'(t)+6y(t)=f(t)$$

已知输入 $f(t)=10\cos t,t\geqslant 0,y(0)=2,y'(0)=0$，求系统的全响应。

解：齐次解为 $y_h(t)=C_1e^{-2t}+C_2e^{-3t}$。

根据 $f(t)$的形式，设特解为 $y_p(t)=P_1\cos t+P_2\sin t$，代入方程后求得

$$P_1=P_2=1$$

所以特解为

$$y_p(t)=\cos t+\sin t=\sqrt{2}\cos(t-\frac{\pi}{4})$$

全解为

$$y(t)=y_h(t)+y_p(t)=C_1e^{-2t}+C_2e^{-3t}+\sqrt{2}\cos(t-\frac{\pi}{4})$$

将边界条件 $y(0)=2,y'(0)=0$ 代入上式，解得

$$C_1=2,\quad C_2=-1$$

则全响应为

$$y(t)=\underbrace{2e^{-2t}-e^{-3t}}_{\text{暂态响应}}+\underbrace{\sqrt{2}\cos(t-\frac{\pi}{4})}_{\text{稳态响应}},\quad t\geqslant 0 \tag{2-7}$$

由式(2-7)可以看出，前两项随着时间 t 的增大而逐渐消失，因此称之为暂态响应；后一项随着时间 t 的增大呈现等幅振荡，称之为稳态响应。因此，全响应又可以分解为暂态响应和稳态响应。判断响应的类型时，一般先识别出暂态响应，剩下的则是稳态响应。

2.3　0_-与 0_+状态的转换

在求解 $\sum\limits_{i=0}^{n}a_iy^{(i)}(t)=\sum\limits_{j=0}^{m}b_jf^{(j)}(t)$ 此类微分方程时，比较麻烦的问题是所谓初始条件的跳变问题。一般输入 $f(t)$是在 $t=0$ 接入系统的，因此我们常用 0_- 表示激励接入前的瞬时，

用0_+表示激励接入后的瞬时。激励$f(t)$中如果含有冲激函数及其导数,接入系统后,输出$y(t)$及其各阶导数在0_-到0_+的瞬间可能发生跳变。为了加深对系统初始条件的理解,仔细分析系统响应在$t=0$的变化是有必要的。

当$t=0_-$时,由于激励未接入系统,所以响应及其导数在该时刻的值$y^{(i)}(0_-)$反映了系统的历史状态而与激励无关,它们为求得$t>0$时的响应$y(t)$提供信息,这些$t=0_-$时刻的值称为初始状态。对于具体系统而言,初始状态($t=0_-$)时的值$y^{(i)}(0_-)$比较容易求得。

用经典法求解微分方程,确定待定系数时所需的一组初始值是指$t=0_+$时刻的值,即$y^{(i)}(0_+)(i=0,1,\cdots,n-1)$。这样在求解微分方程时,就需要利用已知的$y^{(i)}(0_-)$设法求得$y^{(i)}(0_+)$。关于跳变量的数值,可以根据微分方程两边$\delta$函数平衡的原理来计算。在$\delta$函数平衡中,首先应考虑方程两边最高阶项的平衡。

例题2-5:描述某LTI系统的微分方程为

$$y''(t)+4y'(t)+3y(t)=2f''(t)+f(t)$$

已知$y(0_-)=1,y'(0_-)=-1,f(t)=\delta(t)$,求$y(0_+)$、$y'(0_+)$的值。

解:将$f(t)=\delta(t)$代入原方程,得

$$y''(t)+4y'(t)+3y(t)=2\delta''(t)+\delta(t) \tag{2-8}$$

对于式(2-8),两边的奇异函数应考虑平衡。因为式(2-8)对所有的t成立,所以等号两端$\delta(t)$及其各阶导数的系数应分别相等。因此,式中的$y''(t)$必含有$2\delta''(t)$,否则方程不平衡,即$y''(t)$含有冲激函数导数的最高阶数为二阶。

设$y''(t)$的形式为

$$y''(t)\rightarrow 2\delta''(t)+a\delta'(t)+b\delta(t)+cu(t) \tag{2-9}$$

对式(2-9)两边取积分,并考虑到$u(t)$的积分在$t=0$处连续,所以省去,则有

$$y'(t)\rightarrow 2\delta'(t)+a\delta(t)+bu(t) \tag{2-10}$$

$$y(t)\rightarrow 2\delta(t)+au(t) \tag{2-11}$$

根据式(2-8),可得

$$y''(t)+4y'(t)+3y(t)\rightarrow 2\delta''(t)+(a+8)\delta'(t)+(b+4a+6)\delta(t)+(c+4b+3a)u(t)$$

进一步得

$$\begin{cases}a+8=0\\b+4a+6=1\end{cases}\Rightarrow\begin{cases}a=-8\\b=27\end{cases}$$

由式(2-10)和式(2-11)可以看出,只有阶跃函数$u(t)$在0_-与0_+处存在跳变,跳变值为$u(t)$的系数。所以有

$$y'(0_+)-y'(0_-)=b\quad\Rightarrow\quad y'(0_+)=b+y'(0_-)=26$$

$$y(0_+)-y(0_-)=a\quad\Rightarrow\quad y(0_+)=a+y(0_-)=-7$$

即有　　$y'(0_+)=26,\quad y(0_+)=-7$

例题2-6:描述某LTI系统的微分方程为

$$y''(t)+y'(t)+2y(t)=f''(t)+3f'(t)$$

已知$y(0_-)=2,y'(0_-)=3,f(t)=u(t)$,求$y(0_+)$、$y'(0_+)$的值。

解:将$f(t)=u(t)$代入原方程,得

$$y''(t)+y'(t)+2y(t)=\delta'(t)+3\delta(t) \tag{2-12}$$

利用方程两边最高阶导数平衡的原理,设

$$y''(t) \to \delta'(t) + a\delta(t) + bu(t)$$
$$y'(t) \to \delta(t) + au(t)$$
$$y(t) \to u(t)$$

根据式(2-12)，可得

$$y''(t) + y'(t) + 2y(t) \to \delta'(t) + (a+1)\delta(t) + (b+a+2)u(t)$$

进一步得

$$a+1=3 \quad \Rightarrow \quad a=2$$

所以有

$$y'(0_+) - y'(0_-) = a \quad \Rightarrow \quad y'(0_+) = 5$$
$$y(0_+) - y(0_-) = 1 \quad \Rightarrow \quad y(0_+) = 3$$

总结如下。

(1) 当微分方程等号右端不含有冲激函数及其各阶导数项时，响应 $y(t)$在 $t=0$ 处是连续的，其 0_+ 值等于 0_- 值。

(2) 当微分方程等号右端含有冲激函数及其各阶导数时，响应 $y(t)$及其各阶导数由 0_- 到 0_+ 的瞬间将发生跳变。这时可按下列步骤求得 0_+ 值(以二阶微分方程为例)。

① 将 $f(t)$代入原方程。如果等号右端含有 $\delta(t)$及其各阶导数，根据微分方程等号两端各奇异函数的系数相等的原理，判断方程左端 $y(t)$的最高阶导数 $y''(t)$所含 $\delta(t)$导数的最高阶次。

② 写出 $y''(t)$对应的关系式，并根据 $y''(t)$的形式，利用积分表示出 $y'(t)$和 $y(t)$的关系式。

③ 将 $y''(t)$、$y'(t)$及 $y(t)$代入原微分方程，根据方程等号两端各奇异函数的系数相等，从而求得各待定系数。

④ 利用阶跃函数 $u(t)$在 0_- 与 0_+ 处发生跳变的特点，求得 $y'(0_+)$、$y(0_+)$的值。

2.4　零输入响应与零状态响应

从前面分析可知，系统的全响应可以分成自由响应(齐次解)和强迫响应(特解)，也可以分成暂态响应和稳态响应。LTI 系统的响应也可以根据需要分解为其他的形式，以方便计算或适应不同的物理解释。其中一种广泛应用的重要分解就是零输入响应 $y_{zi}(t)$和零状态响应$y_{zs}(t)$。

下面介绍用解微分方程的方法求零输入响应(zero-input response)和零状态响应(zero-state response)。后面还会介绍用卷积法求零状态响应。

2.4.1　零输入响应

零输入响应是指没有外加激励信号的作用，只是由系统的初始状态($t=0_-$)引起的响应，一般用 $y_{zi}(t)$表示。

在零输入条件下，微分方程等号右边为零，方程变为齐次方程，即有

$$a_n y_{zi}^{(n)}(t) + a_{n-1} y_{zi}^{(n-1)}(t) + \cdots + a_1 y_{zi}^{(1)}(t) + a_0 y_{zi}(t) = 0 \tag{2-13}$$

若其特征根均为单根,则其零输入响应为

$$y_{zi}(t)=\sum_{i=1}^{n}A_i e^{\lambda_i t} \tag{2-14}$$

式中,A_i 为待定系数,λ_i 为齐次方程的特征根。

由于输入信号为零,故初始值为

$$y_{zi}^{(i)}(0_+)=y_{zi}^{(i)}(0_-)=y^{(i)}(0_-),\quad (i=0,1,\cdots,n-1) \tag{2-15}$$

将式(2-15)代入式(2-14)即可求出各待定系数。

例题 2-7:描述某 LTI 系统的微分方程为

$$y''(t)+3y'(t)+2y(t)=2f'(t)+6f(t)$$

已知 $y'(0_-)=1, y(0_-)=2$,求系统的零输入响应。

解:由题意得

$$y''_{zi}(t)+3y'_{zi}(t)+2y_{zi}(t)=0$$

特征方程为

$$\lambda^2+3\lambda+2=0$$

特征根 $\lambda_1=-1,\quad \lambda_2=-2$。

$$y_{zi}(t)=A_1e^{-t}+A_2e^{-2t}$$

把 $y'_{zi}(0_+)=y'(0_-)=1, y_{zi}(0_+)=y(0_-)=2$ 代入上式,求得

$$A_1=5,\quad A_2=-3$$

由此

$$y_{zi}(t)=5e^{-t}-3e^{-2t},\quad t\geqslant 0$$

或写为

$$y_{zi}(t)=(5e^{-t}-3e^{-2t})u(t)$$

2.4.2 零状态响应

零状态响应 $y_{zs}(t)$ 的定义:不考虑起始时刻($t=0_-$)系统储能的作用,仅由系统的外加激励信号所产生的响应。对于 LTI 系统而言,可以分别计算由激励信号与初始状态两种不同的因素引起的响应,再将其迭加便可得到全响应。

$$y(t)=y_{zi}(t)+y_{zs}(t) \tag{2-16}$$

由式(2-16)可知,在 $t=0$ 时,系统的初始条件也同样由两部分组成,即

$$y(0)=y_{zi}(0)+y_{zs}(0)$$

由于 $t=0$ 时,激励信号接入,响应 $y(t)$ 在 $t=0$ 点的值可能存在跳变,所以分别以 $t=0_-$ 和 $t=0_+$ 两种情况表示,有

$$y(0_-)=y_{zi}(0_-)+y_{zs}(0_-) \tag{2-17}$$

$$y(0_+)=y_{zi}(0_+)+y_{zs}(0_+) \tag{2-18}$$

在 $t<0$ 时,由于激励信号不存在,故 $y_{zs}(0_-)$ 是不存在的,即

$$y_{zs}(0_-)\equiv 0 \tag{2-19}$$

于是式(2-17)变为

$$y(0_-)=y_{zi}(0_-)$$

由于激励信号的作用,响应 $y(t)$ 及其各阶导数在 $t=0$ 处可能发生跳变。但对于 LTI 连

续系统，其内部参数不发生变动，因而有

$$y_{zi}(0_+)=y_{zi}(0_-)$$

即

$$y_{zi}(0_+)=y_{zi}(0_-)=y(0_-) \tag{2-20}$$

式(2-20)即为求零输入响应的条件。

根据 $y_{zs}(0_-)\equiv 0$，利用微分方程即可求出 $y_{zs}(0_+)$的值。以上推导对响应的各阶导数仍然成立。

求零状态响应 $y_{zs}(t)$的步骤如下所示。

将激励 $f(t)$代入原方程，得

$$\begin{aligned}&a_n y_{zs}^{(n)}(t)+a_{n-1}y_{zs}^{(n-1)}(t)+\cdots+a_1 y_{zs}^{(1)}(t)+a_0 y_{zs}(t)\\&=b_m f^{(m)}(t)+b_{m-1}f^{(m-1)}(t)+\cdots+b_1 f^{(1)}(t)+b_0 f(t)\end{aligned}$$

即

$$\sum_{i=0}^{n}a_i y_{zs}^{(i)}(t)=\sum_{j=0}^{m}b_j f^{(j)}(t) \tag{2-21}$$

零状态响应即为方程(2-21)的全解。若微分方程的特征根均为单根，则其响应 $y_{zs}(t)$可表示为

$$y_{zs}(t)=\sum_{i=1}^{n}B_i e^{\lambda_i t}+y_p(t) \tag{2-22}$$

式中，B_i 为待定常数，$y_p(t)$为方程的特解。

根据初始状态 $y_{zs}^{(j)}(0_-)\equiv 0$，可先求得 $y_{zs}^{(j)}(0_+)$的值，然后将 $y_{zs}^{(j)}(0_+)$代入式(2-22)，即可得各系数 B_j。

例题 2-8：已知 $y''(t)+3y'(t)+2y(t)=2f'(t)+6f(t)$，系统输入 $f(t)=u(t)$，求该系统的零状态响应。

解：由题意得

$$y''_{zs}(t)+3y'_{zs}(t)+2y_{zs}(t)=2\delta(t)+6u(t) \tag{2-23}$$

且 $y_{zs}(0_-)=y'_{zs}(0_-)=0$。令

$$\begin{aligned}&y''_{zs}(t)\rightarrow 2\delta(t)+au(t)\\&y'_{zs}(t)\rightarrow \quad 2u(t) \quad \Rightarrow \quad y'_{zs}(0_+)=2\\&y_{zs}(t)\rightarrow \text{在 0 点无跳变} \quad \Rightarrow \quad y_{zs}(0_+)=0\end{aligned}$$

对于式(2-23)，很容易求出齐次解为 $B_1 e^{-t}+B_2 e^{-2t}$。

当 $t>0$ 时，式(2-23)的自由项为 6，所以特解 $y_p(t)$为一常数，假定 $y_p(t)=P$，代入式(2-23)，得 $P=3$。

$$y_{zs}(t)=B_1 e^{-t}+B_2 e^{-2t}+3$$

把 $y'_{zs}(0_+)=2$，$y_{zs}(0_+)=0$ 代入上式，得 $B_1=-4$，$B_2=1$。因此

$$y_{zs}(t)=-4e^{-t}+e^{-2t}+3,\quad t\geqslant 0$$

或写为

$$y_{zs}(t)=(-4e^{-t}+e^{-2t}+3)u(t)$$

2.4.3　全响应

全响应是零输入响应和零状态响应之和,即

$$y(t)=y_{zi}(t)+y_{zs}(t)$$

需要注意的是,不管是零输入响应还是零状态响应,求待定系数时,代入的边界条件都是其在 0_+ 时刻的值,即 $y_{zi}^{(i)}(0_+)$、$y_{zs}^{(i)}(0_+)$的值。

例题 2-9:已知 $y''(t)+3y'(t)+2y(t)=2f'(t)+6f(t)$,$y'(0_+)=1$,$y(0_+)=3$,系统输入$f(t)=u(t)$,求该系统的零输入响应、零状态响应及全响应。

解:本题中已知的是 0_+ 时的值,因此可先根据 $y_{zs}^{(i)}(0_-)\equiv 0$ 求出 $y_{zs}^{(i)}(0_+)$的值,再利用 $y^{(i)}(0_+)=y_{zi}^{(i)}(0_+)+y_{zs}^{(i)}(0_+)$,求出 $y_{zi}^{(i)}(0_+)$的值。因此,需要先求零状态响应。

由例题 2-8 知 $y_{zs}(t)=(-4e^{-t}+e^{-2t}+3)u(t)$,且 $y'_{zs}(0_+)=2$,$y_{zs}(0_+)=0$。

所以有 $y'_{zi}(0_+)=-1$,$y_{zi}(0_+)=3$。

又 $y_{zi}(t)=A_1e^{-t}+A_2e^{-2t}$,代入边界条件得 $A_1=5$,$A_2=-2$。

$$y_{zi}(t)=(5e^{-t}-2e^{-2t})u(t)$$

则全响应为

$$\begin{aligned}y(t)&=\underbrace{(5e^{-t}-2e^{-2t})u(t)}_{\text{零输入响应}}+\underbrace{(-4e^{-t}+e^{-2t}+3)u(t)}_{\text{零状态响应}}\\&=\underbrace{(e^{-t}-e^{-2t})u(t)}_{\text{自由响应}}+\underbrace{3u(t)}_{\text{强迫响应}}\\&=\underbrace{(e^{-t}-e^{-2t})u(t)}_{\text{暂态响应}}+\underbrace{3u(t)}_{\text{稳态响应}}\end{aligned}$$

综上所述,LTI 系统的全响应可分为自由响应和强迫响应,也可分为零输入响应和零状态响应。虽然自由响应和零输入响应都是齐次方程的解,但是二者的系数各不相同。零输入响应的系数仅由系统的初始状态决定,而自由响应的系数要由系统的初始状态和激励信号共同来确定。也就是说,自由响应包含零输入响应和零状态响应的一部分。图 2-1 是各个响应分量之间的关系示意图。

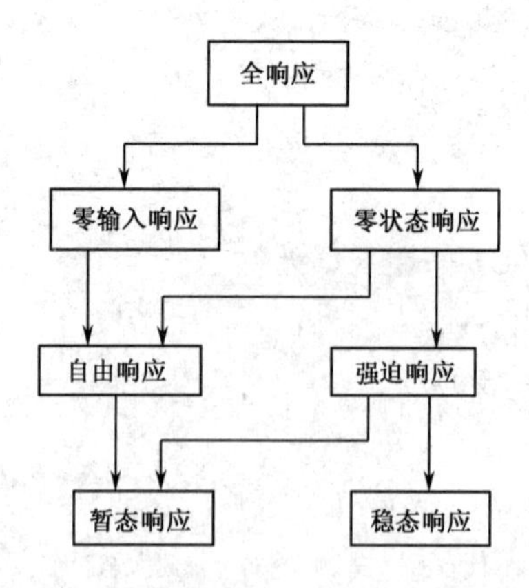

图 2-1　响应分量之间的关系图

2.5　单位冲激响应与单位阶跃响应

2.5.1　定义

冲激响应：以单位冲激函数 $\delta(t)$ 作为激励信号时，系统产生的零状态响应叫作单位冲激响应，简称冲激响应，用 $h(t)$ 表示。

阶跃响应：以单位阶跃函数 $u(t)$ 作为激励信号时，系统产生的零状态响应叫作单位阶跃响应，简称阶跃响应，用 $g(t)$ 表示。

我们对这两种响应感兴趣的原因，一是冲激函数和阶跃函数是两种典型的信号，求由这两种信号引起来的零状态响应是线性系统分析中常见的问题；二是为用卷积积分法求零状态响应做准备，并且 $h(t)$ 与后续将要介绍的系统函数 $H(s)$ 及系统的稳定性等都有关系。

2.5.2　冲激响应的求解

冲激函数仅在 $t=0$ 处作用，而在 $t>0$ 区间其值为零。也就是说，激励信号 $\delta(t)$ 的作用是在 $t=0$ 的瞬间给系统输入若干的能量，并将能量储存在系统中，而在 $t>0$ 时，系统的激励为零，只有冲激引入的那些储能在起作用，因而系统的冲激响应由上述储能唯一地确定。因此，系统的冲激响应在 $t>0$ 时的函数形式与微分方程的齐次解类似。

例题 2-10：已知某 LTI 系统的方程为 $y''(t)+3y'(t)+2y(t)=2f'(t)+6f(t)$，求系统的冲激响应 $h(t)$。

解法一：因为 $h(t)$ 是零状态响应的特例，所以可以按照求零状态响应的方法直接来求$h(t)$。

将 $f(t)=\delta(t)$ 代入方程，得

$$h''(t)+3h'(t)+2h(t)=2\delta'(t)+6\delta(t) \tag{2-24}$$

且有 $h(0_-)=h'(0_-)=0$。令

$$h''(t)\rightarrow 2\delta'(t)+a\delta(t)+bu(t)$$

$$h'(t)\rightarrow \qquad 2\delta(t)+au(t) \quad \Rightarrow \quad h'(0_+)=a$$

$$h(t)\rightarrow \qquad\qquad 2u(t) \quad \Rightarrow \quad h(0_+)=2$$

因为 $a+6=6$，所以求得 $a=0$。对于原方程，可知其齐次解为 $A_1\mathrm{e}^{-t}+A_2\mathrm{e}^{-2t}$。

当 $t>0$ 时，方程(2-24)右端为 0，不存在特解，所以有

$$h(t)=A_1\mathrm{e}^{-t}+A_2\mathrm{e}^{-2t}$$

将 $h'(0_+)=0$，$h(0_+)=2$ 代入上式，得

$$A_1=4,\quad A_2=-2$$

因此，

$$h(t)=(4\mathrm{e}^{-t}-2\mathrm{e}^{-2t})u(t)$$

解法二：利用 LTI 系统零状态响应的线性性质和微分特性来求。

设变量 $y_1(t)$，使其满足 $y_1''(t)+3y_1'(t)+2y_1(t)=f(t)$，令其产生的冲激响应为 $h_1(t)$，可以求出 $h_1(t)=(\mathrm{e}^{-t}-\mathrm{e}^{-2t})u(t)$。

所以整个系统的冲激响应为

$$h(t)=2h_1'(t)+6h_1(t)$$

将$h_1(t)$代入,整理可得$h(t)=(4e^{-t}-2e^{-2t})u(t)$。

例题 2-11:已知某LTI系统的微分方程为$y''(t)+4y'(t)+3y(t)=f''(t)+f(t)$,求其冲激响应。

解:按定义,将$f(t)=\delta(t)$代入方程,得

$$h''(t)+4h'(t)+3h(t)=\delta''(t)+\delta(t) \tag{2-25}$$

且有$h(0_-)=h'(0_-)=0$。令

$$\begin{aligned} h''(t)&\rightarrow\delta''(t)+a\,\delta'(t)+b\,\delta(t)+cu(t)\\ h'(t)&\rightarrow\qquad\quad\ \delta'(t)+a\delta(t)+bu(t)\\ h(t)&\rightarrow\qquad\qquad\qquad\ \ \delta(t)+au(t)\end{aligned} \tag{2-26}$$

因为$\begin{cases}a+4=0\\b+4a+3=1\end{cases}$,解得$\begin{cases}a=-4\\b=14\end{cases}$。所以有$h'(0_+)=14,h(0_+)=-4$。

由式(2-25)可知,其齐次解形式为$A_1e^{-t}+A_2e^{-3t}$,且不存在特解。但是由式(2-26)可以看出,$h(t)$中包含有一个冲激函数$\delta(t)$。

所以$h(t)$的形式为

$$h(t)=\delta(t)+(A_1e^{-t}+A_2e^{-3t})u(t) \tag{2-27}$$

将$h'(0_+)=14,h(0_+)=-4$代入式(2-27),得

$$A_1=1,\quad A_2=-5$$

因此,

$$h(t)=\delta(t)+(e^{-t}-5e^{-3t})u(t)$$

通过以上例题,计算单位冲激响应$h(t)$的步骤可总结如下。

(1) 将$f(t)=\delta(t)$代入方程,得到冲激响应的方程为

$$\begin{aligned}&a_nh^{(n)}(t)+a_{n-1}h^{(n-1)}(t)+\cdots+a_1h^{(1)}(t)+a_0h(t)\\&=b_m\delta^{(m)}(t)+b_{m-1}\delta^{(m-1)}(t)+\cdots+b_1\delta^{(1)}(t)+b_0\delta(t)\end{aligned} \tag{2-28}$$

(2) 根据方程两端δ函数平衡的原理,利用$h^{(i)}(0_-)\equiv0(i=0,1,2,\cdots,n-1)$确定出$h^{(i)}(0_+)$的值。

(3) 写出方程的齐次解,冲激响应$h(t)$没有特解。

(4) 对于式(2-28),如果$m<n$,则$h(t)$不含$\delta(t)$及其各阶导数项,也即$h(t)$只有齐次解;如果$m=n$,则$h(t)$中含有$\delta(t)$项;如果$m>n$,则$h(t)$中含有$\delta(t)$项及其导数项。

(5) 写出$h(t)$的形式,并根据$h^{(i)}(0_+)$的值求出待定系数。

2.5.3 阶跃响应的求解

根据LTI系统的特性,由于阶跃函数$u(t)$和冲激函数$\delta(t)$的关系为

$$\delta(t)=u'(t)$$

$$u(t)=\int_{-\infty}^{t}\delta(x)\mathrm{d}x$$

所以相应的阶跃响应$g(t)$和冲激响应$h(t)$的关系为

$$h(t)=g'(t) \tag{2-29}$$

$$g(t)=\int_{-\infty}^{t}h(x)\mathrm{d}x \tag{2-30}$$

阶跃响应的求法比较多，由于 $g(t)$ 是零状态响应的特例，因此可以通过直接解方程来求出 $g(t)$；也可以先求出系统的 $h(t)$，再利用式(2-30)求出 $g(t)$。

例题 2-12： 已知某 LTI 系统的方程为 $y''(t)+3y'(t)+2y(t)=2f'(t)+6f(t)$，求阶跃响应 $g(t)$。

解法一：将 $f(t)=u(t)$ 代入方程，得

$$g''(t)+3g'(t)+2g(t)=2\delta(t)+6u(t) \tag{2-31}$$

且有 $g(0_-)=g'(0_-)=0$。令

$$g''(t)\to 2\delta(t)+au(t)$$
$$g'(t)\to \quad 2u(t) \quad \Rightarrow \quad g'(0_+)=2$$
$$g(t)\to \text{在 0 点无跳变} \quad \Rightarrow \quad g(0_+)=0$$

对于方程(2-31)，其齐次解为 $A_1e^{-t}+A_2e^{-2t}$。

当 $t>0$ 时，方程右端为 6，因此设其特解为常数 P，代入方程后求得 $P=3$。

$$g(t)=A_1e^{-t}+A_2e^{-2t}+3$$

将 $g'(0_+)=2$，$g(0_+)=0$ 代入上式，得

$$A_1=-4,\quad A_2=1$$

因此，

$$g(t)=(-4e^{-t}+e^{-2t}+3)u(t)$$

解法二：由例题 2-10 得知 $h(t)=(4e^{-t}-2e^{-2t})u(t)$。

$$g(t)=\int_{-\infty}^{t}h(x)\mathrm{d}x=\int_{0}^{t}(4e^{-x}-2e^{-2x})\mathrm{d}x=(-4e^{-t}+e^{-2t}+3)u(t)$$

需要注意的是，由于阶跃响应是由阶跃函数引起的，当 $t>0$ 时，方程右边有可能不全为零，所以 $g(t)$ 一般会有特解。阶跃响应的求法和冲激响应的求法类似，这里不再总结。

2.5.4　由冲激响应求零状态响应

根据 1.5 节“信号的时域分解”介绍的知识，任意激励信号 $f(t)$ 均可以分解为许多窄脉冲，如图 2-2 所示。

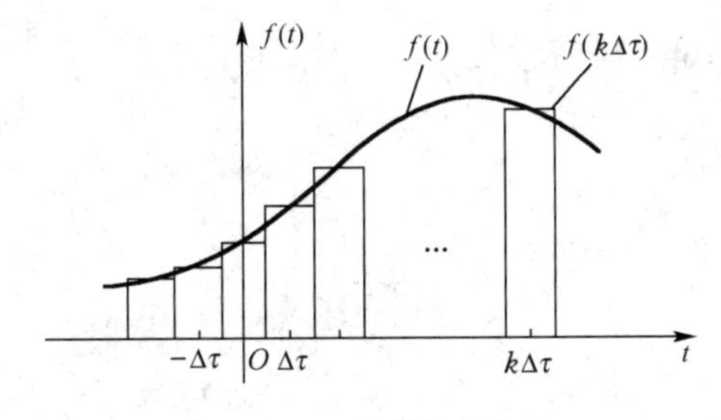

图 2-2　信号的分解

根据式(1-76)知

$$f(t)=\int_{-\infty}^{\infty}f(\tau)\delta(t-\tau)\mathrm{d}\tau$$
$$=\lim_{\Delta\tau\to 0}\sum_{k=-\infty}^{\infty}f(k\Delta\tau)\cdot\delta(t-k\Delta\tau)\cdot\Delta\tau$$

对于$\delta(t)$,其零状态响应为$h(t)$;根据LTI系统的时不变性,由$\delta(t-k\Delta\tau)$引起的零状态响应为$h(t-k\Delta\tau)$;根据齐次性,由$f(k\Delta\tau)\cdot\delta(t-k\Delta\tau)$引起的零状态响应为$f(k\Delta\tau)\cdot h(t-k\Delta\tau)$。由迭加特性,可得激励$f(t)$的零状态响应为

$$\begin{aligned} y_{zs}(t) &= \lim_{\Delta\tau\to 0}\sum_{k=-\infty}^{\infty} f(k\Delta\tau)\cdot h(t-k\Delta\tau)\cdot\Delta\tau \\ &= \int_{-\infty}^{\infty} f(\tau)h(t-\tau)\mathrm{d}\tau \end{aligned} \tag{2-32}$$

式(2-32)表明,LTI系统的零状态响应$y_{zs}(t)$是激励$f(t)$与冲激响应$h(t)$的卷积积分,即

$$y_{zs}(t)=f(t)*h(t) \tag{2-33}$$

根据卷积的性质知

$$\begin{aligned} y_{zs}(t) &= f(t)*h(t)=f'(t)*g(t) \\ &= \int_{-\infty}^{\infty} f'(\tau)g(t-\tau)\mathrm{d}\tau \end{aligned} \tag{2-34}$$

称式(2-34)为“杜阿密尔积分”(Duhamel integral),它表示LTI系统的零状态响应等于激励的导数与系统的阶跃响应的卷积积分。其物理意义是:把激励$f(t)$分解成一系列接入时间不同、幅值不同的阶跃函数[在τ时刻为$f'(\tau)\mathrm{d}\tau\cdot u(t-\tau)$]时,根据LTI系统的零状态线性和时不变性,在激励$f(t)$作用下,系统的零状态响应等于相应的一系列阶跃响应的积分。

用经典法求解零状态响应时对激励信号限制比较大,而用卷积积分法求解时对激励信号基本没有限制。

例题2-13:已知某LTI系统的微分方程为$y''(t)+5y'(t)+6y(t)=f'(t)+f(t)$,输入$f(t)=\mathrm{e}^{-t}u(t)$,求其零状态响应。

解:可以求出系统的冲激响应为

$$h(t)=(-\mathrm{e}^{-2t}+2\mathrm{e}^{-3t})u(t)$$

利用公式$y_{zs}(t)=f(t)*h(t)$,将$f(t)$与$h(t)$做卷积运算,也可得到

$$y_{zs}(t)=(\mathrm{e}^{-2t}-\mathrm{e}^{-3t})u(t)。$$

读者可以自己验证。

2.5.5 复合系统的冲激响应

1. 级联系统

级联系统如图2-3所示。

由该图可知

$$y_{zs}(t)=f(t)*h_1(t)*h_2(t) \tag{2-35}$$

当$f(t)=\delta(t)$时,$y_{zs}(t)=h(t)$,因此有

$$h(t)=h_1(t)*h_2(t) \tag{2-36}$$

式(2-36)表明,级联系统的冲激响应等于各子系统冲激响应的卷积。

2. 并联系统

并联系统如图2-4所示。

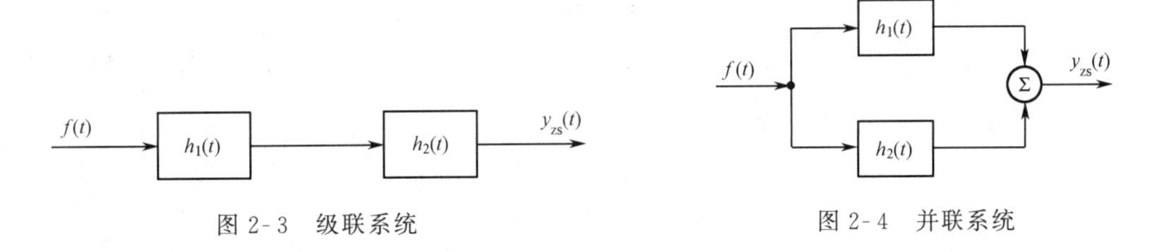

图 2-3　级联系统　　　　图 2-4　并联系统

由该图可知

$$y_{zs}(t)=f(t)*h_1(t)+f(t)*h_2(t) \tag{2-37}$$

当 $f(t)=\delta(t)$时，$y_{zs}(t)=h(t)$，因此有

$$h(t)=h_1(t)+h_2(t) \tag{2-38}$$

式(2-38)表明，并联系统的冲激响应等于各子系统冲激响应的和。

例题 2-14： 如图 2-5 所示的系统，它由几个子系统混联而成，各子系统的冲激响应分别为 $h_1(t)$、$h_2(t)$和 $h_3(t)$，求此复合系统的冲激响应。

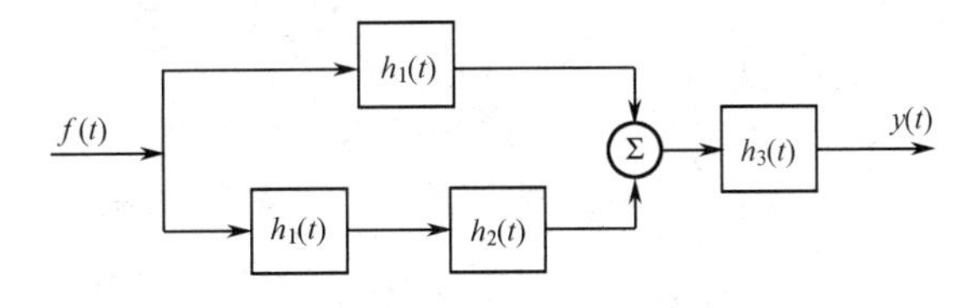

图 2-5　例题 2-14 的图

解：

$$\begin{aligned} y_{zs}(t)&=[f(t)*h_1(t)+f(t)*h_1(t)*h_2(t)]*h_3(t)\\ &=f(t)*[h_1(t)+h_1(t)*h_2(t)]*h_3(t)\end{aligned}$$

当 $f(t)=\delta(t)$时，$y_{zs}(t)=h(t)$，因此有

$$h(t)=[h_1(t)+h_1(t)*h_2(t)]*h_3(t)$$

2.6　连续时间系统的模拟

所谓系统的模拟，仅是指数学意义上的模拟，即模拟的不是实际的系统，而是系统的数学模型。LTI 连续时间系统常用微分方程来描述，为便于直观分析，有时也将一些基本运算关系表示为方框的形式，从而形成 LTI 系统的网络结构图表示，简称系统的框图表示。

连续时间系统的模拟通常由三种基本运算器组成：加法器、数乘器和积分器，如图 1-58 所示。由这三种运算器连接而成的图叫作连续时间系统的模拟框图。在工程实际中，这三种运算器都是用含有运算放大器的电路来实现的。这在电路基础课程中已经学习过，不再赘述。积分器是模拟微分方程运算过程的核心运算器。选用积分器而不选用微分器的原因，主要是积分器对信号起“平滑”作用，甚至对短时间内信号的剧烈变化也不敏感，而微分器将使信号“锐化”，因而积分器的抗干扰性能比微分器好，运算精度比微分器高。

系统模拟一般都是用模拟计算机或数字计算机实现的，也可以在专用的实验设备上实现。

1. 一阶微分方程的模拟

设微分方程为 $y'(t)+a_0y(t)=f(t)$，则可将其整理成

$$y'(t)=f(t)-a_0y(t) \tag{2-39}$$

可以看出,$y(t)$与$y'(t)$之间经过了积分器的运算,而$y(t)$经过一倍数为$-a_0$的数乘器后与$f(t)$相加即可得到$y'(t)$。一阶系统的框图如图2-6所示。

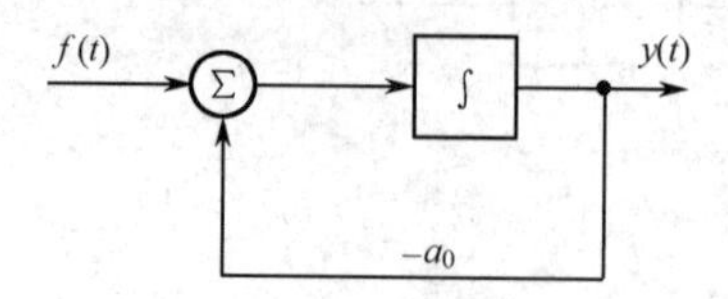

图2-6 一阶系统的框图

2. 二阶微分方程的模拟

设二阶系统的微分方程为

$$y''(t)+a_1y'(t)+a_0y(t)=b_2f''(t)+b_1f'(t)+b_0f(t) \tag{2-40}$$

假设一中间变量$q(t)$,使其满足

$$\begin{cases}q''(t)+a_1q'(t)+a_0q(t)=f(t)\\ b_2q''(t)+b_1q'(t)+b_0q(t)=y(t)\end{cases} \tag{2-41}$$

整理得

$$\begin{cases}q''(t)=f(t)-a_1q'(t)-a_0q(t)\\ y(t)=b_2q''(t)+b_1q'(t)+b_0q(t)\end{cases} \tag{2-42}$$

由式(2-42)可以看出,需要两个积分器和两个加法器。二阶系统的框图如图2-7所示。

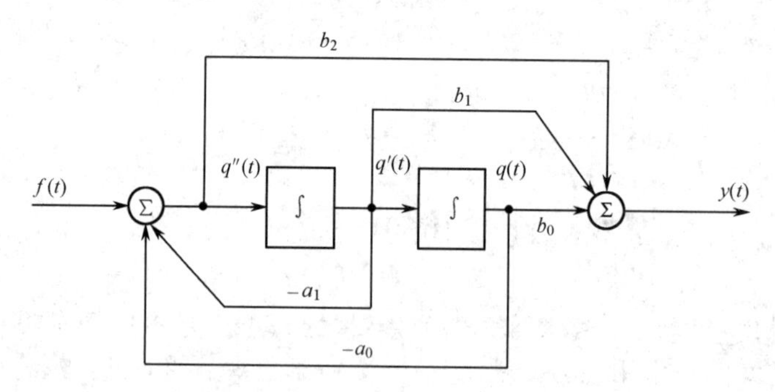

图2-7 二阶系统的框图

由微分方程构成系统框图的规则如下。

(1) 引入一中间变量$q(t)$,将$f(t)$和$y(t)$分别表示为$q(t)$的函数。

(2) 对所得到的$f(t)$和$y(t)$的表达式进行整理:将$f(t)$表达式中$q(t)$的最高阶导数项保留在等式左边,将其余各项都移到等式右边。

(3) 将$q(t)$的最高阶导数作为第一个积分器的输入,将其输出作为第二个积分器的输入,直到获得$q(t)$为止。

(4) 将$q(t)$的各阶导数,分别通过各自的数乘器一起送到第一个积分器前的加法器和最末一个积分器后的加法器中,直到获得根据$f(t)$和$y(t)$所描述的关系式为止。

图2-6和图2-7是根据方程直接来模拟的,常称之为直接形式。

需要注意的是,对于一个 n 阶微分方程 $\sum_{i=0}^{n} a_i y^{(i)}(t) = \sum_{j=0}^{m} b_j f^{(j)}(t)$,只有当 $m \leqslant n$ 时才能用直接形式模拟;当 $m > n$ 时,就无法用直接形式模拟。

3. 系统框图的不同形式

以二阶方程为例,对于

$$y''(t)+a_1 y'(t)+a_0 y(t)=b_2 f''(t)+b_1 f'(t)+b_0 f(t)$$

令 $y^{(-1)}(t)$表示 $y(t)$的一重积分,$y^{(-2)}(t)$表示 $y(t)$的二重积分。

对方程式两边取二重积分,得

$$y(t)+a_1 y^{(-1)}(t)+a_0 y^{(-2)}(t)=b_2 f(t)+b_1 f^{(-1)}(t)+b_0 f^{(-2)}(t)$$

则有

$$y(t)=b_2 f(t)+b_1 f^{(-1)}(t)+b_0 f^{(-2)}(t)-[a_1 y^{(-1)}(t)+a_0 y^{(-2)}(t)] \tag{2-43}$$

再令

$$p(t)=b_2 f(t)+b_1 f^{(-1)}(t)+b_0 f^{(-2)}(t) \tag{2-44}$$

$$y(t)=p(t)-[a_1 y^{(-1)}(t)+a_0 y^{(-2)}(t)] \tag{2-45}$$

根据式(2-44)和式(2-45),式(2-40)可以表示为图 2-8 所示的系统框图,称这种形式为直接Ⅰ型结构。同样利用式(2-42),式(2-40)还可以用图 2-9 所示的系统框图表示,称这种形式为直接Ⅱ型结构。

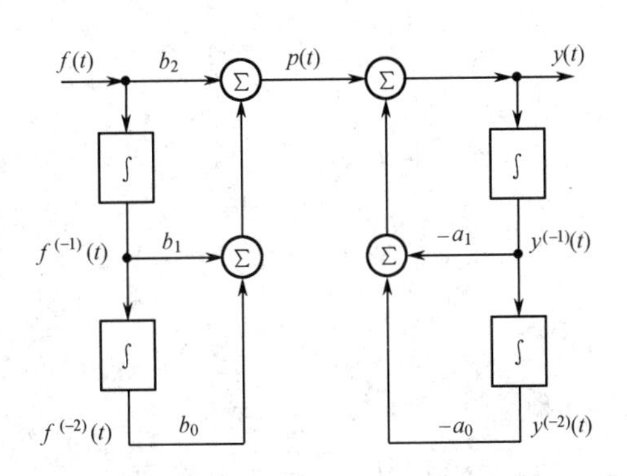

图 2-8　连续系统的直接Ⅰ型结构

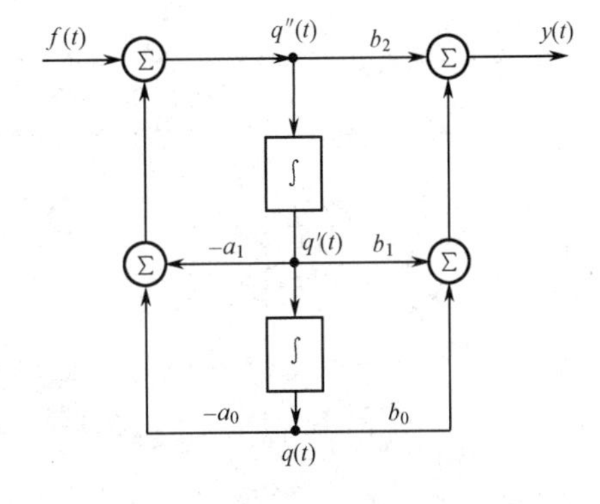

图 2-9　连续系统的直接Ⅱ型结构

可以看出,直接Ⅱ型比直接Ⅰ型所用积分器少,故也称之为正准型结构。将图 2-9 中输入端和输出端的加法器合并,可以得到如图 2-7 所示的框图。

习　题

2-1　已知描述系统的微分方程和初始状态如下,试求其零输入响应、零状态响应和全响应。

(1) $y''(t)+3y'(t)+2y(t)=f'(t)+3f(t)$,$y(0_-)=1$,$y'(0_-)=2$,$f(t)=u(t)$

(2) $y''(t)+4y'(t)+4y(t)=f'(t)+3f(t)$,$y(0_-)=1$,$y'(0_-)=2$,$f(t)=\mathrm{e}^{-t}u(t)$

(3) $y''(t)+2y'(t)+2y(t)=f'(t)$,$y(0_-)=0$,$y'(0_-)=1$,$f(t)=u(t)$

2-2　如图 2-10 所示的电路,已知 $R_1=2\Omega$,$R_2=4\Omega$,$L=1\text{H}$,$C=0.5\text{F}$,$u_s(t)=2\mathrm{e}^{-t}u(t)\text{V}$。

试列出$i(t)$的微分方程,并求其零状态响应。

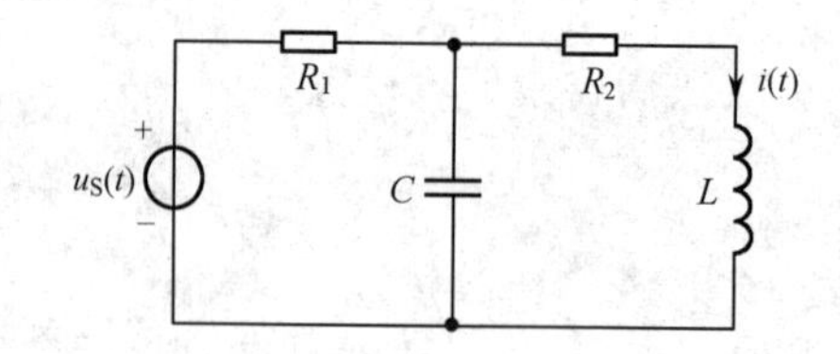

图 2-10 习题 2-2 的图

2-3 已知 $y''(t)+4y'(t)+4y(t)=f'(t)+3f(t)$,求系统的冲激响应。

2-4 某 LTI 系统,其输入 $f(t)$与输出 $y(t)$的关系为

$$y(t)=\int_{t-1}^{\infty} \mathrm{e}^{-2(t-x)} f(x-2)\mathrm{d}x$$

求该系统的冲激响应 $h(t)$。

2-5 某 LTI 系统,其输入 $f(t)$与输出 $y(t)$由下列方程表示:

$$y'(t)+3y(t)=f(t) * s(t)+2f(t)$$

其中,$s(t)=\mathrm{e}^{-2t}u(t)+\delta(t)$,求该系统的冲激响应。

2-6 某 LTI 系统的冲激响应 $h(t)=\delta'(t)+2\delta(t)$,当输入信号为 $f(t)$时,系统的零状态响应 $y_{zs}(t)=\mathrm{e}^{-t}u(t)$,求输入信号 $f(t)$。

2-7 如图 2-11 所示的系统,它由几个子系统组合而成,各子系统的冲激响应分别为

$$h_1(t)=\delta(t-1),h_2(t)=u(t)-u(t-3)$$

求复合系统的冲激响应。

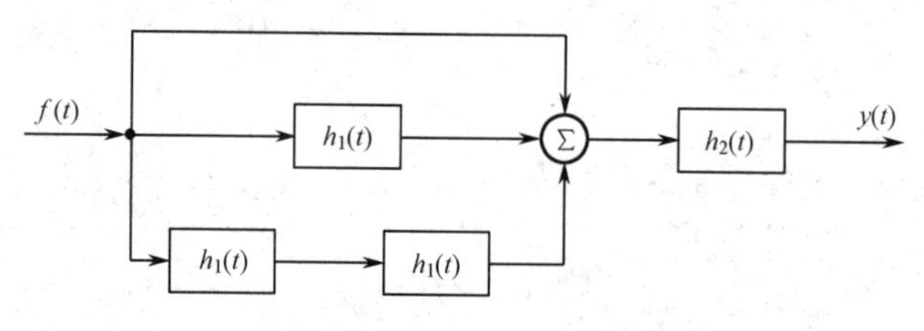

图 2-11 习题 2-7 的图

2-8 如图 2-12 所示的系统,它由几个子系统组成,各子系统的冲激响应分别为

$$h_1(t)=u(t),h_2(t)=\delta(t-1),h_3(t)=-\delta(t)$$

求复合系统的冲激响应。

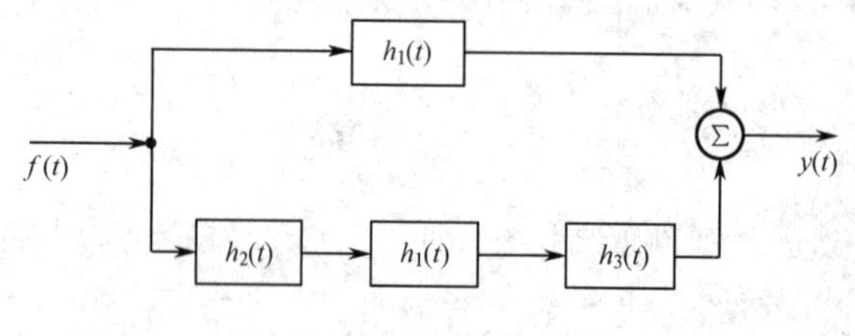

图 2-12 习题 2-8 的图

2-9 已知某线性系统可以用下列微分方程来描述:

$$y''(t)+6y'(t)+5y(t)=9f'(t)+5f(t)$$

系统的激励为 $f(t)=u(t)$,在 $t=0$ 和 $t=1$ 时刻,测得系统的输出为 $y(0)=0, y(1)=1-e^{-5}$。

(1) 求系统在激励下的全响应;

(2) 指出响应中的自由响应、强迫响应、零输入响应、零状态响应分量;

(3) 画出系统的模拟框图。

2-10　某系统的微分方程为

$$y''(t)+5y'(t)+6y(t)=e^{-t}u(t)$$

求使全响应为 $y(t)=Ae^{-t}u(t)$时系统的初始状态 $y(0_-)$、$y'(0_-)$,并确定常数 A。

2-11　某线性时不变系统的单位阶跃响应为

$$g(t)=(3e^{-2t}-1)u(t)$$

试用时域法计算:

(1) 该系统的冲激响应 $h(t)$;

(2) 该系统在激励信号为 $f_1(t)=tu(t)$时的零状态响应 $y_{zs1}(t)$;

(3) 该系统在激励信号为 $f_2(t)=t[u(t)-u(t-1)]$时的零状态响应 $y_{zs2}(t)$。

2-12　某 LTI 连续系统的单位阶跃响应为 $e^{-2t}u(t)$,求当激励为 $\delta(t)+u(t-2)$时的零状态响应。

2-13　某 LTI 系统的输入信号 $f(t)$和零状态响应 $y_{zs}(t)$的波形分别如图 2-13(a)、(b)所示。

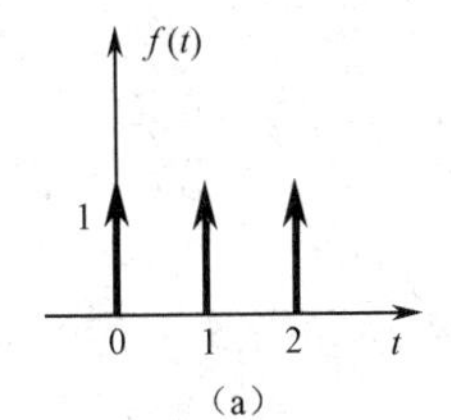

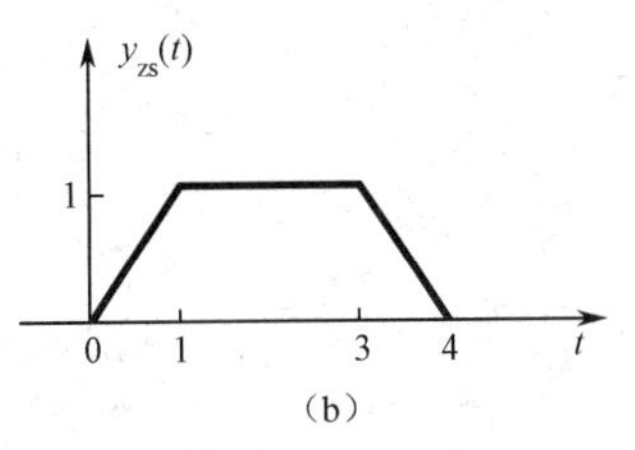

图 2-13　习题 2-13 的图

(1) 求该系统的冲激响应 $h(t)$;

(2) 用积分器、加法器和延时器($T=1$)构成该系统。

2-14　已知某 LTI 系统的单位冲激响应 $h(t)$与激励 $f(t)$的波形分别如图 2-14(a)、(b)所示,用时域法求解该系统的零状态响应 $y_{zs}(t)$,并画出 $y_{zs}(t)$的波形图。

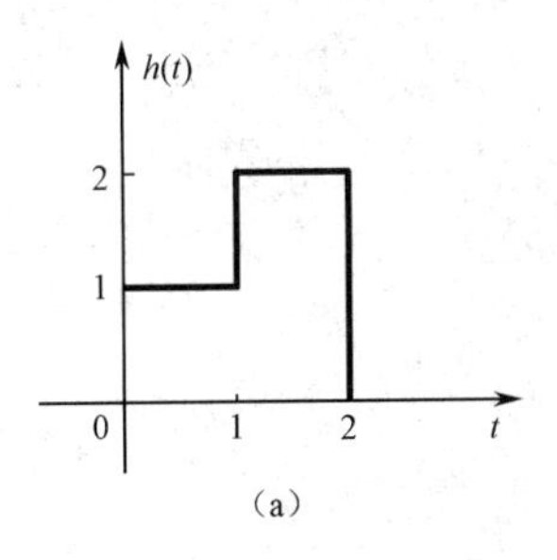

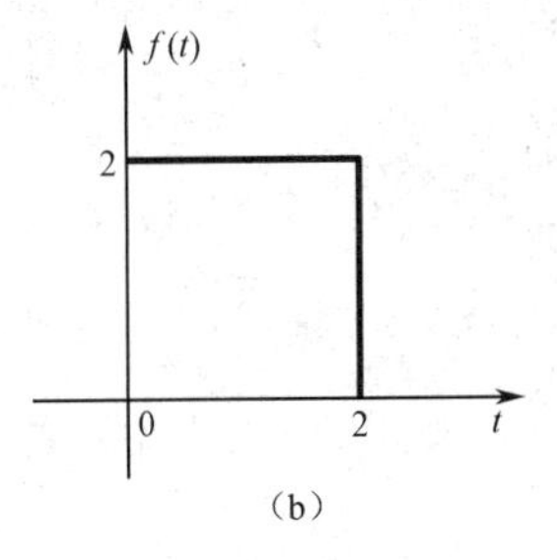

图 2-14　习题 2-14 的图

2-15　某 LTI 系统,初始状态一定,当激励信号为 $f_1(t)=u(t)$时,其全响应为 $y_1(t)=2e^{-t}u(t)$;

当激励信号为 $f_2(t)=\delta(t)$ 时,其全响应为 $y_2(t)=\delta(t)$。用时域法分析:

(1) 该系统的零输入响应 $y_{zi}(t)$;

(2) 初始状态保持不变,当激励信号为 $f_3(t)=e^{-t}u(t)$ 时,求系统的全响应 $y_3(t)$。

2-16　某 LTI 因果系统,其输入和输出关系可用下面的方程表示:

$$y'(t)+5y(t)=-f(t)+\int_{-\infty}^{\infty}f(\lambda)x(t-\lambda)\mathrm{d}\lambda$$

已知 $x(t)=e^{-t}u(t)+3\delta(t)$,求系统的单位冲激响应 $h(t)$。

2-17　某 LTI 系统的阶跃响应为 $g(t)=u(t)-u(t-2)$,

(1) 求系统的单位冲激响应 $h(t)$;

(2) 当输入为 $f(t)=\int_{t-5}^{t-1}\delta(x)\mathrm{d}x$ 时,求系统的零状态响应 $y_{zs}(t)$,并画出 $y_{zs}(t)$ 的波形。

第3章　离散时间系统的时域分析

本章要点

- 差分方程的描述、经典解法
- 零输入响应、零状态响应的求解
- 单位序列响应的含义及求解
- 零状态响应与单位序列响应之间的关系
- 系统的模拟框图

3.1　引　　言

离散时间系统是指输入和输出都是离散时间信号的系统。离散时间系统的分析方法在许多方面与连续时间系统的分析方法有着并行的相似性。

对于连续时间系统，可以用微分方程描述；与之相对应，离散时间系统是由差分方程表示的。差分方程的解法在很大程度上也与微分方程一一对应。在连续时间系统的分析中，卷积积分具有重要的意义。同样，在离散时间系统的分析中，卷积和也具有同等重要的地位。

参照连续时间系统的某些方法，在学习离散时间系统时，除了要关注它们之间的相似性，还必须注意它们之间存在的重要差异，包括数学模型的建立与求解、系统性能分析及系统实现原理等。

与连续时间系统相比较，离散时间系统具有以下优点：容易做到精度高、可靠性好；便于实现大规模集成，从而在重量和体积方面显示其优越性。此外，在连续时间系统中，通常只注重一维变量的研究，而在离散时间系统中，二维或多维技术得到了广泛的应用。近年来，可编程器件技术的日趋成熟，大大提高了设备的灵活性与通用性。由于离散时间系统的显著优点，其应用几乎涵盖了科学技术的所有领域。

本章将介绍离散时间系统的基本概念和时域分析方法。

3.2　差分与差分方程

与连续时间信号的微分及积分运算相对应，离散时间信号有差分及序列求和运算。

序列的差分可以分为前向差分和后向差分。设有序列 $f(k)$，则其一阶前向差分的定义为

$$\Delta f(k)=f(k+1)-f(k) \tag{3-1}$$

一阶后向差分的定义为

$$\nabla f(k)=f(k)-f(k-1) \tag{3-2}$$

式中，Δ 和 ∇ 叫作差分算子。

由式(3-1)与式(3-2)可见，前向差分与后向差分的关系为

$$\nabla f(k)=\Delta f(k-1) \tag{3-3}$$

二者仅移位不同,没有原则上的差别,所以它们的性质也相同。本书主要采用后向差分,并简称它为差分。

由差分的定义知,若有序列 $f_1(k)$、$f_2(k)$和常数 a_1、a_2,则

$$\begin{aligned}\nabla[a_1f_1(k)+a_2f_2(k)]&=[a_1f_1(k)+a_2f_2(k)]-[a_1f_1(k-1)+a_2f_2(k-1)]\\&=a_1[f_1(k)-f_1(k-1)]+a_2[f_2(k)-f_2(k-1)]\\&=a_1\nabla f_1(k)+a_2\nabla f_2(k)\end{aligned} \tag{3-4}$$

这表明差分运算具有线性性质。

二阶差分的定义为

$$\begin{aligned}\nabla^2f(k)&=\nabla[\nabla f(k)]=\nabla[f(k)-f(k-1)]=\nabla f(k)-\nabla f(k-1)\\&=f(k)-2f(k-1)+f(k-2)\end{aligned} \tag{3-5}$$

类似地,可定义三阶、四阶直到 n 阶差分。

序列 $f(k)$的求和运算定义为

$$X(k)=\sum_{i=-\infty}^{k}f(i) \tag{3-6}$$

n 阶常系数线性差分方程的一般形式可写为

$$\sum_{i=0}^{n}a_{n-i}y(k-i)=\sum_{j=0}^{m}b_{m-j}f(k-j) \tag{3-7}$$

式中,a_i、b_j 为常数且 $a_n=1$。

3.3 差分方程的经典解法

一般而言,如果单输入—单输出的 LTI 系统的激励为 $f(k)$,其全响应为 $y(k)$,则描述该系统的激励 $f(k)$与响应 $y(k)$之间关系的数学模型是 n 阶常系数线性差分方程,可以写为

$$\begin{aligned}&y(k)+a_{n-1}y(k-1)+\cdots+a_0y(k-n)\\&=b_mf(k)+b_{m-1}f(k-1)+\cdots+b_0f(k-m)\end{aligned} \tag{3-8}$$

由式(3-8)可以看出,差分方程是具有递推关系的代数方程,若已知初始条件和激励,利用迭代法可求得差分方程的数值解。

例题 3-1: 若描述某离散时间系统的差分方程为

$$y(k)+3y(k-1)+2y(k-2)=f(k)$$

已知初始条件 $y(0)=0$,$y(1)=2$,激励 $f(k)=2^ku(k)$,求 $y(k)$。

解:将差分方程中除 $y(k)$外的各项都移到等号的右端,得

$$y(k)=-3y(k-1)-2y(k-2)+f(k)$$

对于 $k=2$,将已知初始值 $y(0)=0$,$y(1)=2$ 代入上式,得

$$y(2)=-3y(1)-2y(0)+f(2)=-2$$

类似地,有

$$y(3)=-3y(2)-2y(1)+f(3)=10$$

$$y(4)=-3y(3)-2y(2)+f(4)=-10$$

$$\vdots$$

由例题3-1可见，用迭代法求解差分方程时思路清楚，也比较简单，便于用计算机求解，但是只能得到其数值解，而不容易概括出解的一般形式。下面讨论差分方程的经典解法。

与微分方程的经典解法类似，上述差分方程的解也由齐次解和特解两部分组成。将其齐次解用$y_h(k)$表示，特解用$y_p(k)$表示，即有

$$y(k)=y_h(k)+y_p(k) \tag{3-9}$$

1. 齐次解

当式(3-8)中的$f(k)$及其各移位项均为零时，称齐次方程

$$y_h(k)+a_{n-1}y_h(k-1)+\cdots+a_0y_h(k-n)=0 \tag{3-10}$$

的解为齐次解。

首先分析最简单的一阶差分方程。若一阶差分方程的齐次方程为

$$y_h(k)+ay_h(k-1)=0 \tag{3-11}$$

可以改写为

$$\frac{y_h(k)}{y_h(k-1)}=-a$$

$y_h(k)$与$y_h(k-1)$之比等于$-a$，这说明$y_h(k)$是一个公比为$-a$的等比序列，所以$y_h(k)$应有如下形式：

$$y_h(k)=C(-a)^k \tag{3-12}$$

式中，C为常数，其数值由初始条件决定。

对于n阶齐次差分方程，它的齐次解由形式为$C\lambda^k$的序列组合而成，将$C\lambda^k$代入式(3-10)，得

$$C\lambda^k+a_{n-1}C\lambda^{k-1}+\cdots+a_1C\lambda^{k-n+1}+a_0C\lambda^{k-n}=0$$

由于$C\neq0$，消去C；且$\lambda\neq0$，以λ^{k-n}除上式，得

$$\lambda^n+a_{n-1}\lambda^{n-1}+\cdots+a_1\lambda+a_0=0 \tag{3-13}$$

式(3-13)为差分方程的特征方程，它有n个根$\lambda_i(i=1,2,\cdots,n)$，称之为差分方程的特征根。显然，形式为$C_i\lambda_i^k$的序列都满足式(3-10)，因此它们是方程(3-8)的齐次解。特征根取值不同时，差分方程齐次解的形式如表3-1所示。

表3-1　不同特征根对应的齐次解的形式

特征根λ	齐次解$y_h(k)$的形式
单实根	$C\lambda^k$
r重实根	$(C_{r-1}k^{r-1}+C_{r-2}k^{r-2}+\cdots+C_1k+C_0)\lambda^k$
共轭复根$\lambda_{1,2}=a\pm \mathrm{j}b=\rho \mathrm{e}^{\pm \mathrm{j}\beta}$	$\rho^k[C\cos(\beta k)+D\sin(\beta k)]$

2. 特解

求差分方程特解的方法与求微分方程特解的方法类似。先将激励信号$f(k)$代入差分方程的右端(称其计算结果为“自由项”)。然后根据自由项的函数形式，在表3-2中选择特解对应的函数形式，并将此特解函数代入方程的左端，依据方程两端对应项系数相等的原则，求出

待定系数,最后即可求出方程的特解。

表 3-2 几种典型的自由项对应的特解

自由项	特解 $y_p(t)$ 的形式
E(常数)	P
k^m	$P_m k^m + P_{m-1}k^{m-1} + \cdots + P_1 k + P_0$ 当所有的特征根均不等于1时 $(P_m k^m + P_{m-1}k^{m-1} + \cdots + P_1 k + P_0)k^r$ 当有 r 重等于1的特征根时
α^k	$P\alpha^k$ 当 α 不等于特征根时 $(P_1 k + P_0)\alpha^k$ 当 α 等于特征单根时 $(P_r k^r + P_{r-1}k^{r-1} + \cdots + P_1 k + P_0)\alpha^k$ 当 α 是 r 重特征根时
$\cos\beta k$	$P_1\cos(\beta k) + P_2\sin(\beta k)$
$\sin\beta k$	
$\alpha^k\cos(\beta k)$	$\alpha^k[P_1\cos(\beta k) + P_2\sin(\beta k)]$
$\alpha^k\sin(\beta k)$	

3. 全解

线性差分方程的全解是齐次解与特解之和,即

$$y(k) = y_h(k) + y_p(k)$$

例题 3-2:若描述某离散系统的差分方程为

$$y(k) + 3y(k-1) + 2y(k-2) = f(k)$$

已知初始条件 $y(0)=0, y(1)=2$,激励 $f(k)=2^k u(k)$,求 $y(k)$。

解:(1) 求齐次解。

差分方程的特征方程为 $\lambda^2 + 3\lambda + 2 = 0$。

解得特征根为 $\lambda_1 = -1$, $\lambda_2 = -2$。

所以齐次解的形式为 $y_h(k) = C_1(-1)^k + C_2(-2)^k$。

(2) 求特解。

将 $f(k)$ 代入原方程,由于自由项为 2^k,所以设特解为 $y_p(k) = P \cdot 2^k, k \geqslant 0$。

将 $y_p(k)$、$y_p(k-1)$ 和 $y_p(k-2)$ 代入方程,得

$$P \cdot 2^k + 3P \cdot 2^{k-1} + 2P \cdot 2^{k-2} = 2^k$$

解得 $P = \dfrac{1}{3}$。

所以特解为 $y_p(k) = \dfrac{1}{3} \cdot 2^k$, $k \geqslant 0$。

差分方程的全解为

$$y(k) = y_h(k) + y_p(k) = C_1(-1)^k + C_2(-2)^k + \frac{1}{3} \cdot 2^k$$

将 $y(0)=0, y(1)=2$ 代入上式,解得

$$C_1 = \frac{2}{3}, \quad C_2 = -1$$

所以有

$$y(k)=\frac{2}{3}(-1)^k-(-2)^k+\frac{1}{3}\cdot 2^k,\quad k\geqslant 0 \tag{3-14}$$

或写为

$$y(k)=\left[\frac{2}{3}(-1)^k-(-2)^k+\frac{1}{3}\cdot 2^k\right]u(k)$$

与微分方程一样,差分方程的齐次解也叫作系统的自由响应,特解叫作强迫响应。

例题 3-3：某离散系统的差分方程为

$$y(k)-\frac{5}{6}y(k-1)+\frac{1}{6}y(k-2)=\frac{1}{6}f(k)$$

已知初始条件 $y(0)=0$,$y(1)=1$,激励 $f(k)=10\cos\left(\frac{\pi k}{2}\right)$,$k\geqslant 0$,求全解 $y(k)$。

解：(1) 求齐次解。

特征方程为 $\lambda^2-\frac{5}{6}\lambda+\frac{1}{6}=0$,解得特征根为 $\lambda_1=\frac{1}{2}$,$\lambda_2=\frac{1}{3}$。

所以齐次解的形式为

$$y_h(k)=C_1\left(\frac{1}{2}\right)^k+C_2\left(\frac{1}{3}\right)^k$$

(2) 求特解。

根据 $f(k)$的形式,设特解为

$$y_p(k)=P_1\cos\left(\frac{\pi k}{2}\right)+P_2\sin\left(\frac{\pi k}{2}\right)$$

将 $y_p(k)$代入方程,求得 $P_1=P_2=1$。

因此特解为

$$y_p(k)=\cos\left(\frac{\pi k}{2}\right)+\sin\left(\frac{\pi k}{2}\right)$$

所以全解为

$$y(k)=C_1\left(\frac{1}{2}\right)^k+C_2\left(\frac{1}{3}\right)^k+\cos\left(\frac{\pi k}{2}\right)+\sin\left(\frac{\pi k}{2}\right)$$

把 $y(0)=0$,$y(1)=1$ 代入上式,得

$$C_1=2,\qquad C_2=-3$$

即有

$$\begin{aligned}y(k)&=2\left(\frac{1}{2}\right)^k-3\left(\frac{1}{3}\right)^k+\cos\left(\frac{\pi k}{2}\right)+\sin\left(\frac{\pi k}{2}\right)\\&=2\left(\frac{1}{2}\right)^k-3\left(\frac{1}{3}\right)^k+\sqrt{2}\cos\left(\frac{\pi k}{2}-\frac{\pi}{4}\right),\quad k\geqslant 0\end{aligned} \tag{3-15}$$

在式(3-15)中,因为特征根的绝对值都小于 1,所以随着时间 k 的增加,$2\left(\frac{1}{2}\right)^k-3\left(\frac{1}{3}\right)^k$ 是衰减的,因此其为暂态响应,剩下的$\sqrt{2}\cos\left(\frac{\pi k}{2}-\frac{\pi}{4}\right)$则为稳态响应。

3.4 零输入响应与零状态响应

与连续时间系统一样,离散时间系统的响应也可以分解为零输入响应 $y_{zi}(k)$ 和零状态响应 $y_{zs}(k)$,即

$$y(k)=y_{zi}(k)+y_{zs}(k) \tag{3-16}$$

3.4.1 零输入响应

离散时间系统的零输入响应,是指当激励信号为零,即 $f(k)=0$ 时,仅由系统的初始状态引起的响应,用 $y_{zi}(k)$ 表示。

因此,零输入响应就是齐次方程的解,即

$$\sum_{i=0}^{n}a_{n-i}y_{zi}(k-i)=0 \tag{3-17}$$

零输入响应与齐次解具有相同的形式,完全由差分方程的特征根来确定。假设式(3-17)的特征根全为单实根,则

$$y_{zi}(k)=\sum_{i=1}^{n}C_i\lambda_i^k \tag{3-18}$$

式中,C_i 为待定系数;λ_i 为齐次方程的特征根。

一般设定激励是在 $k=0$ 时接入系统的,在 $k<0$ 时,激励未接入,故式(3-17)的初始状态满足

$$\begin{cases}y_{zi}(-1)=y(-1)\\ y_{zi}(-2)=y(-2)\\ \cdots\\ y_{zi}(-n)=y(-n)\end{cases} \tag{3-19}$$

式(3-19)中的 $y(-1),y(-2),\cdots,y(-n)$ 为系统的初始状态,将这些条件代入式(3-18)可求得零输入响应 $y_{zi}(k)$。

也可以由式(3-19)和式(3-17)先求出 $y(0),y(1),\cdots,y(n-1)$,再将其代入式(3-18)求得 $y_{zi}(k)$。可以验证,求得的结果完全一致。

例题 3-4:描述某 LTI 离散系统的差分方程为

$$y(k)-y(k-1)-2y(k-2)=f(k)$$

已知 $y(-1)=-1,y(-2)=\frac{1}{4}$,求该系统的零输入响应 $y_{zi}(k)$。

解:零输入响应 $y_{zi}(k)$ 满足

$$y_{zi}(k)-y_{zi}(k-1)-2y_{zi}(k-2)=0$$

对应的特征方程为 $\lambda^2-\lambda-2=0$,解得

$$\lambda_1=-1,\quad \lambda_2=2$$

所以有

$$y_{zi}(k)=C_1(-1)^k+C_2 2^k,\qquad k\geqslant 0$$

将 $y_{zi}(-1)=y(-1)=-1,y_{zi}(-2)=y(-2)=\frac{1}{4}$ 代入上式,得

$$-C_1+\frac{1}{2}C_2=-1$$

$$C_1+\frac{1}{4}C_2=\frac{1}{4}$$

联立解得 $C_1=\frac{1}{2}$,$C_2=-1$。因此,

$$y_{zi}(k)=[\frac{1}{2}(-1)^k-2^k]u(k)$$

3.4.2　零状态响应

离散时间系统的零状态响应,是指当系统的初始状态为零,仅由激励 $f(k)$所引起的响应,用 $y_{zs}(k)$表示。

在零状态情况下,式(3-8)仍是非齐次方程,其初始状态为零,即零状态响应满足

$$\sum_{i=0}^{n}a_{n-i}y_{zs}(k-i)=\sum_{j=0}^{m}b_{m-j}f(k-j) \tag{3-20}$$

且 $y_{zs}(-1)=y_{zs}(-2)=\cdots=y_{zs}(-n)=0$。

若其特征根均为单根,则其零状态响应可表示为

$$y_{zs}(k)=\sum_{i=1}^{n}D_i\lambda_i^k+y_p(k) \tag{3-21}$$

式中,D_i 为待定系数;$y_p(k)$为特解。

需要注意的是,零状态响应的初始状态 $y_{zs}(-1)$,$y_{zs}(-2)$,…,$y_{zs}(-n)$为零,但其初始值 $y_{zs}(0)$,$y_{zs}(1)$,…,$y_{zs}(n-1)$不一定为零。

求解系数 D_i 时,需要代入 $y_{zs}(0)$,$y_{zs}(1)$,…,$y_{zs}(n-1)$的数值。

例题 3-5:描述某 LTI 离散系统的差分方程为

$$y(k)-y(k-1)-2y(k-2)=f(k)$$

已知 $f(k)=u(k)$,求该系统的零状态响应 $y_{zs}(k)$。

解:将 $f(k)$代入差分方程,得

$$y_{zs}(k)-y_{zs}(k-1)-2y_{zs}(k-2)=u(k) \tag{3-22}$$

且 $y_{zs}(-1)=y_{zs}(-2)=0$。则有

$$y_{zs}(0)=u(0)+y_{zs}(-1)+2y_{zs}(-2)=1$$

$$y_{zs}(1)=u(1)+y_{zs}(0)+2y_{zs}(-1)=2$$

式(3-22)的齐次解为 $D_1(-1)^k+D_2 2^k$, $k\geqslant 0$。

当 $k\geqslant 0$ 时,等号右端为 1,所以设其特解为常数 P,代入方程得

$$P-P-2P=1$$

则有 $P=-\frac{1}{2}$。

因此,

$$y_{zs}(k)=D_1(-1)^k+D_2 2^k-\frac{1}{2},\quad k\geqslant 0$$

将 $y_{zs}(0)=1$,$y_{zs}(1)=2$ 代入上式,解得

$$D_1=\frac{1}{6},\quad D_2=\frac{4}{3}$$

因此,零状态响应为

$$y_{zs}(k)=[\frac{1}{6}(-1)^k+\frac{4}{3}2^k-\frac{1}{2}]u(k)$$

3.4.3　全响应

一个初始状态不为零的LTI离散系统,在外加激励作用下,其完全响应等于零输入响应和零状态响应之和,即

$$y(k)=y_{zi}(k)+y_{zs}(k)$$

若特征根均为单根,则全响应为

$$y(k)=\underbrace{\sum_{i=1}^{n}C_i\lambda_i^k}_{\text{零输入响应}}+\underbrace{\sum_{i=1}^{n}D_i\lambda_i^k+y_p(k)}_{\text{零状态响应}}$$

$$=\underbrace{\sum_{i=1}^{n}A_i\lambda_i^k}_{\text{自由响应}}+\underbrace{y_p(k)}_{\text{强迫响应}}\tag{3-23}$$

由式(3-23)可以看出:系统的全响应可以分解为自由响应和强迫响应,也可以分解为零输入响应和零状态响应。虽然自由响应和零输入响应都是齐次方程解的形式,但是它们的系数并不相同。C_i 仅由系统的初始状态决定,而 A_i 是由初始状态和激励共同决定的。

例题3-6:某离散系统的差分方程为

$$y(k)+3y(k-1)+2y(k-2)=f(k)$$

已知激励 $f(k)=2^k,k\geqslant0$,初始状态 $y(-1)=0,y(-2)=0.5$,求系统的全响应。

解:(1) 求零输入响应。

特征方程为 $\lambda^2+3\lambda+2=0$,则特征根为 $\lambda_1=-1,\lambda_2=-2$。所以有

$$y_{zi}(k)=C_1(-1)^k+C_2(-2)^k$$

将 $y_{zi}(-1)=y(-1)=0,y_{zi}(-2)=y(-2)=0.5$ 代入上式,得

$$C_1=1,\qquad C_2=-2$$

所以有

$$y_{zi}(k)=(-1)^k-2(-2)^k,\quad k\geqslant0$$

(2) 求零状态响应。

根据 $f(k)$的形式,假设特解 $y_p(k)=P\cdot2^k$,代入方程,得 $P=\frac{1}{3}$。

零状态响应的形式为

$$y_{zs}(k)=D_1(-1)^k+D_2(-2)^k+\frac{1}{3}\cdot2^k,\quad k\geqslant0$$

由 $y_{zs}(-1)=y_{zs}(-2)=0$,可求出 $y_{zs}(0)=1,y_{zs}(1)=-1$。

将 $y_{zs}(0),y_{zs}(1)$的值代入上式,得

$$D_1=-\frac{1}{3},\quad D_2=1$$

所以有

$$y_{zs}(k)=-\frac{1}{3}(-1)^k+(-2)^k+\frac{1}{3}\cdot 2^k,\quad k\geqslant 0$$

因此，全响应为

$$y(k)=y_{zi}(k)+y_{zs}(k)=\frac{2}{3}(-1)^k-(-2)^k+\frac{1}{3}\cdot 2^k,\quad k\geqslant 0$$

3.5　单位序列响应与单位阶跃响应

3.5.1　单位序列响应

所谓单位序列响应，是指当系统的激励信号为单位序列 $\delta(k)$时，系统产生的零状态响应，用$h(k)$表示。它的作用与连续时间系统中的冲激响应 $h(t)$类似。

下面介绍用时域方法求解离散系统的单位序列响应。由于单位序列 $\delta(k)$仅在 $k=0$ 处等于 1，而在 $k>0$ 时为 0，所以在 $k>0$ 时，系统的单位序列响应与该系统的零输入响应的函数形式相同。这样就可以把求单位序列响应的问题转化为差分方程齐次解的问题，而在 $k=0$ 处的值 $h(0)$可按零状态的条件由差分方程确定。

例题 3-7：已知系统的差分方程为

$$y(k)-5y(k-1)+6y(k-2)=f(k)$$

求系统的单位序列响应 $h(k)$。

解：根据单位序列响应的定义，有

$$h(k)-5h(k-1)+6h(k-2)=\delta(k)$$

且有 $h(-1)=h(-2)=0$。可以求得

$$h(0)=1,\quad h(1)=5$$

特征方程为 $\lambda^2-5\lambda+6=0$，求得特征根为

$$\lambda_1=2,\quad \lambda_2=3$$

所以有

$$h(k)=C_1\cdot 2^k+C_2\cdot 3^k$$

将 $h(0)=1$，$h(1)=5$ 代入上式，得

$$C_1=-2,\quad C_2=3$$

所以有

$$h(k)=3^{k+1}-2^{k+1},\quad k\geqslant 0$$

例题 3-8：已知系统的差分方程为

$$y(k)-5y(k-1)+6y(k-2)=f(k)-3f(k-2)$$

求系统的单位序列响应。

解：$h(k)$满足方程

$$h(k)-5h(k-1)+6h(k-2)=\delta(k)-3\delta(k-2) \tag{3-24}$$

且有 $h(-1)=h(-2)=0$。

因为式(3-24)右端含有 $\delta(k)-3\delta(k-2)$两项，所以不能简单地认为 $k>0$ 时输入为 0。

这时,根据 LTI 系统的线性和时不变性,可以把 $\delta(k)$ 和 $\delta(k-2)$ 看作两个激励信号,分别求得它们的单位序列响应,再进行线性迭加。

假定差分方程的右端只有 $\delta(k)$ 作用,而不考虑 $\delta(k-2)$ 项的作用,则此时系统的单位序列响应设为 $h_1(k)$,显然它满足

$$h_1(k)-5h_1(k-1)+6h_1(k-2)=\delta(k)$$

根据例题 3-7 知道 $h_1(k)=(3^{k+1}-2^{k+1})u(k)$,且

$$\delta(k)\rightarrow h_1(k),\quad -3\delta(k-2)\rightarrow -3h_1(k-2)$$

所以有

$$\begin{aligned}h(k)&=h_1(k)-3h_1(k-2)\\&=(3^{k+1}-2^{k+1})u(k)-3(3^{k-1}-2^{k-1})u(k-2)\\&=(3^{k+1}-2^{k+1})[\delta(k)+\delta(k-1)+u(k-2)]-(3^k-1.5\cdot 2^k)u(k-2)\\&=\delta(k)+5\delta(k-1)+(2\cdot 3^k-0.5\cdot 2^k)u(k-2)\end{aligned}$$

由于单位序列响应表征了离散系统本身的性能,所以在时域分析中,可以根据 $h(k)$ 来判断离散系统的某些性能,如因果性、稳定性等。

3.5.2 单位阶跃响应

单位阶跃响应是指激励信号为阶跃序列 $u(k)$ 时,系统产生的零状态响应,用 $g(k)$ 表示。因为

$$u(k)=\sum_{i=-\infty}^{k}\delta(i)=\sum_{j=0}^{\infty}\delta(k-j)$$

$$\delta(k)=\nabla u(k)=u(k)-u(k-1)$$

根据 LTI 的性质,所以 $g(k)$ 与 $h(k)$ 有下列关系:

$$g(k)=\sum_{i=-\infty}^{k}h(i)=\sum_{j=0}^{\infty}h(k-j) \tag{3-25}$$

$$h(k)=\nabla g(k)=g(k)-g(k-1) \tag{3-26}$$

若已知系统的差分方程,那么利用经典法就可以得到系统的单位阶跃响应 $g(k)$。

例题 3-9: 已知系统的差分方程为

$$y(k)-5y(k-1)+6y(k-2)=f(k)$$

求系统的单位阶跃响应 $g(k)$。

解:可直接由差分方程来求。

由定义知,$g(k)$ 满足方程

$$g(k)-5g(k-1)+6g(k-2)=u(k)$$

且有 $g(-1)=g(-2)=0$。则可以求得

$$g(0)=1,\quad g(1)=6$$

齐次解为 $D_1\cdot 2^k+D_2\cdot 3^k$,特解为 $\frac{1}{2}$。所以有

$$g(k)=D_1\cdot 2^k+D_2\cdot 3^k+\frac{1}{2},\quad k\geqslant 0$$

将 $g(0)=1$,$g(1)=6$ 代入上式,解得

$$D_1=-4,\qquad D_2=\frac{9}{2}$$

因此

$$g(k)=-4\cdot 2^k+\frac{9}{2}\cdot 3^k+\frac{1}{2},\qquad k\geqslant 0$$

需要注意的是，阶跃响应一般都有特解。

3.5.3　由单位序列响应求零状态响应

由1.5节可知，任一序列 $f(k)$ 可以表示为

$$\begin{aligned}f(k)&=\cdots+f(-2)\delta(k+2)+f(-1)\delta(k+1)+\\&\quad f(0)\delta(k)+f(1)\delta(k-1)+\cdots+f(i)\delta(k-i)+\cdots\\&=\sum_{i=-\infty}^{\infty}f(i)\delta(k-i)\end{aligned}\tag{3-27}$$

由于系统是LTI系统，$\delta(k)\to h(k)$，则

$$\delta(k-i)\to h(k-i)$$

$$f(i)\delta(k-i)\to f(i)h(k-i)$$

根据系统的零状态线性，序列 $f(k)$ 作用于系统引起的零状态响应 $y_{zs}(k)$ 应为

$$\begin{aligned}y_{zs}(k)&=\cdots+f(-2)h(k+2)+f(-1)h(k+1)+\\&\quad f(0)h(k)+f(1)h(k-1)+\cdots+f(i)h(k-i)+\cdots\\&=\sum_{i=-\infty}^{\infty}f(i)h(k-i)\end{aligned}\tag{3-28}$$

式(3-28)表明，离散时间系统的零状态响应 $y_{zs}(k)$ 为激励信号 $f(k)$ 与系统的单位序列响应 $h(k)$ 的卷积和，即

$$y_{zs}(k)=f(k)*h(k)\tag{3-29}$$

3.5.4　复合系统的单位序列响应

1. 级联系统

级联系统如图3-1所示。由该图可知

$$y_{zs}(k)=f(k)*h_1(k)*h_2(k)\tag{3-30}$$

图3-1　级联系统

当 $f(k)=\delta(k)$ 时，$y_{zs}(k)=h(k)$，所以有

$$h(k)=h_1(k)*h_2(k)\tag{3-31}$$

式(3-31)表明，级联系统的单位序列响应等于各子系统单位序列响应的卷积和。

2. 并联系统

并联系统如图3-2所示。由该图可知

$$y_{zs}(k)=f(k)*h_1(k)+f(k)*h_2(k) \tag{3-32}$$

当 $f(k)=\delta(k)$ 时，$y_{zs}(k)=h(k)$。

所以有

$$h(k)=h_1(k)+h_2(k) \tag{3-33}$$

式(3-33)表明，并联系统的单位序列响应等于各子系统单位序列响应之和。

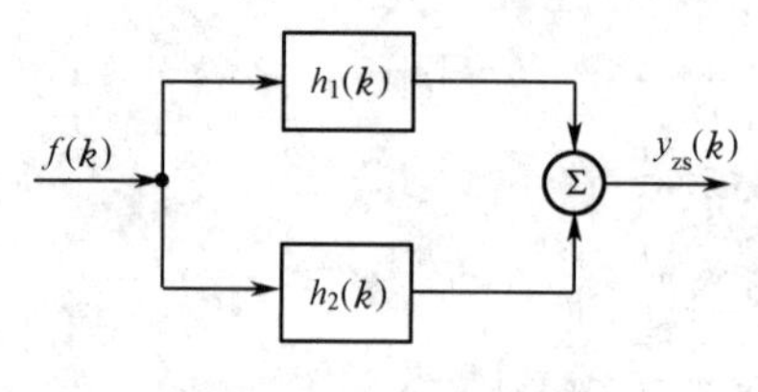

图3-2 并联系统

例题3-10：如图3-3所示的离散系统，它由几个子系统组合而成，各子系统的单位序列响应分别为 $h_1(k)$、$h_2(k)$ 和 $h_3(k)$，求此复合系统的单位序列响应。

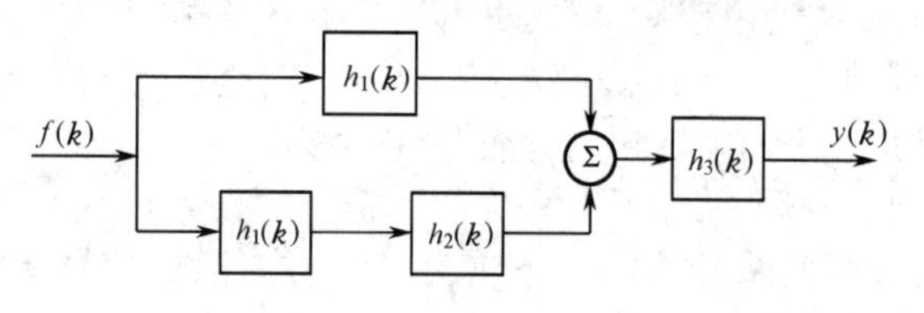

图3-3 例题3-10的图

解：由题意知

$$\begin{aligned}y_{zs}(k)&=[f(k)*h_1(k)+f(k)*h_1(k)*h_2(k)]*h_3(k)\\&=f(k)*[h_1(k)+h_1(k)*h_2(k)]*h_3(k)\end{aligned}$$

当 $f(k)=\delta(k)$ 时，$y_{zs}(k)=h(k)$。

所以有

$$h(k)=[h_1(k)+h_1(k)*h_2(k)]*h_3(k)$$

3.6 离散时间系统的模拟

类似于连续时间系统，离散时间系统也可以用基本运算器件来模拟。从差分方程的表达式可以看出，差分方程包括移位、标乘和相加三种运算。因此，离散时间系统的模拟通常是由延迟单元、数乘器和加法器组成的。

1. 一阶差分方程的模拟

已知一阶LTI离散系统的差分方程为

$$y(k)-ay(k-1)=f(k)$$

它可以改写为

$$y(k)=ay(k-1)+f(k)$$

由此可见，$y(k)$经过延迟单元后变为 $y(k-1)$，$y(k-1)$乘以 a 后与 $f(k)$相加，即得到一阶差分方程的运算关系。一阶差分方程的框图如图 3-4 所示。

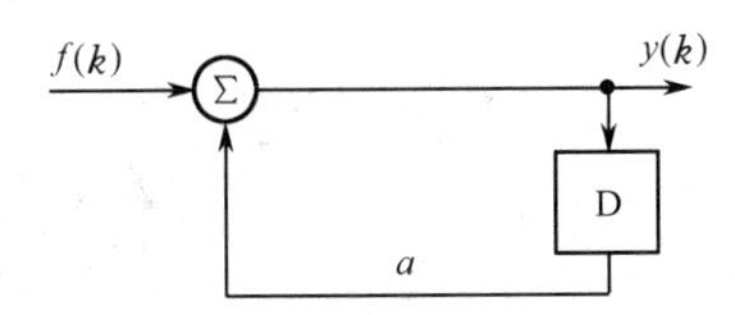

图 3-4　一阶差分方程的框图

2. 二阶差分方程的模拟

二阶 LTI 离散系统的差分方程为

$$y(k)+a_1y(k-1)+a_2y(k-2)=b_0f(k)+b_1f(k-1)+b_2f(k-2) \tag{3-34}$$

引入一辅助变量 $q(k)$，使其满足

$$\begin{cases}q(k)+a_1q(k-1)+a_2q(k-2)=f(k)\\ b_0q(k)+b_1q(k-1)+b_2q(k-2)=y(k)\end{cases} \tag{3-35}$$

整理得

$$\begin{cases}q(k)=-a_1q(k-1)-a_2q(k-2)+f(k)\\ y(k)=b_0q(k)+b_1q(k-1)+b_2q(k-2)\end{cases} \tag{3-36}$$

从式(3-36)可以看出，需要两个延迟单元和两个加法器。二阶差分方程的框图如图 3-5 所示。

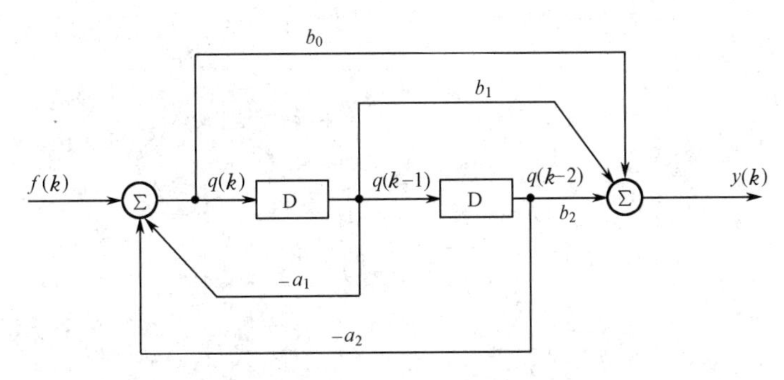

图 3-5　二阶差分方程的框图

由差分方程构成系统框图的规则如下(以二阶差分方程为例)。

(1) 引入一中间变量 $q(k)$，将 $f(k)$和 $y(k)$分别表示为 $q(k)$的函数。

(2) 对所得到的 $f(k)$和 $y(k)$的表达式进行整理：将 $f(k)$表达式中 $q(k)$项保留在等式左边，将其余各项都移到等式右边。

(3) 将 $q(k)$作为第一个延迟单元的输入，将其输出作为第二个延迟单元的输入，直到获得 $q(k-2)$为止。

(4) 将 $q(k)$ 的各移位序列,分别通过各自的数乘器一起送到第一个延迟单元前的加法器和最末一个延迟单元后的加法器中,直到获得根据 $f(k)$ 和 $y(k)$ 所描述的关系式为止。

3. 系统框图的其他形式

二阶差分方程

$$y(k)+a_1y(k-1)+a_2y(k-2)=b_0f(k)+b_1f(k-1)+b_2f(k-2)$$

还可改写为

$$y(k)=-a_1y(k-1)-a_2y(k-2)+b_0f(k)+b_1f(k-1)+b_2f(k-2)$$

引入变量 $p(k)$,使之满足

$$\begin{cases}p(k)=b_0f(k)+b_1f(k-1)+b_2f(k-2)\\y(k)=-a_1y(k-1)-a_2y(k-2)+p(k)\end{cases}\tag{3-37}$$

式(3-37)还可以表示为图3-6所示的框图,这种结构称为直接Ⅰ型结构。

由于两个线性时不变系统级联时与次序无关,故将图3-6中的前后两部分调换一下次序,可以得到图3-7所示的框图。

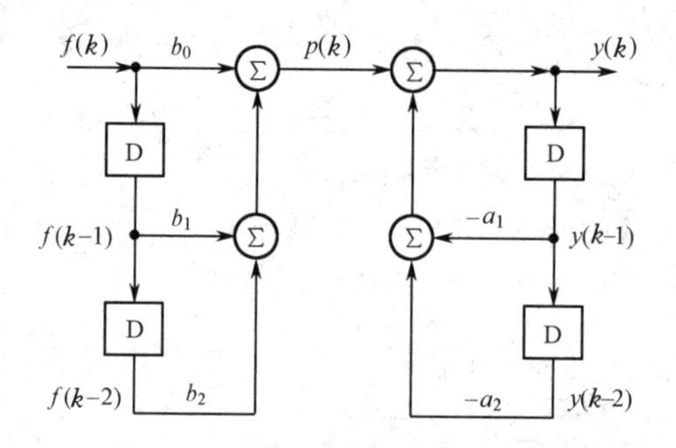

图3-6　离散系统的直接Ⅰ型结构

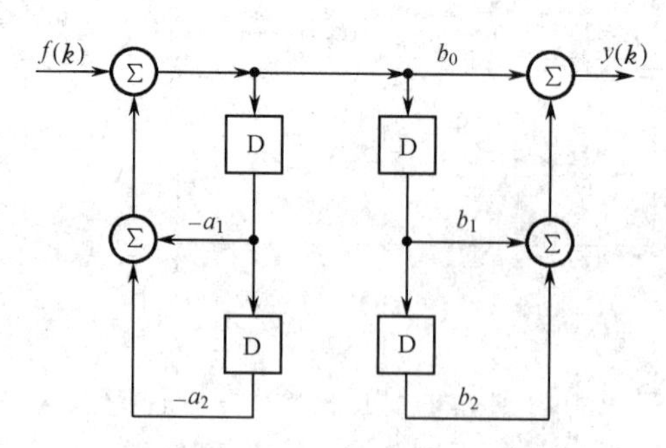

图3-7　调换次序后的框图

在图3-7中,由于两个延迟单元具有相同的输入,所以可以进行合并。合并后的框图如图3-8所示。

对图3-8进行整理,即可得到图3-5所示框图。

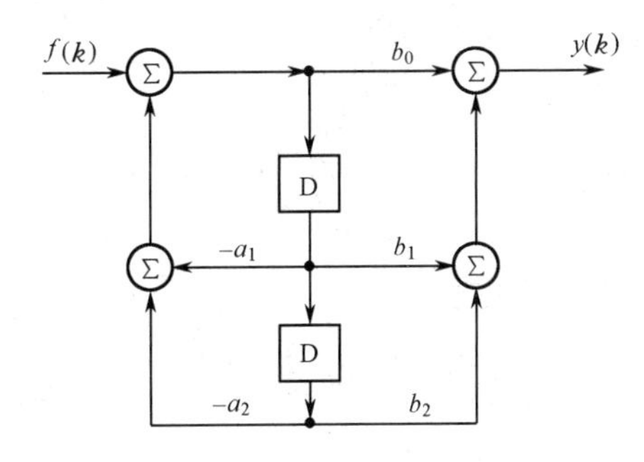

图 3-8　合并后的框图

习　题

3-1　求下列差分方程所描述 LTI 离散系统的零输入响应、零状态响应和全响应。

(1) $y(k)+2y(k-1)+y(k-2)=f(k)$，$f(k)=3\left(\dfrac{1}{2}\right)^k u(k)$，$y(-1)=3$，$y(-2)=-5$。

(2) $y(k)-y(k-1)-2y(k-2)=f(k)$，$f(k)=u(k)$，$y(0)=0$，$y(1)=1$。

3-2　求图 3-9 所示系统的单位序列响应。

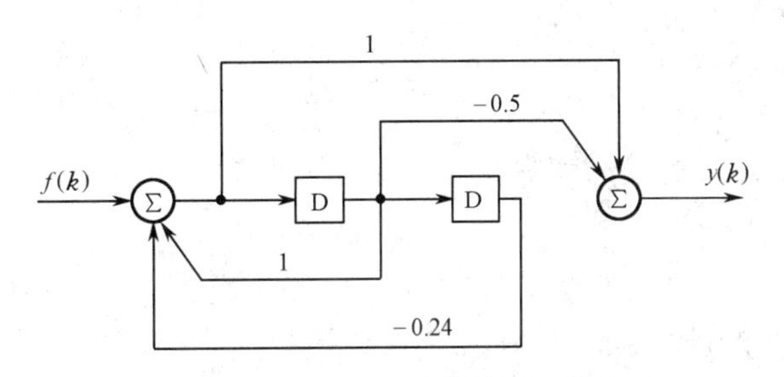

图 3-9　习题 3-2 的图

3-3　图 3-10 所示离散时间系统由两个子系统级联组成，已知 $h_1(k)=2\cos\left(\dfrac{k\pi}{4}\right)$，$h_2(k)=a^k u(k)$，激励 $f(k)=\delta(k)-a\delta(k-1)$，求该系统的零状态响应 $y_{zs}(k)$。

图 3-10　习题 3-3 的图

3-4　某离散系统中 $f(k)=u(k)-u(k-2)$，$h_1(k)=\delta(k)-\delta(k-1)$，$h_2(k)=a^k u(k-1)$，试求 $y(k)=f(k)*h_1(k)*h_2(k)$。

3-5　某 LTI 系统的输入为

$$f(k)=\begin{cases}1, & k=0\\ 4, & k=1,2\\ 0, & \text{其他}\end{cases}$$

其零状态响应为

$$y_{zs}(k)=\begin{cases}0, & k<0\\ 9, & k\geqslant 0\end{cases}$$

求系统的单位序列响应。

3-6 某LTI离散时间系统的单位序列响应为

$$h(k)=\begin{cases}1, & k=1,2,3\\ 0, & \text{其他}\end{cases}$$

输入为 $f(k)=\begin{cases}1, & k=0,2,4\\ 0, & \text{其他}\end{cases}$，求该系统的零状态响应。

3-7 某LTI系统的阶跃响应为 $g(k)=(0.5)^k u(k)$，求该系统的单位序列响应。

3-8 某离散时间系统的激励 $f(k)=\delta(k)+\delta(k-2)$，测出该系统的零状态响应如图3-11所示。求该系统的单位序列响应 $h(k)$，并画出系统的模拟框图。

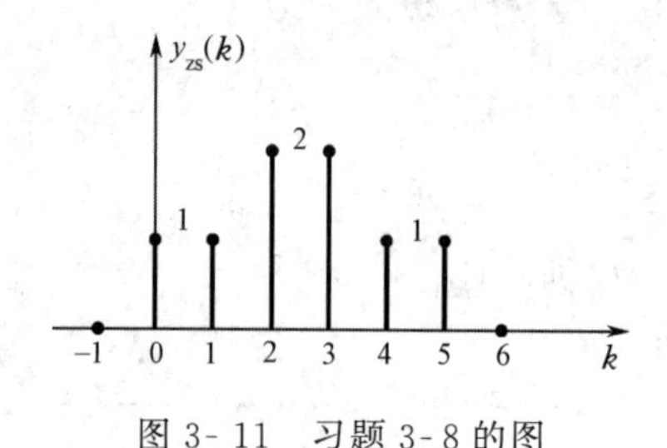

图3-11 习题3-8的图

3-9 某LTI离散时间系统的输入和零状态响应分别为

$$f(k)=\{\underset{\uparrow k=0}{2},\ 1,\ 4\},\qquad y_{zs}(k)=\{\underset{\uparrow k=2}{4},\ 4,\ 9,\ 4\}$$

求系统的单位序列响应 $h(k)$。

3-10 某人从当月开始，每个月到银行存款 $f(k)$，假设每月利率为 $\gamma=0.5\%$。

(1) 设 $y(k)$ 为第 k 个月的总存款，列写此存款过程的差分方程，求单位序列响应 $h(k)$。

(2) 如果每月存款数为 $f(k)=50$ 元，共存了5年，求出第 k 个月的总存款额 $y(k)$。

(3) 在(2)的条件下，求出4年后和20年后的存款额。

3-11 某LTI离散时间系统，当输入为 $\delta(k-1)$ 时，系统的零状态响应为 $\left(\frac{1}{2}\right)^k u(k-1)$。当输入为 $f(k)=2\delta(k)+u(k)$ 时，求系统的零状态响应 $y_{zs}(k)$。

3-12 图3-12为"汉诺塔"(Tower of Hanoi)模型。有若干直径逐次增加的中心有孔的圆盘，起初它们都套在同一个木桩上，尺寸最大的在最下面，随尺寸减小依次向上排列。现将圆盘按下述规则转移到另外两个木桩上：(1)每次只转移一个；(2)在转移过程中，不允许出现大圆盘位于小圆盘之上的情况；(3)可以在三个木桩之间任意转移。为使 k 个圆盘转移到另一个木桩，而保持其原始的上下相对位置不变，需要传递 $y(k)$ 次。列出 $y(k)$ 的差分方程式，并求解。已知 $y(0)=0, y(1)=1, y(2)=3, y(3)=7,\cdots\cdots$

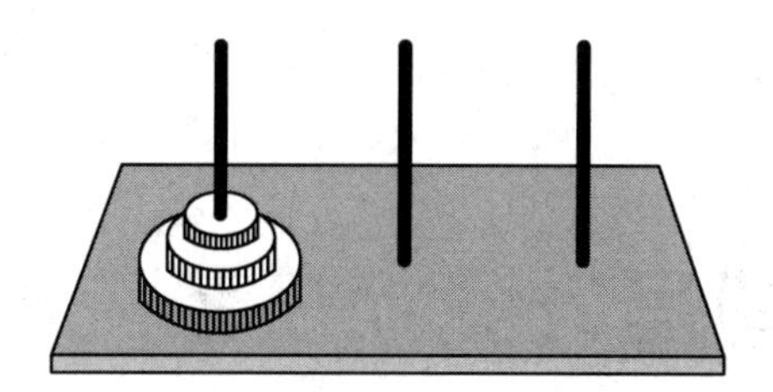

图 3-12　习题 3-12 的图

3-13　一个乒乓球从 H 米的高度自由下落至地面，每次弹跳起的最高值是前一次最高值的 2/3。若以 $y(k)$ 表示第 k 次弹跳起的最高值，试列写描述此过程的差分方程。假定 $H=2\text{m}$，解此差分方程。

3-14　已知 LTI 离散时间系统的单位序列响应 $h(k)$、激励信号 $f(k)$ 为以下两种情况，求零状态响应 $y_{zs}(k)$，并画出其波形。

(1) $h(k)=2^k[u(k)-u(k-4)]$，$f(k)=\delta(k)-\delta(k-2)$

(2) $h(k)=0.5^k u(k)$，$f(k)=u(k)-u(k-5)$

第4章 傅里叶变换及系统的频域分析

本章要点

- 周期信号的傅里叶级数
- 周期信号频谱的特点
- 傅里叶变换及其性质
- 系统的频域分析法
- 系统的频率响应
- 线性系统无失真传输的条件
- 理想低通滤波器的特性
- 抽样定理
- 希尔伯特变换

4.1 引　　言

前面分别讨论了连续时间系统和离散时间系统的时域分析。本章及后面几章将转入系统的变换域分析,包括连续时间信号和离散时间信号的频谱分析,连续时间系统的频域分析和复频域分析,离散时间系统的 z 域分析和频域分析等。

1822 年,法国数学家傅里叶(J. Fourier)提出并证明了将周期函数展开为正弦级数的原理,奠定了傅里叶级数的理论基础。如今傅里叶分析法已成为信号分析与系统设计不可缺少的工具。本章将从傅里叶级数的正交分解开始讨论,引出傅里叶变换,并建立频谱的概念。把信号表示为一组不同频率的复指数函数(或正弦信号)的加权和(对于周期信号)或积分(对于非周期信号)就叫作信号的频谱分析。本章重点讨论连续时间信号的傅里叶变换和连续时间系统的频域分析。

4.2 信号的正交分解

4.2.1 信号的分解

将信号分解为正交函数的原理与矢量正交分解的原理类似。

平面上的矢量 **A** 在直角坐标中可以分解为 x 方向的分量和 y 方向的分量,如图 4-1 所示。此时,矢量 **A** 可写为

$$\mathbf{A}=A_x+A_y$$

同样对于一个单位空间矢量,可以在空间坐标中将其分解为 x 方向的分量、y 方向的分量和 z 方向的分量,如图 4-2 所示。此时,矢量 **A** 可写为

$$\mathbf{A}=A_x+A_y+A_z$$

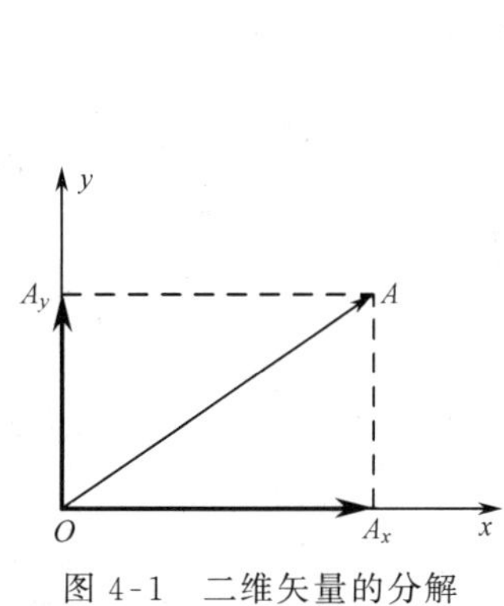

图 4-1　二维矢量的分解

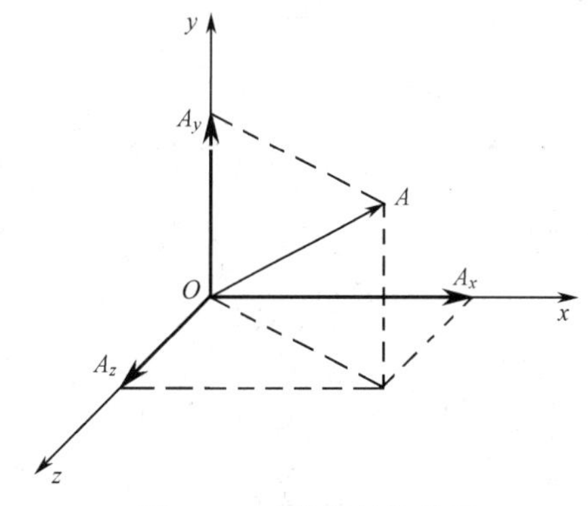

图 4-2　三维矢量的分解

上述概念可以推广到 n 维空间。虽然现实中并不存在超过三维的空间，但是许多物理问题可以借助这个概念去处理。

空间矢量正交分解的概念还可以推广到信号的空间中。在信号空间找到若干相互正交的信号，以它们为基本信号，可以将任一信号表示为它们的线性组合。

4.2.2　正交函数与正交函数集

(1) 设 $\phi_1(t)$和 $\phi_2(t)$是定义在(t_1,t_2)区间上的两个实变函数，若满足

$$\int_{t_1}^{t_2}\phi_1(t)\phi_2(t)\mathrm{d}t=0 \tag{4-1}$$

则称 $\phi_1(t)$和 $\phi_2(t)$在区间(t_1,t_2)内正交。

(2) 在区间(t_1,t_2)内，若函数集$\{\phi_1(t),\phi_2(t),\cdots,\phi_n(t)\}$中的各个函数满足

$$\int_{t_1}^{t_2}\phi_i(t)\phi_j(t)\mathrm{d}t=\begin{cases}0, & i\neq j\\ K_i\neq 0, & i=j\end{cases} \tag{4-2}$$

则称$\{\phi_i(t)\}(i=1,2,\cdots,n)$在$(t_1,t_2)$内为正交函数集，其中 K_i 为常数。

若 $K_i=1$，则称$\{\phi_i(t)\}(i=1,2,\cdots,n)$为归一化正交函数集。

(3) 在区间(t_1,t_2)内，若复函数集$\{\phi_1(t),\phi_2(t),\cdots,\phi_n(t)\}$中的各个函数满足

$$\int_{t_1}^{t_2}\phi_i(t)\phi_j^*(t)\mathrm{d}t=\begin{cases}0, & i\neq j\\ K_i\neq 0, & i=j\end{cases} \tag{4-3}$$

则称此复函数集为正交函数集，其中 $\phi_j^*(t)$为函数 $\phi_j(t)$的共轭复函数。

若在正交函数集$\{\phi_1(t),\phi_2(t),\cdots,\phi_n(t)\}$之外，找不到另一个非零函数与该函数集$\{\phi_i(t)\}$中每一个函数都正交，则称该函数集为完备正交函数集，否则为不完备正交函数集。

例如，三角函数集$\{1,\cos\Omega t,\cos 2\Omega t,\cdots,\cos m\Omega t,\cdots,\sin\Omega t,\sin 2\Omega t,\cdots,\sin n\Omega t,\cdots\}$在区间$(t_0,t_0+T)$内是正交函数集，而且是完备的正交函数集（式中，$T=\dfrac{2\pi}{\Omega}$）。这是因为

$$\int_{t_0}^{t_0+T}\cos(m\Omega t)\cos(n\Omega t)\mathrm{d}t=\begin{cases}0, & m\neq n\\ \dfrac{T}{2}, & m=n\neq 0\\ T, & m=n=0\end{cases}$$

$$\int_{t_0}^{t_0+T}\sin(m\Omega t)\sin(n\Omega t)\mathrm{d}t=\begin{cases}0, & m\neq n\\ \dfrac{T}{2}, & m=n\neq 0\end{cases}$$

$$\int_{t_0}^{t_0+T}\sin(m\Omega t)\cos(n\Omega t)\mathrm{d}t=0,\text{对所有的 } m \text{ 和 } n$$

复函数集$\{\mathrm{e}^{\mathrm{j}n\Omega t}\}$($n=0,\pm1,\pm2,\cdots$),在区间$(t_0,t_0+T)$内是完备正交函数集。式中,$T=\dfrac{2\pi}{\Omega}$,它在$(t_0,t_0+T)$区间内满足

$$\int_{t_0}^{t_0+T}\mathrm{e}^{\mathrm{j}m\Omega t}(\mathrm{e}^{\mathrm{j}n\Omega t})^*\,\mathrm{d}t=\begin{cases}0, & m\neq n\\ T, & m=n\end{cases} \tag{4-4}$$

又如沃尔什(Walsh)函数集在区间(0,1)内是完备的正交函数集。沃尔什函数用Wal(k,t)表示,其中k是沃尔什函数编号,为非负整数。图4-3画出了它的前6个波形。

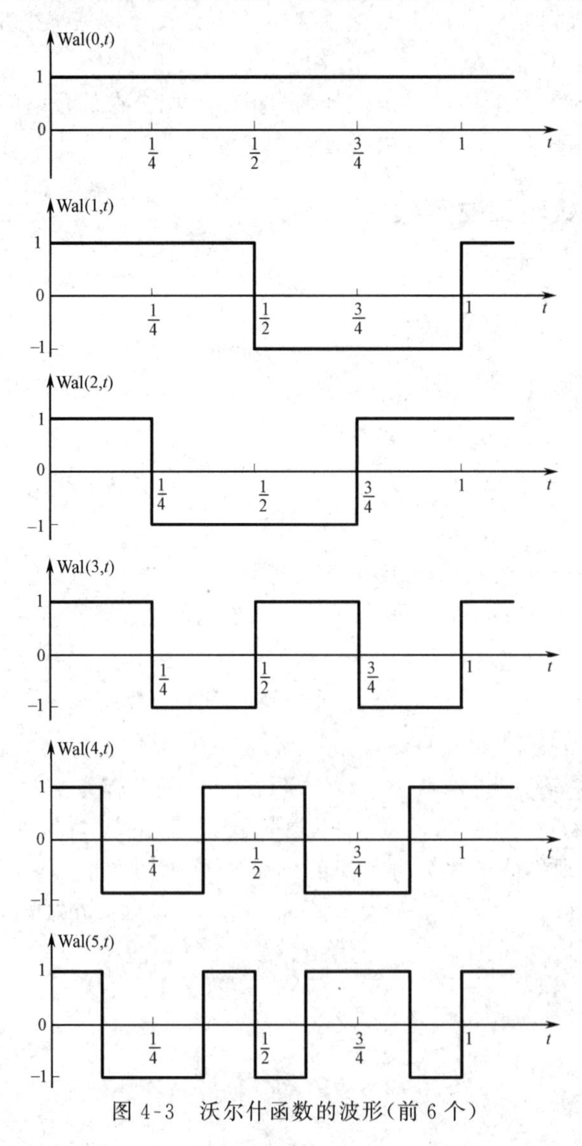

图4-3 沃尔什函数的波形(前6个)

4.2.3　信号分解为正交函数

定理一：

设$\{\phi_1(t),\phi_2(t),\cdots,\phi_n(t)\}$在区间$(t_1,t_2)$内是完备正交函数集，则在区间$(t_1,t_2)$内，任意函数 $f(t)$都可以精确地用 $\phi_1(t),\phi_2(t),\cdots,\phi_n(t)$的线性组合表示，即有

$$f(t)=C_1\phi_1(t)+C_2\phi_2(t)+\cdots+C_n\phi_n(t)=\sum_{i=1}^{n}C_i\phi_i(t) \tag{4-5}$$

式中，C_i 为系数，且有

$$C_i=\frac{\int_{t_1}^{t_2}f(t)\phi_i^*(t)\mathrm{d}t}{\int_{t_1}^{t_2}\phi_i(t)\phi_i^*(t)\mathrm{d}t}=\frac{\int_{t_1}^{t_2}f(t)\phi_i^*(t)\mathrm{d}t}{\int_{t_1}^{t_2}|\phi_i(t)|^2\mathrm{d}t} \tag{4-6}$$

式(4-6)称为正交展开式，C_i 为傅里叶系数。

证明：将式(4-5)两边乘以 $\phi_j^*(t)$，其中 j 是任意数值，然后在指定区间(t_1,t_2)内积分，得

$$\int_{t_1}^{t_2}\phi_j^*(t)f(t)\mathrm{d}t=\int_{t_1}^{t_2}\phi_j^*(t)\left[\sum_{i=1}^{n}C_i\phi_i(t)\right]\mathrm{d}t=\sum_{i=1}^{n}C_i\int_{t_1}^{t_2}\phi_j^*(t)\phi_i(t)\mathrm{d}t \tag{4-7}$$

由于 $\phi_i(t)$、$\phi_j(t)$满足正交条件式(4-3)，所以式(4-7)右边的所有项(除了 $i=j$ 的一项)全为零。

因此，系数 C_i 可以简便地表示为

$$C_i=\frac{\int_{t_1}^{t_2}f(t)\phi_i^*(t)\mathrm{d}t}{\int_{t_1}^{t_2}|\phi_i(t)|^2\mathrm{d}t}$$

可以看出，当使用正交函数作为基本信号时，基本信号的系数 C_i 仅与被分解信号 $f(t)$及相应序号的基本信号 $\varphi_i(t)$有关，而与其他序号的基本信号无关。因此，C_i 也叫作任意信号 $f(t)$ 与基本信号 $\phi_i(t)$的相关系数，它表示 $f(t)$含有一个与 $\phi_i(t)$相同的分量，这个分量的大小就是 $C_i\phi_i(t)$。

定理二：

在式(4-5)的条件下，有

$$\int_{t_1}^{t_2}|f(t)|^2\mathrm{d}t=\int_{t_1}^{t_2}\left|\sum_{i=1}^{n}C_i\phi_i(t)\right|^2\mathrm{d}t=\sum_{i=1}^{n}\int_{t_1}^{t_2}|C_i\phi_i(t)|^2\mathrm{d}t \tag{4-8}$$

式(4-8)可以理解为：信号 $f(t)$的能量等于各分量的能量之和，即能量守恒。式(4-8)也叫作帕塞瓦尔(Parseval)方程。

4.3　周期信号的傅里叶级数表示

任何周期信号在满足狄里赫利条件下(狄里赫利条件下面将会论述)，都可以展开为用正交函数线性组合表示的无穷级数。如果正交函数集是三角函数集，则所展开的级数为三角形式的傅里叶级数；如果正交函数集是复指数函数集，则所展开的级数为指数形式的傅里叶级数。两者统称傅里叶级数。

4.3.1 傅里叶级数的三角形式

由4.2节可知,三角函数集$\{1,\cos\Omega t,\cos 2\Omega t,\cdots,\cos m\Omega t,\cdots,\sin\Omega t,\sin 2\Omega t,\cdots,\sin n\Omega t,\cdots\}$在区间$(t_0,t_0+T)$内是完备的正交函数集。因此,任何周期信号,只要满足狄里赫利条件,就可以展开为三角形式的傅里叶级数。

设周期信号$f(t)$,其周期为T,角频率为$\Omega=\dfrac{2\pi}{T}$,则$f(t)$可分解为

$$\begin{aligned}f(t)&=\frac{a_0}{2}+a_1\cos\Omega t+a_2\cos 2\Omega t+\cdots+b_1\sin\Omega t+b_2\sin 2\Omega t+\cdots\\&=\frac{a_0}{2}+\sum_{n=1}^{\infty}[a_n\cos n\Omega t+b_n\sin n\Omega t]\end{aligned}\tag{4-9}$$

式中,系数a_n,b_n统称傅里叶系数。

取$\phi_i(t)=\cos n\Omega t$,利用式(4-6)可求出a_n;取$\phi_i(t)=\sin n\Omega t$,可求出b_n。即有

$$\begin{cases}a_n=\dfrac{2}{T}\displaystyle\int_T f(t)\cos(n\Omega t)\mathrm{d}t, n=0,1,2,\cdots\\ b_n=\dfrac{2}{T}\displaystyle\int_T f(t)\sin(n\Omega t)\mathrm{d}t, n=1,2,\cdots\end{cases}\tag{4-10}$$

式中,$\int_T$表示积分的区间长度为T。为计算方便,通常取$0\sim T$或$-\dfrac{T}{2}\sim\dfrac{T}{2}$。

由式(4-10)可以看出,a_n是n的偶函数,即$a_{-n}=a_n$;b_n是n的奇函数,即$b_{-n}=-b_n$。

式(4-9)可以进一步简化为

$$f(t)=\frac{A_0}{2}+\sum_{n=1}^{\infty}A_n\cos(n\Omega t+\varphi_n)\tag{4-11}$$

式中,各系数之间的关系为

$$\begin{cases}A_0=a_0\\ A_n=\sqrt{a_n^2+b_n^2}\\ \varphi_n=-\arctan\left(\dfrac{b_n}{a_n}\right)\qquad n=1,2,\cdots\\ a_n=A_n\cos\varphi_n\\ b_n=-A_n\sin\varphi_n\end{cases}\tag{4-12}$$

由式(4-12)可以看出,A_n是n的偶函数,即$A_{-n}=A_n$;φ_n是n的奇函数,即$\varphi_{-n}=-\varphi_n$。

式(4-11)表明:周期函数可分解为直流分量和许多余弦(或正弦)分量之和。$\dfrac{A_0}{2}$是常数项,是周期信号中所包含的直流分量;$A_1\cos(\Omega t+\varphi_1)$为基波(或一次谐波),$\Omega$为基波频率,它与原周期信号$f(t)$的频率相同;$A_2\cos(2\Omega t+\varphi_2)$为二次谐波,它的频率是基波频率的二倍;以此类推,还有三次谐波、四次谐波……

例题4-1: 已知$f(t)$是一个周期性的锯齿波,如图4-4所示,求其傅里叶级数。

解:在一个周期$\left(-\dfrac{T}{2},\ \dfrac{T}{2}\right)$内,信号可以表示为

$$f_0(t)=\frac{t}{T},\quad -\frac{T}{2}\leqslant t\leqslant\frac{T}{2}$$

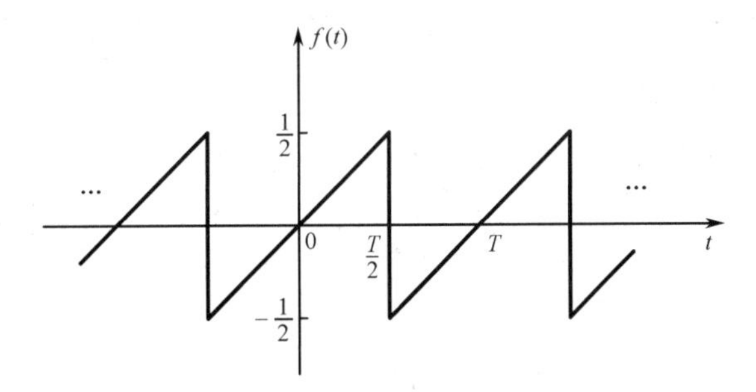

图 4-4　周期锯齿波信号

将 $f_0(t)$代入式(4-10)，得

$$a_n=\frac{2}{T^2}\int_{-\frac{T}{2}}^{\frac{T}{2}}t\cdot\cos(n\Omega t)\mathrm{d}t=0$$

$$b_n=\frac{2}{T^2}\int_{-\frac{T}{2}}^{\frac{T}{2}}t\cdot\sin(n\Omega t)\mathrm{d}t=-\frac{(-1)^n}{n\pi},\quad n=1,2,\cdots$$

因此有

$$\begin{aligned}f(t)&=\frac{1}{\pi}\sum_{n=1}^{\infty}(-1)^{n+1}\frac{1}{n}\sin n\Omega t\\&=\frac{1}{\pi}\left(\sin\Omega t-\frac{1}{2}\sin 2\Omega t+\frac{1}{3}\sin 3\Omega t\cdots\right)\end{aligned}$$

周期锯齿波脉冲信号的频谱只含有正弦分量，谐波的幅度以$\frac{1}{n}$的规律收敛。

4.3.2　傅里叶级数的指数形式

由于复指数函数集$\{\mathrm{e}^{\mathrm{j}n\Omega t}\}$在区间$(t_0,t_0+T)$内是完备正交函数集，所以任何周期信号都可以展开为指数形式的傅里叶级数。

设周期信号 $f(t)$的周期为 T，角频率为$\Omega=\frac{2\pi}{T}$，则 $f(t)$可分解为

$$\begin{aligned}f(t)&=F_0+F_1\mathrm{e}^{\mathrm{j}\Omega t}+F_2\mathrm{e}^{\mathrm{j}2\Omega t}+\cdots+F_n\mathrm{e}^{\mathrm{j}n\Omega t}+\cdots+\\&\quad F_{-1}\mathrm{e}^{-\mathrm{j}\Omega t}+F_{-2}\mathrm{e}^{-\mathrm{j}2\Omega t}+\cdots+F_{-n}\mathrm{e}^{-\mathrm{j}n\Omega t}+\cdots\\&=\sum_{n=-\infty}^{\infty}F_n\mathrm{e}^{\mathrm{j}n\Omega t}\end{aligned}\tag{4-13}$$

式中，F_n 为傅里叶系数。

式(4-13)表明：任意周期信号 $f(t)$可分解为许多不同频率的虚指数信号 $\mathrm{e}^{\mathrm{j}n\Omega t}$之和，其各分量的复数幅度为 F_n。

将积分区间取为$\left(-\frac{T}{2},\frac{T}{2}\right)$或$(0,T)$，取 $\phi_i(t)=\mathrm{e}^{\mathrm{j}n\Omega t}$，则可根据式(4-6)求出 F_n，即

$$F_n=\frac{1}{T}\int_T f(t)\mathrm{e}^{-\mathrm{j}n\Omega t}\mathrm{d}t,\quad n=0,\pm1,\pm2,\cdots\tag{4-14}$$

可以看出，F_n 也是 $n\Omega$ 的函数。

一般情况下，F_n 是复数，称之为复振幅，它可以分解成模和相位两个实参数，即

$$F_n = |F_n| e^{j\varphi_n} \tag{4-15}$$

实际上,指数形式的傅里叶级数和三角函数形式的傅里叶级数并不是相互独立的,其中一种形式可以由另一种形式推导出。下面来讨论 F_n 与 a_n、b_n 之间的关系。

根据欧拉公式,有

$$e^{-jn\Omega t} = \cos n\Omega t - j\sin n\Omega t \tag{4-16}$$

将式(4-16)代入式(4-14),得

$$\begin{cases} F_n = \dfrac{1}{2} A_n e^{j\varphi_n} \\ F_n = \dfrac{1}{2}(a_n - jb_n) \\ |F_n| = \dfrac{1}{2} A_n = \dfrac{1}{2}\sqrt{a_n^2 + b_n^2} \\ \varphi_n = -\arctan\left(\dfrac{b_n}{a_n}\right) \end{cases} \tag{4-17}$$

因此,同一个周期信号既可以展开为三角形式的傅里叶级数,也可以展开为指数形式的傅里叶级数。二者虽然形式不同,但实质是完全一致的。三角函数形式比较直观,但在数学运算上不如复指数形式简便。因此,通常采用复指数形式的傅里叶级数。

例题 4-2:将例 4-1 中的函数 $f(t)$ 表示为指数形式的傅里叶级数。

解:根据式(4-14),得

$$F_n = \frac{1}{T}\int_{-\frac{T}{2}}^{\frac{T}{2}} \frac{t}{T} e^{-jn\Omega t} dt = \frac{j}{2n\pi}\cos n\pi = \frac{j}{2}(-1)^n \frac{1}{n\pi}$$

因此,

$$f(t) = \frac{j}{2\pi}\sum_{n=-\infty}^{\infty} \frac{(-1)^n}{n} e^{jn\Omega t}$$

4.3.3　傅里叶级数的收敛性与吉布斯现象

前面已经证明,如果函数 $f(t)$ 可以用傅里叶级数表示,则其系数可以按式(4-6)计算。但并不是所有的函数都可以表示为傅里叶级数形式,因为在数学上存在傅里叶级数的收敛条件,只有满足收敛条件的周期信号才可以表示为傅里叶级数。

傅里叶级数的收敛存在以下两组条件。

第一个条件:若周期信号 $f(t)$ 在一个周期内的平方可积,即

$$\int_T |f(t)|^2 dt < \infty \tag{4-18}$$

则周期信号 $f(t)$ 的傅里叶级数存在,也能保证由式(4-14)确定的系数 F_n 均为有限值。因为根据式(4-13)有

$$\int_T |f(t)|^2 dt = \sum_{n=-\infty}^{\infty}\int_T |F_n e^{jn\Omega t}|^2 dt$$

考虑到 $\{e^{jn\Omega t}\}$ 是正交函数集,得

$$\int_T |f(t)|^2 dt = \sum_{n=-\infty}^{\infty} |F_n|^2 \int_T e^{jn\Omega t} \cdot e^{-jn\Omega t} dt = T\sum_{n=-\infty}^{\infty} |F_n|^2 \tag{4-19}$$

当式(4-18)成立时，式(4-19)中所有的 F_n 必为有限值，故 $f(t)$ 的傅里叶级数一定存在。

第二个条件：狄里赫利(Dirichlet)提出周期函数用傅里叶级数表示时应满足以下三点：

(1) 函数 $f(t)$ 在周期内必须绝对可积，即

$$\int_T |f(t)|\mathrm{d}t < \infty \tag{4-20}$$

这意味着每一个系数 F_n 都是有限值。

(2) 在 $f(t)$ 的任何周期内，其极大值和极小值的数目有限。即在任意有限时间区间内，$f(t)$ 的起伏是有限的。

(3) $f(t)$ 在任何周期内的间断点的个数是有限的，且在这些不连续点处，$f(t)$ 为有限值。

满足上述条件的 $f(t)$，其傅里叶级数收敛。

狄里赫利条件表明，能够用傅里叶级数表示的函数 $f(t)$ 不一定都是连续函数。所幸的是，绝大多数实际有用的周期信号都满足收敛条件。而不满足狄里赫利条件的信号，一般来说都是在自然界中比较反常的信号，在实际应用中一般不会出现。

将信号的时间函数 $f(t)$ 用傅里叶级数表示时，理论上需要无限多项才能逼近原波形，但在给出一定误差下，只需保留有限几项，且所需保留的项数随允许误差的增大而减少。

图 4-5 为一个周期的方波信号，其傅里叶级数展开式为

$$f(t)=\frac{4}{\pi}\left(\sin\Omega t+\frac{1}{3}\sin3\Omega t+\frac{1}{5}\sin5\Omega t+\cdots+\frac{1}{n}\sin n\Omega t+\cdots\right),\quad n=1,3,5,7,\cdots$$

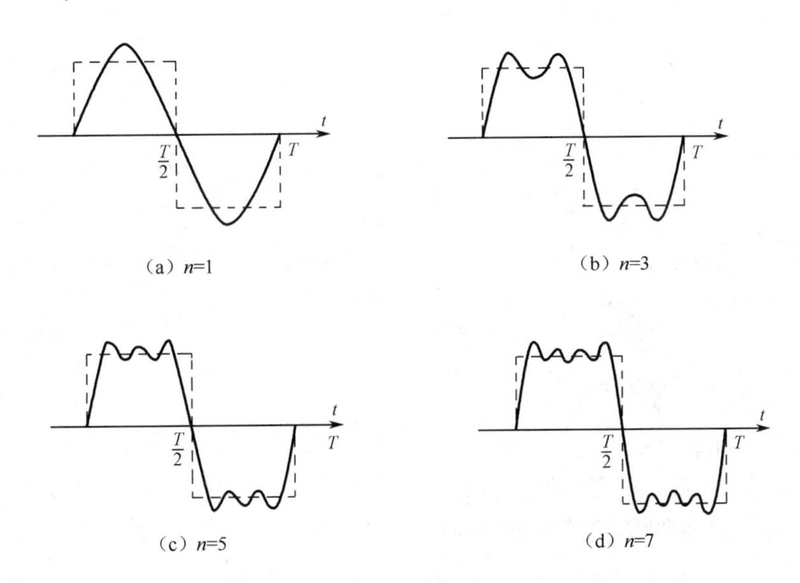

图 4-5　方波信号的合成

研究发现，当用傅里叶级数前 n 次谐波分量的和去近似周期方波信号时，随着所取谐波项数 n 的增加，在信号间断点两侧总是存在着起伏的高频信号和上冲超量。n 的增大只会使这些起伏向间断点处压缩，但并不会消失。而且无论 n 取多大，起伏的最大峰值都保持不变，总有 9% 的超量。称这种现象为吉布斯(J. Gibbs)现象。

4.3.4　波形对称与谐波特性

周期信号的波形与其谐波特性是对应的。将信号 $f(t)$展开为傅里叶级数时，如果 $f(t)$为实函数，且其波形具有某些对称特性，那么有些傅里叶系数就等于零，从而使傅里叶系数的计算变得简单。

波形对称分为两类，一类是周期对称，如奇函数和偶函数，此类傅里叶级数展开式中只含有正弦项或余弦项；另一类是半周期对称，如奇谐函数和偶谐函数，它决定了傅里叶级数展开式中只含有奇次谐波或偶次谐波。

1. $f(t)$为偶函数

若 $f(t)$为时间 t 的偶函数，即满足 $f(-t)=f(t)$，则其波形关于纵轴对称。偶函数的波形如图 4-6 所示。

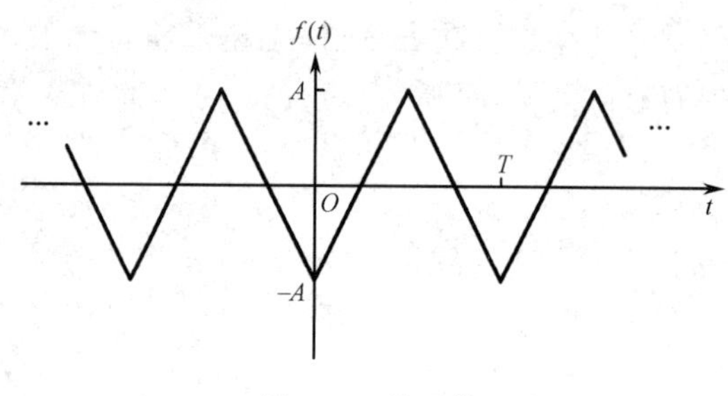

图 4-6　偶函数

若 $f(t)$为偶函数，则式(4-10)中的 $f(t)\cos(n\Omega t)$是 t 的偶函数，而 $f(t)\sin(n\Omega t)$是 t 的奇函数。由于当被积函数为奇函数时，其在对称区间的积分为零；当被积函数为偶函数时，其在对称区间$\left(-\frac{T}{2},\frac{T}{2}\right)$的积分等于其半区间$\left(0,\frac{T}{2}\right)$积分的两倍，所以有

$$\begin{cases} b_n=0 \\ a_n=\dfrac{4}{T}\displaystyle\int_0^{\frac{T}{2}} f(t)\cos(n\Omega t)\,\mathrm{d}t \end{cases} \qquad n=0,1,2,\cdots$$

偶函数的傅里叶级数不含有正弦分量，只含有直流分量和余弦分量。

需要注意的是，并不是所有的偶函数都存在直流分量。以横轴为界观察 $f(t)$的波形图，若波形的上下面积相等，则无直流分量，否则有直流分量。

2. $f(t)$为奇函数

若 $f(t)$为时间 t 的奇函数，即 $f(-t)=-f(t)$，则其波形相对于原点对称。奇函数的波形如图 4-7 所示。

当 $f(t)$为奇函数时，有

$$\begin{cases} a_n=0 \\ b_n=\dfrac{4}{T}\displaystyle\int_0^{\frac{T}{2}} f(t)\sin(n\Omega t)\,\mathrm{d}t \end{cases} \qquad n=0,1,2,\cdots$$

奇函数的傅里叶级数中只含有正弦分量，不含直流分量和余弦分量。

需要注意的是，如果给奇函数加上直流分量，则它将不再是奇函数，但它的傅里叶级数仍然不含有余弦项。

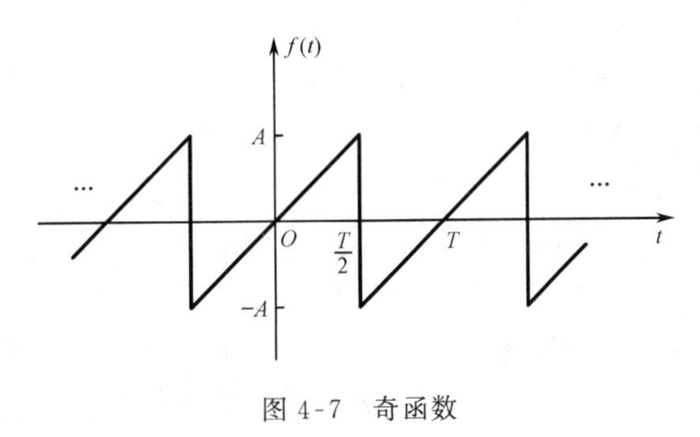

图 4-7　奇函数

3. $f(t)$为奇谐函数

如果时间函数 $f(t)$满足 $f\left(t\pm\frac{T}{2}\right)=-f(t)$，则称 $f(t)$为奇谐函数，如图 4-8 所示。

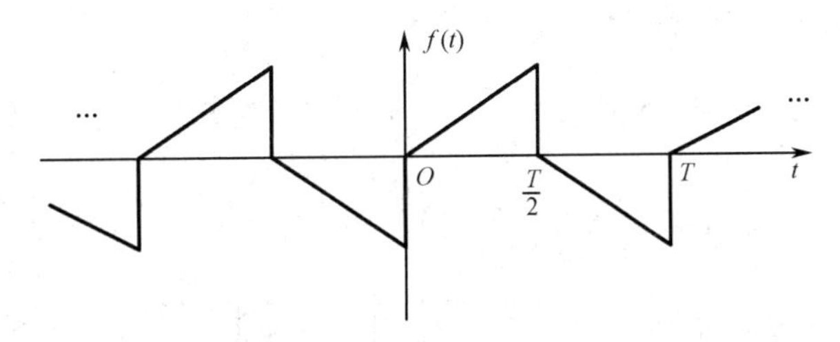

图 4-8　奇谐函数

奇谐函数的傅里叶级数展开式中只含有奇次谐波分量，不含直流及偶次谐波分量，即

$$a_0=a_2=a_4=\cdots=b_2=b_4=\cdots=0$$

4. $f(t)$为偶谐函数

如果函数 $f(t)$满足 $f\left(t\pm\frac{T}{2}\right)=f(t)$，则称这种函数为偶谐函数，如图 4-9 所示。

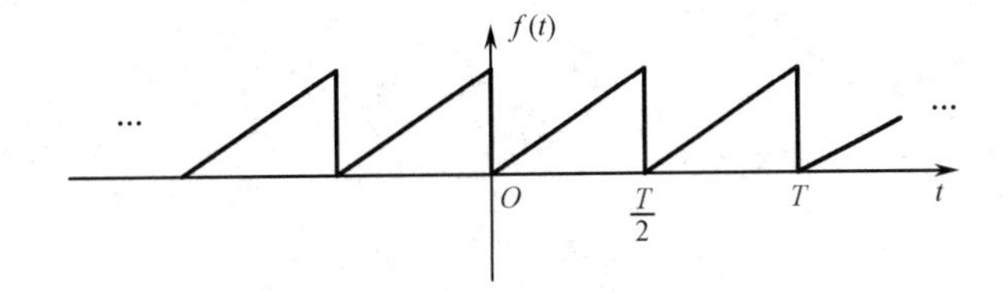

图 4-9　偶谐函数

偶谐函数的傅里叶级数展开式中只含有偶次谐波分量，不含有奇次谐波分量，即

$$a_1=a_3=a_5=\cdots=b_1=b_3=\cdots=0$$

可以看出，偶谐函数 $f(t)$是一个周期减半为$\frac{T}{2}$的周期函数。

4.4 典型周期信号的傅里叶级数

由上述讨论已知,周期连续信号可以分解为傅里叶级数。傅里叶级数的物理意义在于,它指出了周期信号是由一系列谐波分量叠加而成的。当把一个周期信号通过傅里叶级数分解为一组呈谐波关系的复指数信号的线性组合时,对每一个复指数分量 $F_n e^{jn\Omega t}$ 来说,如果知道这个分量的频率和复振幅,那么这个分量就可完全被确定,不必再去关心这个分量如何随时间变化。也就是说,如果知道一个周期信号所含的全部复指数分量的频率和相应的复振幅,那么这个周期信号也就可完全确定。

傅里叶级数虽然详尽而准确地表示了信号分解的结果,但是它仍不够直观。为方便又清晰地表示一个信号含有哪些频率分量,常采用频谱图的方法。

以频率 $\omega(\omega=n\Omega)$ 为横轴,以虚指数函数的幅度 $|F_n|$(或各谐波的振幅 A_n)为纵轴,绘出的 $|F_n|\sim\omega$ 的关系图叫作幅度谱;而以谐波初相角 φ_n 为纵轴,以频率(或角频率)ω 为横轴绘出的 $\varphi_n\sim\omega$ 的关系图叫作相位谱。

下面通过具体的信号分析周期信号频谱的特点。

4.4.1 周期矩形脉冲信号

设有一幅度为 A,脉冲宽度为 τ 的周期矩形脉冲,其周期为 T,如图 4-10 所示。

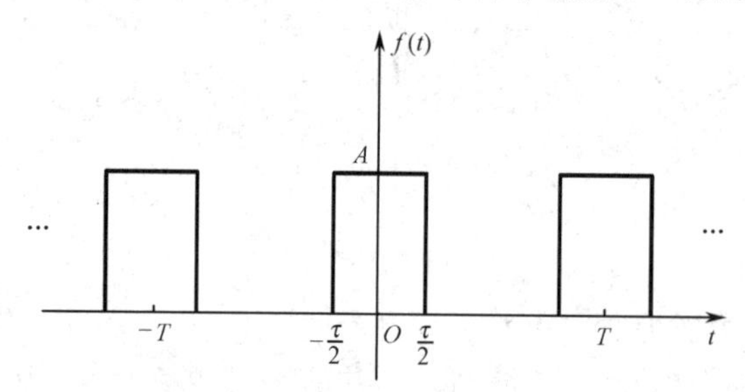

图 4-10 周期矩形脉冲

根据式(4-14),可以求出其傅里叶系数为

$$F_n=\frac{1}{T}\int_{-\frac{T}{2}}^{\frac{T}{2}}f(t)e^{-jn\Omega t}dt=\frac{A}{T}\int_{-\frac{\tau}{2}}^{\frac{\tau}{2}}e^{-jn\Omega t}dt=\frac{A\tau}{T}\frac{\sin\left(\frac{n\Omega\tau}{2}\right)}{\frac{n\Omega\tau}{2}},\quad n=0,\pm1,\pm2,\cdots$$

因为 $\Omega=\frac{2\pi}{T}$,则上式也可以写为

$$F_n=\frac{A\tau}{T}\frac{\sin\left(\frac{n\pi\tau}{T}\right)}{\frac{n\pi\tau}{T}},\quad n=0,\pm1,\pm2,\cdots$$

由此可看出 F_n 为一抽样函数,可以写为

$$F_n=\frac{A\tau}{T}\mathrm{Sa}\left(\frac{n\Omega\tau}{2}\right)=\frac{A\tau}{T}\mathrm{Sa}\left(\frac{n\pi\tau}{T}\right),\quad n=0,\pm1,\pm2,\cdots \tag{4-21}$$

根据式(4-13),可知 $f(t)$ 的指数形式的傅里叶级数展开式为

$$f(t)=\sum_{n=-\infty}^{\infty}F_n\mathrm{e}^{\mathrm{j}n\Omega t}=\frac{A\tau}{T}\sum_{n=-\infty}^{\infty}\mathrm{Sa}\left(\frac{n\pi\tau}{T}\right)\mathrm{e}^{\mathrm{j}n\Omega t}\tag{4-22}$$

图 4-11 为周期矩形脉冲信号的频谱(取 $T=4\tau, A=1$)。

因为 F_n 为实数,其相位为 0 或 π,这里就不再单独画相位谱。

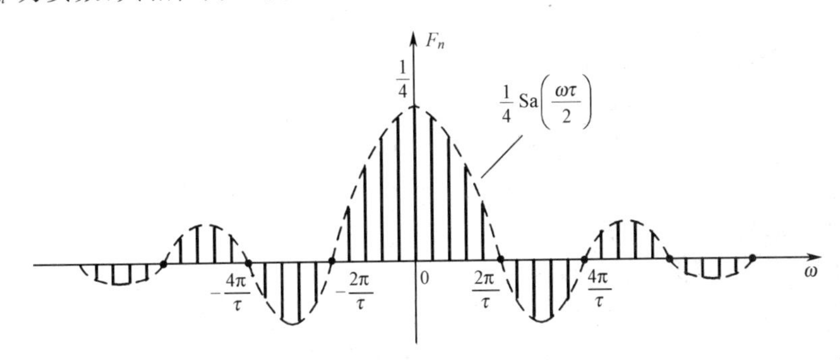

图 4-11　周期矩形脉冲信号的频谱

由图 4-11 可以看出以下几点。

(1) 周期矩形脉冲信号的频谱是离散的。谱线间隔为 Ω,各次谐波仅存在于基频 Ω 的整数倍上(即 $\omega=n\Omega$),而且谱线的长度随着谐波次数的增高而趋于收敛。因此,周期信号频谱的共同特点是离散性、谐波性、收敛性。

(2) 谱线的幅度包络线按照抽样函数 $\mathrm{Sa}\left(\frac{\omega\tau}{2}\right)$ 的规律变化。在 $\frac{\omega\tau}{2}=m\pi(m=\pm1,\pm2,\cdots)$,即 $\omega=2m\pi/\tau$ 的各处,包络为零,其相应的谱线,即相应的频率分量也等于零。

(3) 理论上,周期信号的谐波分量是无限多的,其频谱应该包括无限多条谱线。但从图 4-11 中可以看出,高次谐波总的趋势是逐渐衰减的,其主要能量集中在第一零点以内。因此,在允许一定失真的条件下,只考虑对波形影响较大的那些较低频率分量即可。

通常把 $\left(0\sim\frac{2\pi}{\tau}\right)$ 这段频率范围称为信号的频带宽度或带宽,用符号 B 表示。

周期矩形脉冲信号的带宽为

$$B=\frac{2\pi}{\tau}\quad(\text{相对 }\omega\text{ 而言,单位是 rad/s})$$

或

$$B_f=\frac{1}{\tau}\quad(\text{相对 }f\text{ 而言,单位是 Hz})$$

由此可见,信号的带宽 B 只与脉冲宽度 τ 有关,且成反比关系。

(4) 矩形脉冲的周期 T 越大,谱线间隔 Ω 越小,谱线越密集。如果 T 减小,那么情况相反。当 $T\rightarrow\infty$ 时,周期矩形脉冲就成为一个单脉冲,谱线间隔 $\Omega\rightarrow0$,即频谱变成连续的。需要注意的是,频谱的形状并不随着 T 的变化而改变。

图 4-12 为脉宽 τ 和频谱的关系图,其中信号的周期相同,脉冲宽度不同。由该图可见,相邻谱线的间隔相同;脉冲宽度越窄,信号的带宽越宽,频带内所含的分量越多。因此,信号的频带宽度与脉冲宽度成反比。

图 4-13 为周期 T 和频谱的关系图,其中信号的脉冲宽度相同而周期不相同。由该图可知,频谱包络线的零点所在的位置不变,而当周期增长时,相邻谱线的间隔减小,频谱变密。如果周期无限增长(这时就成为非周期信号),则相邻谱线的间隔将趋于零,周期信号的离散频谱就将过渡为非周期信号的连续频谱。

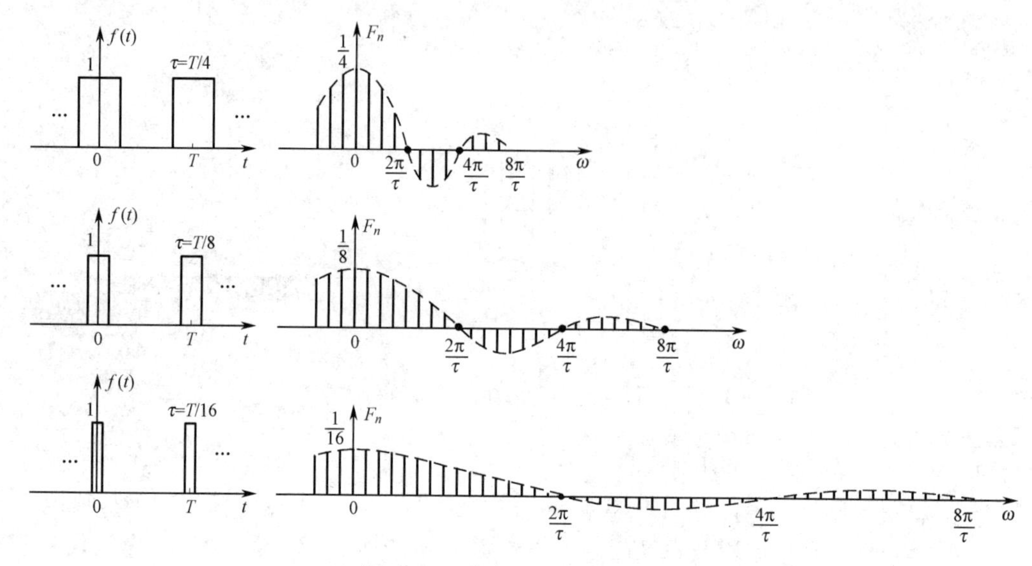

图 4-12 脉宽 τ 和频谱的关系

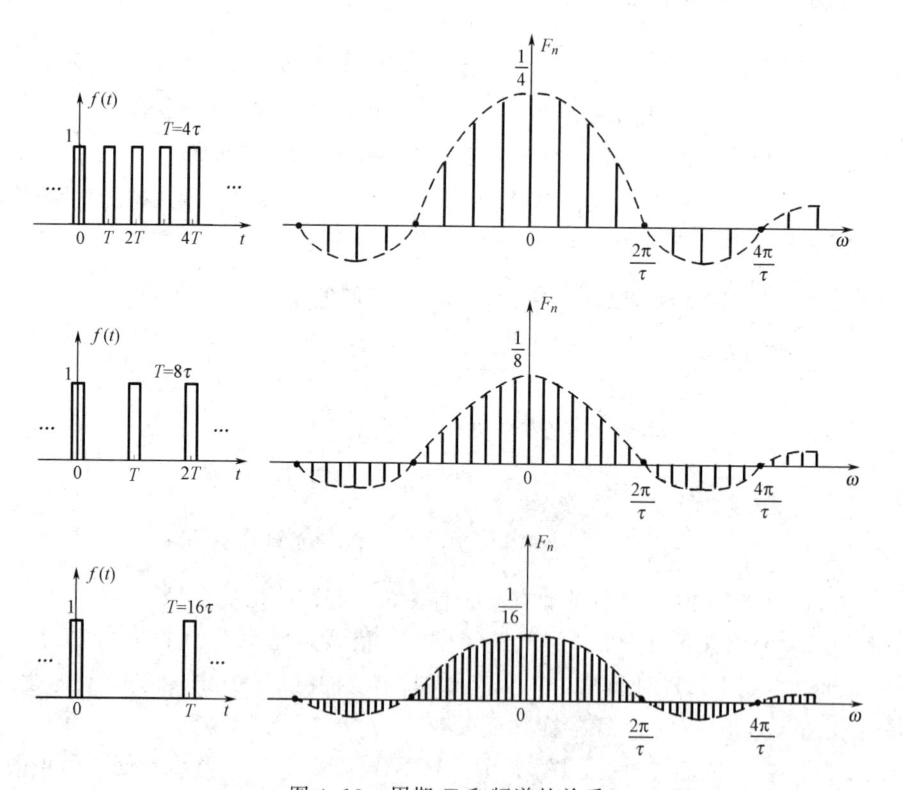

图 4-13 周期 T 和频谱的关系

4.4.2　周期三角脉冲信号

周期三角脉冲信号如图 4-14 所示。由于图中的 $f(t)$是偶函数，所以 $b_n=0$，由式(4-10)可求出其傅里叶系数 $a_n(n=0,1,2,\cdots)$。

因此该信号的傅里叶级数为

$$
\begin{aligned}
f(t) &= \frac{A}{2} + \frac{4A}{\pi^2}\sum_{n=1}^{\infty}\frac{1}{n^2}\sin^2\left(\frac{n\pi}{2}\right)\cos n\Omega t \\
&= \frac{A}{2} + \frac{4A}{\pi^2}\left(\cos\Omega t + \frac{1}{3^2}\cos 3\Omega t + \frac{1}{5^2}\cos 5\Omega t + \cdots\right)
\end{aligned}
$$

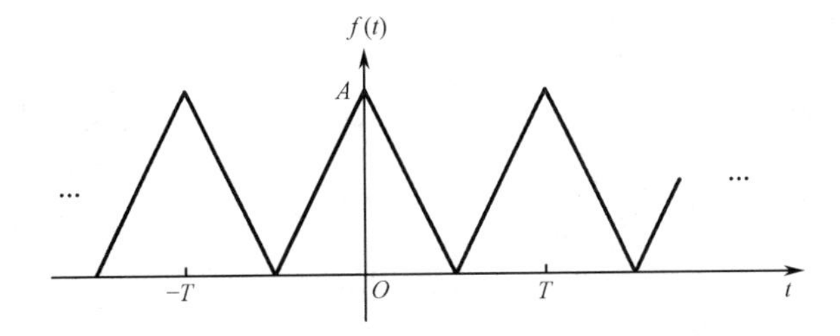

图 4-14　周期三角脉冲信号

周期三角脉冲信号的频谱只含有直流、基波及奇次谐波频率分量，且谐波的幅度以$\frac{1}{n^2}$的规律收敛。

4.4.3　周期半波余弦信号

周期半波余弦信号如图 4-15 所示，它也是一个偶函数，因此 $b_n=0$。依次求出其傅里叶级数 a_0、a_n 后，可得到其傅里叶级数为

$$
\begin{aligned}
f(t) &= \frac{A}{\pi} - \frac{2A}{\pi}\sum_{n=1}^{\infty}\frac{1}{n^2-1}\cos\left(\frac{n\pi}{2}\right)\cos n\Omega t \\
&= \frac{A}{\pi} + \frac{A}{2}\left(\cos\Omega t + \frac{4}{3\pi}\cos 2\Omega t - \frac{4}{15\pi}\cos 4\Omega t + \cdots\right)
\end{aligned}
$$

周期半波余弦信号的频谱只含有直流、基波和偶次谐波分量，且谐波的幅度以$\frac{1}{n^2}$的规律收敛。

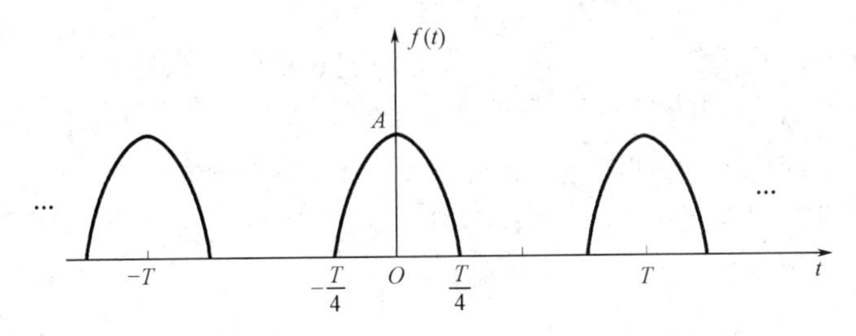

图 4-15　周期半波余弦信号

4.4.4 周期全波余弦信号

若余弦信号为

$$f_1(t)=A\cos\omega_0 t$$

其中,$\omega_0=\dfrac{2\pi}{T_0}$,则此时周期全波余弦信号 $f(t)$为

$$f(t)=|f_1(t)|=A|\cos\omega_0 t|$$

周期全波余弦信号如图 4-16 所示。可见,$f(t)$的周期 T 是 $f_1(t)$的一半,即 $T=\dfrac{T_0}{2}$,而频率 $\Omega=\dfrac{2\pi}{T}=2\omega_0$。

因为 $f(t)$为偶函数,所以 $b_n=0$,则根据式(4-10)可求得其傅里叶系数 a_0、a_n。

因此,其傅里叶级数为

$$\begin{aligned} f(t)&=\frac{2A}{\pi}+\frac{4A}{\pi}\sum_{n=1}^{\infty}(-1)^{n+1}\ \frac{1}{4n^2-1}\cos 2n\omega_0 t \\ &=\frac{2A}{\pi}+\frac{4A}{\pi}\left(\frac{1}{3}\cos 2\omega_0 t-\frac{1}{15}\cos 4\omega_0 t+\frac{1}{35}\cos 6\omega_0 t+\cdots\right) \end{aligned}$$

周期全波余弦信号的频谱包含直流分量及 Ω 的基波和各次谐波分量。或者说,它只含有直流分量及 ω_0 的偶次谐波分量。其谐波的幅度以$\dfrac{1}{n^2}$的规律收敛。

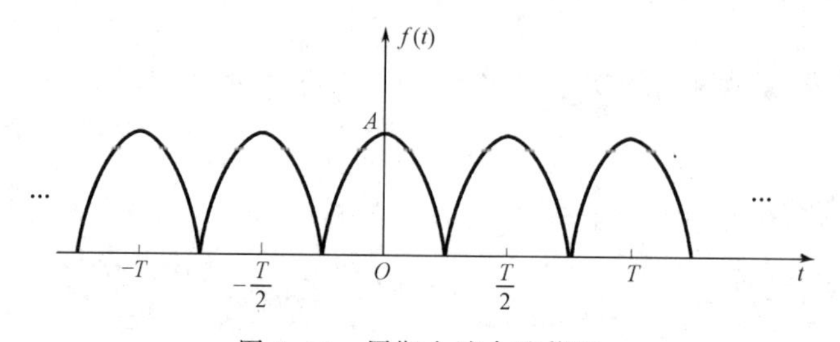

图 4-16 周期全波余弦信号

4.5 非周期信号的傅里叶变换

前面几节讨论了周期信号的傅里叶级数,并得到了离散状的频谱。本节将上述傅里叶分析的方法引伸到非周期信号中,以推导出其傅里叶变换。

如果周期性脉冲的重复周期 T 足够大,则可以把周期信号当作非周期的信号来处理。从 4.4 节已经了解到:周期信号的周期 T 增大,相邻谱线的间隔 Ω 变小;若周期 T 趋于无限大,则谱线的间隔 Ω 趋近于无穷小,这时离散频谱就会成为连续频谱。

同时,T 趋于无限大,也使得信号各频率分量的幅度趋于无穷小,但并不为零,各频率分量的振幅仍具有比例关系。为表明这种振幅之间的相对差别,引入一个新的概念——频谱密度函数 $F(\mathrm{j}\omega)$。

设周期信号为 $f(t)$,将其展开为指数形式的傅里叶级数,即有

$$f(t)=\sum_{n=-\infty}^{\infty}F_n e^{jn\Omega t}$$

式中，$F_n=\frac{1}{T}\int_{-\frac{T}{2}}^{\frac{T}{2}}f(t)e^{-jn\Omega t}dt$，$n=0,\pm1,\pm2,\cdots$。

令

$$F(j\omega)=\lim_{T\to\infty}\frac{F_n}{1/T}=\lim_{T\to\infty}F_nT \tag{4-23}$$

由于

$$F_nT=\int_{-\frac{T}{2}}^{\frac{T}{2}}f(t)e^{-jn\Omega t}dt \tag{4-24}$$

$$f(t)=\sum_{n=-\infty}^{\infty}F_nT\cdot e^{jn\Omega t}\cdot\frac{1}{T} \tag{4-25}$$

当 T 趋于无限大时，$\Omega=\frac{2\pi}{T}$趋于无穷小，取其为 $d\omega$，则$\frac{1}{T}$将趋于$\frac{d\omega}{2\pi}$。

当 Ω 趋近于无穷小时，$n\Omega$ 由不连续变量变为连续变量(取其为 ω)，同时求和符号也变为积分符号。

所以，当 $T\to\infty$时，式(4-24)和式(4-25)变为

$$\begin{cases}F(j\omega)=\int_{-\infty}^{\infty}f(t)e^{-j\omega t}dt\\ f(t)=\frac{1}{2\pi}\int_{-\infty}^{\infty}F(j\omega)e^{j\omega t}d\omega\end{cases} \tag{4-26}$$

式(4-26)构成了傅里叶变换对。其中，$F(j\omega)$为函数 $f(t)$的傅里叶变换，$f(t)$为 $F(j\omega)$的傅里叶逆变换。$F(j\omega)$叫作频谱密度函数(简称频谱)，$f(t)$叫作原函数。

二者之间的关系也可以写为

$$\begin{cases}F(j\omega)=\mathscr{F}[f(t)]\\ f(t)=\mathscr{F}^{-1}[F(j\omega)]\end{cases} \tag{4-27}$$

还可以简记为

$$f(t)\leftrightarrow F(j\omega) \tag{4-28}$$

一般情况下，$F(j\omega)$是一个复函数，它可以写为

$$F(j\omega)=|F(j\omega)|e^{j\varphi(\omega)}=R(\omega)+jX(\omega) \tag{4-29}$$

式中，$|F(j\omega)|$和 $\varphi(\omega)$分别为 $F(j\omega)$的模和相位。$R(\omega)$和 $X(\omega)$分别为 $F(j\omega)$的实部和虚部。

如果 $f(t)$是实函数，则有

$$R(\omega)=\int_{-\infty}^{\infty}f(t)\cos(\omega t)dt$$

$$X(\omega)=-\int_{-\infty}^{\infty}f(t)\sin(\omega t)dt$$

$$|F(j\omega)|=\sqrt{R^2(\omega)+X^2(\omega)}$$

$$\varphi(\omega)=\arctan\left[\frac{X(\omega)}{R(\omega)}\right]$$

由此可见，$R(\omega)$为 ω 的偶函数，$X(\omega)$为 ω 的奇函数，$|F(j\omega)|$为 ω 的偶函数，$\varphi(\omega)$为 ω 的奇函数。

与周期信号一样,$f(t)$也可以写成三角函数的形式,即

$$f(t)=\frac{1}{2\pi}\int_{-\infty}^{\infty}F(\mathrm{j}\omega)\mathrm{e}^{\mathrm{j}\omega t}\mathrm{d}\omega=\frac{1}{2\pi}\int_{-\infty}^{\infty}|F(\mathrm{j}\omega)|\mathrm{e}^{\mathrm{j}\varphi(\omega)}\mathrm{e}^{\mathrm{j}\omega t}\mathrm{d}\omega$$

$$=\frac{1}{2\pi}\int_{-\infty}^{\infty}|F(\mathrm{j}\omega)|\cos[\omega t+\varphi(\omega)]\mathrm{d}\omega+\frac{\mathrm{j}}{2\pi}\int_{-\infty}^{\infty}|F(\mathrm{j}\omega)|\sin[\omega t+\varphi(\omega)]\mathrm{d}\omega$$

由于$|F(\mathrm{j}\omega)|$为ω的偶函数,$\varphi(\omega)$为ω的奇函数,所以上式积分中的第二项被积函数为奇函数,积分值为0;第一项被积函数为偶函数。由此可得

$$f(t)=\frac{1}{\pi}\int_{0}^{\infty}|F(\mathrm{j}\omega)|\cos[\omega t+\varphi(\omega)]\mathrm{d}\omega \tag{4-30}$$

可以看出,非周期信号和周期信号一样,可以分解为许多不同频率的正弦分量。不同的是,由于非周期信号的周期趋于无限大,基波频率就趋于无限小,因此组成信号的分量频率包含了从零到无穷大之间的所有频率。同时随着周期的无限增大,各分量的振幅$\frac{|F(\mathrm{j}\omega)|\mathrm{d}\omega}{\pi}$趋于无限小,这时的频谱不能再用幅度表示,而应改用密度函数表示。

习惯上分别称$|F(\mathrm{j}\omega)|\sim\omega$和$\varphi(\omega)\sim\omega$曲线为非周期信号的幅度谱和相位谱,它们都是$\omega$的连续函数,在形状上与周期信号频谱的包络线相同。

对非周期信号进行傅里叶变换时,也要满足狄里赫利条件,即信号$f(t)$在无限区间内要绝对可积,也即

$$\int_{-\infty}^{\infty}|f(t)|\mathrm{d}t<\infty$$

需要说明的是,狄里赫利条件是对信号进行傅里叶变换的充分条件而非必要条件。有一些函数,虽然不满足绝对可积条件,但其傅里叶变换也是存在的。

4.6 常用信号的傅里叶变换

1. 门函数

例题 4-3:如图4-17所示的门函数$g_\tau(t)$,其表达式为

$$g_\tau(t)=\begin{cases}1, & |t|<\frac{\tau}{2}\\ 0, & |t|>\frac{\tau}{2}\end{cases}$$

其宽度为τ,幅度为1,求其频谱。

解:由傅里叶变换的定义可知,其频谱密度函数为

$$F(\mathrm{j}\omega)=\int_{-\infty}^{\infty}f(t)\mathrm{e}^{-\mathrm{j}\omega t}\mathrm{d}t=\int_{-\frac{\tau}{2}}^{\frac{\tau}{2}}1\cdot\mathrm{e}^{-\mathrm{j}\omega t}\mathrm{d}t$$

$$=\tau\mathrm{Sa}\left(\frac{\omega\tau}{2}\right)$$

或写为

$$g_\tau(t)\leftrightarrow\tau\mathrm{Sa}\left(\frac{\omega\tau}{2}\right) \tag{4-31}$$

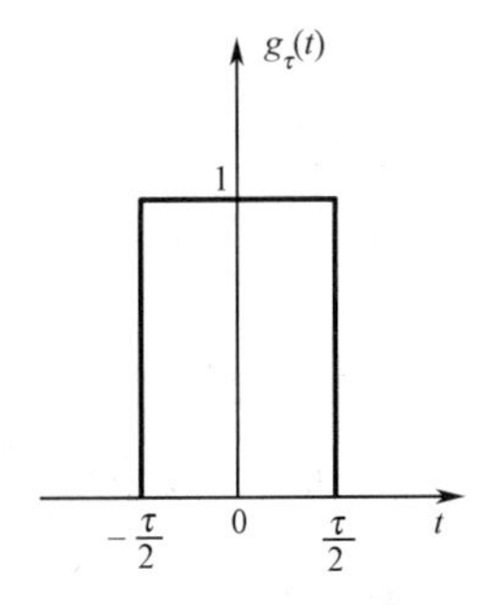

图 4-17　门函数

门函数的频谱如图 4-18 所示。

一般而言，信号的频谱密度函数需要使用到幅度谱$|F(\mathrm{j}\omega)|$和相位谱$\varphi(\omega)$两个图形，只有这样才能将它完整地表示出来。但是，如果频谱密度函数$F(\mathrm{j}\omega)$是实函数或是虚函数，则只用一条曲线即可。

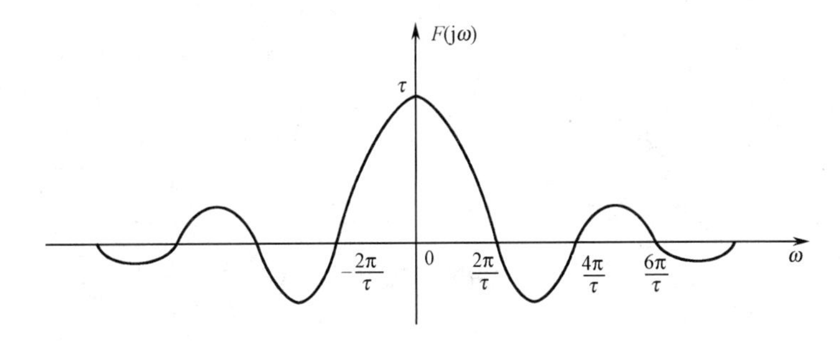

图 4-18　门函数的频谱

从图 4-18 中可以看出，频谱图中第一个零值的角频率为$\frac{2\pi}{\tau}$（频率为$\frac{1}{\tau}$）。当脉冲宽度减小时，第一个零值频率也相应增高。对于矩形脉冲，常取从零频率到第一零值频率（$\frac{1}{\tau}$）之间的频段为信号的频带宽度。这样，门函数的带宽$\Delta f=\frac{1}{\tau}$，脉冲宽度越窄，其占有的频带越宽。

2. 单边指数函数

例题 4-4： 如图 4-19 所示的单边指数函数$f(t)=\mathrm{e}^{-\alpha t}u(t)$，其中$\alpha>0$，求其频谱。

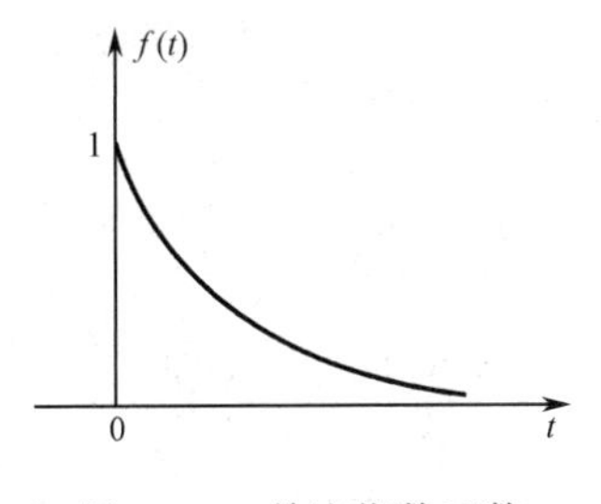

图 4-19　单边指数函数

解：由定义，得

$$F(\mathrm{j}\omega)=\int_{-\infty}^{\infty}f(t)\mathrm{e}^{-\mathrm{j}\omega t}\mathrm{d}t=\int_{0}^{\infty}\mathrm{e}^{-\alpha t}\cdot\mathrm{e}^{-\mathrm{j}\omega t}\mathrm{d}t$$
$$=\frac{1}{\alpha+\mathrm{j}\omega} \tag{4-32}$$

这是一个复函数，其幅度谱和相位谱分别为

$$|F(\mathrm{j}\omega)|=\frac{1}{\sqrt{\alpha^2+\omega^2}}$$
$$\varphi(\omega)=-\arctan\left(\frac{\omega}{\alpha}\right)$$

其频谱如图 4-20 所示。

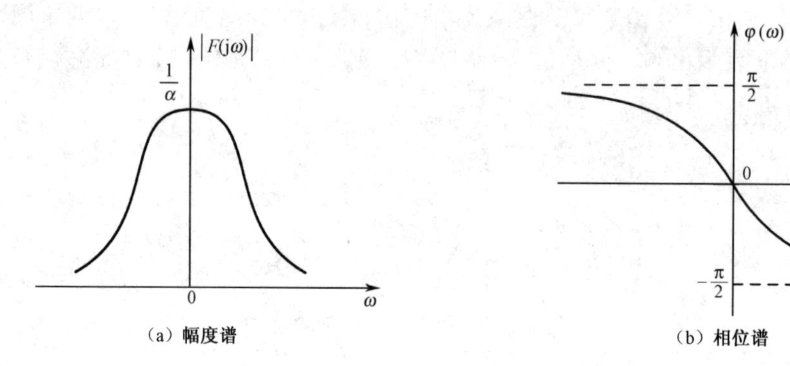

图 4-20 单边指数函数的频谱

3. 偶双边指数函数

例题 4-5：如图 4-21 所示的双边指数函数，其表达式为

$$f(t)=\mathrm{e}^{-\alpha|t|}=\begin{cases}\mathrm{e}^{\alpha t}, & t<0\\ \mathrm{e}^{-\alpha t}, & t>0\end{cases},\qquad 其中\ \alpha>0$$

求其频谱。

解：由定义，得

$$F(\mathrm{j}\omega)=\int_{-\infty}^{0}\mathrm{e}^{\alpha t}\cdot\mathrm{e}^{-\mathrm{j}\omega t}\mathrm{d}t+\int_{0}^{\infty}\mathrm{e}^{-\alpha t}\cdot\mathrm{e}^{-\mathrm{j}\omega t}\mathrm{d}t=\frac{1}{\alpha-\mathrm{j}\omega}+\frac{1}{\alpha+\mathrm{j}\omega}$$
$$=\frac{2\alpha}{\alpha^2+\omega^2} \tag{4-33}$$

其频谱如图 4-22 所示。

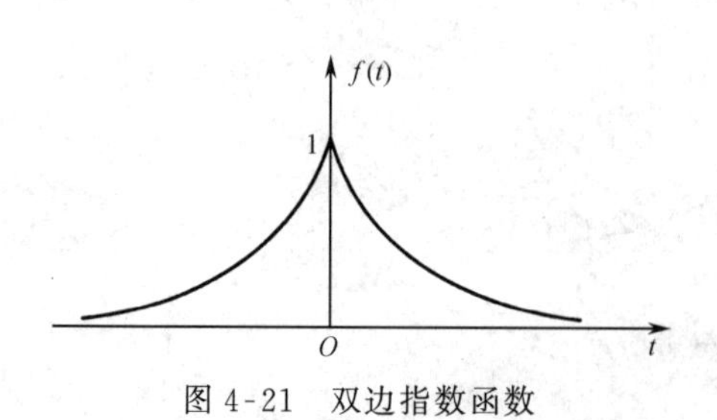

图 4-21 双边指数函数

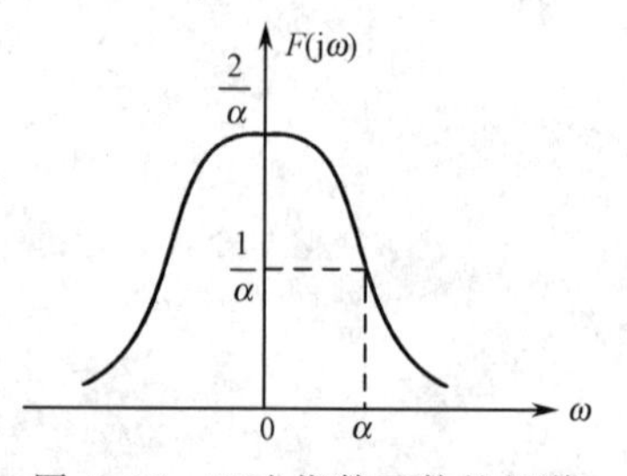

图 4-22 双边指数函数的频谱

4. 奇双边指数函数

例题 4-6： 如图 4-23 所示的奇双边指数函数，其表达式为

$$f(t)=\begin{cases}-e^{\alpha t}, & t<0 \\ e^{-\alpha t}, & t>0\end{cases}\quad ,\quad 其中\ \alpha>0$$

求其频谱。

解：由定义，得

$$F(j\omega)=-\int_{-\infty}^{0} e^{\alpha t}\cdot e^{-j\omega t}dt+\int_{0}^{\infty} e^{-\alpha t}\cdot e^{-j\omega t}dt=-\frac{1}{\alpha-j\omega}+\frac{1}{\alpha+j\omega}$$

$$=-j\frac{2\omega}{\alpha^2+\omega^2} \tag{4-34}$$

$F(j\omega)$的实部为 0，虚部为

$$X(\omega)=-\frac{2\omega}{\alpha^2+\omega^2}$$

$X(\omega)$的波形如图 4-24 所示。

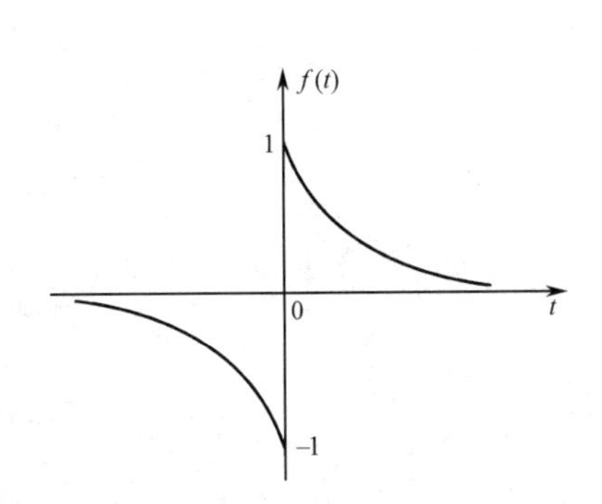

图 4-23　奇双边指数函数

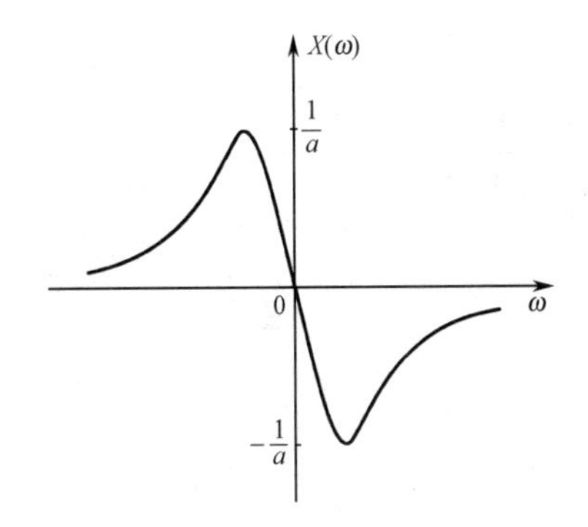

图 4-24　$X(\omega)$的波形图

5. 单位冲激函数

根据定义有

$$\mathscr{F}[\delta(t)]=\int_{-\infty}^{\infty}\delta(t)e^{-j\omega t}dt=1 \tag{4-35}$$

单位冲激函数的频谱是 1，在整个频率范围内频谱是均匀的。也就是说，频带的宽度为无穷大。因此，常称这种频谱为“均匀谱”或“白色频谱”，如图 4-25 所示。

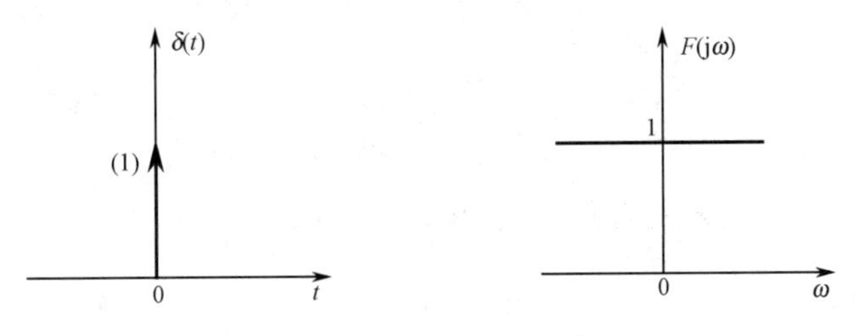

图 4-25　单位冲激函数及其频谱

6. 单位直流函数

例题 4-7：幅度等于1的单位直流信号可以表示为

$$f(t)=1,\quad -\infty<t<\infty$$

如图4-26所示，求其傅里叶变换。

可以看出直流函数不满足绝对可积条件，因此不能按式(4-26)来求其频谱，但其傅里叶变换是存在的。

由于 $f(t)=1$ 可以看成函数 $f_1(t)=\mathrm{e}^{-\alpha|t|}\ (\alpha>0)$ 在 $\alpha\to0$ 时的极限，所以该直流信号的频谱也就是 $f_1(t)$ 的频谱 $F_1(\mathrm{j}\omega)$ 在 $\alpha\to0$ 时的极限。

由式(4-33)知

$$f_1(t)\leftrightarrow F_1(\mathrm{j}\omega)=\frac{2\alpha}{\alpha^2+\omega^2}$$

当 $\alpha\to0$ 时，有

$$\lim_{\alpha\to0}\frac{2\alpha}{\alpha^2+\omega^2}=\begin{cases}0, & \omega\neq0\\ \infty, & \omega=0\end{cases}$$

并且有

$$\lim_{\alpha\to0}\int_{-\infty}^{\infty}\frac{2\alpha}{\alpha^2+\omega^2}\mathrm{d}\omega=\lim_{\alpha\to0}\int_{-\infty}^{\infty}\frac{2}{1+\left(\frac{\omega}{\alpha}\right)^2}\mathrm{d}\left(\frac{\omega}{\alpha}\right)=\lim_{\alpha\to0}2\arctan\left(\frac{\omega}{\alpha}\right)\Big|_{-\infty}^{\infty}=2\pi$$

由此可知，它是一个冲激函数，冲激点位于 $\omega=0$ 处，冲激函数强度为 2π。即

$$\lim_{\alpha\to0}\frac{2\alpha}{\alpha^2+\omega^2}=2\pi\delta(\omega)$$

因此，该直流信号的频谱密度函数为 $2\pi\delta(\omega)$。即

$$\mathscr{F}[1]=2\pi\delta(\omega)\tag{4-36}$$

其频谱如图4-27所示。

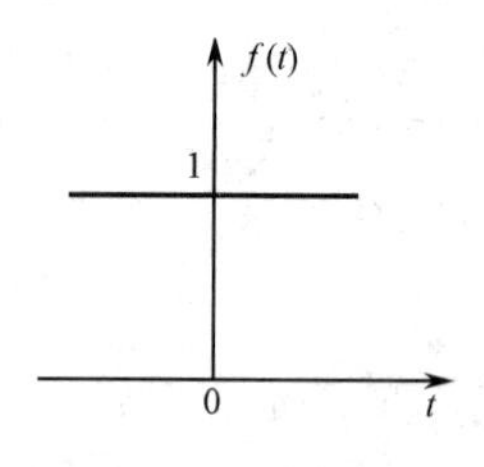

图4-26 直流信号

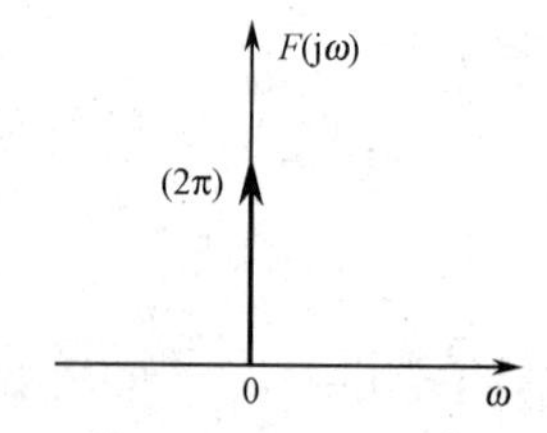

图4-27 直流信号的频谱

7. 符号函数

例题 4-8：如图4-28所示的符号函数，其表达式为

$$\operatorname{sgn}(t)=\begin{cases}-1, & t<0\\ 1, & t>0\end{cases}$$

求其频谱。

显然,符号函数也不满足绝对可积条件。它可以看成

$$f_2(t)=\begin{cases}-e^{\alpha t}, & t<0 \\ e^{-\alpha t}, & t>0\end{cases},\quad \alpha>0$$

在 $\alpha\to 0$ 时的极限。

由式(4-34)知道

$$f_2(t)\leftrightarrow F_2(\mathrm{j}\omega)=-\mathrm{j}\,\frac{2\omega}{\alpha^2+\omega^2}$$

又

$$\lim_{\alpha\to 0}\left[-\mathrm{j}\,\frac{2\omega}{\alpha^2+\omega^2}\right]=\begin{cases}\dfrac{2}{\mathrm{j}\omega}, & \omega\neq 0 \\ 0, & \omega=0\end{cases}$$

因此,有

$$\mathscr{F}[\mathrm{sgn}(t)]=\frac{2}{\mathrm{j}\omega} \tag{4-37}$$

由此可知,符号函数的频谱密度函数是关于 ω 的奇函数,它在 $\omega=0$ 处的值为0。其频谱如图4-29所示。

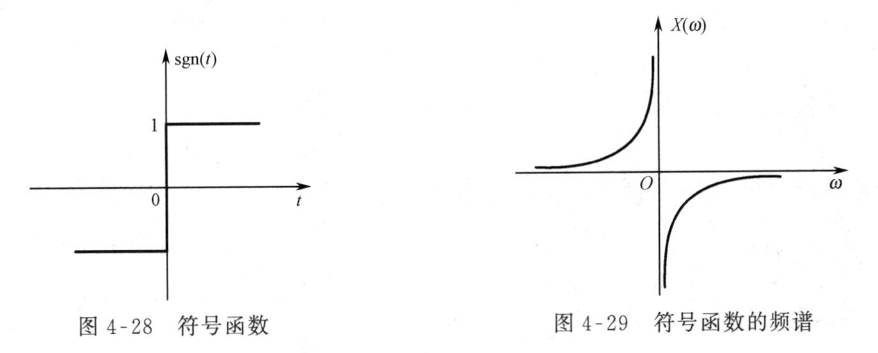

图4-28　符号函数　　　图4-29　符号函数的频谱

8. 单位阶跃函数

单位阶跃函数也不满足绝对可积条件,不能直接利用式(4-26)求其傅里叶变换。根据

$$u(t)=\frac{1}{2}+\frac{1}{2}\mathrm{sgn}(t)$$

对上式两边进行傅里叶变换,由于

$$\frac{1}{2}\leftrightarrow\pi\delta(\omega)$$

$$\frac{1}{2}\mathrm{sgn}(t)\leftrightarrow\frac{1}{\mathrm{j}\omega}$$

所以有

$$\mathscr{F}[u(t)]=\pi\delta(\omega)+\frac{1}{\mathrm{j}\omega} \tag{4-38}$$

4.7　傅里叶变换的性质

傅里叶变换揭示了信号的时域特性与频域特性之间的内在联系。一个信号的特性可以在时域中用时间函数 $f(t)$ 完整地表示出来，也可以在频域中用 $F(\mathrm{j}\omega)$ 完整地表示出来。在求解一些信号的傅里叶变换时，如果已知傅里叶变换的某些性质，可以使运算过程简化。

本节将研究信号在一种域中进行某种运算会在另一种域中产生什么结果。由于傅里叶级数和傅里叶变换之间存在十分密切的关系，故傅里叶变换的许多性质同样适用于傅里叶级数。

由于

$$F(\mathrm{j}\omega)=\int_{-\infty}^{\infty} f(t)\mathrm{e}^{-\mathrm{j}\omega t}\mathrm{d}t$$

$$f(t)=\frac{1}{2\pi}\int_{-\infty}^{\infty} F(\mathrm{j}\omega)\mathrm{e}^{\mathrm{j}\omega t}\mathrm{d}\omega$$

所以，若用 $f(t)\leftrightarrow F(\mathrm{j}\omega)$ 表示时域与频域之间的对应关系，则有以下几个特性。

1. 线性

若

$$f_1(t)\leftrightarrow F_1(\mathrm{j}\omega),\quad f_2(t)\leftrightarrow F_2(\mathrm{j}\omega)$$

则对于任意常数 a_1 和 a_2，有

$$a_1 f_1(t)+a_2 f_2(t)\leftrightarrow a_1 F_1(\mathrm{j}\omega)+a_2 F_2(\mathrm{j}\omega) \tag{4-39}$$

这表明线性有两重含义，即齐次性和可加性。

2. 奇偶虚实性

如果 $f(t)$ 是时间 t 的实函数，根据欧拉公式，有

$$\begin{aligned}F(\mathrm{j}\omega)&=\int_{-\infty}^{\infty} f(t)\mathrm{e}^{-\mathrm{j}\omega t}\mathrm{d}t=\int_{-\infty}^{\infty} f(t)\cos(\omega t)\mathrm{d}t-\mathrm{j}\int_{-\infty}^{\infty} f(t)\sin(\omega t)\mathrm{d}t\\&=R(\omega)+\mathrm{j}X(\omega)\\&=|F(\mathrm{j}\omega)|\mathrm{e}^{\mathrm{j}\varphi(\omega)}\end{aligned}$$

则 $F(\mathrm{j}\omega)$ 的实部、虚部分别为

$$R(\omega)=\int_{-\infty}^{\infty} f(t)\cos(\omega t)\mathrm{d}t \tag{4-40}$$

$$X(\omega)=-\int_{-\infty}^{\infty} f(t)\sin(\omega t)\mathrm{d}t \tag{4-41}$$

$F(\mathrm{j}\omega)$ 的模、初相分别为

$$|F(\mathrm{j}\omega)|=\sqrt{R^2(\omega)+X^2(\omega)} \tag{4-42}$$

$$\varphi(\omega)=\arctan\left[\frac{X(\omega)}{R(\omega)}\right] \tag{4-43}$$

(1) 若 $f(t)$ 为实函数，则其频谱密度函数 $F(\mathrm{j}\omega)$ 的实部 $R(\omega)$ 是 ω 的偶函数，虚部 $X(\omega)$ 是 ω 的奇函数；而 $|F(\mathrm{j}\omega)|$ 是 ω 的偶函数，$\varphi(\omega)$ 是 ω 的奇函数。即有

$$R(\omega)=R(-\omega)\qquad X(\omega)=-X(-\omega)$$

$$|F(\mathrm{j}\omega)|=|F(-\mathrm{j}\omega)| \qquad \varphi(\omega)=-\varphi(-\omega)$$

(2) 如果 $f(t)$是时间 t 的实偶函数,即 $f(t)=f(-t)$,则有

$$X(\omega)=0$$

$$F(\mathrm{j}\omega)=R(\omega)=2\int_0^{\infty} f(t)\cos(\omega t)\mathrm{d}t$$

这时频谱函数 $F(\mathrm{j}\omega)=R(\omega)$,它是 ω 的实偶函数。

(3) 如果 $f(t)$是时间 t 的实奇函数,即 $f(t)=-f(-t)$,则有

$$R(\omega)=0$$

$$F(\mathrm{j}\omega)=\mathrm{j}X(\omega)=-\mathrm{j}2\int_0^{\infty} f(t)\sin(\omega t)\mathrm{d}t$$

这时频谱函数 $F(\mathrm{j}\omega)=\mathrm{j}X(\omega)$,它是 ω 的虚奇函数。

(4) $f(-t)$的傅里叶变换为

$$\mathscr{F}[f(-t)]=\int_{-\infty}^{\infty} f(-t)\mathrm{e}^{-\mathrm{j}\omega t}\mathrm{d}t$$

令 $\tau=-t$,得

$$\mathscr{F}[f(-t)]=\int_{\infty}^{-\infty} f(\tau)\mathrm{e}^{\mathrm{j}\omega\tau}\mathrm{d}(-\tau)=\int_{-\infty}^{\infty} f(\tau)\mathrm{e}^{-\mathrm{j}(-\omega)\tau}\mathrm{d}\tau$$
$$=F(-\mathrm{j}\omega)$$

由于 $R(\omega)=R(-\omega)$、$X(\omega)=-X(-\omega)$,故有

$$F(-\mathrm{j}\omega)=R(-\omega)+\mathrm{j}X(-\omega)=R(\omega)-\mathrm{j}X(\omega)=F^*(\mathrm{j}\omega)$$

假如 $f(t)$为时间 t 的虚函数,令 $f(t)=\mathrm{j}e(t)$,其中 $e(t)$为实函数。重复上面的步骤,可得以下结论。

(1) $R(\omega)=-R(-\omega)$, $X(\omega)=X(-\omega)$。

(2) $|F(\mathrm{j}\omega)|=|F(-\mathrm{j}\omega)|$, $\varphi(\omega)=-\varphi(-\omega)$。

(3) $f(-t)\leftrightarrow F(-\mathrm{j}\omega)=-F^*(\mathrm{j}\omega)$。

3. 对称性

若

$$f(t)\leftrightarrow F(\mathrm{j}\omega)$$

则有

$$F(\mathrm{j}t)\leftrightarrow 2\pi f(-\omega) \tag{4-44}$$

式(4-44)表明,如果函数 $f(t)$的频谱密度函数为 $F(\mathrm{j}\omega)$,那么时间函数 $F(\mathrm{j}t)$的频谱密度函数是 $2\pi f(-\omega)$。这称为傅里叶变换的对称性或对偶性。

若 $f(t)$是偶函数,即 $f(t)=f(-t)$,则有

$$F(\mathrm{j}t)\leftrightarrow 2\pi f(\omega) \tag{4-45}$$

证明:

$$f(t)=\frac{1}{2\pi}\int_{-\infty}^{\infty} F(\mathrm{j}\omega)\mathrm{e}^{\mathrm{j}\omega t}\mathrm{d}\omega$$

将上式中的自变量 t 换为 $-t$,得

$$f(-t)=\frac{1}{2\pi}\int_{-\infty}^{\infty} F(\mathrm{j}\omega)\mathrm{e}^{-\mathrm{j}\omega t}\mathrm{d}\omega$$

将上式中的 t 与 ω 互换,得

$$f(-\omega)=\frac{1}{2\pi}\int_{-\infty}^{\infty}F(\mathrm{j}t)\mathrm{e}^{-\mathrm{j}\omega t}\mathrm{d}t$$

即

$$\int_{-\infty}^{\infty}F(\mathrm{j}t)\mathrm{e}^{-\mathrm{j}\omega t}\mathrm{d}t=2\pi f(-\omega)$$

矩形脉冲和抽样函数的频谱如图 4-30 所示。该图说明矩形脉冲的频谱为抽样函数,而抽样函数的频谱必为矩形函数。

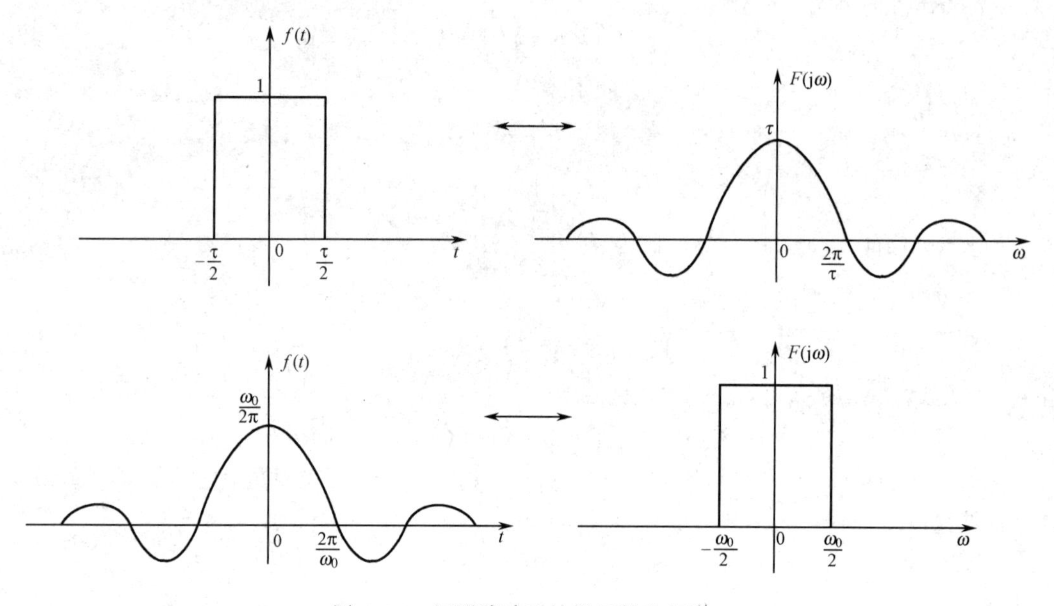

图 4-30　矩形脉冲和抽样函数的频谱

冲激函数和直流信号的频谱如图 4-31 所示,该图说明直流信号的频谱为冲激函数,而冲激函数的频谱必为常数。

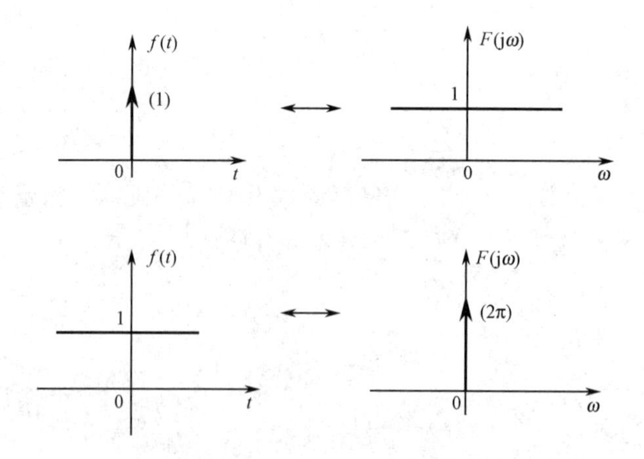

图 4-31　冲激函数和直流信号的频谱

例题 4-9: 求抽样函数 $\mathrm{Sa}(t)=\dfrac{\sin t}{t}$ 的频谱。

解：由于门函数的频谱

$$g_{\tau}(t)\leftrightarrow\tau\mathrm{Sa}\left(\frac{\omega\tau}{2}\right)$$

利用对称性，并考虑到门函数为偶函数，得

$$\tau\mathrm{Sa}\left(\frac{t\tau}{2}\right)\leftrightarrow2\pi g_{\tau}(\omega)$$

令 $\tau=2$，代入上式得

$$\mathrm{Sa}(t)\leftrightarrow\pi g_{2}(\omega)$$

4. 尺度变换

若 $f(t)\leftrightarrow F(\mathrm{j}\omega)$，则对于实常数 $a(a\neq0)$，有

$$f(at)\leftrightarrow\frac{1}{|a|}F\left(\mathrm{j}\,\frac{\omega}{a}\right)\tag{4-46}$$

当 $a=-1$ 时，有

$$f(-t)\leftrightarrow F(-\mathrm{j}\omega)\tag{4-47}$$

式(4-46)表明，信号在时域中压缩($|a|>1$)等效于频谱在频域中扩展；反之，信号在时域中扩展($|a|<1$)，则等效于频谱在频域中压缩。

式(4-47)说明，信号在时域中沿纵轴反褶等效于频谱在频域中也沿纵轴反褶。这一规律叫作尺度变换特性或时域展缩特性。

图 4-32 为尺度变换对应的频谱特性。

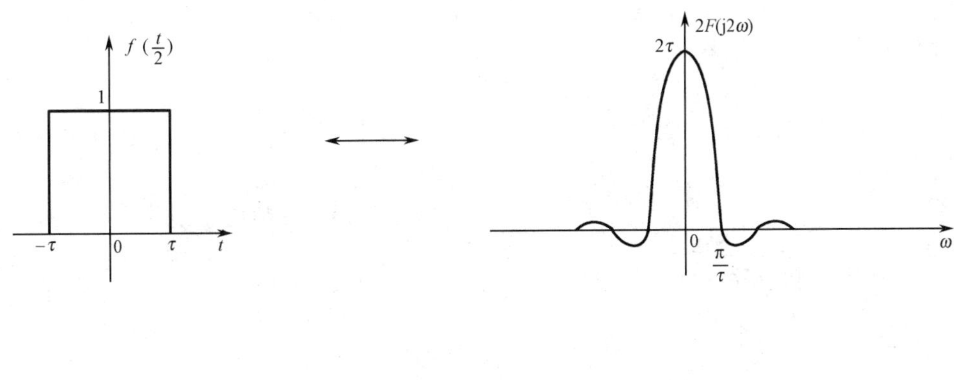

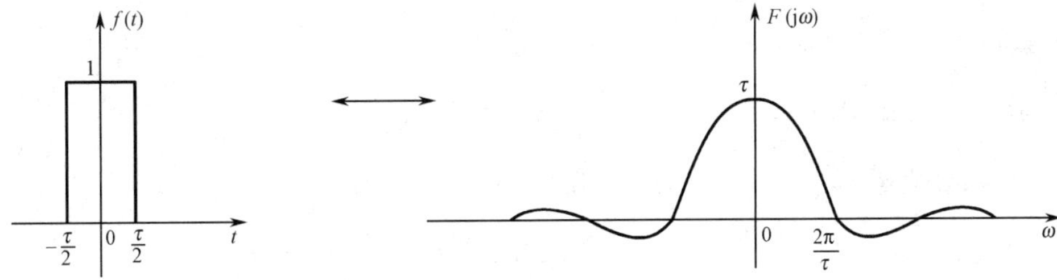

图 4-32　尺度变换对应的频谱特性

证明:根据傅里叶变换的定义

$$\mathscr{F}[f(t)]=F(\mathrm{j}\omega)=\int_{-\infty}^{\infty}f(t)\mathrm{e}^{-\mathrm{j}\omega t}\mathrm{d}t$$

$$\mathscr{F}[f(at)]=\int_{-\infty}^{\infty}f(at)\mathrm{e}^{-\mathrm{j}\omega t}\mathrm{d}t$$

令 $at=x$,则 $t=\frac{x}{a}$,$\mathrm{d}t=\frac{1}{a}\mathrm{d}x$。

当 $a>0$ 时,有

$$\mathscr{F}[f(at)]=\frac{1}{a}\int_{-\infty}^{\infty}f(x)\mathrm{e}^{-\mathrm{j}\omega\frac{x}{a}}\mathrm{d}x=\frac{1}{a}F\left(\mathrm{j}\frac{\omega}{a}\right)$$

当 $a<0$ 时,有

$$\mathscr{F}[f(at)]=\frac{1}{a}\int_{+\infty}^{-\infty}f(x)\mathrm{e}^{-\mathrm{j}\omega\frac{x}{a}}\mathrm{d}x=\frac{-1}{a}\int_{-\infty}^{\infty}f(x)\mathrm{e}^{-\mathrm{j}\omega\frac{x}{a}}\mathrm{d}x=\frac{-1}{a}F\left(\mathrm{j}\frac{\omega}{a}\right)$$

综合上述两种情况,可得

$$\mathscr{F}[f(at)]=\frac{1}{|a|}F\left(\mathrm{j}\frac{\omega}{a}\right)$$

5. 时移特性

若 $f(t)\leftrightarrow F(\mathrm{j}\omega)$,且 t_0 为常数,则有

$$f(t-t_0)\leftrightarrow \mathrm{e}^{-\mathrm{j}\omega t_0}F(\mathrm{j}\omega) \tag{4-48}$$

式(4-48)表明,若信号 $f(t)$ 在时域中沿时间轴右移(即延时)t_0($t_0>0$),相当于在频域中频谱乘以因子 $\mathrm{e}^{-\mathrm{j}\omega t_0}$,即信号在时域中右移,其频谱的幅度不变,而相位落后 ωt_0。

证明:

$$\mathscr{F}[f(t-t_0)]=\int_{-\infty}^{\infty}f(t-t_0)\mathrm{e}^{-\mathrm{j}\omega t}\mathrm{d}t$$

令 $t-t_0=x$,则有

$$\mathscr{F}[f(t-t_0)]=\int_{-\infty}^{\infty}f(x)\mathrm{e}^{-\mathrm{j}\omega(t_0+x)}\mathrm{d}x=\mathrm{e}^{-\mathrm{j}\omega t_0}\int_{-\infty}^{\infty}f(x)\mathrm{e}^{-\mathrm{j}\omega x}\mathrm{d}x=\mathrm{e}^{-\mathrm{j}\omega t_0}F(\mathrm{j}\omega)$$

利用尺度变换和时移特性,可以得到

$$f(at-b)\leftrightarrow\frac{1}{|a|}F\left(\mathrm{j}\frac{\omega}{a}\right)\cdot\mathrm{e}^{-\mathrm{j}\frac{b}{a}\omega}$$

例题 4-10:已知矩形脉冲 $f_1(t)$ 的频谱密度函数为 $F_1(\mathrm{j}\omega)=A\tau\mathrm{Sa}\left(\frac{\omega\tau}{2}\right)$,其相位谱 $\varphi_1(\omega)$ 如图 4-33 所示。试画出图中所示 $f_2(t)$ 的相位谱。

解:由题意知 $f_2(t)=f_1\left(t-\frac{\tau}{2}\right)$,则有

$$F_2(\mathrm{j}\omega)=F_1(\mathrm{j}\omega)\cdot\mathrm{e}^{-\mathrm{j}\omega\frac{\tau}{2}}$$

又有

$$|F_2(\mathrm{j}\omega)|=|F_1(\mathrm{j}\omega)|$$

$$\varphi_2(\omega)=\varphi_1(\omega)-\frac{\omega\tau}{2}$$

$f_2(t)$的频谱与 $f_1(t)$的频谱相比，幅度谱没变化，相位谱滞后$\frac{\omega\tau}{2}$，如图 4-33(d)所示。

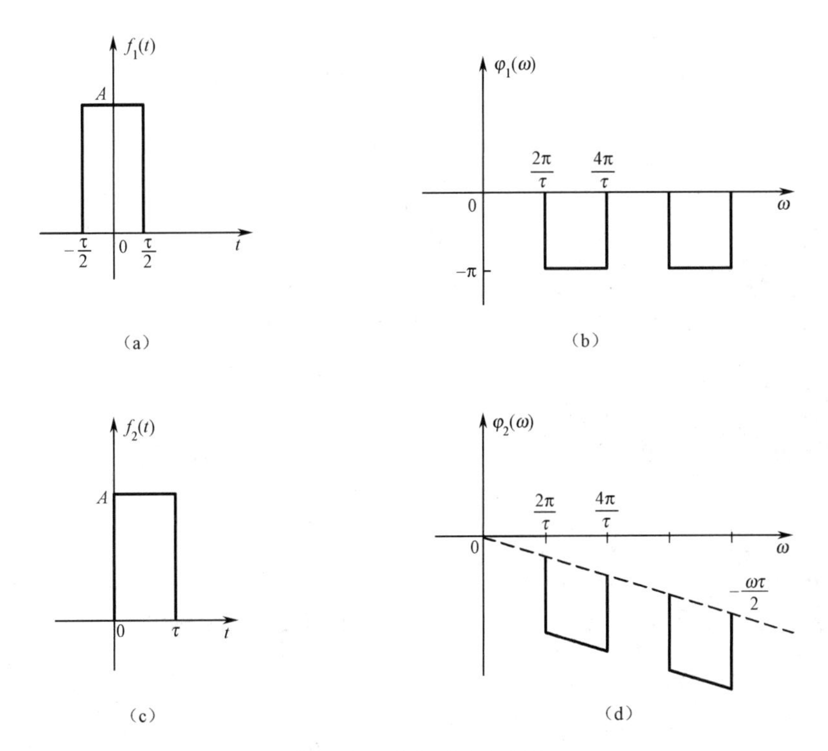

图 4-33　例题 4-10 的图

6. 频移特性

频移特性也叫作调制特性。

若 $f(t)\leftrightarrow F(\mathrm{j}\omega)$，且 ω_0 为常数，则有

$$f(t)\mathrm{e}^{\mathrm{j}\omega_0 t}\leftrightarrow F[\mathrm{j}(\omega-\omega_0)] \tag{4-49}$$

证明：

$$\mathscr{F}[f(t)\mathrm{e}^{\mathrm{j}\omega_0 t}]=\int_{-\infty}^{\infty}f(t)\mathrm{e}^{\mathrm{j}\omega_0 t}\cdot\mathrm{e}^{-\mathrm{j}\omega t}\mathrm{d}t=\int_{-\infty}^{\infty}f(t)\mathrm{e}^{-\mathrm{j}(\omega-\omega_0)t}\mathrm{d}t$$
$$=F[\mathrm{j}(\omega-\omega_0)]$$

同理可得

$$f(t)\mathrm{e}^{-\mathrm{j}\omega_0 t}\leftrightarrow F[\mathrm{j}(\omega+\omega_0)]$$

可见，将时间信号 $f(t)$乘以 $\mathrm{e}^{\mathrm{j}\omega_0 t}$，等效于 $f(t)$的频谱 $F(\mathrm{j}\omega)$沿频率轴向右平移 ω_0。这种频谱搬移技术在通信系统中应用广泛，如调幅、变频等过程都是在频谱搬移的基础上完成的。

实际应用中，只要将信号 $f(t)$乘以载频信号 $\cos\omega_0 t$ 或 $\sin\omega_0 t$ 就可实现频谱的搬移，其原理图如图 4-34 所示。

因为

$$f(t)\cos\omega_0 t=\frac{1}{2}[f(t)\mathrm{e}^{\mathrm{j}\omega_0 t}+f(t)\mathrm{e}^{-\mathrm{j}\omega_0 t}]$$

$$f(t)\sin\omega_0 t=\frac{1}{2\mathrm{j}}[f(t)\mathrm{e}^{\mathrm{j}\omega_0 t}-f(t)\mathrm{e}^{-\mathrm{j}\omega_0 t}]$$

所以有

$$f(t)\cos\omega_0 t\leftrightarrow\frac{1}{2}F[\mathrm{j}(\omega+\omega_0)]+\frac{1}{2}F[\mathrm{j}(\omega-\omega_0)]$$

$$f(t)\sin\omega_0 t\leftrightarrow\frac{\mathrm{j}}{2}F[\mathrm{j}(\omega+\omega_0)]-\frac{\mathrm{j}}{2}F[\mathrm{j}(\omega-\omega_0)]$$

图 4-34　频谱搬移原理图

图 4-35 为矩形调幅信号的频谱。

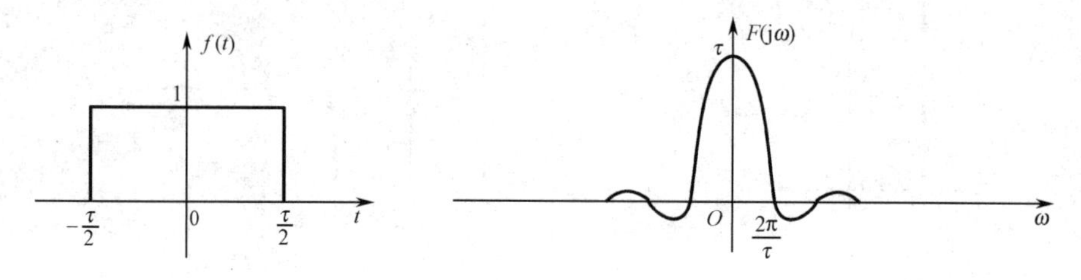

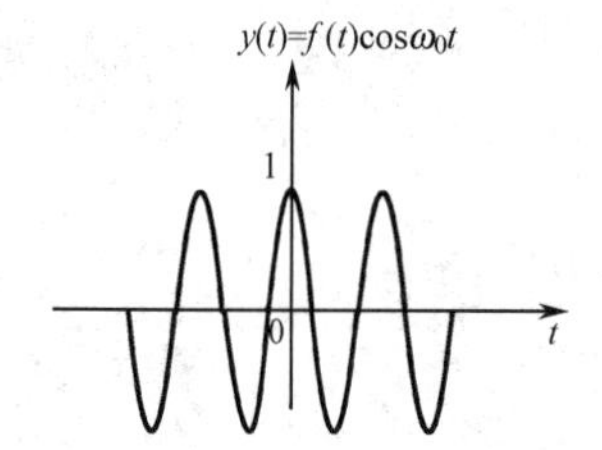

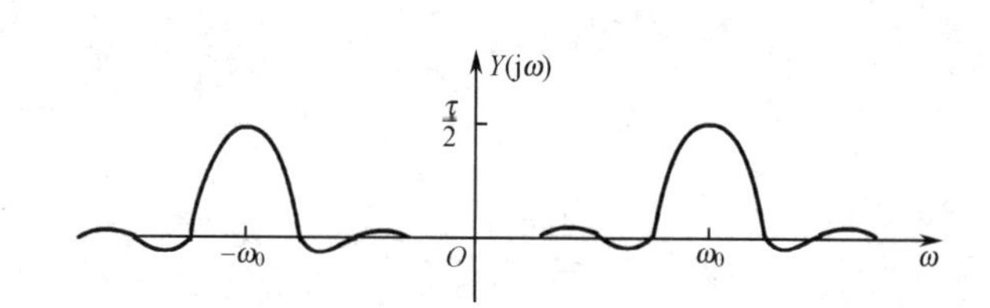

图 4-35　矩形调幅信号的频谱

7. 微分特性

1）时域微分特性

若 $f(t)\leftrightarrow F(\mathrm{j}\omega)$，则

$$f'(t)\leftrightarrow(\mathrm{j}\omega)F(\mathrm{j}\omega)$$

$$f^{(n)}(t)\leftrightarrow(\mathrm{j}\omega)^n F(\mathrm{j}\omega) \tag{4-50}$$

证明：因为

$$f(t)=\frac{1}{2\pi}\int_{-\infty}^{\infty}F(\mathrm{j}\omega)\mathrm{e}^{\mathrm{j}\omega t}\mathrm{d}\omega$$

对上式两边求关于 t 的导数，得

$$\frac{\mathrm{d}f(t)}{\mathrm{d}t}=\frac{1}{2\pi}\int_{-\infty}^{\infty}[\mathrm{j}\omega F(\mathrm{j}\omega)]\mathrm{e}^{\mathrm{j}\omega t}\mathrm{d}\omega$$

即

$$\mathscr{F}\left[\frac{\mathrm{d}f(t)}{\mathrm{d}t}\right]=\mathrm{j}\omega F(\mathrm{j}\omega)$$

同理,可推出

$$\mathscr{F}\left[\frac{\mathrm{d}^{(n)}f(t)}{\mathrm{d}t^{n}}\right]=(\mathrm{j}\omega)^{n}F(\mathrm{j}\omega)$$

2）频域微分特性

若 $f(t)\leftrightarrow F(\mathrm{j}\omega)$,则有

$$(-\mathrm{j}t)f(t)\leftrightarrow F'(\mathrm{j}\omega)$$

$$(-\mathrm{j}t)^{n}f(t)\leftrightarrow F^{(n)}(\mathrm{j}\omega) \tag{4-51}$$

证明:因为

$$F(\mathrm{j}\omega)=\int_{-\infty}^{\infty}f(t)\mathrm{e}^{-\mathrm{j}\omega t}\mathrm{d}t$$

对上式两边求关于 ω 的导数,得

$$\frac{\mathrm{d}F(\mathrm{j}\omega)}{\mathrm{d}\omega}=\int_{-\infty}^{\infty}(-\mathrm{j}t)f(t)\mathrm{e}^{-\mathrm{j}\omega t}\mathrm{d}t$$

即

$$\mathscr{F}^{-1}\left[\frac{\mathrm{d}F(\mathrm{j}\omega)}{\mathrm{d}\omega}\right]=(-\mathrm{j}t)f(t)$$

同理可推出

$$\mathscr{F}^{-1}\left[\frac{\mathrm{d}^{n}F(\mathrm{j}\omega)}{\mathrm{d}\omega^{n}}\right]=(-\mathrm{j}t)^{n}f(t)$$

根据时域微分特性,可以求得

$$\delta'(t)\leftrightarrow \mathrm{j}\omega$$

例题 4-11: 求如图 4-36(a)所示的信号的频谱。

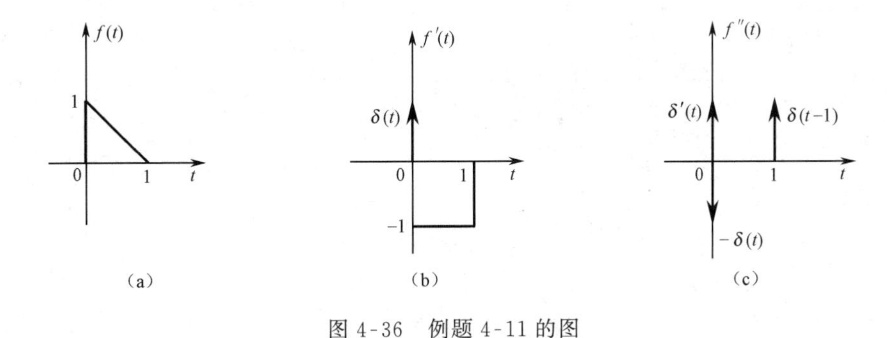

图 4-36　例题 4-11 的图

解:如果直接用定义来求 $f(t)$的傅里叶变换,计算比较麻烦。这里可采用时域微分的性质来求。

$f(t)$的一阶、二阶导数分别如图 4-36(b)、(c)所示。

由于

$$f''(t)=\delta'(t)-\delta(t)+\delta(t-1)$$

$$\mathscr{F}[f''(t)]=(\mathrm{j}\omega)^{2}F(\mathrm{j}\omega)=\mathrm{j}\omega-1+\mathrm{e}^{-\mathrm{j}\omega}$$

所以有

$$F(\mathrm{j}\omega)=\frac{\mathrm{j}\omega-1+\mathrm{e}^{-\mathrm{j}\omega}}{(\mathrm{j}\omega)^2}=\frac{1-\mathrm{j}\omega-\mathrm{e}^{-\mathrm{j}\omega}}{\omega^2}$$

8. 积分特性

1)时域积分特性

为了表示方便,定义 $f^{(-1)}(t)=\int_{-\infty}^{t}f(x)\mathrm{d}x$。

若 $f(t)\leftrightarrow F(\mathrm{j}\omega)$,则有

$$f^{(-1)}(t)\leftrightarrow\frac{F(\mathrm{j}\omega)}{\mathrm{j}\omega}+\pi F(0)\delta(\omega) \tag{4-52}$$

证明:

$$\begin{aligned}\mathscr{F}[f^{(-1)}(t)]&=\int_{-\infty}^{\infty}\left[\int_{-\infty}^{t}f(x)\mathrm{d}x\right]\mathrm{e}^{-\mathrm{j}\omega t}\mathrm{d}t\\&=\int_{-\infty}^{\infty}\left[\int_{-\infty}^{\infty}f(x)u(t-x)\mathrm{d}x\right]\mathrm{e}^{-\mathrm{j}\omega t}\mathrm{d}t\end{aligned} \tag{4-53}$$

因为

$$\mathscr{F}[u(t-x)]=\left[\pi\delta(\omega)+\frac{1}{\mathrm{j}\omega}\right]\cdot\mathrm{e}^{-\mathrm{j}\omega x}$$

改变积分顺序,将式(4-53)等号右侧变为

$$\begin{aligned}\int_{-\infty}^{\infty}f(x)\left[\int_{-\infty}^{\infty}u(t-x)\mathrm{e}^{-\mathrm{j}\omega t}\mathrm{d}t\right]\mathrm{d}x&=\int_{-\infty}^{\infty}f(x)[\pi\delta(\omega)+\frac{1}{\mathrm{j}\omega}]\mathrm{e}^{-\mathrm{j}\omega x}\mathrm{d}x\\&=\int_{-\infty}^{\infty}f(x)\pi\delta(\omega)\mathrm{e}^{-\mathrm{j}\omega x}\mathrm{d}x+\int_{-\infty}^{\infty}f(x)\frac{\mathrm{e}^{-\mathrm{j}\omega x}}{\mathrm{j}\omega}\mathrm{d}x\\&=\pi F(0)\delta(\omega)+\frac{F(\mathrm{j}\omega)}{\mathrm{j}\omega}\end{aligned}$$

如果 $F(0)=0$,则式(4-52)变为

$$f^{(-1)}(t)\leftrightarrow\frac{F(\mathrm{j}\omega)}{\mathrm{j}\omega} \tag{4-54}$$

2)频域积分特性

设 $F^{(-1)}(\mathrm{j}\omega)=\int_{-\infty}^{\omega}F(\mathrm{j}x)\mathrm{d}x$。若 $f(t)\leftrightarrow F(\mathrm{j}\omega)$,则有

$$\pi f(0)\delta(t)+\frac{f(t)}{-\mathrm{j}t}\leftrightarrow F^{(-1)}(\mathrm{j}\omega) \tag{4-55}$$

式中,$f(0)=\frac{1}{2\pi}\int_{-\infty}^{\infty}F(\mathrm{j}\omega)\mathrm{d}\omega$。

若 $f(0)=0$,则有

$$\frac{f(t)}{-\mathrm{j}t}\leftrightarrow F^{(-1)}(\mathrm{j}\omega) \tag{4-56}$$

由于频域积分特性用得较少,证明从略。

9. 卷积定理

卷积定理在信号和系统分析中占有重要的地位,包括时域卷积定理和频域卷积定理。

1) 时域卷积定理

若

$$f_1(t)\leftrightarrow F_1(\mathrm{j}\omega),\ f_2(t)\leftrightarrow F_2(\mathrm{j}\omega)$$

则有

$$f_1(t)*f_2(t)\leftrightarrow F_1(\mathrm{j}\omega)\cdot F_2(\mathrm{j}\omega) \tag{4-57}$$

式(4-57)表明,在时域中两个函数的卷积积分,对应频域中两个函数频谱的乘积。

证明:因为

$$f_1(t)*f_2(t)=\int_{-\infty}^{\infty}f_1(\tau)f_2(t-\tau)\mathrm{d}\tau$$

所以有

$$\mathscr{F}[f_1(t)*f_2(t)]=\int_{-\infty}^{\infty}\left[\int_{-\infty}^{\infty}f_1(\tau)f_2(t-\tau)\mathrm{d}\tau\right]\mathrm{e}^{-\mathrm{j}\omega t}\mathrm{d}t$$

交换积分次序,利用时移特性,可将上式变为

$$\begin{aligned}\int_{-\infty}^{\infty}f_1(\tau)\left[\int_{-\infty}^{\infty}f_2(t-\tau)\mathrm{e}^{-\mathrm{j}\omega t}\mathrm{d}t\right]\mathrm{d}\tau&=\int_{-\infty}^{\infty}f_1(\tau)F_2(\mathrm{j}\omega)\mathrm{e}^{-\mathrm{j}\omega\tau}\mathrm{d}\tau\\&=F_2(\mathrm{j}\omega)\int_{-\infty}^{\infty}f_1(\tau)\mathrm{e}^{-\mathrm{j}\omega\tau}\mathrm{d}\tau=F_1(\mathrm{j}\omega)F_2(\mathrm{j}\omega)\end{aligned}$$

2) 频域卷积定理

若

$$f_1(t)\leftrightarrow F_1(\mathrm{j}\omega),\ f_2(t)\leftrightarrow F_2(\mathrm{j}\omega)$$

则有

$$f_1(t)\cdot f_2(t)\leftrightarrow\frac{1}{2\pi}F_1(\mathrm{j}\omega)*F_2(\mathrm{j}\omega) \tag{4-58}$$

频域卷积定理的证明类似,从略。

例题 4-12: 已知 $f(t)\leftrightarrow F(\mathrm{j}\omega)$,且 $f(t)$ 为实函数,试证明:

$$\int_{-\infty}^{\infty}f^2(t)\mathrm{d}t=\frac{1}{2\pi}\int_{-\infty}^{\infty}|F(\mathrm{j}\omega)|^2\mathrm{d}\omega$$

证明:根据时域卷积定理有

$$f^2(t)\leftrightarrow\frac{1}{2\pi}F(\mathrm{j}\omega)*F(\mathrm{j}\omega)=\frac{1}{2\pi}\int_{-\infty}^{\infty}F(\mathrm{j}\lambda)F[\mathrm{j}(\omega-\lambda)]\mathrm{d}\lambda$$

根据傅里叶变换的定义

$$\mathscr{F}[f^2(t)]=\int_{-\infty}^{\infty}f^2(t)\mathrm{e}^{-\mathrm{j}\omega t}\mathrm{d}t$$

所以有

$$\frac{1}{2\pi}\int_{-\infty}^{\infty}F(\mathrm{j}\lambda)F[\mathrm{j}(\omega-\lambda)]\mathrm{d}\lambda=\int_{-\infty}^{\infty}f^2(t)\mathrm{e}^{-\mathrm{j}\omega t}\mathrm{d}t$$

令 $\omega=0$,得

$$\frac{1}{2\pi}\int_{-\infty}^{\infty}F(\mathrm{j}\lambda)F(-\mathrm{j}\lambda)\mathrm{d}\lambda=\int_{-\infty}^{\infty}f^{2}(t)\mathrm{d}t$$

将变量 λ 用 ω 替换,则有

$$\int_{-\infty}^{\infty}f^{2}(t)\mathrm{d}t=\frac{1}{2\pi}\int_{-\infty}^{\infty}|F(\mathrm{j}\omega)|^{2}\mathrm{d}\omega \tag{4-59}$$

式(4-59)也叫作帕塞瓦尔定理或能量定理。

4.8 周期信号的傅里叶变换

通过以上几节的学习,我们知道周期信号的频谱可以用傅里叶级数表示,非周期信号的频谱则用傅里叶变换表示。在此基础上,本节讨论周期信号的傅里叶变换,以及傅里叶级数与傅里叶变换之间的关系。这样,就能把周期信号与非周期信号的分析方法统一起来,使傅里叶变换的应用范围更广泛。

尽管周期信号不满足傅里叶变换的收敛条件,但由于它可以表示为指数形式的傅里叶级数,所以也能够用傅里叶变换来表示。虽然这样表示的傅里叶变换是无穷大的,但它可以用冲激串信号来表示,并使傅里叶逆变换收敛。由于周期信号的傅里叶级数是离散的,所以它的傅里叶变换也是离散的。通过本节的讨论,我们将建立信号的时域与频域之间的另一种对应关系,即周期性与离散性的对应关系。

下面先讨论常见周期信号的傅里叶变换,再讨论一般周期信号的傅里叶变换。

4.8.1 正、余弦信号的傅里叶变换

由于

$$1\leftrightarrow 2\pi\delta(\omega)$$

根据频移特性

$$\mathrm{e}^{\mathrm{j}\omega_0 t}\leftrightarrow 2\pi\delta(\omega-\omega_0)$$

$$\mathrm{e}^{-\mathrm{j}\omega_0 t}\leftrightarrow 2\pi\delta(\omega+\omega_0)$$

而

$$\cos\omega_0 t=\frac{\mathrm{e}^{\mathrm{j}\omega_0 t}+\mathrm{e}^{-\mathrm{j}\omega_0 t}}{2}$$

$$\sin\omega_0 t=\frac{\mathrm{e}^{\mathrm{j}\omega_0 t}-\mathrm{e}^{-\mathrm{j}\omega_0 t}}{2\mathrm{j}}$$

所以有

$$\mathscr{F}[\cos(\omega_0 t)]=\pi[\delta(\omega-\omega_0)+\delta(\omega+\omega_0)] \tag{4-60}$$

$$\mathscr{F}[\sin(\omega_0 t)]=\mathrm{j}\pi[\delta(\omega+\omega_0)-\delta(\omega-\omega_0)] \tag{4-61}$$

其频谱如图4-37所示。

可以看出,正、余弦信号的频谱是位于 $\pm\omega_0$ 处的冲激函数。

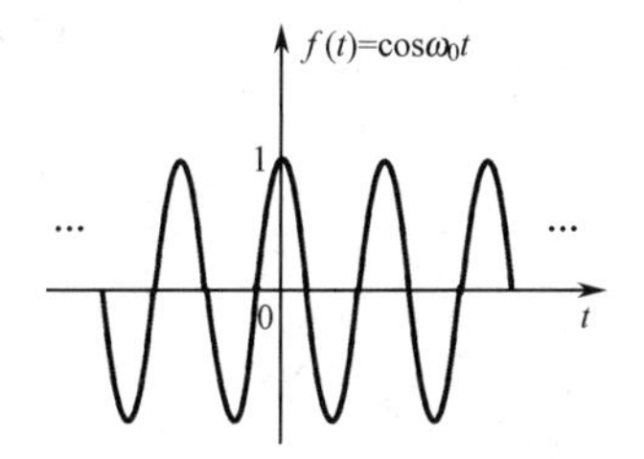

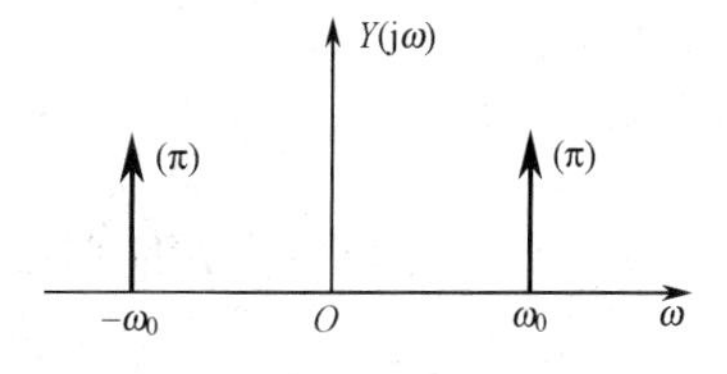

(a) 余弦信号及其频谱

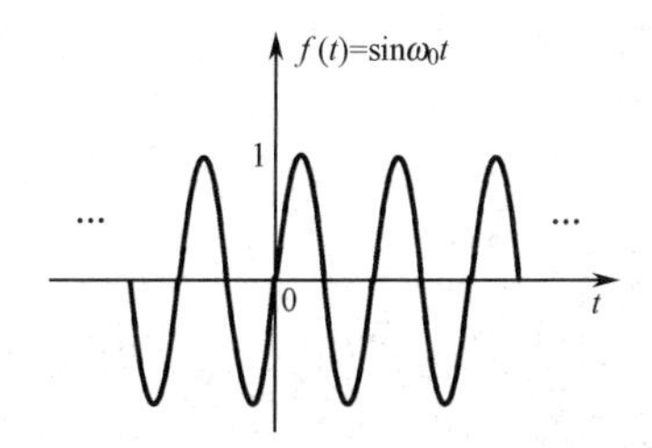

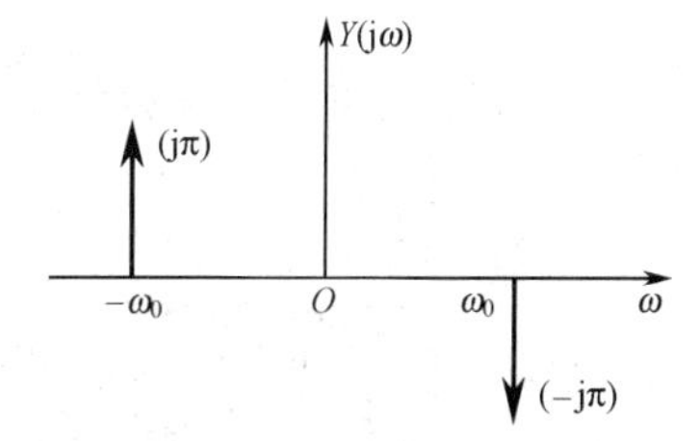

(b) 正弦信号及其频谱

图 4-37　正、余弦信号的频谱

4.8.2　单位冲激序列 $\delta_T(t)$ 的傅里叶变换

若信号 $f(t)$ 为单位冲激序列，如图 4-38(a)所示，即

$$f(t)=\delta_T(t)=\sum_{n=-\infty}^{\infty}\delta(t-nT) \tag{4-62}$$

则 $f(t)$ 的傅里叶级数展开式为

$$f(t)=\sum_{n=-\infty}^{\infty}F_n\mathrm{e}^{\mathrm{j}n\Omega t}$$

其中，

$$F_n=\frac{1}{T}\int_{-\frac{T}{2}}^{\frac{T}{2}}\delta_T(t)\mathrm{e}^{-\mathrm{j}n\Omega t}\mathrm{d}t=\frac{1}{T}$$

即有

$$f(t)=\frac{1}{T}\sum_{n=-\infty}^{\infty}\mathrm{e}^{\mathrm{j}n\Omega t} \tag{4-63}$$

对式(4-63)进行傅里叶变换，并利用线性和频移特性，得

$$F(\mathrm{j}\omega)=\frac{1}{T}\sum_{n=-\infty}^{\infty}2\pi\delta(\omega-n\Omega)=\Omega\sum_{n=-\infty}^{\infty}\delta(\omega-n\Omega) \tag{4-64}$$

傅里叶系数 F_n 和其频谱 $F(\mathrm{j}\omega)$ 分别如图 4-38(b)、(c)所示。

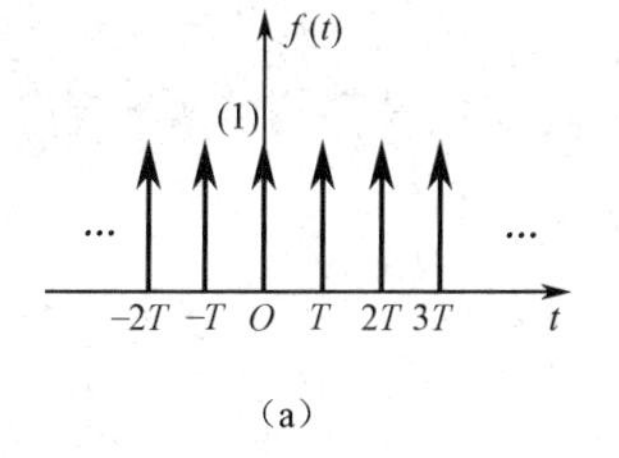

(a)

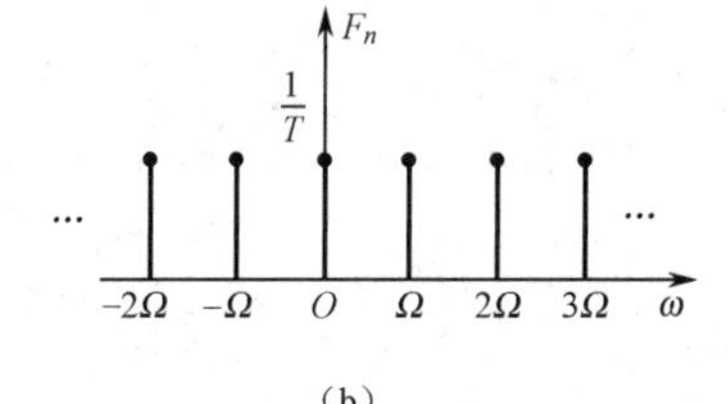

(b)

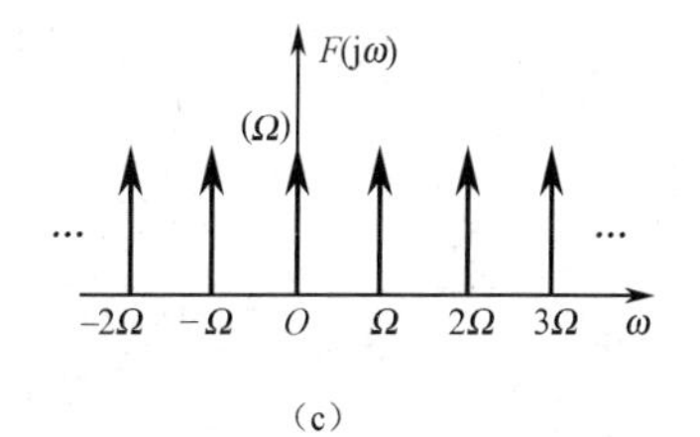

(c)

图 4-38　单位冲激序列及其傅里叶变换

从图中可以看出,在时域中,周期为 T 的单位冲激序列,其傅里叶变换也是周期冲激序列,频域周期为 Ω。

4.8.3 一般周期信号的傅里叶变换

对于一个周期为 T 的连续信号,记为 $f_T(t)$,其指数形式的傅里叶级数为

$$f_T(t)=\sum_{n=-\infty}^{\infty}F_n\mathrm{e}^{\mathrm{j}n\Omega t}$$

式中,$\Omega=\dfrac{2\pi}{T}$是基波角频率;F_n 是傅里叶系数。而

$$F_n=\frac{1}{T}\int_{-\frac{T}{2}}^{\frac{T}{2}}f(t)\mathrm{e}^{-\mathrm{j}n\Omega t}\mathrm{d}t$$

对上式两边取傅里叶变换,利用线性性质和频移特性,且考虑到 F_n 与时间 t 无关,可得

$$\mathscr{F}[f_T(t)]=\sum_{n=-\infty}^{\infty}F_n\mathscr{F}[\mathrm{e}^{\mathrm{j}n\Omega t}]=2\pi\sum_{n=-\infty}^{\infty}F_n\delta(\omega-n\Omega) \tag{4-65}$$

式(4-65)表明,一般周期信号的傅里叶变换(频谱密度函数)由无穷多个冲激函数组成,这些冲激函数位于信号的各谐波角频率 $n\Omega(n=0,\pm1,\pm2,\cdots)$处,其强度为相应傅里叶系数 F_n 的 2π 倍。

例题 4-13: 已知周期矩形脉冲信号如图 4-39 所示,求其傅里叶变换。

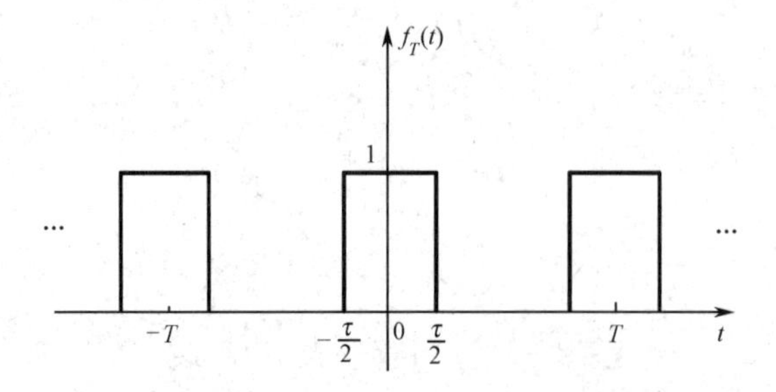

图 4-39 周期矩形脉冲信号

解:将周期矩形脉冲信号展开成指数形式的傅里叶级数,由式(4-21)知

$$F_n=\frac{\tau}{T}\mathrm{Sa}\left(\frac{n\Omega\tau}{2}\right) \tag{4-66}$$

将式(4-66)代入式(4-65),得其频谱为

$$\begin{aligned}F(\mathrm{j}\omega)&=\frac{2\pi\tau}{T}\sum_{n=-\infty}^{\infty}\mathrm{Sa}\left(\frac{n\Omega\tau}{2}\right)\delta(\omega-n\Omega)\\&=\sum_{n=-\infty}^{\infty}\frac{2}{n}\sin\left(\frac{n\Omega\tau}{2}\right)\delta(\omega-n\Omega)\end{aligned} \tag{4-67}$$

式中,$\Omega=\dfrac{2\pi}{T}$。

其傅里叶变换如图 4-40 所示(图中,$T=4\tau$)。

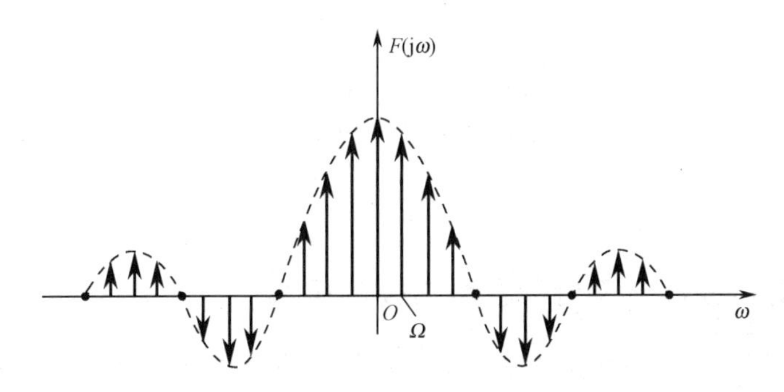

图 4-40　周期矩形脉冲信号的傅里叶变换

从图 4-40 可以看出，周期矩形脉冲信号的傅里叶变换 $F(\mathrm{j}\omega)$的图形和傅里叶系数 F_n 的图形(图 4-11)相似，但含义完全不同。因为对周期信号进行傅里叶变换时，得到的是频谱密度函数；而将周期函数展开为傅里叶级数时，得到的是傅里叶系数，它表示的是虚指数分量的幅度和相角。

还可以从另一个角度来求得周期信号的傅里叶变换，如图 4-41 所示。

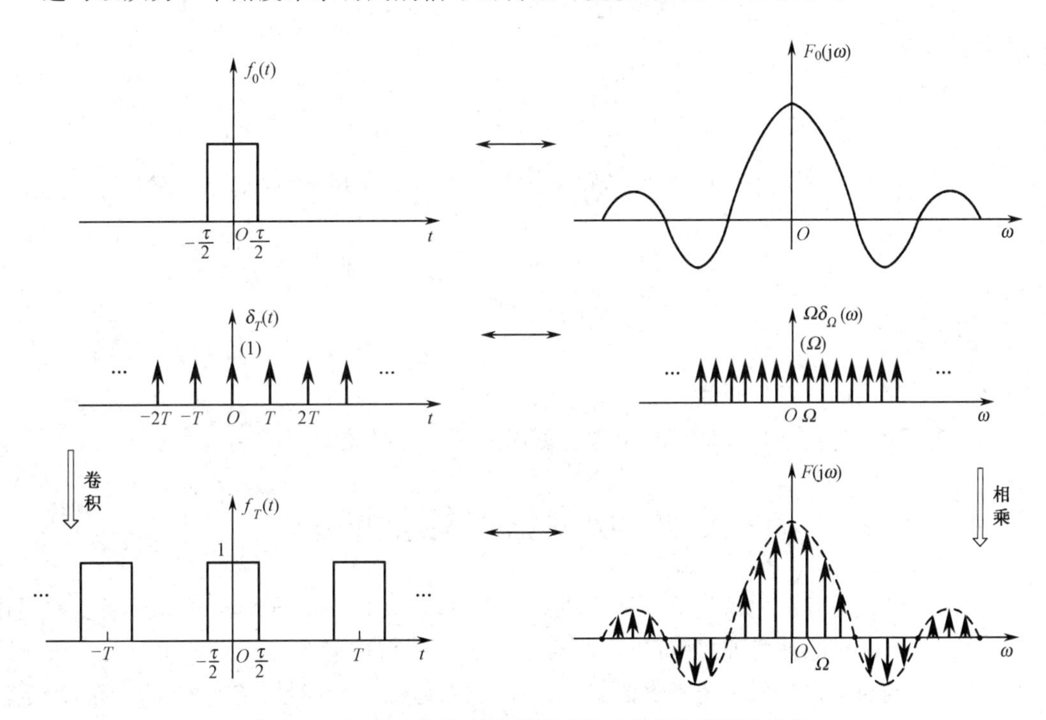

图 4-41　从另一角度求周期矩形脉冲信号的傅里叶变换

对于例题 4-13 来说，设 $f_0(t)$是周期信号的第一个单脉冲，则有

$$f_T(t)=f_0(t)*\delta_T(t)$$

设

$$f_0(t)\leftrightarrow F_0(\mathrm{j}\omega)$$

$$\delta_T(t)\leftrightarrow\Omega\sum_{n=-\infty}^{\infty}\delta(\omega-n\Omega)$$

利用时域卷积定理,得

$$F(\mathrm{j}\omega)=F_0(\mathrm{j}\omega)\cdot\Omega\sum_{n=-\infty}^{\infty}\delta(\omega-n\Omega)$$
$$=\Omega\sum_{n=-\infty}^{\infty}F_0(\mathrm{j}n\Omega)\delta(\omega-n\Omega)\tag{4-68}$$

4.8.4 傅里叶级数与傅里叶变换之间的关系

我们在推导非周期信号的傅里叶变换时,把非周期信号看成周期信号在 $T\rightarrow\infty$ 时的极限,因此周期信号 $f_T(t)$ 的傅里叶级数和非周期信号 $f(t)$ 的傅里叶变换之间有密切联系。

由式(4-65)、式(4-68)可知,同一个周期信号的两种求傅里叶变换的表达式为

$$f_T(t)\leftrightarrow 2\pi\sum_{n=-\infty}^{\infty}F_n\delta(\omega-n\Omega)$$
$$f_T(t)\leftarrow\Omega\sum_{n=-\infty}^{\infty}F_0(\mathrm{j}n\Omega)\delta(\omega-n\Omega)$$

由此可知,周期信号 $f_T(t)$ 的傅里叶系数 F_n 和其第一个周期的单脉冲信号频谱 $F_0(\mathrm{j}\omega)$ 的关系为

$$F_n=\frac{1}{T}F_0(\mathrm{j}n\Omega)=\frac{1}{T}F_0(\mathrm{j}\omega)\big|_{\omega=n\Omega}\tag{4-69}$$

式(4-69)表明,周期信号的傅里叶系数 F_n 等于 $F_0(\mathrm{j}\omega)$ 在频率 $n\Omega$ 处的值乘以 $\frac{1}{T}$。

又有

$$F_n=\frac{1}{T}\int_{-\frac{T}{2}}^{\frac{T}{2}}f(t)\mathrm{e}^{-\mathrm{j}n\Omega t}\mathrm{d}t=\frac{1}{T}\int_{-\frac{T}{2}}^{\frac{T}{2}}f_0(t)\mathrm{e}^{-\mathrm{j}n\Omega t}\mathrm{d}t$$
$$F_0(\mathrm{j}\omega)=\int_{-\infty}^{\infty}f_0(t)\mathrm{e}^{-\mathrm{j}\omega t}\mathrm{d}t=\int_{-\frac{T}{2}}^{\frac{T}{2}}f_0(t)\mathrm{e}^{-\mathrm{j}\omega t}\mathrm{d}t$$

比较以上两式也可以得到式(4-69)的结果。

因此,傅里叶变换中的许多性质、定理也可用于傅里叶级数。

4.9 功率谱与能量谱

频谱密度函数是频域中描述信号特征的方法之一,它反映了信号所含分量的幅度和相位随频率的分布情况。除此之外,还可以用能量谱或功率谱来描述信号。能量谱和功率谱是表示信号的能量或功率在频域中随频率的变化情况,它对研究信号能量(或功率)的分布,决定信号所占有的频带等问题都有重要的作用。

随机信号无法用确定的时间函数表示,也就不能用频谱表示。这时,往往用功率谱来描述它的频域特性。这里仅给出能量谱和功率谱的概念和初步知识。

4.9.1 能量谱

对于能量有限信号 $f(t)$,其能量为

$$E=\int_{-\infty}^{\infty}f^2(t)\mathrm{d}t\tag{4-70}$$

式(4-70)是借助时间函数来计算信号的能量的。现在分析信号能量与频谱函数 $F(\mathrm{j}\omega)$的关系。

根据傅里叶逆变换

$$f(t)=\frac{1}{2\pi}\int_{-\infty}^{\infty}F(\mathrm{j}\omega)\mathrm{e}^{\mathrm{j}\omega t}\mathrm{d}\omega$$

所以式(4-70)可以改写为

$$E=\int_{-\infty}^{\infty}f^2(t)\mathrm{d}t=\int_{-\infty}^{\infty}f(t)\left[\frac{1}{2\pi}\int_{-\infty}^{\infty}F(\mathrm{j}\omega)\mathrm{e}^{\mathrm{j}\omega t}\mathrm{d}\omega\right]\mathrm{d}t$$

交换积分次序，得

$$\begin{aligned}E&=\frac{1}{2\pi}\int_{-\infty}^{\infty}F(\mathrm{j}\omega)\left[\int_{-\infty}^{\infty}f(t)\mathrm{e}^{\mathrm{j}\omega t}\mathrm{d}t\right]\mathrm{d}\omega\\&=\frac{1}{2\pi}\int_{-\infty}^{\infty}F(\mathrm{j}\omega)F(-\mathrm{j}\omega)\mathrm{d}\omega\end{aligned}$$

若 $f(t)$为实函数，则有

$$F(-\mathrm{j}\omega)=F^*(\mathrm{j}\omega)$$

所以，上式积分号内的

$$F(\mathrm{j}\omega)F(-\mathrm{j}\omega)=F(\mathrm{j}\omega)F^*(\mathrm{j}\omega)=|F(\mathrm{j}\omega)|^2$$

由此得

$$E=\int_{-\infty}^{\infty}f^2(t)\mathrm{d}t=\frac{1}{2\pi}\int_{-\infty}^{\infty}|F(\mathrm{j}\omega)|^2\mathrm{d}\omega \tag{4-71}$$

式(4-71)也称为帕塞瓦尔方程或能量定理。

该定理说明信号 $f(t)$ 的能量在时域和频域之间是守恒的，即时域中定义的能量 $\int_{-\infty}^{\infty}f^2(t)\mathrm{d}t$ 与频域中定义的能量$\frac{1}{2\pi}\int_{-\infty}^{\infty}|F(\mathrm{j}\omega)|^2\mathrm{d}\omega$ 是相等的。信号经过傅里叶变换后，其总能量保持不变。

由于式(4-71)中的$|F(\mathrm{j}\omega)|^2$ 表明了信号能量在频域中的分布情况，所以称$|F(\mathrm{j}\omega)|^2$ 为能量谱密度，简称能量谱，它表示单位带宽内的能量，通常记作 $W(\omega)$。即

$$W(\omega)=|F(\mathrm{j}\omega)|^2 \tag{4-72}$$

因此，信号的能量又可以表示为

$$E=\frac{1}{2\pi}\int_{-\infty}^{\infty}W(\omega)\mathrm{d}\omega=\int_{-\infty}^{\infty}W(f)\mathrm{d}f \tag{4-73}$$

信号的能量谱 $W(\omega)$是 ω 的实偶函数，它只取决于频谱函数的模量，而与相位无关。能量谱 $W(\omega)$是单位频谱的信号能量，其单位是焦耳·秒(J·s)。

例题 4-14：求图 4-42(a)所示矩形脉冲的能量谱。

解：$f(t)$的频谱，如图 4-42(b)所示。

$$F(\mathrm{j}\omega)=\tau\mathrm{Sa}\left(\frac{\omega\tau}{2}\right)$$

能量谱为

$$W(\omega)=|F(\mathrm{j}\omega)|^2=\tau^2\mathrm{Sa}^2\left(\frac{\omega\tau}{2}\right)$$

能量谱如图4-42(c)所示。

可以看出,信号的能量主要集中在低频段。

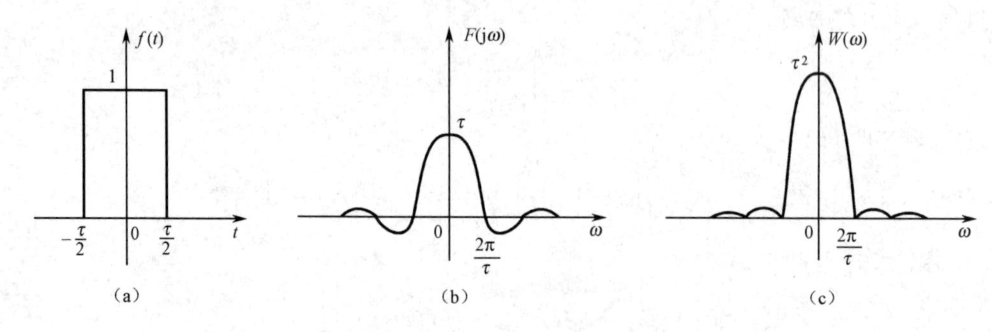

图4-42　例题4-14的图

4.9.2　功率谱

功率有限信号的平均功率为

$$P=\lim_{T\to\infty}\frac{1}{T}\int_{-T/2}^{T/2}f^2(t)\mathrm{d}t \tag{4-74}$$

式中,T是指从$f(t)$中任取的一段时间,而并不是指周期。

由于功率有限信号的能量趋于无穷大,即$\int_{-\infty}^{\infty}f^2(t)\mathrm{d}t\to\infty$,从$f(t)$中截取$|t|\leqslant\frac{T}{2}$的一段,可得到一个截短函数$f_T(t)$,它可以表示为

$$f_T(t)=\begin{cases}f(t), & |t|<T/2\\0, & |t|>T/2\end{cases}$$

若T是有限值,则$f_T(t)$的能量也是有限的。令

$$\mathscr{F}[f_T(t)]=F_T(\mathrm{j}\omega)$$

则$f_T(t)$的能量E_T可表示为

$$E_T=\int_{-\infty}^{\infty}f_T^2(t)\mathrm{d}t=\frac{1}{2\pi}\int_{-\infty}^{\infty}|F_T(\mathrm{j}\omega)|^2\mathrm{d}\omega \tag{4-75}$$

由于

$$\int_{-\infty}^{\infty}f_T^2(t)\mathrm{d}t=\int_{-\frac{T}{2}}^{\frac{T}{2}}f^2(t)\mathrm{d}t$$

所以,$f(t)$的平均功率为

$$P=\lim_{T\to\infty}\frac{1}{T}\int_{-\frac{T}{2}}^{\frac{T}{2}}f^2(t)\mathrm{d}t=\frac{1}{2\pi}\int_{-\infty}^{\infty}\lim_{T\to\infty}\frac{|F_T(\mathrm{j}\omega)|^2}{T}\mathrm{d}\omega \tag{4-76}$$

当T增加时,$f_T(t)$的能量增加,$|F_T(\mathrm{j}\omega)|^2$也增加;当$T\to\infty$,$f_T(t)\to f(t)$,此时$\frac{F_T(\mathrm{j}\omega)}{T}$可能趋向于一极限,假设此极限存在,将它定义为$f(t)$的功率密度函数,简称功率谱,用$S(\omega)$表示。即

$$S(\omega)=\lim_{T\to\infty}\frac{|F_T(\mathrm{j}\omega)|^2}{T} \tag{4-77}$$

则信号的平均功率为

$$P=\frac{1}{2\pi}\int_{-\infty}^{\infty}S(\omega)\mathrm{d}\omega$$

功率谱 $S(\omega)$ 是 ω 的偶函数，它表示单位频带内信号功率随频率变化的情况。它只取决于频谱函数 $F_T(\mathrm{j}\omega)$ 的模量，而与相位无关。$S(\omega)$ 的单位是瓦·秒(W·s)。

4.10　LTI 连续时间系统的频域分析

频域分析也称为傅里叶分析，是指把系统的激励与响应的关系应用傅里叶变换从时域转换到频域，从处理时间变量 t 转为处理频率变量 ω，从解系统的微分方程转为解 ω 的代数方程，通过响应的频谱函数来研究系统的性能。

时域分析和频域分析是以不同的观点对 LTI 连续时间系统(简称为 LTI 连续系统)进行分析的两种方法。时域分析法是在时间域内进行的，它可以比较直观地得出系统响应的波形，而且便于进行数值计算；频域分析是在频域内进行的，它也是分析和处理信号的有效工具。

4.10.1　频率响应

设 LTI 连续系统的冲激响应为 $h(t)$，则当激励为 $f(t)$ 时，其零状态响应为

$$y_{zs}(t)=f(t)*h(t) \tag{4-78}$$

对式(4-78)两端取傅里叶变换，应用时域卷积定理，得

$$Y(\mathrm{j}\omega)=F(\mathrm{j}\omega)H(\mathrm{j}\omega) \tag{4-79}$$

或

$$H(\mathrm{j}\omega)=\frac{Y(\mathrm{j}\omega)}{F(\mathrm{j}\omega)} \tag{4-80}$$

$H(\mathrm{j}\omega)$ 称为系统的频率响应或系统函数。

$h(t)$、$f(t)$ 与 $y_{zs}(t)$ 之间的关系如图 4-43 所示。

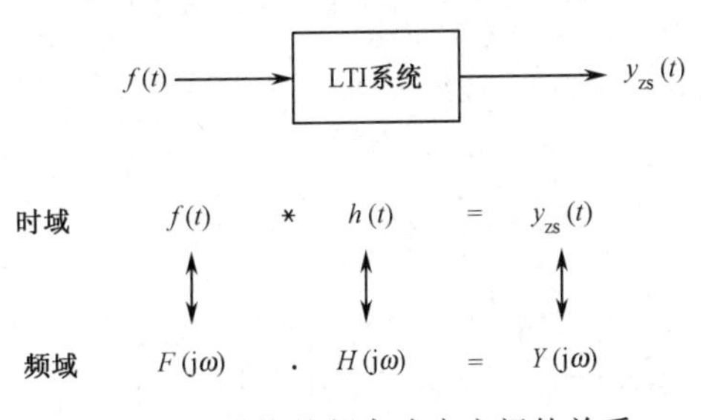

图 4-43　系统的频率响应之间的关系

式(4-79)表明，LTI 连续系统对于某一频率为 ω 的信号所产生的响应是由其频率响应 $H(\mathrm{j}\omega)$ 的特性所决定的。它控制着输入信号每一频率分量的复振幅的变化。因此，LTI 连续系统的作用也可以理解为按其频率响应 $H(\mathrm{j}\omega)$ 特性，改变输入信号各频率分量的幅度大小和相位特性。$H(\mathrm{j}\omega)$ 是在频域中表征 LTI 连续系统的一种重要形式。

冲激响应 $h(t)$ 反映了连续系统的时域特性，而频率响应 $H(\mathrm{j}\omega)$ 反映了连续系统的频域特性。二者的关系为

$$h(t)\leftrightarrow H(\mathrm{j}\omega) \tag{4-81}$$

$H(\mathrm{j}\omega)$是频率(角频率)的复函数,可写为

$$H(\mathrm{j}\omega)=|H(\mathrm{j}\omega)|\cdot \mathrm{e}^{\mathrm{j}\varphi(\omega)} \tag{4-82}$$

其中,$|H(\mathrm{j}\omega)|$叫作幅频特性,$\varphi(\omega)$叫作相频特性。

当系统的激励为无时限虚指数信号 $f(t)=\mathrm{e}^{\mathrm{j}\omega t}(-\infty<t<\infty)$时,系统的零状态响应由时域卷积积分可求得:

$$\begin{aligned} y(t)&=h(t)*f(t)=\int_{-\infty}^{\infty}\mathrm{e}^{\mathrm{j}\omega(t-\tau)}h(\tau)\mathrm{d}\tau \\ &=\mathrm{e}^{\mathrm{j}\omega t}\int_{-\infty}^{\infty}h(\tau)\mathrm{e}^{-\mathrm{j}\omega\tau}\mathrm{d}\tau \\ &=\mathrm{e}^{\mathrm{j}\omega t}H(\mathrm{j}\omega) \end{aligned} \tag{4-83}$$

上式表明,当一个无时限虚指数信号作用于线性系统时,其输出的零状态响应仍为同频率的虚指数信号。不同的是,响应比激励多乘一个与时间 t 无关的系统函数 $H(\mathrm{j}\omega)$。

式(4-83)中的 $y(t)$即 $y_{zs}(t)$。在频域分析中,信号的定义域为$(-\infty,\infty)$,而在 $t=-\infty$ 时总可认为系统的状态为零。因此,在接下来的频域分析中,如果没有特别说明,响应仅指零状态响应。

根据式(4-83),可以更深刻地理解傅里叶变换分析法的物理意义,它实质上就是把信号分解为无穷多个不同频率的虚指数信号之和。即

$$f(t)=\frac{1}{2\pi}\int_{-\infty}^{\infty}F(\mathrm{j}\omega)\mathrm{e}^{\mathrm{j}\omega t}\mathrm{d}\omega=\int_{-\infty}^{\infty}\left\{\left[\frac{F(\mathrm{j}\omega)\mathrm{d}\omega}{2\pi}\right]\cdot \mathrm{e}^{\mathrm{j}\omega t}\right\}$$

其中,频率为 ω 的分量为$\frac{F(\mathrm{j}\omega)\mathrm{d}\omega}{2\pi}\mathrm{e}^{\mathrm{j}\omega t}$。由式(4-83)知,这个分量对应的响应为$\left[\frac{F(\mathrm{j}\omega)\mathrm{d}\omega}{2\pi}\right]\mathrm{e}^{\mathrm{j}\omega t}\cdot H(\mathrm{j}\omega)$。当把无穷多个响应分量叠加起来,便得到了总响应。即

$$\begin{aligned} y(t)&=\int_{-\infty}^{\infty}\left\{\left[\frac{F(\mathrm{j}\omega)\mathrm{d}\omega}{2\pi}\right]H(\mathrm{j}\omega)\cdot \mathrm{e}^{\mathrm{j}\omega t}\right\} \\ &=\int_{-\infty}^{\infty}\left\{\left[\frac{Y(\mathrm{j}\omega)\mathrm{d}\omega}{2\pi}\right]\cdot \mathrm{e}^{\mathrm{j}\omega t}\right\} \\ &=\frac{1}{2\pi}\int_{-\infty}^{\infty}Y(\mathrm{j}\omega)\mathrm{e}^{\mathrm{j}\omega t}\mathrm{d}\omega \end{aligned}$$

可以看出,系统的频域分析法与时域分析法存在相似之处。

在时域分析法中,把信号分解为无穷多个冲激信号之和,即把 $\delta(t)$作为单元信号,然后求取各单元信号作用于系统的响应,再进行叠加。

而在频域分析法中,则是把信号分解为无穷多个无时限虚指数信号之和,即把 $\mathrm{e}^{\mathrm{j}\omega t}$ 作为单元信号,然后求取各个单元信号作用于系统的响应,再进行叠加。

因此,这两种分析方法仅仅是采用的单元信号不同。

由 $H(\mathrm{j}\omega)=|H(\mathrm{j}\omega)|\cdot \mathrm{e}^{\mathrm{j}\varphi(\omega)}$ 可知,若 $f(t)=\mathrm{e}^{\mathrm{j}\omega_0 t}$

根据式(4-83),有

$$y(t)=\mathrm{e}^{\mathrm{j}\omega_0 t}H(\mathrm{j}\omega_0)=|H(\mathrm{j}\omega_0)|\cdot \mathrm{e}^{\mathrm{j}[\omega_0 t+\varphi(\omega_0)]} \tag{4-84}$$

式(4-84)表明，当一个无时限虚指数信号 $e^{j\omega_0 t}$ 作用于线性系统时，其零状态响应仍为同频率的虚指数信号，其幅频扩大为原来的 $|H(\omega_0)|$ 倍，相位增加了 $\varphi(\omega_0)$。

4.10.2　LTI 连续时间系统频率响应的计算

这里主要研究两种类型频率响应的计算，一种是已知 LTI 连续系统的微分方程，采用傅里叶变换的微分性质，把微分方程变为代数方程，再由定义求出其频率响应；另一种是已知 LTI 连续系统的电路模型，采用类似正弦稳态电路分析的方法，先把电路元件换成以频率 $j\omega$ 为变量的等效阻抗，然后利用电路的基尔霍夫定律，求出输出和输入信号傅里叶变换的关系式，再用定义求得其频率响应。

下面通过具体的实例来说明 LTI 连续时间系统频率响应的求法。

例题 4-15：已知某 LTI 连续系统由下列微分方程描述：

$$y''(t)+3y'(t)+2y(t)=f(t)$$

求该系统对激励 $f(t)=e^{-3t}u(t)$ 的响应。

解：设 $f(t)$、$y(t)$ 的傅里叶变换分别为

$$f(t)\leftrightarrow F(j\omega),\quad y(t)\leftrightarrow Y(j\omega)$$

对微分方程两边同时取其傅里叶变换，得

$$(j\omega)^2Y(j\omega)+3(j\omega)Y(j\omega)+2Y(j\omega)=F(j\omega)$$

所以，频率响应 $H(j\omega)$ 为

$$H(j\omega)=\frac{Y(j\omega)}{F(j\omega)}=\frac{1}{(j\omega)^2+3(j\omega)+2}$$

而 $f(t)=e^{-3t}u(t)$，其频谱为

$$F(j\omega)=\frac{1}{j\omega+3}$$

所以有

$$\begin{aligned}Y(j\omega)&=H(j\omega)F(j\omega)\\&=\frac{1}{(j\omega+1)(j\omega+2)(j\omega+3)}\\&=\frac{\frac{1}{2}}{j\omega+1}+\frac{-1}{j\omega+2}+\frac{\frac{1}{2}}{j\omega+3}\end{aligned}$$

对上式求其傅里叶逆变换，得

$$y(t)=\left[\frac{1}{2}e^{-t}-e^{-2t}+\frac{1}{2}e^{-3t}\right]u(t)$$

例题 4-16：已知如图 4-44 所示的电路，若激励电压源 $f(t)=u(t)$，求电容两端电压 $v_C(t)$ 的零状态响应。

解：由于系统的频率响应函数为

$$H(j\omega)=\frac{V_C(j\omega)}{F(j\omega)}=\frac{\frac{1}{j\omega C}}{R+\frac{1}{j\omega C}}=\frac{1}{j\omega+1}$$

激励 $f(t)=u(t)$ 的傅里叶变换为

$$F(\mathrm{j}\omega)=\pi\delta(\omega)+\frac{1}{\mathrm{j}\omega}$$

所以有

$$\begin{aligned}V_{\mathrm{C}}(\mathrm{j}\omega)&=H(\mathrm{j}\omega)F(\mathrm{j}\omega)\\&=\frac{1}{\mathrm{j}\omega+1}\left[\pi\delta(\omega)+\frac{1}{\mathrm{j}\omega}\right]\\&=\pi\delta(\omega)+\frac{1}{\mathrm{j}\omega}-\frac{1}{\mathrm{j}\omega+1}\end{aligned}$$

因此

$$\begin{aligned}v_{\mathrm{C}}(t)&=\frac{1}{2}+\frac{1}{2}\mathrm{sgn}(t)-\mathrm{e}^{-t}u(t)\\&=(1-\mathrm{e}^{-t})u(t)\end{aligned}$$

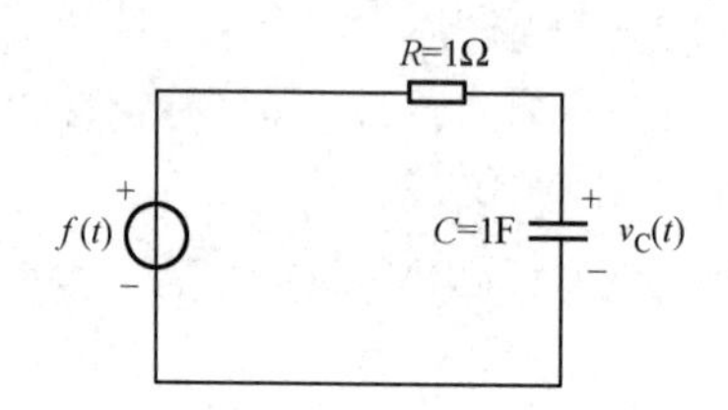

图 4-44　例题 4-16 的图

例题 4-17：如图 4-45(a)所示的系统，系统中的带通滤波器的频率响应如图 4-45(b)所示，其相频特性$\varphi(\omega)=0$，若输入为

$$f(t)=\frac{\sin(2\pi t)}{2\pi t},\quad s(t)=\cos(1000t)$$

求输出信号 $y(t)$。

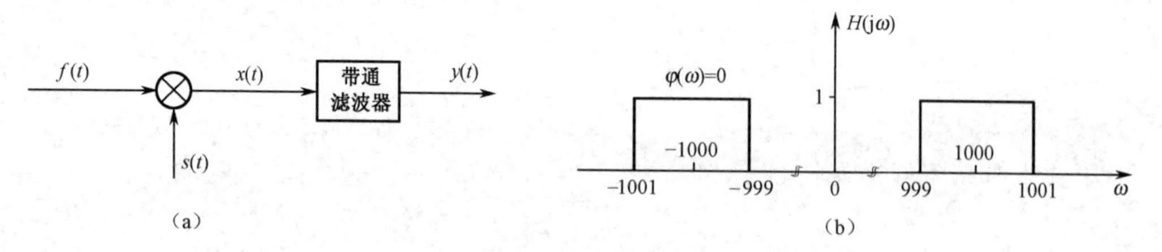

图 4-45　例题 4-17 的图

解：设乘法器的输出为 $x(t)$，则有

$$Y(\mathrm{j}\omega)=H(\mathrm{j}\omega)X(\mathrm{j}\omega) \tag{4-85}$$

只要求出 $X(\mathrm{j}\omega)$即可求出 $Y(\mathrm{j}\omega)$，再进行傅里叶逆变换，即可求出 $y(t)$。

因为

$$x(t)=f(t)s(t) \tag{4-86}$$

根据频域卷积定理，所以有

$$X(\mathrm{j}\omega)=\frac{1}{2\pi}F(\mathrm{j}\omega)*S(\mathrm{j}\omega) \tag{4-87}$$

利用对称性，可以求得

$$F(\mathrm{j}\omega)=\frac{1}{2}g_{4\pi}(\omega)$$

而

$$S(\mathrm{j}\omega)=\pi[\delta(\omega-1000)+\delta(\omega+1000)]$$

因此有

$$\begin{aligned}X(\mathrm{j}\omega)&=\frac{1}{2\pi}F(\mathrm{j}\omega)*S(\mathrm{j}\omega)\\&=\frac{1}{4}g_{4\pi}(\omega)*[\delta(\omega-1000)+\delta(\omega+1000)]\\&=\frac{1}{4}[g_{4\pi}(\omega-1000)+g_{4\pi}(\omega+1000)]\end{aligned}$$

由图 4-45(b)可知

$$H(\mathrm{j}\omega)=g_2(\omega-1000)+g_2(\omega+1000)$$

因此，系统输出的频谱为

$$\begin{aligned}Y(\mathrm{j}\omega)&=X(\mathrm{j}\omega)H(\mathrm{j}\omega)\\&=\frac{1}{4}[g_{4\pi}(\omega-1000)+g_{4\pi}(\omega+1000)]\cdot[g_2(\omega-1000)+g_2(\omega+1000)]\\&=\frac{1}{4}[g_2(\omega-1000)+g_2(\omega+1000)]\end{aligned}$$

利用$\frac{1}{\pi}\mathrm{Sa}(t)\leftrightarrow g_2(\omega)$和频移特性，可得该系统的输出为

$$y(t)=\frac{1}{4\pi}\mathrm{Sa}(t)[\mathrm{e}^{\mathrm{j}1000t}+\mathrm{e}^{-\mathrm{j}1000t}]=\frac{1}{2\pi}\mathrm{Sa}(t)\cos1000t$$

例题 4-18：某 LTI 连续系统的单位冲激响应为 $h(t)=2\mathrm{e}^{-2t}u(t)$，已知系统的激励信号为 $f(t)=2+3\cos(2t-45°)$，求其零状态响应 $y(t)$。

解：由题意得

$$H(\mathrm{j}\omega)=\frac{2}{\mathrm{j}\omega+2}=\frac{2}{\sqrt{\omega^2+2^2}}\cdot\mathrm{e}^{-\mathrm{j}\arctan\left(\frac{\omega}{2}\right)}$$

当激励信号为 $f_1(t)=2$ 时，对应的零状态响应为

$$y_1(t)=2H(0)=2$$

当激励信号为 $f_2(t)=3\cos(2t-45°)$时，对应的零状态响应为

$$\begin{aligned}y_2(t)&=3\left|H(\mathrm{j}\omega)\right|_{\omega=2}\cdot\cos[2t-45°+\varphi(\omega)|_{\omega=2}]\\&=\frac{3\sqrt{2}}{2}\cos(2t-90°)=\frac{3\sqrt{2}}{2}\sin(2t)\end{aligned}$$

因此，

$$y(t)=y_1(t)+y_2(t)=2+\frac{3\sqrt{2}}{2}\sin(2t)$$

4.11 信号的传输与滤波

系统对于信号的作用大致分为两类:一类是传输,另一类是滤波。其中传输时要求信号尽可能不失真,但滤波时则要求滤除或削弱不希望有的频率分量,也就是有条件地产生失真。

4.11.1 无失真传输

一个给定的LTI连续系统,在激励 $f(t)$ 的驱动下产生输出 $y(t)$。LTI连续系统的这种功能,在时域和频域中分别表示为

$$y(t)=h(t)*f(t)$$

$$Y(j\omega)=H(j\omega)F(j\omega)$$

也就是说,信号通过该系统之后,将会改变原来的形状,成为新的波形。从频率来讲,就是系统改变了原有信号的频谱结构,成为新的频谱。显然,波形的改变或者频谱的改变,取决于系统的单位冲激响应 $h(t)$ 或系统函数 $H(j\omega)$。

线性系统的失真有两种类型:一种是幅度失真,即系统对信号中各频率分量的幅度产生不同程度的衰减,使各频率分量幅度的相对比例发生变化;另一种是相位失真,即系统对各频率分量产生的相移不与频率成正比,使得各频率分量在时间轴上的相对位置产生变化。

由于幅度失真和相位失真都不会产生新的频率分量,所以称它们为线性失真。在非线性系统中,由于在传输过程中可能会产生新的频率分量,所以又称这种失真为非线性失真。

所谓信号无失真传输,是指系统的输出信号和输入信号相比,只是幅度的大小和出现时间的先后不同,而无波形上的变化。

设输入信号 $f(t)$ 的输出为 $y(t)$,则无失真传输的条件是

$$y(t)=Kf(t-t_d) \tag{4-88}$$

式中,K、t_d 均为常数。

当满足式(4-88)的条件时,$y(t)$ 的波形与 $f(t)$ 的波形形状相同,只是幅度有 K 倍的变化,并且在时间上滞后了 t_d。

设 $y(t)$ 的频谱函数为 $Y(j\omega)$,$f(t)$ 的频谱函数为 $F(j\omega)$,对式(4-88)两边取傅里叶变换,则有

$$Y(j\omega)=K\mathrm{e}^{-j\omega t_d}F(j\omega)$$

因此,无失真传输时,系统的频率响应满足

$$H(j\omega)=K\mathrm{e}^{-j\omega t_d} \tag{4-89}$$

其幅频特性和相频特性分别为

$$\begin{cases}|H(j\omega)|=K\\ \varphi(\omega)=-\omega t_d\end{cases} \tag{4-90}$$

显然,要想使信号通过线性系统后不产生失真,则要求在整个频带内系统的幅频特性是一常数,而相频特性是一条通过原点的直线。无失真传输的幅频和相频特性如图4-46所示。

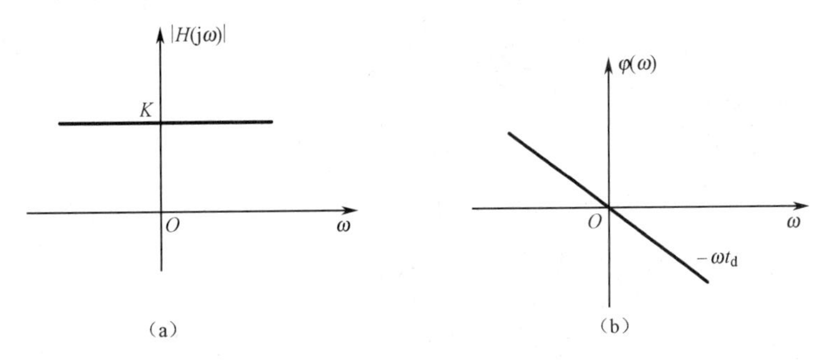

图 4-46　无失真传输的幅频和相频特性

可以看出，信号通过系统的延迟时间 t_d 为系统相频特性 $\varphi(\omega)$ 斜率的负值，即

$$t_d=-\frac{d\varphi(\omega)}{d\omega} \tag{4-91}$$

若 $t_d=0$，即信号的延迟时间为 0，则相频特性为一条斜率为 0 的直线，即横坐标轴，此时系统对任何频率的信号都不产生相移，这种系统称为即时系统。由纯电阻元件组成的系统就属于即时系统。

对式(4-89)求傅里叶逆变换，得

$$h(t)=K\delta(t-t_d) \tag{4-92}$$

式(4-92)表明，无失真传输系统的冲激响应也是冲激函数，它只是输入冲激函数的 K 倍并延时了 t_d 时间。

式(4-89)为信号无失真传输的理想条件，在实际中不可能实现。实际系统只要具有足够大的频宽，以保证含绝大多数能量的频率分量能通过，就可以获得比较满意的无失真传输。因此，只要系统的频率响应的相移特性在一定范围内为一条直线即可。无失真传输在通信技术中具有重要的意义。

例题 4-19：如图 4-47 所示电路中，已知电路的输出电压 $u_2(t)$ 对输入电流 $i_s(t)$ 的频率响应为 $H(j\omega)=\frac{U_2(j\omega)}{I_S(j\omega)}$，为了能无失真地传输，试确定电阻 R_1、R_2 的值。

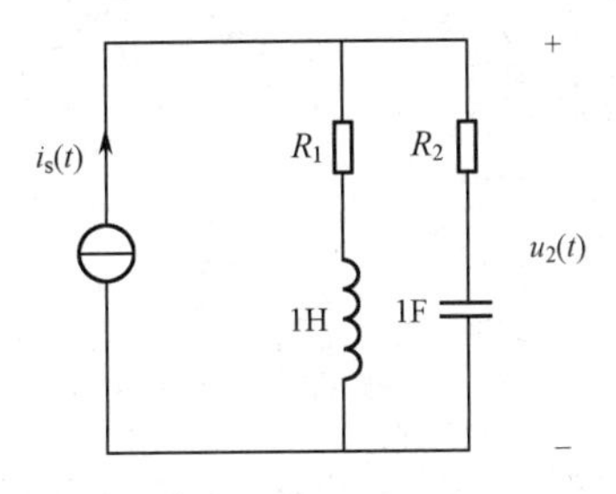

图 4-47　例题 4-19 的图

解：利用阻抗的串、并联关系，得到该系统的频率响应为

$$H(j\omega)=\frac{U_2(j\omega)}{I_s(j\omega)}=\frac{(R_1+j\omega L)\left(R_2+\frac{1}{j\omega C}\right)}{R_1+j\omega L+R_2+\frac{1}{j\omega C}}$$

$$=\frac{R_2(\mathrm{j}\omega)^2+(1+R_1R_2)(\mathrm{j}\omega)+R_1}{(\mathrm{j}\omega)^2+(R_1+R_2)\mathrm{j}\omega+1}$$

若该电路为一个无失真传输系统,则 $H(\mathrm{j}\omega)$应满足

$$\begin{cases}|H(\mathrm{j}\omega)|=K\\ \varphi(\omega)=-\omega t_{\mathrm{d}}\end{cases}$$

则必有

$$\frac{R_2}{1}=\frac{1+R_1R_2}{R_1+R_2}=\frac{R_1}{1}$$

解得

$$R_1=R_2=1\Omega$$

4.11.2 信号的滤波与理想滤波器

LTI 连续系统频率响应的另一个重要特性在于建立信号的滤波和滤波器的概念。在信号处理中,一个常用的方法是改变一个信号中各频率分量的大小,这种方法称为信号的滤波,实现滤波功能的系统就叫作滤波器。

“理想滤波器”就是将滤波器的某些特性理想化而定义的滤波网络。理想滤波器按不同的实际需要,可分为低通滤波器(LPF)、高通滤波器(HPF)、带通滤波器(BPF)、带阻滤波器(BSF)等。本节主要讨论具有矩形频谱特性和线性相移特性的理想低通滤波器。

1. 理想低通滤波器及其频率特性

具有图 4-48 所示幅频、相频特性的系统叫作理想低通滤波器。即有

$$H(\mathrm{j}\omega)=\begin{cases}\mathrm{e}^{-\mathrm{j}\omega t_0}, & |\omega|<\omega_{\mathrm{c}}\\ 0, & |\omega|>\omega_{\mathrm{c}}\end{cases} \tag{4-93}$$

式中,ω_{c} 叫作低通滤波器的截止频率。

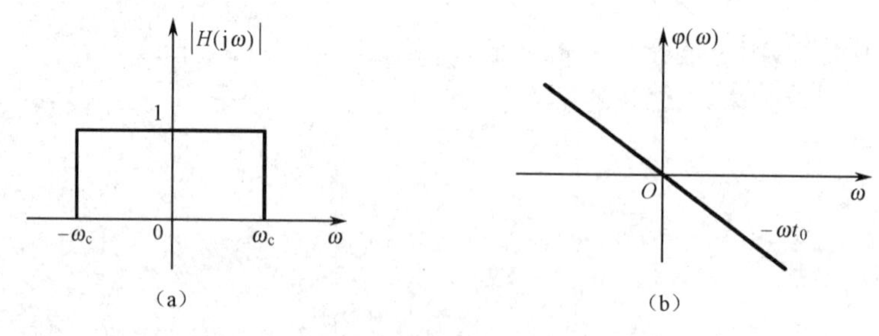

图 4-48 理想低通滤波器的幅频、相频特性

$|\omega|<\omega_{\mathrm{c}}$ 的频率范围叫作滤波器的通带;$|\omega|>\omega_{\mathrm{c}}$ 的频率范围叫作阻带。只有在通带内理想低通滤波器才满足无失真传输条件。

可以看出,理想的低通滤波器能对低于某一角频率 ω_{c} 的信号无失真地进行传送,而阻止角频率高于 ω_{c} 的信号通过。它可看成是在频域中宽度为 $2\omega_{\mathrm{c}}$ 的门函数,即

$$H(\mathrm{j}\omega)=\mathrm{e}^{-\mathrm{j}\omega t_0}\cdot g_{2\omega_{\mathrm{c}}}(\omega) \tag{4-94}$$

2．理想低通滤波器的冲激响应

对式(4-93)求傅里叶逆变换，就可得到理想低通滤波器的冲激响应，即

$$h(t)=\mathscr{F}^{-1}[H(\mathrm{j}\omega)]=\frac{1}{2\pi}\int_{-\omega_c}^{\omega_c}\mathrm{e}^{-\mathrm{j}\omega t_0}\cdot\mathrm{e}^{\mathrm{j}\omega t}\mathrm{d}\omega$$

$$=\frac{\omega_c}{\pi}\mathrm{Sa}[\omega_c(t-t_0)] \tag{4-95}$$

其波形如图 4-49(b)所示，冲激响应是一个峰值位于 t_0 时刻的抽样函数。

对于理想低通滤波器，其冲激响应 $h(t)$的波形不同于激励信号 $\delta(t)$(如图 4-49(a)所示)的波形，产生了严重的失真。这是因为理想低通滤波器是通频带有限系统，而冲激函数 $\delta(t)$的频带宽度是无限宽的，经过理想低通滤波器的处理，它必然会对信号波形产生影响。

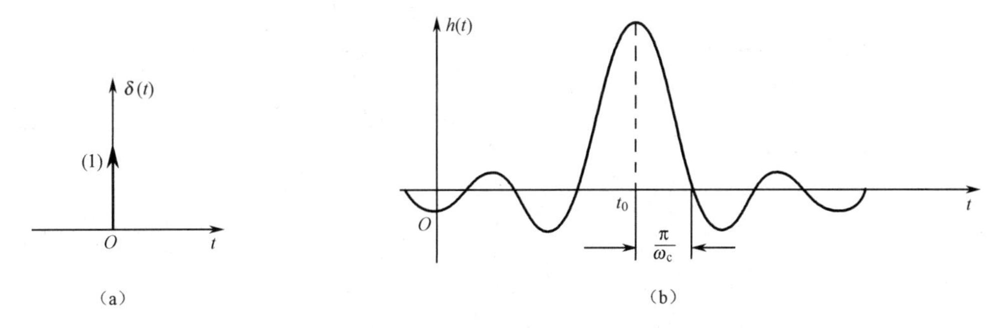

图 4-49　理想低通滤波器的冲激响应

从图 4-49 的波形图上可以看出：

(1) $\delta(t)$在 $t=0$ 时刻作用于系统，而系统响应 $h(t)$在 $t=t_0$ 时刻才达到最大峰值，这说明系统有延时作用。

(2) $h(t)$的波形比 $\delta(t)$的波形展宽了很多，这表示 $\delta(t)$的高频分量被滤波器衰减掉了；

(3) 当 $t<0$ 时，有 $h(t)\neq 0$，因此理想低通滤波器是个非因果系统，是一个物理上不可实现的系统。实际上，只要滤波器的特性能够接近理想滤波器的特性即可。

3．理想低通滤波器的阶跃响应

设理想低通滤波器的阶跃响应为 $g(t)$，根据 $g(t)$与 $h(t)$的关系，则有

$$g(t)=\int_{-\infty}^{t}h(x)\mathrm{d}x$$

将式(4-95)代入上式，得

$$g(t)=\int_{-\infty}^{t}h(x)\mathrm{d}x=\int_{-\infty}^{t}\frac{\omega_c}{\pi}\mathrm{Sa}[\omega_c(x-t_0)]\mathrm{d}x \tag{4-96}$$

令 $\omega_c(x-t_0)=\tau$，则 $\mathrm{d}x=\dfrac{\mathrm{d}\tau}{\omega_c}$，式(4-96)可写成

$$g(t)=\frac{1}{\pi}\int_{-\infty}^{\omega_c(t-t_0)}\mathrm{Sa}(\tau)\mathrm{d}\tau=\frac{1}{\pi}\int_{-\infty}^{0}\mathrm{Sa}(\tau)\mathrm{d}\tau+\frac{1}{\pi}\int_{0}^{\omega_c(t-t_0)}\mathrm{Sa}(\tau)\mathrm{d}\tau \tag{4-97}$$

在式(4-97)中，第一项的值为

$$\int_{-\infty}^{0} \mathrm{Sa}(\tau)\mathrm{d}\tau = \frac{\pi}{2}$$

第二项中对抽样函数 $\mathrm{Sa}(\tau)$的积分叫作“正弦积分”，用符号 $\mathrm{Si}(y)$表示，其定义为

$$\mathrm{Si}(y) = \int_{0}^{y} \mathrm{Sa}(\tau)\mathrm{d}\tau$$

因此，式(4-97)变为

$$g(t) = \frac{1}{2} + \frac{1}{\pi}\mathrm{Si}[\omega_c(t-t_0)] \tag{4-98}$$

其波形图如图 4-50(b)所示。

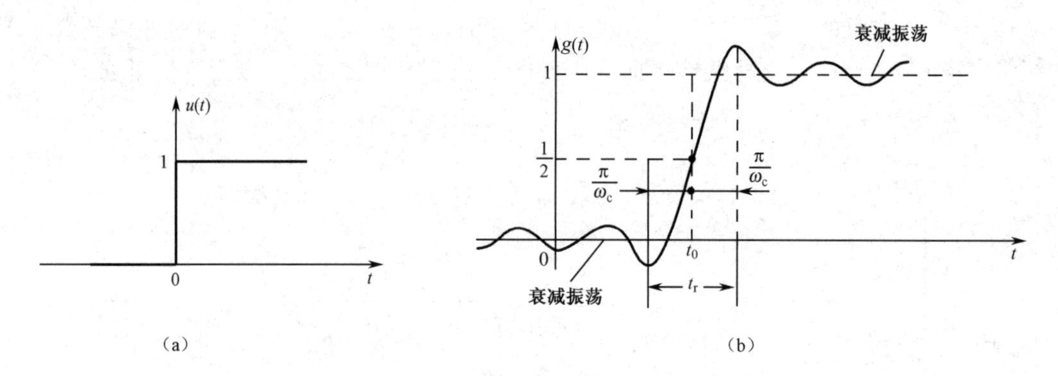

图 4-50　理想低通滤波器的阶跃响应

从图 4-50 中可以看出，阶跃响应不像阶跃信号那样陡直，而是逐渐上升的。响应上升的时间取决于滤波器的截止频率 ω_c，ω_c 越高，上升越快。

滤波器的上升时间 t_r 定义为响应从最小值上升到最大值所需要的时间，其表达式为

$$t_r = 2\frac{\pi}{\omega_c} = \frac{1}{f_c} \tag{4-99}$$

由于阶跃响应在 $t<0$ 时也存在，所以它也反映了理想低通滤波器的非因果性和不可实现性。

虽然理想低通滤波器在物理上是不可实现的，但可以构建一些传输特性接近于理想特性的电路，如图 4-51 所示的由 R、L、C 组成的二阶电路即是一个二阶低通滤波器。

从图 4-51 可以看出，由 R、L、C 组成的二阶低通滤波器，其冲激响应和阶跃响应都出现在 $t\geqslant 0$ 时刻，且 $h(t)$和 $g(t)$的波形图也接近于理想的低通滤波器。

4. 佩利—维纳准则

理想的低通滤波器在物理上是不可实现的。然而，传输特性接近于理想特性的滤波系统却不难构成。物理上要实现这种系统，必须满足下列准则。

1) 时域准则

一个可实现的系统，其冲激响应 $h(t)$在 $t<0$ 时必须为 0。也就是说，冲激响应 $h(t)$的波形不应该出现在冲激信号 $\delta(t)$作用之前。

$h(t)$是一个因果函数，可写为

$$h(t) = 0, \quad t<0 \tag{4-100}$$

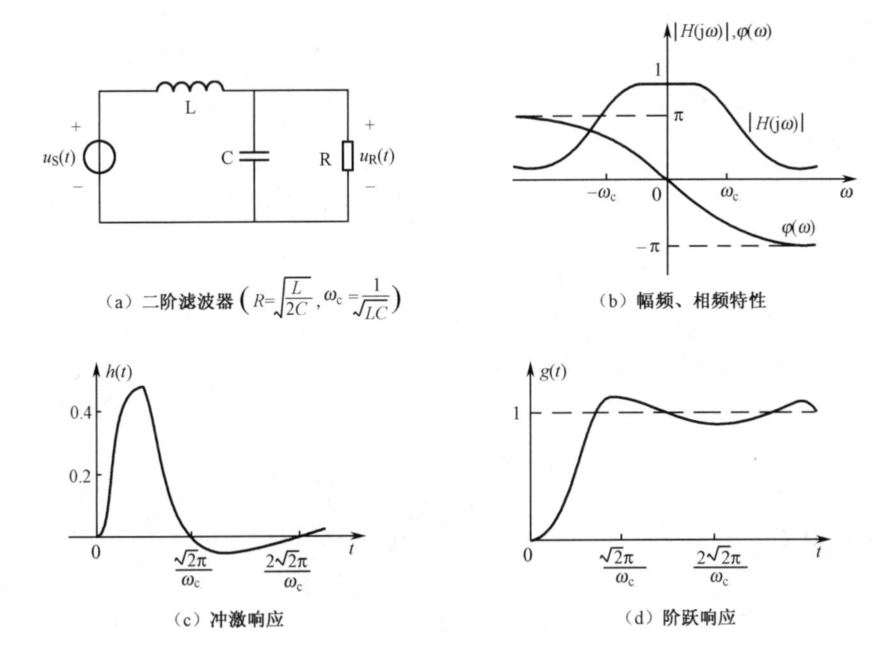

（a）二阶滤波器 $\left(R=\sqrt{\frac{L}{2C}},\omega_c=\frac{1}{\sqrt{LC}}\right)$　　（b）幅频、相频特性

（c）冲激响应　　（d）阶跃响应

图 4-51　二阶低通滤波器

2）频域准则

物理上可实现的系统，其系统函数 $H(j\omega)$必须满足

$$\int_{-\infty}^{\infty}\frac{|\ln|H(j\omega)||}{1+\omega^2}d\omega<\infty \tag{4-101}$$

且$|H(j\omega)|$必须是平方可积的，即

$$\int_{-\infty}^{\infty}|H(j\omega)|^2 d\omega<\infty \tag{4-102}$$

式(4-101)称为佩利－维纳(Paley-Wiener)准则。不满足此准则的$|H(j\omega)|$，其对应系统的冲激响应是非因果的。

由于理想滤波器的$|H(j\omega)|$是物理上不可实现的，滤波器设计的目的就是选择一个能逼近所要求的$|H(j\omega)|$，且在物理上可实现。

佩利－维纳准则只是从系统的幅频特性提出要求，而在相位上没有给出约束。因此，式(4-101)只是系统可实现的必要条件。

4.12　抽样定理

如果一个离散时间信号包含了连续时间信号的所有信息，在进行信号传输和处理时，就可以用这个离散时间信号代替连续时间信号。抽样定理就是用于解决连续时间信号和离散时间信号传输间的等效问题的。

由于离散时间信号的处理更为灵活、方便，在许多实际应用中(如数字通信系统等)，首先可将连续时间信号转换为相应的离散时间信号，并经过加工处理，然后再把处理后的离散时间信号转换回连续时间信号。

4.12.1 相关定义

1. 带限信号

信号 $f(t)$的频谱 $F(\mathrm{j}\omega)$只在区间$(-\omega_m,\omega_m)$为有限值,而在此区间外为0,这样的信号叫作频带有限信号,简称带限信号。频谱 $F(\mathrm{j}\omega)$满足

$$F(\mathrm{j}\omega)=0,\ |\omega|>\omega_m \tag{4-103}$$

式中,ω_m 叫作信号 $f(t)$的最高频率。

本节即讨论带限信号的抽样问题。

2. 抽样信号

抽样信号是指利用抽样脉冲序列 $s(t)$,从连续时间信号 $f(t)$中“抽取”一系列离散样本值而得到的离散信号,用 $f_s(t)$表示。图 4-52 为抽样的模型。

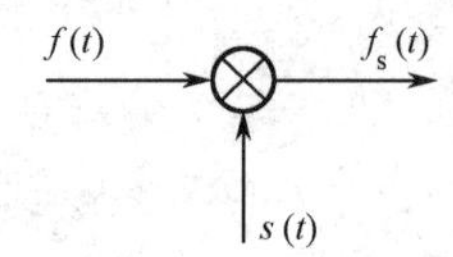

图 4-52 抽样的模型

$f_s(t)$可以表示为

$$f_s(t)=f(t)\cdot s(t) \tag{4-104}$$

式中,$s(t)$也叫作开关函数。若其各脉冲间隔的时间相同,均为 T_s,则称之为均匀抽样,T_s 为抽样周期,$f_s=\dfrac{1}{T_s}$为抽样频率,$\omega_s=2\pi f_s$ 为抽样角频率。

4.12.2 抽样信号的频谱

如果 $f(t)\leftrightarrow F(\mathrm{j}\omega)$,$s(t)\leftrightarrow S(\mathrm{j}\omega)$,由频域卷积定理可得抽样信号 $f_s(t)$的频谱密度函数,为

$$F_s(\mathrm{j}\omega)=\frac{1}{2\pi}F(\mathrm{j}\omega)*S(\mathrm{j}\omega) \tag{4-105}$$

可以看出,抽样信号的频谱与抽样脉冲 $s(t)$有着密切关系。

1. 冲激抽样

如果抽样脉冲序列 $s(t)$是周期为 T_s 的冲激函数序列 $\delta_{T_s}(t)$,则称为均匀冲激抽样,即

$$s(t)=\delta_{T_s}(t)=\sum_{n=-\infty}^{\infty}\delta(t-nT_s) \tag{4-106}$$

由式(4-64)知,$\delta_{T_s}(t)$的频谱密度函数也是周期冲激序列,则有

$$S(\mathrm{j}\omega)=\mathscr{F}[\delta_{T_s}(t)]=\mathscr{F}\left[\sum_{n=-\infty}^{\infty}\delta(t-nT_s)\right]=\omega_s\sum_{n=-\infty}^{\infty}\delta(\omega-n\omega_s) \tag{4-107}$$

式中,$\omega_s=\dfrac{2\pi}{T_s}$。

将式(4-107)代入式(4-105),得

$$F_s(\mathrm{j}\omega)=\frac{1}{2\pi}F(\mathrm{j}\omega)*\omega_s\sum_{n=-\infty}^{\infty}\delta(\omega-n\omega_s)=\frac{1}{T_s}\sum_{n=-\infty}^{\infty}F[\mathrm{j}(\omega-n\omega_s)] \tag{4-108}$$

冲激抽样过程及频谱如图 4-53 所示。

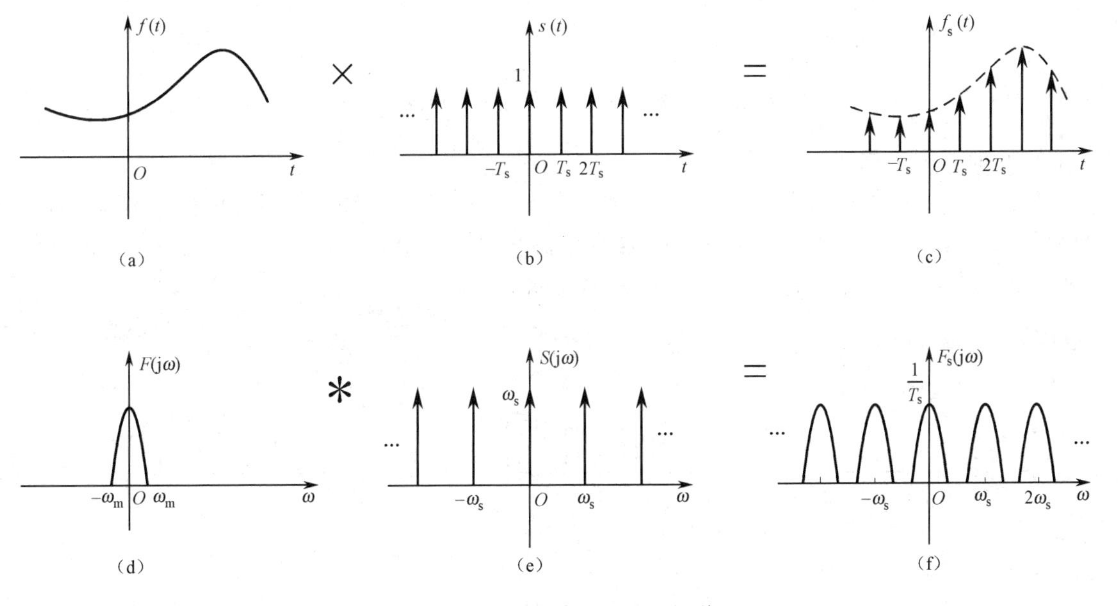

图 4-53　冲激抽样过程及频谱

由抽样信号 $f_s(t)$的频谱 $F_s(\mathrm{j}\omega)$可以看出以下两点。

(1) 如果 $\omega_s>2\omega_m$,则各相邻频移后的频谱不会发生重叠,如图 4-53(f)所示。这时就能设法(如利用低通滤波器)从抽样信号频谱 $F_s(\mathrm{j}\omega)$中得到原信号的频谱,即可从抽样信号 $f_s(t)$中恢复出原信号 $f(t)$。

(2) 如果 $\omega_s<2\omega_m$,则频移后的各相邻频谱将相互重叠,如图 4-54 所示。这样就无法将它们分开,因而也不能再恢复出原信号。频谱重叠的这种现象称为混叠现象。

因此,为了不发生混叠现象,必须满足 $\omega_s\geqslant 2\omega_m$。

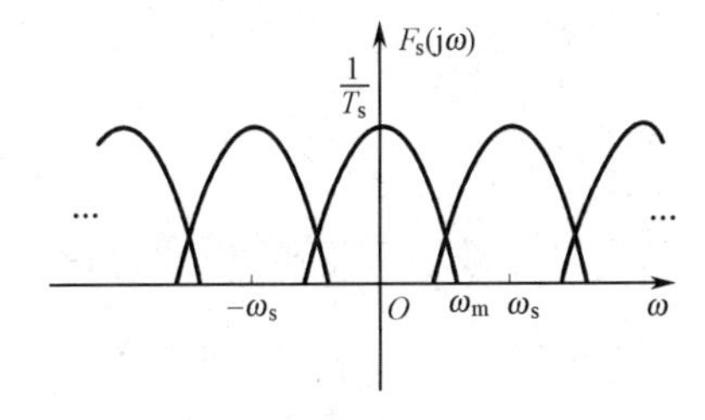

图 4-54　混叠现象

2. 矩形脉冲抽样

若抽样脉冲序列 $s(t)$是幅度为 1,脉宽为 $\tau(\tau<T_s)$的矩形脉冲序列 $p_{T_s}(t)$,则称为矩形脉冲抽样。

由式(4-67)知,$s(t)$的频谱密度函数为

$$S(\mathrm{j}\omega)=\mathscr{F}[p_{T_s}(t)]=\frac{2\pi\tau}{T_s}\sum_{n=-\infty}^{\infty}\mathrm{Sa}\left(\frac{n\omega_s\tau}{2}\right)\delta(\omega-n\omega_s) \tag{4-109}$$

将式(4-109)代入式(4-105),得到 $f_s(t)$的频谱密度函数为

$$\begin{aligned}F_s(\mathrm{j}\omega)&=\frac{1}{2\pi}F(\mathrm{j}\omega)*\frac{2\pi\tau}{T_s}\sum_{n=-\infty}^{\infty}\mathrm{Sa}\left(\frac{n\omega_s\tau}{2}\right)\delta(\omega-n\omega_s)\\&=\frac{\tau}{T_s}\sum_{n=-\infty}^{\infty}\mathrm{Sa}\left(\frac{n\omega_s\tau}{2}\right)F[\mathrm{j}(\omega-n\omega_s)]\end{aligned} \tag{4-110}$$

矩形抽样的过程如图 4-55 所示。

从图 4-55 可以看出,当 $\omega_s>2\omega_m$ 时,抽样信号 $f_s(t)$的频谱由原信号 $f(t)$的频谱$F(\mathrm{j}\omega)$的无限个频移构成。因此,可以利用低通滤波器从 $f_s(t)$中恢复出原信号;当 $\omega_s<2\omega_m$ 时,$f_s(t)$的频谱 $F_s(\mathrm{j}\omega)$将发生混叠,则无法恢复出原信号。

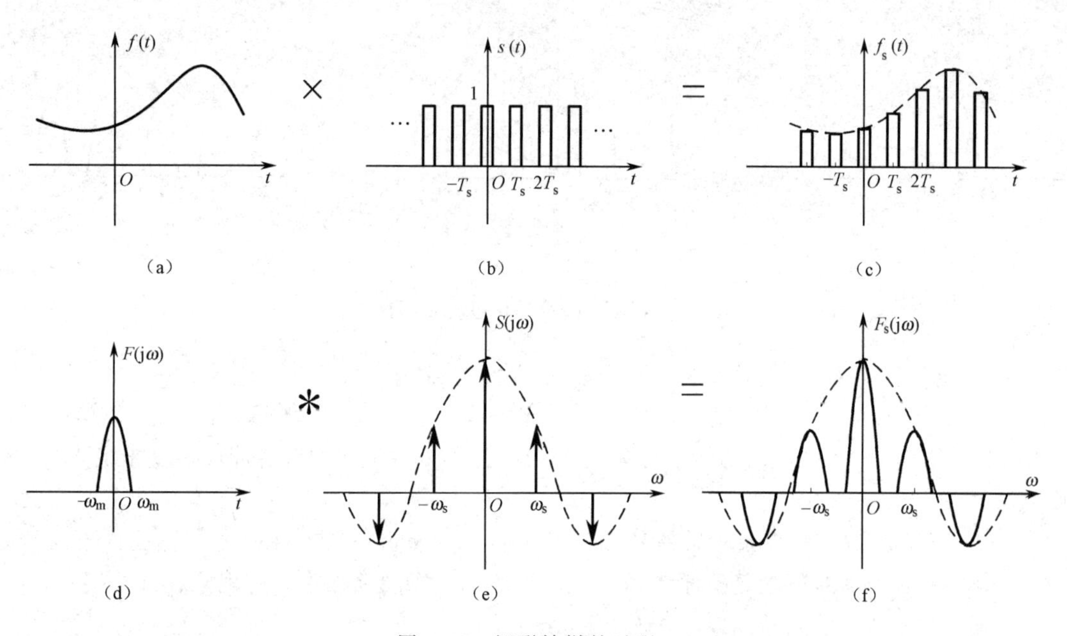

图 4-55 矩形抽样的过程

4.12.3 时域抽样定理

一个最高频率为 ω_m 的带限信号 $f(t)$,可以由均匀等间隔 $T_s\left(T_s\leqslant\dfrac{1}{2f_m}\right)$上的样点值 $f(nT_s)$唯一地确定。为了能从抽样信号 $f_s(t)$中恢复出原信号 $f(t)$,需满足以下两个条件。

(1) $f(t)$必须是带限信号,其频谱函数在$|\omega|>\omega_m$ 各处为 0。

(2) 抽样频率不能过低,必须满足 $\omega_s\geqslant2\omega_m$(或 $f_s\geqslant2f_m$、$T_s\leqslant\dfrac{1}{2f_m}$),否则将发生混叠。

通常称最低允许的抽样频率 $f_s=2f_m$ 为奈奎斯特(Nyquist)频率,称最大允许的抽样间隔 $T_s=\dfrac{1}{2f_m}$为奈奎斯特间隔。

如果让图 4-53(f)中的抽样信号频谱 $F_s(j\omega)$通过一个低通滤波器，设低通滤波器的截止频率为 $\omega_c(\omega_m<\omega_c\leqslant\frac{\omega_s}{2})$，只要滤波器的系统函数满足

$$H(j\omega)=\begin{cases}T_s, & |\omega|<\omega_c\\0, & |\omega|>\omega_c\end{cases}$$

则可以无失真地恢复出原信号 $f(t)$。

因为

$$F_s(j\omega)\cdot H(j\omega)=F(j\omega) \tag{4-111}$$

根据时域卷积定理，可知式(4-111)对应于

$$f(t)=f_s(t)*h(t) \tag{4-112}$$

由于

$$f_s(t)=f(t)s(t)=f(t)\sum_{n=-\infty}^{\infty}\delta(t-nT_s)=\sum_{n=-\infty}^{\infty}f(nT_s)\delta(t-nT_s) \tag{4-113}$$

而

$$h(t)=\mathscr{F}^{-1}[H(j\omega)]=T_s\frac{\omega_c}{\pi}\mathrm{Sa}(\omega_c t)$$

为简便，选 $\omega_c=\frac{\omega_s}{2}$，则 $T_s=\frac{2\pi}{\omega_s}=\frac{\pi}{\omega_c}$，得

$$h(t)=\mathrm{Sa}\left(\frac{\omega_s t}{2}\right) \tag{4-114}$$

将式(4-113)、式(4-114)代入式(4-112)，得

$$\begin{aligned}f(t)&=\left[\sum_{n=-\infty}^{\infty}f(nT_s)\delta(t-nT_s)\right]*\mathrm{Sa}\left(\frac{\omega_s t}{2}\right)\\&=\sum_{n=-\infty}^{\infty}f(nT_s)\mathrm{Sa}\left[\frac{\omega_s}{2}(t-nT_s)\right]\\&=\sum_{n=-\infty}^{\infty}f(nT_s)\mathrm{Sa}\left(\frac{\omega_s t}{2}-n\pi\right)\end{aligned} \tag{4-115}$$

式(4-115)表明，连续时间信号 $f(t)$可以展开为正交抽样函数(Sa 函数)的无穷级数，该级数的系数等于抽样值 $f(nT_s)$。因此，只要已知各抽样值 $f(nT_s)$，就能唯一地确定原信号。

4.12.4　频域抽样定理

如果信号 $f(t)$为时间有限信号(简称时限信号)，即它在时间区间$(-t_m,t_m)$以外为零。此时$f(t)$的频谱函数 $F(j\omega)$为连续谱。

频域抽样定理的内容为：一个在时域区间$(-t_m,t_m)$以外为零的时间有限信号 $f(t)$的频谱函数 $F(j\omega)$，可唯一地由其在均匀频率间隔 $f_s\left(f_s\leqslant\frac{1}{2t_m}\right)$上的样点值 $F(jn\omega_s)$确定。

在频域中对 $F(j\omega)$进行等间隔 ω_s 的冲激抽样，即用

$$\delta_{\omega_s}(\omega)=\sum_{n=-\infty}^{\infty}\delta(\omega-n\omega_s) \tag{4-116}$$

对 $F(j\omega)$抽样，得抽样后的频谱函数为

$$F_s(\mathrm{j}\omega)=F(\mathrm{j}\omega)\sum_{n=-\infty}^{\infty}\delta(\omega-n\omega_s)=\sum_{n=-\infty}^{\infty}F(\mathrm{j}n\omega_s)\delta(\omega-n\omega_s) \tag{4-117}$$

而

$$\mathscr{F}^{-1}[\delta_{\omega_s}(\omega)]=\frac{1}{\omega_s}\sum_{n=-\infty}^{\infty}\delta(t-nT_s) \tag{4-118}$$

式中，$T_s=\dfrac{2\pi}{\omega_s}$。

根据时域卷积定理，式(4-117)对应的时域方程为

$$\begin{aligned}f_s(t)&=\mathscr{F}^{-1}[F_s(\mathrm{j}\omega)]=\mathscr{F}^{-1}[F(\mathrm{j}\omega)]*\mathscr{F}^{-1}[\delta_{\omega_s}(\omega)]\\&=f(t)*\frac{1}{\omega_s}\sum_{n=-\infty}^{\infty}\delta(t-nT_s)=\frac{1}{\omega_s}\sum_{n=-\infty}^{\infty}f(t)*\delta(t-nT_s)\\&=\frac{1}{\omega_s}\sum_{n=-\infty}^{\infty}f(t-nT_s)\end{aligned} \tag{4-119}$$

由式(4-119)可知，假如时限信号 $f(t)$的频谱函数 $F(\mathrm{j}\omega)$在频域中被间隔为 ω_s 的冲激序列抽样，则被抽样后的频谱 $F_s(\mathrm{j}\omega)$所对应的时域信号 $f_s(t)$以 T_s 为周期而重复。

如果选$T_s\geqslant 2t_m$(或 $f_s=\dfrac{1}{T_s}\leqslant\dfrac{1}{2t_m}$)，则在时域中 $f_s(t)$的波形不会产生混叠。若在时域中用矩形脉冲作为选通信号，就可以无失真地恢复出原信号，即有

$$F(\mathrm{j}\omega)=\sum_{n=-\infty}^{\infty}F\left(\mathrm{j}\frac{n\pi}{t_m}\right)\mathrm{Sa}(\omega t_m-n\pi) \tag{4-120}$$

式中，$t_m=\dfrac{1}{2f_s}$。

频域抽样过程如图 4-56 所示。

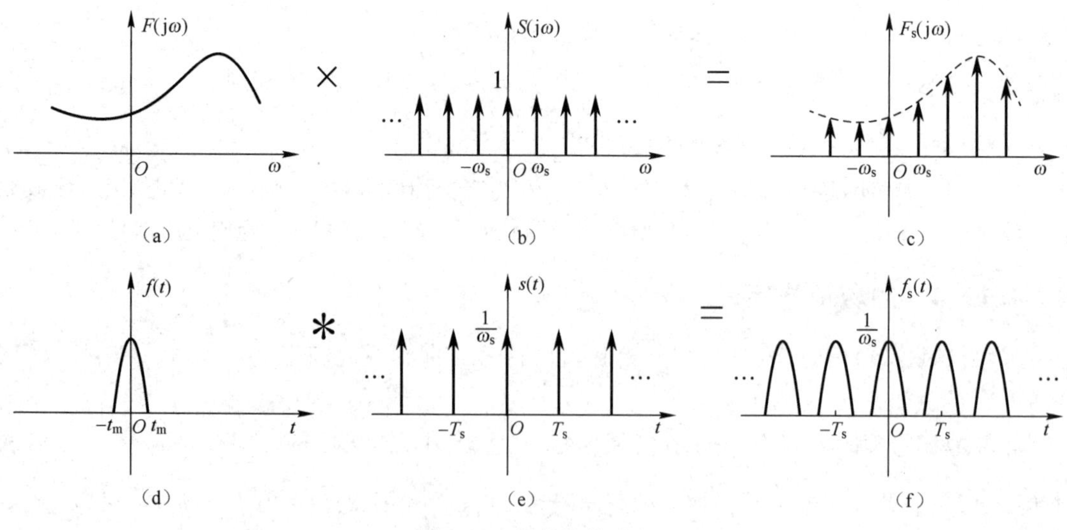

图 4-56　频域抽样过程

例题 4-20：已知信号 $f(t)$的频谱密度函数为

$$F(\mathrm{j}\omega)=\begin{cases}1, & |\omega|\leqslant 2\pi\mathrm{rad/s}\\0, & |\omega|>2\pi\mathrm{rad/s}\end{cases}$$

现对 $f(2t-1)$进行均匀抽样，求其奈奎斯特抽样间隔 T_s 为多少？

解：由题意知，对于 $f(t)$来说，其带限 $\omega_{m0}=2\pi\text{rad/s}$。

若 $f(t)\leftrightarrow F(j\omega)$，则 $f(2t-1)\leftrightarrow \frac{1}{2}e^{-j\frac{\omega}{2}}F\left(j\frac{\omega}{2}\right)$。

因此，对于 $f(2t-1)$来说，其带限为$\omega_m=2\omega_{m0}=4\pi\text{rad/s}$。

为使信号无失真恢复，必有 $\omega_s=\frac{2\pi}{T_s}\geqslant 2\omega_m=8\pi\text{rad/s}$。即有 $T_s\leqslant\frac{1}{4}\text{s}$。

因此，奈奎斯特时间间隔为$\frac{1}{4}\text{s}$。

4.13　希尔伯特变换

1. 希尔伯特变换的定义

信号 $f(t)$与$\frac{1}{\pi t}$的卷积运算称为信号 $f(t)$的希尔伯特(Hilbert)变换，记为 $\mathscr{H}[f(t)]$或 $\hat{f}(t)$，即有

$$\hat{f}(t)=\mathscr{H}[f(t)]=f(t)*\frac{1}{\pi t} \tag{4-121}$$

希尔伯特逆变换记为

$$f(t)=\mathscr{H}^{-1}[\hat{f}(t)] \tag{4-122}$$

为求得 $f(t)$，对式(4-121)做如下运算：

$$\hat{f}(t)*\left(-\frac{1}{\pi t}\right)=f(t)*\frac{1}{\pi t}*\left(-\frac{1}{\pi t}\right) \tag{4-123}$$

由于$\frac{1}{\pi t}$的傅里叶变换为

$$\mathscr{F}\left[\frac{1}{\pi t}\right]=-j\text{sgn}(\omega)$$

有

$$\mathscr{F}\left[\frac{1}{\pi t}*\left(-\frac{1}{\pi t}\right)\right]=1$$

即

$$\frac{1}{\pi t}*\left(-\frac{1}{\pi t}\right)=\delta(t) \tag{4-124}$$

将式(4-124)代入式(4-123)中，便得到希尔伯特逆变换

$$f(t)=\mathscr{H}^{-1}[\hat{f}(t)]=\hat{f}(t)*\left(-\frac{1}{\pi t}\right) \tag{4-125}$$

综上所述，$f(t)$和$\hat{f}(t)$之间满足下列关系：

$$\begin{cases}\hat{f}(t)=\mathscr{H}[f(t)]=f(t)*\dfrac{1}{\pi t}\\ f(t)=\mathscr{H}^{-1}[\hat{f}(t)]=\hat{f}(t)*\left(-\dfrac{1}{\pi t}\right)\end{cases} \tag{4-126}$$

对信号 $f(t)$进行希尔伯特变换,实质上就是求信号 $f(t)$通过希尔伯特变换器产生的零状态响应$\hat{f}(t)$。

希尔伯特变换器的单位冲激响应为

$$h(t)=\frac{1}{\pi t} \tag{4-127}$$

其频率响应特性(如图 4-57 所示)为

$$H(\mathrm{j}\omega)=-\mathrm{j}\,\mathrm{sgn}(\omega) \tag{4-128}$$

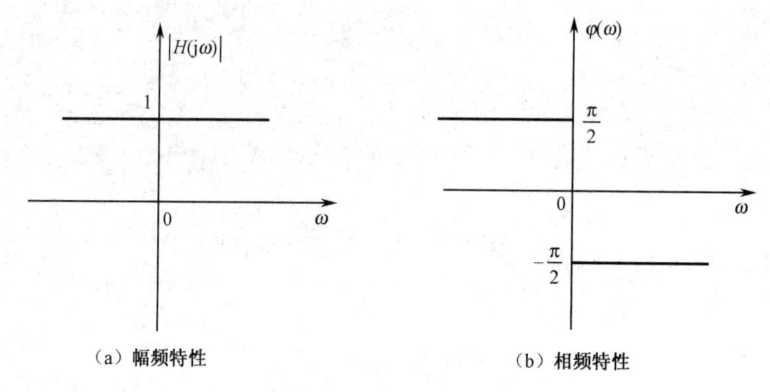

图 4-57　希尔伯特变换器的频率响应特性

其幅频和相频特性分别为

$$\begin{cases}|H(\mathrm{j}\omega)|=1\\ \varphi(\omega)=\begin{cases}-\pi/2, & \omega>0\\ \pi/2, & \omega<0\end{cases}\end{cases} \tag{4-129}$$

也就是说,希尔伯特变换器的幅频特性是个常数;信号所有的正频率分量相移$-\dfrac{\pi}{2}$,而所有的负频率分量相移$\dfrac{\pi}{2}$。因此,希尔伯特变换器是一个 90°的移相器。

2. 信号频谱函数与希尔伯特变换之间的关系

若信号 $f(t)$为因果信号,即有

$$f(t)=f(t)u(t) \tag{4-130}$$

假设 $f(t)$的频谱函数 $F(\mathrm{j}\omega)$的实部为 $R(\omega)$,虚部为 $X(\omega)$,即

$$F(\mathrm{j}\omega)=\mathscr{F}[f(t)]=R(\omega)+\mathrm{j}X(\omega) \tag{4-131}$$

则 $R(\omega)$与 $X(\omega)$之间构成希尔伯特变换对,即有

$$\begin{cases}R(\omega)=\dfrac{1}{\pi}\displaystyle\int_{-\infty}^{\infty}\dfrac{X(\lambda)}{\omega-\lambda}\mathrm{d}\lambda\\ X(\omega)=-\dfrac{1}{\pi}\displaystyle\int_{-\infty}^{\infty}\dfrac{R(\lambda)}{\omega-\lambda}\mathrm{d}\lambda\end{cases} \tag{4-132}$$

证明：对式(4-130)运用傅里叶变换的频域卷积定理，得到

$$F(\mathrm{j}\omega)=\mathscr{F}[f(t)]=\frac{1}{2\pi}\mathscr{F}[f(t)]*\mathscr{F}[u(t)]$$

于是有

$$\begin{aligned}R(\omega)+\mathrm{j}X(\omega)&=\frac{1}{2\pi}[R(\omega)+\mathrm{j}X(\omega)]*\left[\pi\delta(\omega)+\frac{1}{\mathrm{j}\omega}\right]\\&=\frac{1}{2\pi}\left[R(\omega)*\pi\delta(\omega)+X(\omega)*\frac{1}{\omega}\right]+\frac{\mathrm{j}}{2\pi}\left[X(\omega)*\pi\delta(\omega)-R(\omega)*\frac{1}{\omega}\right]\\&=\frac{1}{2}\left[R(\omega)+\frac{1}{\pi}\int_{-\infty}^{\infty}\frac{X(\lambda)}{\omega-\lambda}\mathrm{d}\lambda\right]+\frac{\mathrm{j}}{2}\left[X(\omega)-\frac{1}{\pi}\int_{-\infty}^{\infty}\frac{R(\lambda)}{\omega-\lambda}\mathrm{d}\lambda\right]\end{aligned}$$

根据复数相等原则，解得

$$R(\omega)=\frac{1}{\pi}\int_{-\infty}^{\infty}\frac{X(\lambda)}{\omega-\lambda}\mathrm{d}\lambda,\quad X(\omega)=-\frac{1}{\pi}\int_{-\infty}^{\infty}\frac{R(\lambda)}{\omega-\lambda}\mathrm{d}\lambda$$

式(4-132)表明，任何因果信号的频谱函数，其实部与虚部之间将构成希尔伯特变换对。当频谱函数的实部 $R(\omega)$ 已确定时，其虚部 $X(\omega)$ 也唯一地被确定；反之亦然。

由于任何物理可实现的系统都是因果系统，即其单位冲激响应 $h(t)$ 都是因果函数。所以，其频率响应特性 $H(\mathrm{j}\omega)$ 的实部与虚部之间也将构成希尔伯特变换对。

综上所述，希尔伯特变换揭示了系统频率响应的实部与虚部之间的依赖关系。

习　　题

4-1　证明 $\cos t,\cos 2t,\cdots,\cos nt$（$n$ 为整数）在区间 $(0,2\pi)$ 上是正交函数集。它是不是完备的正交函数集？

4-2　将图 4-58 所示周期信号表示为傅里叶级数的形式（指数形式或三角形式）。

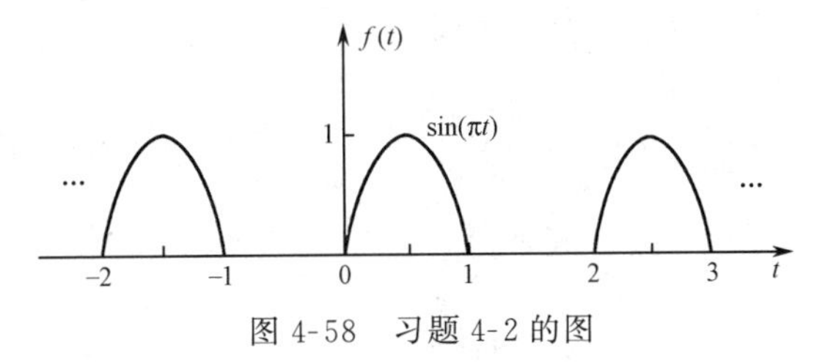

图 4-58　习题 4-2 的图

4-3　图 4-59 所示周期矩形脉冲信号，它的频谱图在 0～150kHz 的频率范围内共有多少根谱线？

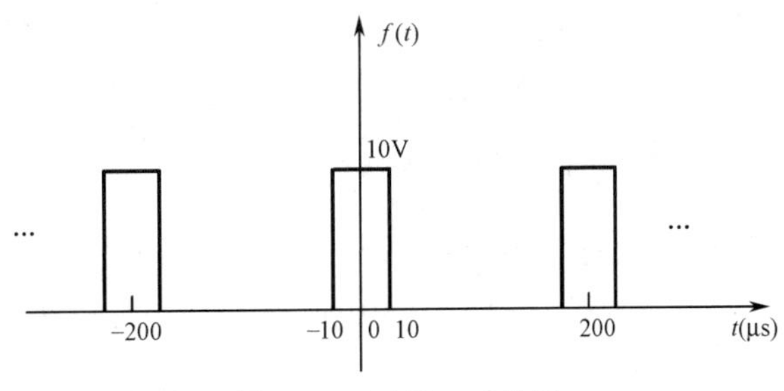

图 4-59　习题 4-3 的图

4-4 若 $f(t)$ 为复函数,可表示为

$$f(t)=f_r(t)+\mathrm{j}f_i(t)$$

且 $\mathscr{F}[f(t)]=F(\mathrm{j}\omega)$,式中的 $f_r(t)$、$f_i(t)$ 均为实函数,证明:

(1) $\mathscr{F}[f^*(t)]=F^*(-\mathrm{j}\omega)$

(2) $\mathscr{F}[f_r(t)]=\dfrac{1}{2}[F(\mathrm{j}\omega)+F^*(-\mathrm{j}\omega)]$, $\mathscr{F}[f_i(t)]=\dfrac{1}{2\mathrm{j}}[F(\mathrm{j}\omega)-F^*(-\mathrm{j}\omega)]$

4-5 求下列函数的频谱(利用对称性)。

(1) $f(t)=\dfrac{\sin[2\pi(t-2)]}{\pi(t-2)}$, $-\infty<t<\infty$

(2) $f(t)=\dfrac{2\alpha}{t^2+\alpha^2}$, $-\infty<t<\infty$

4-6 已知信号如图4-60所示,求其频谱(利用微积分特性)。

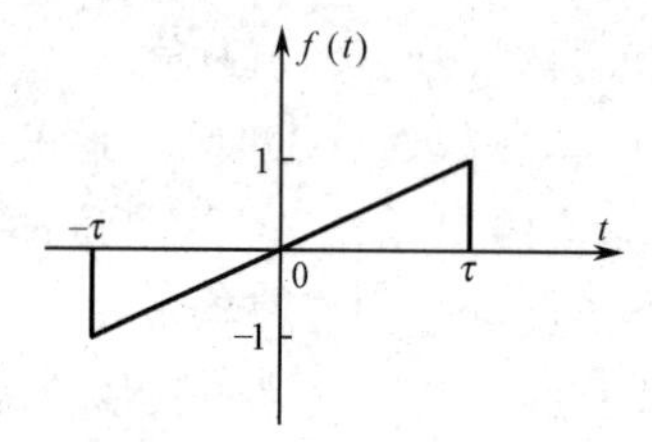

图4-60 习题4-6的图

4-7 若已知 $f(t)\leftrightarrow F(\mathrm{j}\omega)$,求下列函数的傅里叶变换。

(1) $tf(2t)$　　(2) $tf'(t)$　　(3) $f(2t-5)$

(4) $\mathrm{e}^{\mathrm{j}t}f(3-2t)$　　(5) $f'(t)*\dfrac{1}{\pi t}$

4-8 已知 $\mathrm{e}^{-|t|}\leftrightarrow\dfrac{2}{1+\omega^2}$,试用傅里叶变换的性质,求下列函数的频谱。

(1) $t\mathrm{e}^{-|t|}$　　(2) $\dfrac{4t}{(1+t^2)^2}$

4-9 利用傅里叶变换的性质,计算下列卷积。

(1) $\dfrac{1}{t}*\dfrac{1}{t}$　　(2) $\dfrac{\sin(4\pi t)}{\pi t}*[\cos(2\pi t)+\sin(6\pi t)]$

(3) $\dfrac{\sin(2\pi t)}{2\pi t}*\dfrac{\sin(8\pi t)}{8\pi t}$

4-10 如图4-61所示,求傅里叶逆变换。

4-11 已知 $F(\mathrm{j}\omega)=4\mathrm{Sa}(\omega)\cos(2\omega)$,求其逆变换 $f(t)$,并画出 $f(t)$ 的波形图。

4-12 已知信号 $f(t)=\dfrac{\mathrm{d}}{\mathrm{d}t}[\mathrm{e}^{-2(t-1)}u(t)]$,求其傅里叶变换 $F(\mathrm{j}\omega)$。

4-13 某LTI连续系统,输入为 $f(t)$,输出为

$$y(t)=\frac{1}{b}\int_{-\infty}^{\infty}s\left(\frac{x-t}{b}\right)f(x-2)\mathrm{d}x$$

式中,b 为常数,且已知 $s(t)\leftrightarrow S(\mathrm{j}\omega)$。求该系统的频率响应 $H(\mathrm{j}\omega)$。

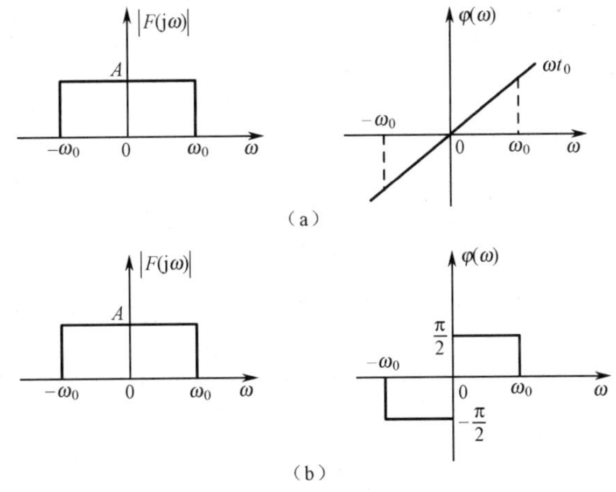

图 4-61　习题 4-10 的图

4-14　已知某连续时间系统的输入 $f(t)$ 与输出 $y(t)$ 由下列方程决定：

$$y(t)=\frac{1}{\pi}\int_{-\infty}^{\infty}\frac{f(x)}{t-x}\mathrm{d}x$$

试求系统的频率响应 $H(\mathrm{j}\omega)$。

4-15　已知 $y(t)$ 的表达式为

$$y(t)=\int_{-\infty}^{t}\delta(x-a)\cos(xt)\mathrm{d}x$$

试求 $y(t)$ 的频谱 $Y(\mathrm{j}\omega)$。

4-16　已知某系统的频率响应 $H(\mathrm{j}\omega)=\dfrac{\mathrm{j}\omega+3}{-\omega^2+\mathrm{j}3\omega+2}$，输入信号 $f(t)=u(t)-u(t-1)$，求该系统的输出 $y(t)$。

4-17　有实信号 $f(t)u(t)$，其傅里叶变换为 $F(\mathrm{j}\omega)=R(\omega)+\mathrm{j}X(\omega)$，已知 $R(\omega)=\dfrac{\sin\omega}{\omega}$。

(1) 求 $X(\omega)$；

(2) 求出 $f(t)u(t)$，并画出波形。

4-18　已知某系统的激励信号 $f(t)$，系统的零状态响应 $y_{zs}(t)$ 如图 4-62(a)所示。

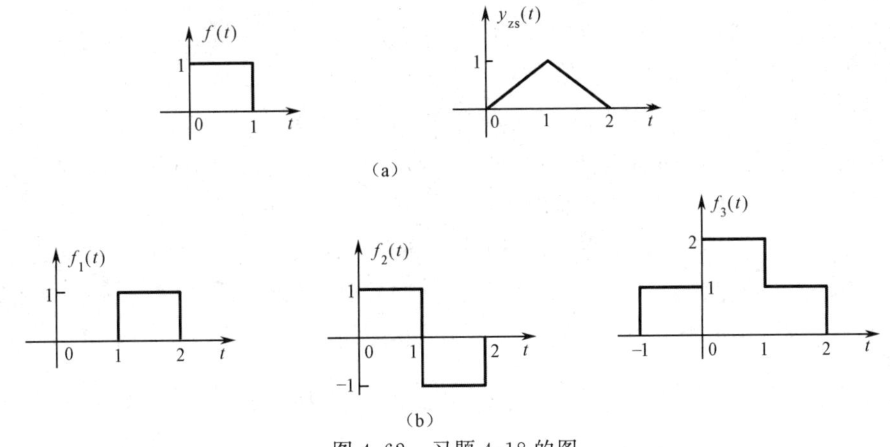

图 4-62　习题 4-18 的图

(1) 求系统的单位冲激响应 $h(t)$ 的波形。

(2) 当输入信号为图 4-62(b)所示的各种波形时，分别求出所对应的零状态响应。

4-19　连续时间信号 $f(t)$ 的最高频率为 $\omega_m=10^4\pi\text{rad/s}$，若对其取样，并从取样信号中恢复原信号 $f(t)$，则奈奎斯特间隔和所需要的低通滤波器的截止频率分别为多少？

4-20　假设信号 $f_1(t)$ 的奈奎斯特抽样频率为 ω_1，信号 $f_2(t)$ 的奈奎斯特抽样频率为 ω_2，则信号 $f(t)=f_1(t+2)f_2(t+1)$ 的奈奎斯特抽样频率为多少？

4-21　信号 $f(t)=\dfrac{(\sin 50\pi t)^2}{(\pi t)^2}$，现在用抽样频率 $\omega_s=150\pi$ 对 $f(t)$ 进行冲激抽样，以得到一个信号 $g(t)$，其傅里叶变换为 $G(\mathrm{j}\omega)$。为确保 $G(\mathrm{j}\omega)=75F(\mathrm{j}\omega)$，$|\omega|\leqslant\omega_0$，则 ω_0 的最大值为多少？

4-22　已知 $f(t)=\mathrm{Sa}^2(t)$，对 $f(t)$ 进行理想冲激抽样，则使频谱不发生混叠的奈奎斯特间隔为多少？

4-23　黑白电视每秒发送 30 幅图像，每幅图像分为 525 条水平扫描线，每条水平线在 650 个点上采样，求采样频率 f_s。若此频率为奈奎斯特频率，求黑白电视信号的频率上限 f_m。

4-24　已知 $\mathscr{F}[f_1(t)]=F_1(\mathrm{j}\omega)$，$\mathscr{F}[f_2(t)]=F_2(\mathrm{j}\omega)$，其中 $F_1(\mathrm{j}\omega)$ 的最高频率分量为 ω_1，$F_2(\mathrm{j}\omega)$ 的最高频率分量为 ω_2，且 $\omega_2>\omega_1$，现对组合信号 $f(t)=f_1(t)+f_2^2(t)$ 进行冲激抽样，得到 $f_s(t)$。为满足抽样定理，问所需的最小抽样频率为多少？

4-25　已知 $\mathscr{F}[f_1(t)]=F_1(\mathrm{j}\omega)$，$\mathscr{F}[f_2(t)]=F_2(\mathrm{j}\omega)$，其中 $F_1(\mathrm{j}\omega)$、$F_2(\mathrm{j}\omega)$ 如图 4-63 所示。现对组合信号 $f(t)=f_1(t)+f_2^2(t)$ 进行冲激抽样得到 $f_s(t)$(抽样间隔为 T_s)。

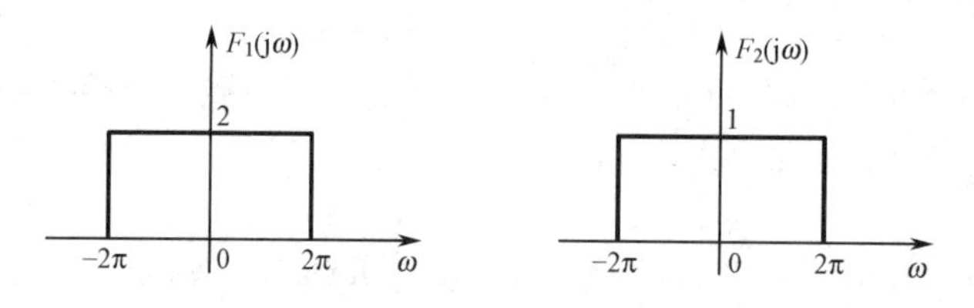

图 4-63　习题 4-25 的图

(1) 若要从 $f_s(t)$ 中恢复出 $f(t)$，所需的最大抽样间隔 T_{smax} 为多少？

(2) 若取 $T_s=T_{smax}$，画出抽样后信号 $f_s(t)$ 的频谱图 $F_s(\mathrm{j}\omega)$。

(3) 若将 $f_s(t)$ 通过一个频率特性为 $H(\mathrm{j}\omega)=u(\omega+2\pi)-u(\omega-2\pi)$ 的理想低通滤波器，画出滤波器输出端的频谱 $Y(\mathrm{j}\omega)$。

4-26　用傅里叶变换分析信号的频谱时，为什么出现了负频率？

4-27　对连续信号进行抽样前一般会进行低通滤波。这样做的目的是什么？如果不进行低通滤波，会产生什么后果？低通滤波器的截止频率一般如何设置？

4-28　图 4-64 描述了一个多天线阵列，利用该阵列可实现波束赋形，使来自不同方向的无线电波有不同的接收增益，实现无线信号的定向接收。假设各天线沿水平方向放置，各天线间距为 d。平面波 $f(t)=e^{\mathrm{j}\omega_0 t}$ 按方向角 θ 斜入射到达天线阵。如果第 1 个天线测量得到的信号是 $f(t)$，则第 2 个天线测量得到的信号为 $f[t-\tau(\theta)]$，其中 $\tau(\theta)=\dfrac{d\sin\theta}{c}$，$c$ 是光速。以此类推，第 k 个天线测量得到的信号为 $f[t-k\tau(\theta)]$。对天线阵列测量得到的信号进行加权合并，得到天线阵的输出为 $y(t)=\sum_{k=0}^{N-1}\omega_k f[t-k\tau(\theta)]$。求该天线阵列的频率响应。假设入射信号的工作频率满足 $\frac{\omega_0 d}{c}=\pi$，当 $\omega_0=\omega_1=0.5, N=2$ 时，求出并画出天线阵列对不同方向来波的幅度增益图（$-\pi<\theta<\pi$）。

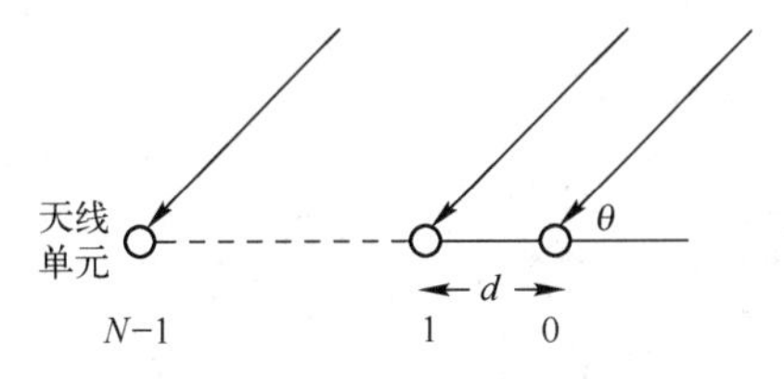

图 4-64　习题 4-28 的图

4-29　某系统如图 4-65 所示，已知 $f_1(t)=\frac{\sin 2t}{\pi t}, f_2(t)=\frac{2\sin 3t}{t}, h(t)=2\cos 3t+\frac{\sin 2t}{\pi t}$，求信号 $f_3(t)$、$f_4(t)$ 的频谱表达式，并画出频谱图。

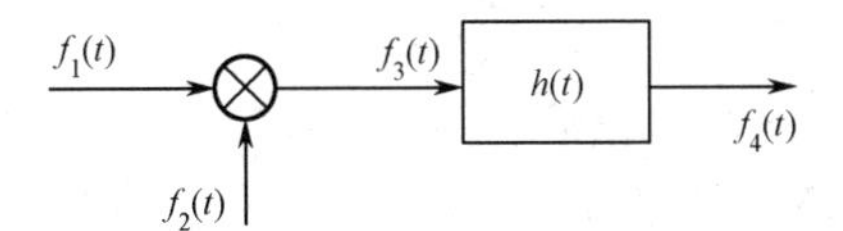

图 4-65　习题 4-29 的图

4-30　一个理想滤波器的频率响应如图 4-66(a)所示，其相频特性 $\varphi(\omega)=0$。

(1) 若输入信号为如图 4-66(b)所示的锯齿波，求输出信号 $y_1(t)$。

(2) 若输入信号为 $f_2(t)=\frac{\sin(4\pi t)}{\pi t}$，求输出信号 $y_2(t)$。

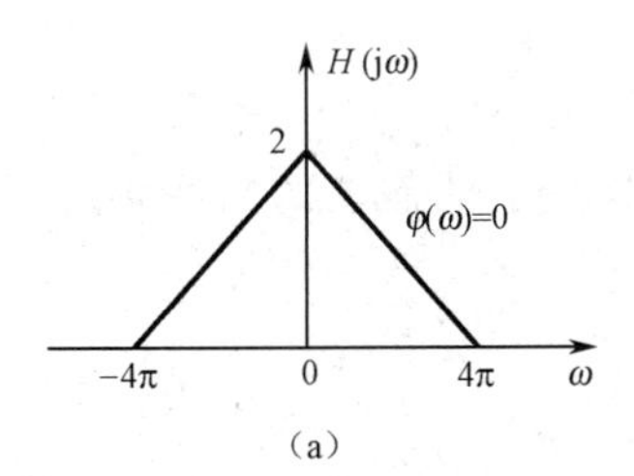

(a)

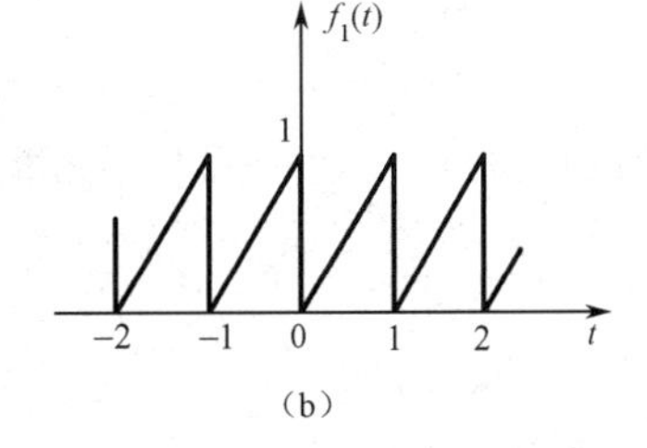

(b)

图 4-66　习题 4-30 的图

4-31　信号的频谱、系统的框图及 $H(j\omega)$ 的波形如图 4-67 所示，分别求当 $p(t)$ 为以下两种情况时输出信号的频谱 $Y(j\omega)$，并画出图形。

(1) $p(t)=\sum_{k=-\infty}^{\infty}\delta(t-kT), (T=0.1\text{s})$

(2) $p(t)=\cos(20t)$

4-32　已知一信号处理系统如图 4-68(a)所示，其中，$H_1(j\omega)$ 如图 4-68(b) 所示，并有

$$f(t)=\frac{\omega_m}{\pi}\text{Sa}(\omega_m t),\quad \delta_T(t)=\sum_{k=-\infty}^{\infty}\delta(t-kT_s)$$

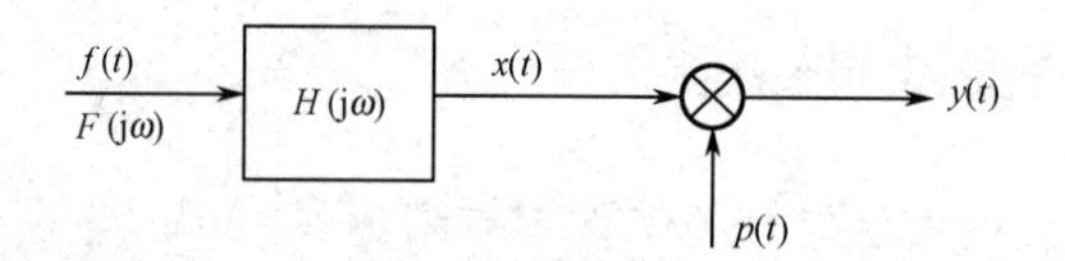

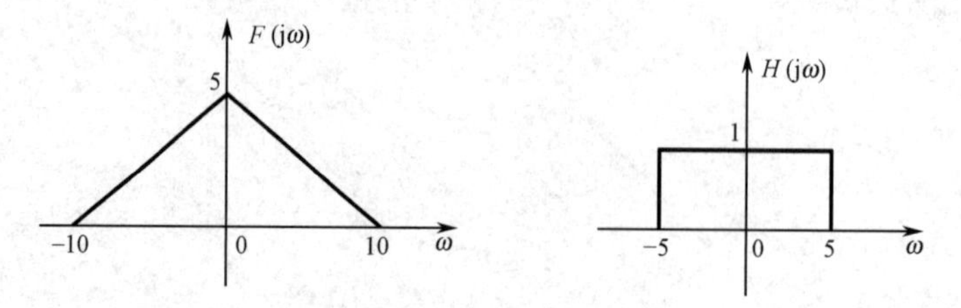

图 4-67 习题 4-31 的图

(1) 画出信号 $f_1(t)$ 的频谱图。

(2) 欲使信号 $f_s(t)$ 中包含信号 $f_1(t)$ 的全部信息,则 $\delta_T(t)$ 的最大抽样间隔 T_s 应为多大?

(3) 分别画出奈奎斯特角频率为 ω_{smin} 及 $2\omega_{smin}$ 时信号 $f_s(t)$ 的频谱 $F_s(j\omega)$。

(4) 在抽样频率为 $2\omega_{smin}$ 时,欲使输出信号 $y(t)=f_1(t)$,则理想低通滤波器 $H_2(j\omega)$ 的截止频率 ω_c 的取值范围是什么?

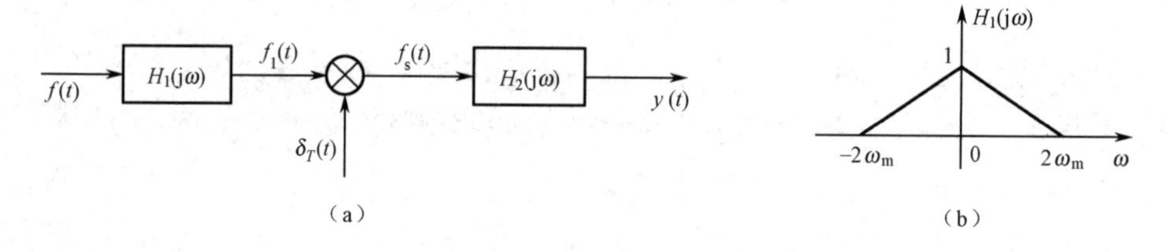

图 4-68 习题 4-32 的图

4-33 图 4-69(a)所示的双边带调制系统框图,已知低通滤波器的频率响应如图 4-69(b)所示。设 $f(t)=\dfrac{\sin t}{\pi t}$,$s(t)=\cos 5t$。

(1) 求 $f(t)$ 的频谱 $F(j\omega)$。

(2) 分别画出 A、B、C 三点信号的频谱 $A(j\omega)$、$B(j\omega)$ 和 $C(j\omega)$。

(3) 系统输出 $y(t)$ 与输入 $f(t)$ 有什么关系?

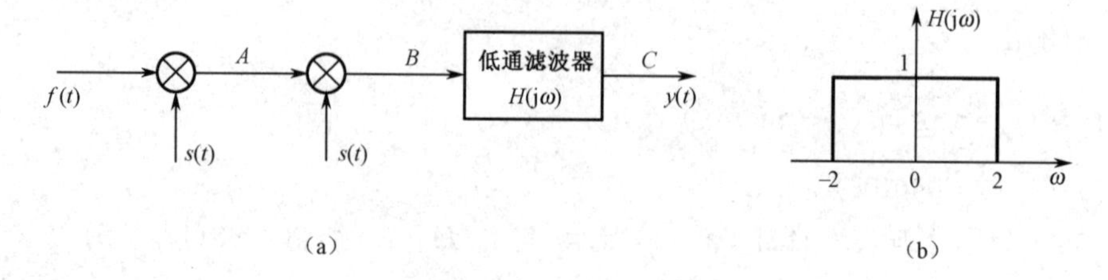

图 4-69 习题 4-33 的图

4-34　图4-70所示系统，已知 $f(t)=\sum_{n=-\infty}^{\infty}e^{jn\Omega t}$，(其中 $\Omega=1\text{rad/s}, n=0,\pm1,\pm2,\cdots$)，$s(t)=\cos t$，频率响应 $H(j\omega)=\begin{cases}e^{-j\frac{\pi}{3}\omega}, & |\omega|<1.5\text{rad/s}\\ 0, & |\omega|>1.5\text{rad/s}\end{cases}$，试求系统的响应。

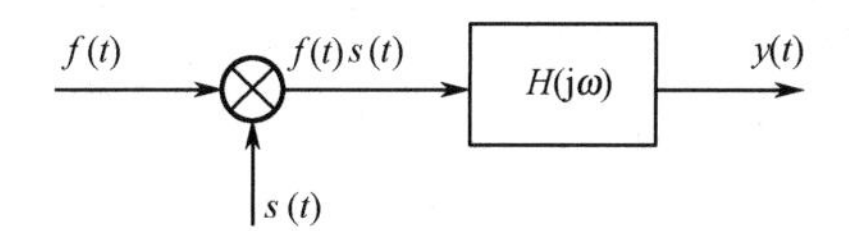

图4-70　习题4-34的图

4-35　图4-71所示是单边带调制系统框图，已知 $f(t)=\frac{2}{\pi}\text{Sa}(2t)$，$H(j\omega)=j\text{sgn}(\omega)$，求输出信号 $y(t)$ 及其频谱 $Y(j\omega)$，并画出频谱图。

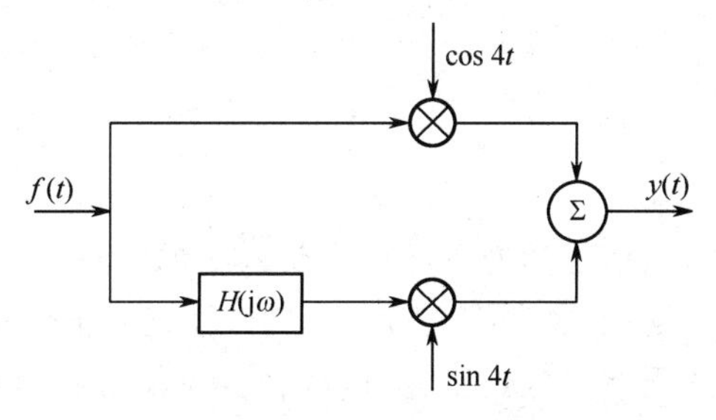

图4-71　习题4-35的图

第5章　离散时间信号的傅里叶变换

本章要点

- 离散傅里叶级数(DFS)
- 离散周期信号的频谱特点
- 离散时间傅里叶变换(DTFT)及其性质
- 离散傅里叶变换(DFT)及其性质
- 圆卷积

5.1 引　　言

第4章中讨论了连续时间信号的傅里叶变换及系统的频域分析，可以知道非周期连续信号的频谱是连续频率的非周期函数，周期连续信号的频谱是离散频率的非周期函数，非周期离散信号的频谱是连续频率的周期函数。由此可以归纳出，信号在时域的表示形式和其在频域的表示形式之间存在对应关系：一个域的周期性对应于另一个域的离散性，一个域的非周期性对应于另一个域的连续性。因此，除了第4章中介绍的上述三种情况，还存在周期离散信号及其频谱的特性，需要我们对其进行研究。

本章将讨论离散时间信号的傅里叶变换与离散时间系统的频域分析，即离散傅里叶分析法。离散傅里叶分析法是分析离散时间信号与系统的重要工具，其很多结论与连续时间系统的情况相同，但也存在明显区别。

数字电子技术、计算机和大规模集成电路的飞速发展，促进了人们对离散时间信号与系统的研究。20世纪60年代中期，库利(J. W. Cooley)和图基(J. W. Tukey)提出了快速傅里叶变换(FFT)算法，这是一个具有里程碑意义的研究成果。FFT算法使得傅里叶变换的运算量减少了几个数量级，解决了数字系统的研究和设计要求进行大量傅里叶变换运算的问题，加快了数字信号处理学科的发展。目前，离散时间信号与系统的理论体系已经形成，其应用领域正不断扩大。

5.2 周期序列的离散傅里叶级数

设周期离散信号为 $f_N(k)$，N 为其周期，则有

$$f_N(k)=f_N(k+mN)\qquad m=0,\pm 1,\pm 2,\cdots$$

复指数序列 $e^{jn\Omega k}$（Ω 为基波数字角频率，$\Omega=\dfrac{2\pi}{N}$）就是一个周期为 N 的周期离散信号。将所有复指数序列组合起来，可构成信号集

$$\Phi_n(k)=\{e^{jn\frac{2\pi}{N}k}\},\ n=0,\pm1,\pm2,\cdots \tag{5-1}$$

式中，N 指此信号集的基波周期；信号集中任一信号的频率为其基波频率的整数倍，它们之间呈谐波关系。在频率上相差 2π 整数倍的复指数序列是完全相同的，故信号集 $\Phi_n(k)$ 中只有 N 个信号是相互独立的，即信号集 $\Phi_n(k)$ 的周期为 N。

与周期连续信号的傅里叶级数表示类似，一个周期序列 $f_N(k)$ 可以用信号集 $\Phi_n(k)$ 中所有独立的 N 个复指数序列的线性组合来表示，称之为离散傅里叶级数(DFS)。

选取 $\Phi_n(k)$ 的第一个周期，即 $n=0,1,2,\cdots,N-1$，则 $f_N(k)$ 可以表示为

$$f_N(k)=\sum_{n=0}^{N-1}C_n e^{jn\Omega k} \tag{5-2}$$

将上式两边同时乘以 $e^{-jm\Omega k}$，然后在一个周期内对 k 求和，得

$$\begin{aligned}\sum_{k=0}^{N-1}f_N(k)e^{-jm\Omega k}&=\sum_{k=0}^{N-1}e^{-jm\Omega k}\left[\sum_{n=0}^{N-1}C_n e^{jn\Omega k}\right]\\&=\sum_{n=0}^{N-1}C_n\left[\sum_{k=0}^{N-1}e^{j(n-m)\Omega k}\right]\end{aligned}$$

当 $n\neq m$ 时，$\sum_{k=0}^{N-1}e^{j(n-m)\Omega k}$ 的结果为0；当 $n=m$ 时，$\sum_{k=0}^{N-1}e^{j(n-m)\Omega k}$ 为非零值 N。于是上式变为

$$\sum_{k=0}^{N-1}f_N(k)e^{-jm\Omega k}=C_m N$$

因为 $n=m$，所以上式可写成

$$C_n=\frac{1}{N}\sum_{k=0}^{N-1}f_N(k)e^{-jn\Omega k}=\frac{1}{N}F_n$$

式中，F_n 叫作离散傅里叶系数，也叫作 $f_N(k)$ 的频谱系数。

$$F_n=\sum_{k=0}^{N-1}f_N(k)e^{-jn\Omega k} \tag{5-3}$$

将式(5-3)代入式(5-2)，得

$$f_N(k)=\frac{1}{N}\sum_{n=0}^{N-1}F_n e^{jn\Omega k} \tag{5-4}$$

式(5-4)即为周期序列的离散傅里叶级数。为了方便，令

$$W=e^{-j\Omega}=e^{-j\frac{2\pi}{N}} \tag{5-5}$$

则式(5-3)和式(5-4)可分别写为

$$F_n=\mathrm{DFS}[f_N(k)]=\sum_{k=0}^{N-1}f_N(k)W^{nk} \tag{5-6}$$

$$f_N(k)=\mathrm{IDFS}[F_n]=\frac{1}{N}\sum_{n=0}^{N-1}F_n W^{-nk} \tag{5-7}$$

式(5-6)称为离散傅里叶级数正变换，式(5-7)称为离散傅里叶级数逆变换，两者构成离散傅里叶级数(DFS)变换对。

通常 F_n 是一个关于 n 的复函数，用极坐标表示为

$$F_n=|F_n|e^{j\varphi_n} \tag{5-8}$$

可以证明，当 $f(k)$ 是实周期函数时，有 $F_n^*=F_{-n}$。即 F_n 的实部是关于 n 的偶函数，虚

部是关于 n 的奇函数;模 $|F_n|$ 是 n 的偶函数,相位 φ_n 是关于 n 的奇函数。这些结论与连续时间信号的傅里叶级数的情况完全一样。

由式(5-3)知,离散傅里叶系数 F_n 是以 N 为周期的,故只要知道 F_n 的一个周期,就可以按照式(5-4)迭加出周期信号 $f(k)$。通常将 F_n 中的 n 从 0 到 $N-1$ 取值的周期叫作 $f(k)$ 频谱的主值周期。

例题 5-1:已知周期矩形脉冲序列的波形如图 5-1(a)所示,求其离散傅里叶级数。

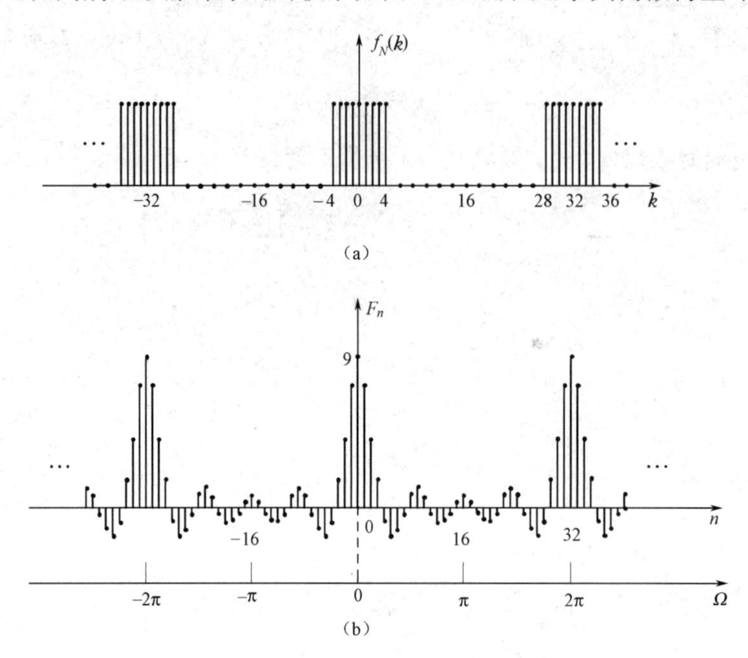

图 5-1 周期矩形脉冲序列及其频谱

解:从图 5-1 中可以看出,信号的周期为 $N=32$,其基频为 $\Omega=\frac{2\pi}{32}=\frac{\pi}{16}$。

为便于计算,选择计算区间为 $-16\leqslant k\leqslant 15$,因此有

$$f_N(k)=\frac{1}{32}\sum_{n=-16}^{15}F_n\mathrm{e}^{\mathrm{j}n\frac{\pi}{16}k}$$

其中,

$$F_n=\sum_{k=-16}^{15}f(k)\mathrm{e}^{-\mathrm{j}n\frac{\pi}{16}k}=\sum_{k=-4}^{4}\mathrm{e}^{-\mathrm{j}n\frac{\pi}{16}k}$$

这是一个公比为 $\mathrm{e}^{-\mathrm{j}n\frac{\pi}{16}}$ 的几何级数,因此有

$$F_n=\frac{\mathrm{e}^{-\mathrm{j}n\frac{5\pi}{16}}-\mathrm{e}^{\mathrm{j}n\frac{4\pi}{16}}}{\mathrm{e}^{-\mathrm{j}n\frac{\pi}{16}}-1}=\frac{\mathrm{e}^{-\mathrm{j}n\frac{0.5\pi}{16}}\left[\mathrm{e}^{-\mathrm{j}n\frac{4.5\pi}{16}}-\mathrm{e}^{\mathrm{j}n\frac{4.5\pi}{16}}\right]}{\mathrm{e}^{-\mathrm{j}n\frac{0.5\pi}{16}}\left[\mathrm{e}^{-\mathrm{j}n\frac{0.5\pi}{16}}-\mathrm{e}^{\mathrm{j}n\frac{0.5\pi}{16}}\right]}$$

$$=\frac{\sin\left(\frac{4.5\pi n}{16}\right)}{\sin\left(\frac{0.5\pi n}{16}\right)}=\frac{\sin(4.5\Omega n)}{\sin(0.5\Omega n)}$$

频谱如图 5-1(b)所示。

因此,

$$f_N(k)=\sum_{n=-16}^{15}\frac{1}{32}\frac{\sin(4.5\Omega n)}{\sin(0.5\Omega n)}e^{jn\frac{\pi}{16}k}$$

由图 5-1(b)可以看出周期矩形脉冲序列的频谱是离散的，而且是以 N 为周期的(对 Ω 而言是以 2π 为周期的)。

5.3　非周期序列的离散时间傅里叶变换及其性质

我们知道，如果周期序列的脉冲宽度不变而周期增大，其频谱的间隔将减小，但谱线的包络形状不变。当周期趋于无限大时，信号将变为非周期序列，其频谱也将成为连续频谱。为此，需要建立非周期离散信号的傅里叶表示，即离散时间傅里叶变换(DTFT)。离散时间傅里叶变换与通常所说的离散傅里叶变换(DFT)是不同的。下面将分别进行简单讨论。

5.3.1　离散时间傅里叶变换

当周期 $N\to\infty$ 时，周期序列 $f_N(k)$ 变为非周期的，F_n 的谱线间隔 $\Omega=\frac{2\pi}{N}$ 趋于无穷小，成为连续谱。同时，$n\Omega=n\frac{2\pi}{N}$ 趋于连续变量 θ (θ 为数字角频率，单位为 rad/s)，则式(5-3)可表示为

$$F(e^{j\theta})=\sum_{k=-\infty}^{\infty}f(k)e^{-jk\theta} \tag{5-9}$$

式(5-9)即为非周期序列的离散时间傅里叶变换。$F(e^{j\theta})$ 也叫作 $f(k)$ 的频谱密度函数。

周期序列的傅里叶级数展开式(5-4)可写为

$$f_N(k)=\frac{1}{N}\sum_{n=0}^{N-1}F_n e^{jn\Omega k}=\frac{1}{2\pi}\sum_{n=0}^{N-1}F_n e^{jn\frac{2\pi}{N}k}\cdot\frac{2\pi}{N}$$

当 $N\to\infty$ 时，$n\frac{2\pi}{N}\to\theta$，$\frac{2\pi}{N}\to d\theta$，$f_N(k)\to f(k)$，$F_n$ 则变换为 $F(e^{j\theta})$。

由于 n 的取值周期为 N，$n\frac{2\pi}{N}$ 的周期为 2π，所以当 $N\to\infty$ 时，上式的求和变为在 2π 区间内对 θ 的积分。因此，上式变为

$$f(k)=\frac{1}{2\pi}\int_{-\pi}^{\pi}F(e^{j\theta})e^{j\theta k}d\theta \tag{5-10}$$

式(5-10)即为非周期序列的离散时间傅里叶逆变换(IDTFT)。

序列 $f(k)$ 的离散时间傅里叶正变换和逆变换也可表示为

$$F(e^{j\theta})=\mathrm{DTFT}[f(k)]=\sum_{k=-\infty}^{\infty}f(k)e^{-j\theta k} \tag{5-11}$$

$$f(k)=\mathrm{IDTFT}[F(e^{j\theta})]=\frac{1}{2\pi}\int_{-\pi}^{\pi}F(e^{j\theta})e^{j\theta k}d\theta \tag{5-12}$$

离散时间傅里叶变换有以下几个重要特性。

(1) 傅里叶频谱 $F(e^{j\theta})$ 是 θ 的连续函数。

(2) $F(e^{j\theta})$ 是 θ 的周期函数，周期为 2π，即

$$F[\mathrm{e}^{\mathrm{j}(\theta+2\pi)}]=\sum_{k=-\infty}^{\infty}f(k)\mathrm{e}^{-\mathrm{j}k(\theta+2\pi)}=\sum_{k=-\infty}^{\infty}f(k)\mathrm{e}^{-\mathrm{j}k\theta}\mathrm{e}^{-\mathrm{j}2k\pi}=\sum_{k=-\infty}^{\infty}f(k)\mathrm{e}^{-\mathrm{j}k\theta}$$
$$=F(\mathrm{e}^{\mathrm{j}\theta})$$

造成离散时间信号频谱 $F(\mathrm{e}^{\mathrm{j}\theta})$ 周期性的原因是,在频率上相差 2π 整数倍的全部离散时间信号都是相同的。

(3) $F(\mathrm{e}^{\mathrm{j}\theta})$ 的共轭对称性。即

$$\mathrm{DTFT}[f^*(k)]=\sum_{k=-\infty}^{\infty}f^*(k)\mathrm{e}^{-\mathrm{j}k\theta}=F^*(\mathrm{e}^{-\mathrm{j}\theta})$$

也即

$$f^*(k)\leftrightarrow F^*(\mathrm{e}^{-\mathrm{j}\theta}) \tag{5-13}$$

对于实信号 $f(k)=f^*(k)$,有 $F(\mathrm{e}^{\mathrm{j}\theta})=F^*(\mathrm{e}^{-\mathrm{j}\theta})$,即 $F(\mathrm{e}^{\mathrm{j}\theta})$ 和 $F(\mathrm{e}^{-\mathrm{j}\theta})$ 共轭对称。

实信号 $f(k)$ 的频谱 $F(\mathrm{e}^{\mathrm{j}\theta})$ 一般是复函数,可写成

$$F(\mathrm{e}^{\mathrm{j}\theta})=|F(\mathrm{e}^{\mathrm{j}\theta})|\mathrm{e}^{\mathrm{j}\varphi(\theta)} \tag{5-14}$$

式中,$|F(\mathrm{e}^{\mathrm{j}\theta})|$ 叫作幅频特性,$\varphi(\theta)$ 叫作相频特性。

$|F(\mathrm{e}^{\mathrm{j}\theta})|$ 为 θ 的偶函数,$\varphi(\theta)$ 为 θ 的奇函数。

(4) DTFT 存在的条件:与连续时间信号的傅里叶变换一样,并不是所有的序列都存在离散时间傅里叶变换。离散时间傅里叶变换存在的充分条件是 $f(k)$ 要绝对可和,即

$$\sum_{k=-\infty}^{\infty}|f(k)|<\infty \tag{5-15}$$

5.3.2 常用信号的离散时间傅里叶变换

1. $f(k)=a^k u(k)$

根据式(5-11),可直接求得

$$F(\mathrm{e}^{\mathrm{j}\theta})=\sum_{k=-\infty}^{\infty}a^k u(k)\mathrm{e}^{-\mathrm{j}k\theta}=\sum_{k=0}^{\infty}(a\mathrm{e}^{-\mathrm{j}\theta})^k$$

这是一个公比为 $a\mathrm{e}^{-\mathrm{j}\theta}$ 的无穷几何级数。只要 $|a\mathrm{e}^{-\mathrm{j}\theta}|<1$,就有

$$F(\mathrm{e}^{\mathrm{j}\theta})=\frac{1}{1-a\mathrm{e}^{-\mathrm{j}\theta}},\ |a|<1 \tag{5-16}$$

其波形和频谱如图 5-2 所示。

2. 双边指数序列

$$f(k)=\begin{cases}a^k, & k>0\\ 0, & k=0\\ -a^{-k}, & k<0\end{cases}$$

根据式(5-11),可求得

$$F(\mathrm{e}^{\mathrm{j}\theta})=\sum_{k=-\infty}^{-1}(-a^{-k})\mathrm{e}^{-\mathrm{j}k\theta}+\sum_{k=1}^{\infty}a^k\mathrm{e}^{-\mathrm{j}k\theta}=-\sum_{k=1}^{\infty}(a\mathrm{e}^{\mathrm{j}\theta})^k+\sum_{k=1}^{\infty}(a\mathrm{e}^{-\mathrm{j}\theta})^k$$
$$=-\frac{a\mathrm{e}^{\mathrm{j}\theta}}{1-a\mathrm{e}^{\mathrm{j}\theta}}+\frac{a\mathrm{e}^{-\mathrm{j}\theta}}{1-a\mathrm{e}^{-\mathrm{j}\theta}}=\frac{-2\mathrm{j}a\sin\theta}{1-2a\cos\theta+a^2},\quad |a|<1 \tag{5-17}$$

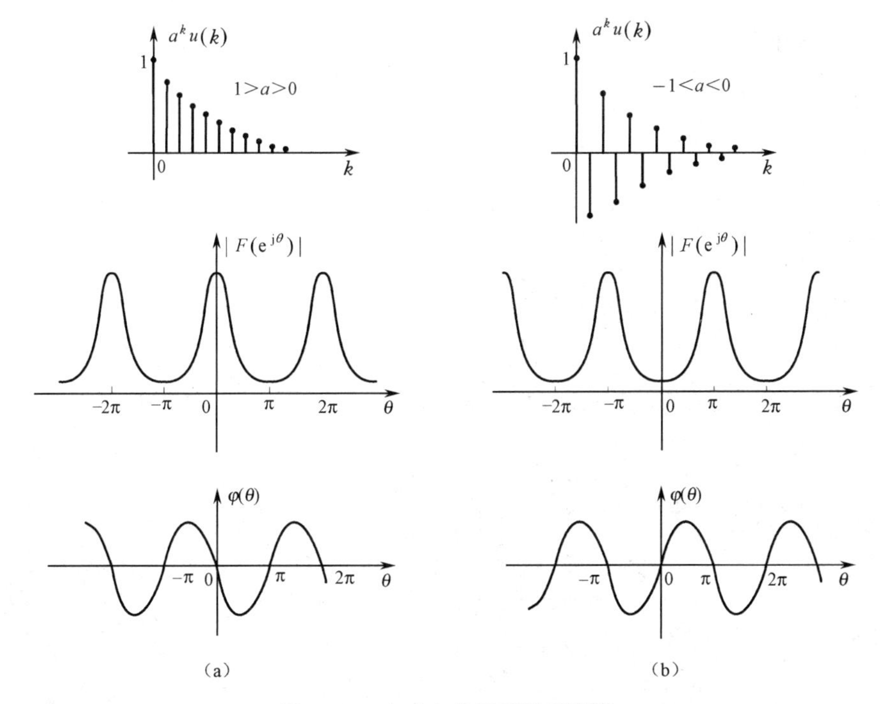

图 5-2　$a^k u(k)$ 的波形及其频谱

3. 单位脉冲序列 $\boldsymbol{\delta(k)}$

$$F(e^{j\theta})=\sum_{k=-\infty}^{\infty}\delta(k)e^{-jk\theta}=1 \tag{5-18}$$

$\delta(k)$ 的频谱为 1，说明单位脉冲序列包含所有的频率分量，且这些频率分量的幅度和相位都相同。

单位脉冲序列及其频谱如图 5-3 所示。

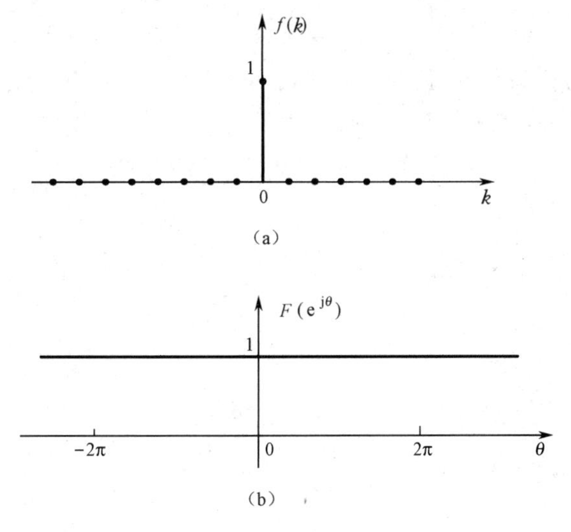

图 5-3　单位脉冲序列及其频谱

4. 矩形脉冲序列

$$f(k)=\begin{cases}1, & |k|\leqslant N_0\\ 0, & |k|>N_0\end{cases}$$

$f(k)$ 的波形如图 5-4(a)所示,其离散时间傅里叶变换为

$$F(\mathrm{e}^{\mathrm{j}\theta})=\sum_{k=-N_0}^{N_0}\mathrm{e}^{-\mathrm{j}k\theta}=\frac{\sin\left(N_0+\frac{1}{2}\right)\theta}{\sin\left(\frac{\theta}{2}\right)} \tag{5-19}$$

矩形脉冲序列的频谱如图 5-4(b)所示,这里取 $N_0=2$。

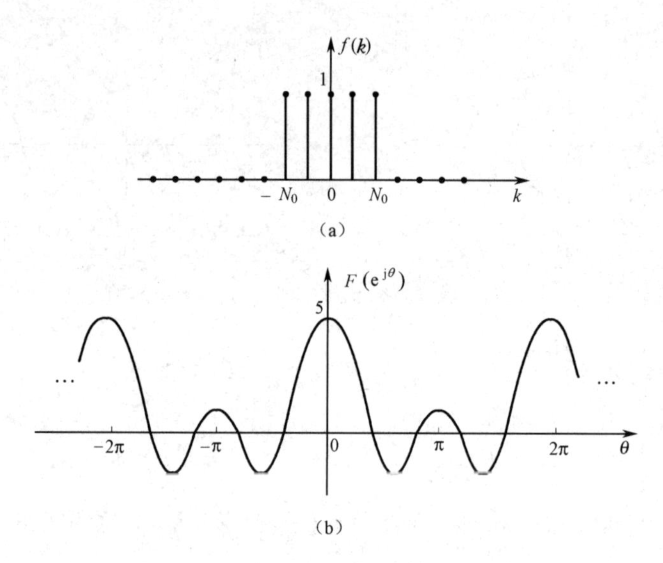

图 5-4　矩形脉冲序列及其频谱

5. $f(k)=1$

此序列不满足绝对可和条件,因此不能按式(5-11)直接求出其频谱。

由于连续信号"1"的频谱函数为 $2\pi\delta(\omega)$,所以 $f(k)=1$ 在频域上是以周期为 2π 的均匀冲激函数序列 $\sum\limits_{i=-\infty}^{\infty}\delta(\theta-2\pi i)$。利用式(5-12),可求出其对应的时域信号为

$$\frac{1}{2\pi}\int_{-\pi}^{\pi}\left[\sum_{i=-\infty}^{\infty}\delta(\theta-2\pi i)\right]\mathrm{e}^{\mathrm{j}\theta k}\,\mathrm{d}\theta=\frac{1}{2\pi}\int_{-\pi}^{\pi}\delta(\theta)\mathrm{e}^{\mathrm{j}\theta k}\,\mathrm{d}\theta=\frac{1}{2\pi}$$

即

$$\mathrm{DTFT}[1]=2\pi\sum_{i=-\infty}^{\infty}\delta(\theta-2\pi i) \tag{5-20}$$

序列 1 及其频谱如图 5-5 所示。

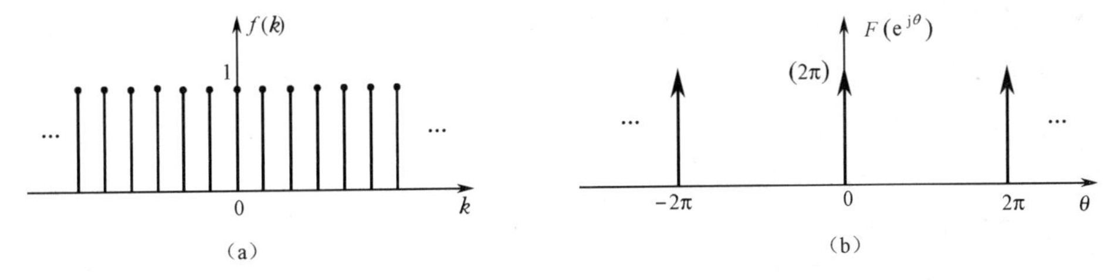

图 5-5　序列 1 及其频谱

6. 符号序列 sgn(k)

$$\operatorname{sgn}(k)=\begin{cases}-1, & k<0\\ 0, & k=0\\ 1, & k>0\end{cases}$$

符号序列也不满足绝对可和条件。

类似的，按照双边指数序列求极限的方法，可以求得其频谱为

$$\mathrm{DTFT}\left[\operatorname{sgn}(k)\right]=\frac{-\mathrm{j}\sin\theta}{1-\cos\theta} \tag{5-21}$$

7. 单位阶跃序列 $u(k)$

$$u(k)=\begin{cases}1, & k\geqslant 0\\ 0, & k<0\end{cases}$$

$u(k)$ 可表示为

$$u(k)=\frac{1}{2}\left[1+\operatorname{sgn}(k)+\delta(k)\right]$$

因此，其频谱为

$$\mathrm{DTFT}\left[u(k)\right]=\frac{1}{1-\mathrm{e}^{-\mathrm{j}\theta}}+\pi\sum_{i=-\infty}^{\infty}\delta(\theta-2\pi i) \tag{5-22}$$

5.3.3　离散时间傅里叶变换的性质

离散时间傅里叶变换的性质和连续时间傅里叶变换的性质有许多类似之处，也有明显的不同。下面简单给出结论。

需要说明的是，下面均用 $f(k)\leftrightarrow F(\mathrm{e}^{\mathrm{j}\theta})$ 表示离散时间傅里叶变换对。

1. 线性

若 $f_1(k)\leftrightarrow F_1(\mathrm{e}^{\mathrm{j}\theta})$，$f_2(k)\leftrightarrow F_2(\mathrm{e}^{\mathrm{j}\theta})$，则有

$$a_1f_1(k)+a_2f_2(k)\leftrightarrow a_1F_1(\mathrm{e}^{\mathrm{j}\theta})+a_2F_2(\mathrm{e}^{\mathrm{j}\theta}) \tag{5-23}$$

2. 对称性

若 $f(k)\leftrightarrow F(\mathrm{e}^{\mathrm{j}\theta})$，则有

$$F(\mathrm{e}^{\mathrm{j}t})\xrightarrow{\mathrm{CFS}}f(-n) \tag{5-24}$$

式中,CFS表示求 $F(e^{jt})$ 的连续时间傅里叶级数系数。即离散时间傅里叶变换与连续时间傅里叶级数之间的对称性。

3. 时移特性

若 $f(k)\leftrightarrow F(e^{j\theta})$,则有

$$f(k-k_0)\leftrightarrow e^{-j\theta k_0}F(e^{j\theta}) \tag{5-25}$$

4. 频移特性

若 $f(k)\leftrightarrow F(e^{j\theta})$,则有

$$e^{j\theta_0 k}f(k)\leftrightarrow F[e^{j(\theta-\theta_0)}] \tag{5-26}$$

5. 尺度变换

由于离散时间信号在时间上的离散性,所以不能像连续时间信号那样进行尺度变换,即其尺度变换性质与连续时间信号的情况不同。离散时间信号的尺度变换只是对长度变化而言,其实质是对序列进行抽取或插零。

定义一信号 $f_{(m)}(k)$,m 为整数,有

$$f_{(m)}(k)=\begin{cases} f\left(\dfrac{k}{m}\right), & k\text{ 是 }m\text{ 的整数倍} \\ 0, & k\text{ 不是 }m\text{ 的整数倍} \end{cases}$$

$f_{(m)}(k)$ 就是在 $f(k)$ 的每两个相邻点之间插入 $m-1$ 个零值而得到的,相当于将 $f(k)$ 在 k 轴进行了扩展。

若 $f(k)\leftrightarrow F(e^{j\theta})$,则有

$$f_{(m)}(k)\leftrightarrow F(e^{jm\theta}) \tag{5-27}$$

当 $m=-1$ 时,有

$$f(-k)\leftrightarrow F(e^{-j\theta}) \tag{5-28}$$

6. 频域微分

若 $f(k)\leftrightarrow F(e^{j\theta})$,则有

$$kf(k)\leftrightarrow j\frac{dF(e^{j\theta})}{d\theta} \tag{5-29}$$

7. 卷积特性

若 $f_1(k)\leftrightarrow F_1(e^{j\theta})$,$f_2(k)\leftrightarrow F_2(e^{j\theta})$,则有

时域卷积特性:

$$f_1(k)*f_2(k)\leftrightarrow F_1(e^{j\theta})\cdot F_2(e^{j\theta}) \tag{5-30}$$

频域卷积特性:

$$f_1(k)\cdot f_2(k)\leftrightarrow \frac{1}{2\pi}F_1(e^{j\theta})\circledast F_2(e^{j\theta}) \tag{5-31}$$

需要注意的是，由于 $F_1(e^{j\theta})$、$F_2(e^{j\theta})$ 均以 2π 为周期，故其卷积的结果仍然以 2π 为周期，称之为圆卷积。为区别一般的卷积，常用⊛表示它。

8. 帕塞瓦尔定理

若 $f(k)\leftrightarrow F(e^{j\theta})$，则有

$$\sum_{k=-\infty}^{\infty}|f(k)|^2=\frac{1}{2\pi}\int_{2\pi}|F(e^{j\theta})|^2\mathrm{d}\theta \tag{5-32}$$

该性质表明，信号总的能量等于在频域 2π 区间上每单位频率上的能量之和。

$|F(e^{j\theta})|^2$ 也叫作信号 $f(k)$ 的能量密度谱。

5.4　周期序列的离散时间傅里叶变换

任何一个周期序列都不满足绝对可和条件，因此不能按照定义式(5-11)来求其离散时间傅里叶变换。

前面已经知道，$f(k)=1$ 是一个周期信号，其对应的离散时间傅里叶变换为

$$\text{DTFT}[1]=2\pi\sum_{i=-\infty}^{\infty}\delta(\theta-2\pi i) \tag{5-33}$$

利用频移特性，可得复指数序列 $e^{j\Omega k}$ 的离散时间傅里叶变换为

$$\text{DTFT}[e^{j\Omega k}]=2\pi\sum_{i=-\infty}^{\infty}\delta(\theta-\Omega-2\pi i) \tag{5-34}$$

对于复指数序列 $e^{jn\Omega k}$ $\left(\Omega=\dfrac{2\pi}{N}\right)$，其对应的离散时间傅里叶变换为

$$\text{DTFT}[e^{jn\Omega k}]=2\pi\sum_{i=-\infty}^{\infty}\delta(\theta-n\Omega-2\pi i)$$

将周期序列 $e^{jn\Omega k}$ 的傅里叶级数展开，然后求展开式的离散时间傅里叶变换，可得

$$\begin{aligned}F(e^{j\theta})&=\sum_{n=0}^{N-1}2\pi F_n\sum_{i=-\infty}^{\infty}\delta(\theta-n\Omega-2\pi i)\\&=2\pi F_0\sum_{i=-\infty}^{\infty}\delta(\theta-2\pi i)+2\pi F_1\sum_{i=-\infty}^{\infty}\delta(\theta-\Omega-2\pi i)+\cdots\\&\quad+2\pi F_{N-1}\sum_{i=-\infty}^{\infty}\delta[\theta-(N-1)\Omega-2\pi i]\end{aligned} \tag{5-35}$$

在式(5-35)中，每项求和表示的冲激信号是以 2π 为周期的。

由于 F_n 是以 N 为周期的(对 θ 来说是以 2π 为周期的)，将 n 扩展到所有整数时，式(5-35)可写为

$$F(e^{j\theta})=2\pi\sum_{n=-\infty}^{\infty}F_n\delta(\theta-n\Omega)=2\pi\sum_{n=-\infty}^{\infty}F_n\delta\left(\theta-n\frac{2\pi}{N}\right) \tag{5-36}$$

式中，F_n 为周期序列 $f_N(k)$ 的离散时间傅里叶级数系数，N 为周期序列的周期。

例题 5-2：求离散时间信号 $f(k)=\cos\Omega k$ 的离散时间傅里叶变换。

解：当 $\dfrac{2\pi}{\Omega}$ 为有理数时，信号 $f(k)$ 为周期序列，由于

$$f(k)=\cos\Omega k=\frac{1}{2}(e^{j\Omega k}+e^{-j\Omega k})$$

所以其频谱为

$$F(e^{j\theta})=\pi\sum_{i=-\infty}^{\infty}[\delta(\theta-\Omega-2\pi i)+\delta(\theta+\Omega-2\pi i)]$$

其频谱如图 5-6 所示。

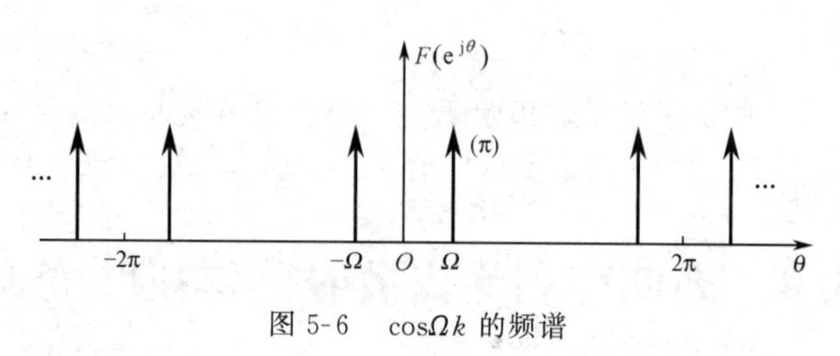

图 5-6 cosΩk 的频谱

5.5 离散傅里叶变换及其性质

离散时间信号的分析和处理主要是利用计算机来实现的。然而,由于序列 $f(k)$ 的离散时间傅里叶变换 $F(e^{j\theta})$ 是 θ 的连续周期函数,而其逆变换为积分运算,所以无法用计算机直接来实现。

借助于离散傅里叶级数的概念,把有限长序列作为周期离散信号的一个周期来处理,从而定义了离散傅里叶变换(DFT)。这样,在允许一定程度近似的条件下,有限长序列的离散时间傅里叶变换可以用计算机来实现。

前面已经介绍了四种形式的傅里叶变换,即非周期连续信号的傅里叶变换、周期连续信号的傅里叶变换、非周期离散信号的离散时间傅里叶变换、周期离散信号的离散时间傅里叶变换,从图 5-7 中可以看出这些信号与频谱之间的对应关系。

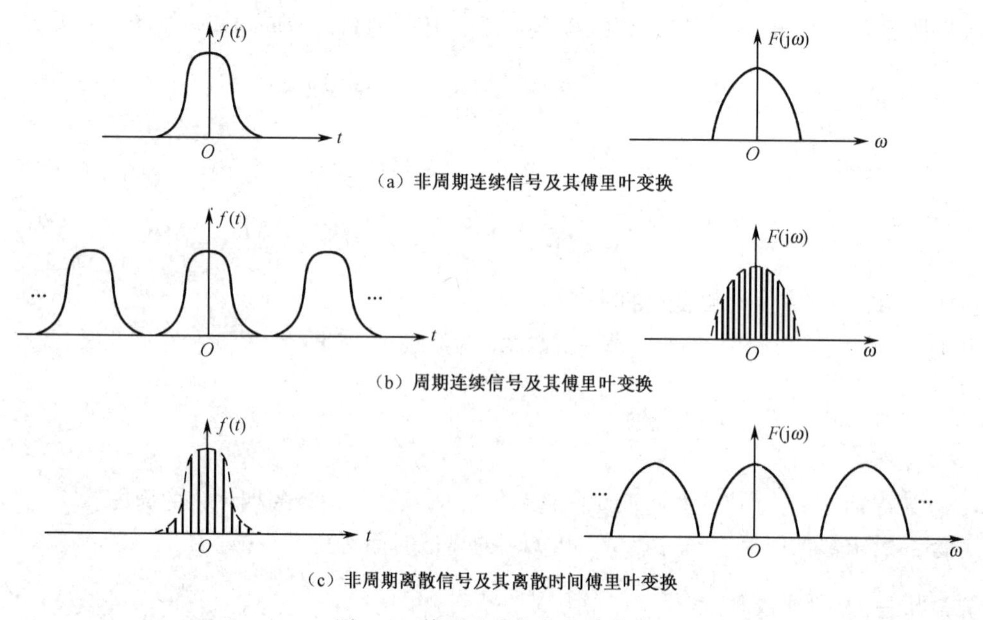

图 5-7 傅里叶变换的四种形式

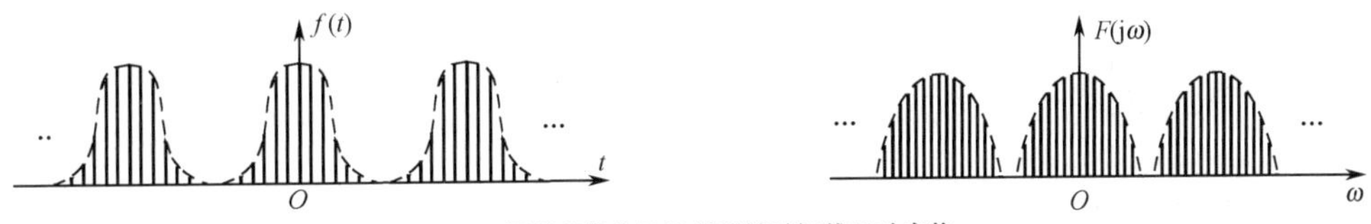

（d）周期离散信号及其离散时间傅里叶变换

图 5-7　傅里叶变换的四种形式(续)

5.5.1　离散傅里叶变换

设有限长序列 $f(k)$ 的长度为 N，则 $f(k)$ 的离散傅里叶变换及其逆变换分别定义为

$$F(n)=\mathrm{DFT}[f(k)]=\sum_{k=0}^{N-1}f(k)\mathrm{e}^{-\mathrm{j}\frac{2\pi}{N}kn}=\sum_{k=0}^{N-1}f(k)W^{kn},\quad 0\leqslant n\leqslant N-1 \tag{5-37}$$

$$f(k)=\mathrm{IDFT}[F(n)]=\frac{1}{N}\sum_{n=0}^{N-1}F(n)\mathrm{e}^{\mathrm{j}\frac{2\pi}{N}kn}=\frac{1}{N}\sum_{n=0}^{N-1}F(n)W^{-kn},\quad 0\leqslant k\leqslant N-1 \tag{5-38}$$

可以把 $f(k)$、$F(n)$ 分别看成 $f_N(k)$、$F_N(n)$ 的主值序列，这时 DFT 变换对和 DFS 变换对的表达式完全相同。

下面讨论有限长序列 $f(k)$ 的离散傅里叶变换 $F(n)$ 与其离散时间傅里叶变换 $F(\mathrm{e}^{\mathrm{j}\theta})$ 的关系。

由于把 $f(k)$ 看成 $f_N(k)$ 的主值序列，所以有

$$F(\mathrm{e}^{\mathrm{j}\theta})=\sum_{k=0}^{N-1}f(k)\mathrm{e}^{-\mathrm{j}\theta k}$$

$$F(n)=F(\mathrm{e}^{\mathrm{j}\theta})\big|_{\theta=\frac{2\pi}{N}n}$$

即 $F(n)$ 是对 $F(\mathrm{e}^{\mathrm{j}\theta})$ 离散化的结果。$F(\mathrm{e}^{\mathrm{j}\theta})$ 是周期为 2π 的连续函数，$F(n)$ 是对 $F(\mathrm{e}^{\mathrm{j}\theta})$ 在 2π 的周期内进行 N 次均匀取样的样值。

例题 5-3：已知矩形脉冲 $f(k)$ 的波形如图 5-8(a)所示，求 $f(k)$ 的离散傅里叶变换(设 $N=10$)。

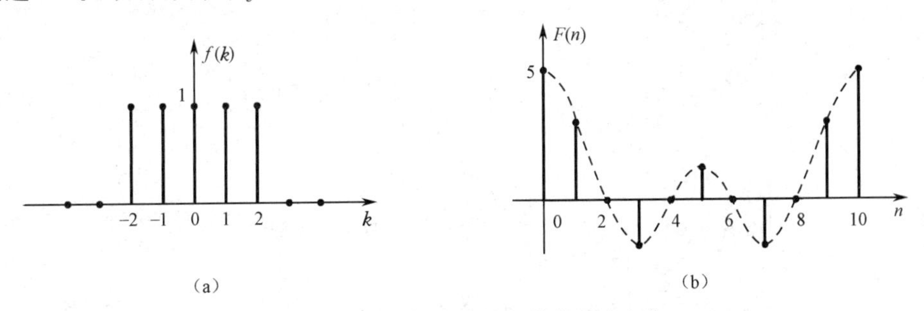

图 5-8　矩形脉冲及其离散傅里叶变换

解：根据定义，得

$$F(n)=\sum_{k=0}^{N-1}f(k)\mathrm{e}^{-\mathrm{j}\frac{\pi}{5}kn}=\sum_{k=-2}^{2}\mathrm{e}^{-\mathrm{j}\frac{\pi}{5}kn}=\frac{\mathrm{e}^{-\mathrm{j}\frac{2\pi}{5}n}-\mathrm{e}^{-\mathrm{j}\frac{3\pi}{5}n}}{1-\mathrm{e}^{-\mathrm{j}\frac{\pi}{5}n}}=\frac{\sin\left(\dfrac{\pi}{2}n\right)}{\sin\left(\dfrac{\pi}{10}n\right)}$$

离散频谱 $F(n)$ 如图 5-8(b)所示。

5.5.2 离散傅里叶变换的性质

1. 线性

若 $f_1(k)\leftrightarrow F_1(n)$、$f_2(k)\leftrightarrow F_2(n)$，则对于任意常数 a_1、a_2，有

$$a_1f_1(k)+a_2f_2(k)\leftrightarrow a_1F_1(n)+a_2F_2(n) \tag{5-39}$$

2. 对称性

若 $f(k)\leftrightarrow F(n)$，则有

$$\frac{1}{N}F(k)\leftrightarrow f(-n) \tag{5-40}$$

其含义与连续时间信号傅里叶变换的对称性类似。

3. 时移特性

在离散傅里叶变换中的时间位移采用“圆周移位”。

图 5-9(a)所示的有限长序列 $f(k)$，先将其周期延拓构成周期序列 $f_N(k)$，然后向右移动 m 位，得到时移序列 $f_N(k-m)$，如图 5-9(c)所示，最后取 $f_N(k-m)$ 的主值，这样就得到了有限长序列 $f(k)$ 的圆周移位序列，如图 5-9(d)所示。图 5-9(b)表示序列 $f(k)$一般意义上的移位。

将序列 $f(k)$ 圆周移 m 位一般写成

$$f((k-m))_NG_N(k)$$

式中，$f((k-m))_N$ 表示对 $f(k)$ 进行圆周移位 m 位，$G_N(k)$ 表示长度为 N 的矩形脉冲序列，即 $G_N(k)=u(k)-u(k-N)$。

圆周移位也叫作循环移位。

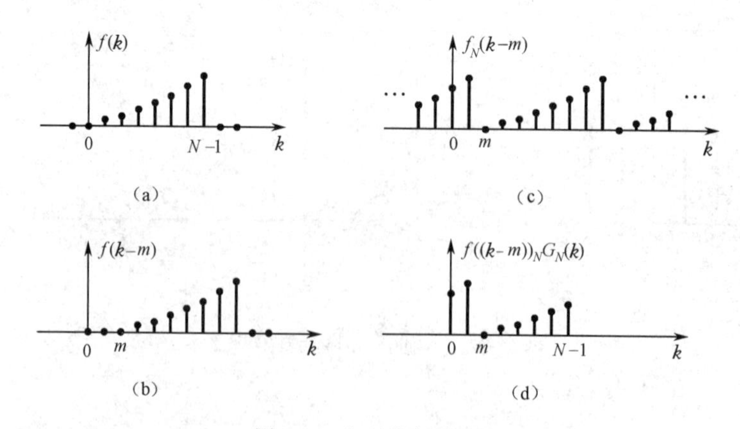

图 5-9 序列的各种移位

时移特性定理为：

若 $f(k)\leftrightarrow F(n)$，则有

$$f((k-m))_N G_N(k) \leftrightarrow W^{mn} F(n) \tag{5-41}$$

式(5-41)表明，对 $f(k)$ 进行圆周移位 m 位后，其 DFT 是将 $F(n)$ 乘上相移因子 W^{mn}。

4. 频移特性

若 $f(k) \leftrightarrow F(n)$，则有

$$f(k) W^{-lk} \leftrightarrow F((n-l))_N G_N(n) \tag{5-42}$$

与连续时间信号类似，频移特性可以实现调制信号的频谱搬移，因此也称为“调制定理”。

5. 时域圆卷积定理

第 1 章中介绍了两个序列的卷积和(称为线卷积)。这里讨论一下圆卷积(也叫作循环圆卷积)的求法。

若有限长序列 $f_1(k)$ 和 $f_2(k)$ 的长度相等，均为 N。则圆卷积的定义为

$$f_1(k) \circledast f_2(k) = \sum_{i=0}^{N-1} f_1(i) f_2((k-i))_N = \sum_{i=0}^{N-1} f_2(i)(f_1(k-i))_N \tag{5-43}$$

由于式(5-43)圆卷积的取值在主值区间，即 $0 \leqslant i \leqslant N-1$，所以圆卷积的结果仍然是长度为 N 的有限长序列。

如果两序列的长度不相等，可将长度较短的序列补上一些零值点，构成两个长度相等的序列，然后再做圆卷积。圆卷积的图解步骤也可以按反褶、圆移、求和的步骤进行。

例题 5-4: 图 5-10 所示两序列 $f_1(k)$ 与 $f_2(k)$，分别画出其线卷积和圆卷积的波形。

解：根据线卷积和圆卷积的定义，可得。

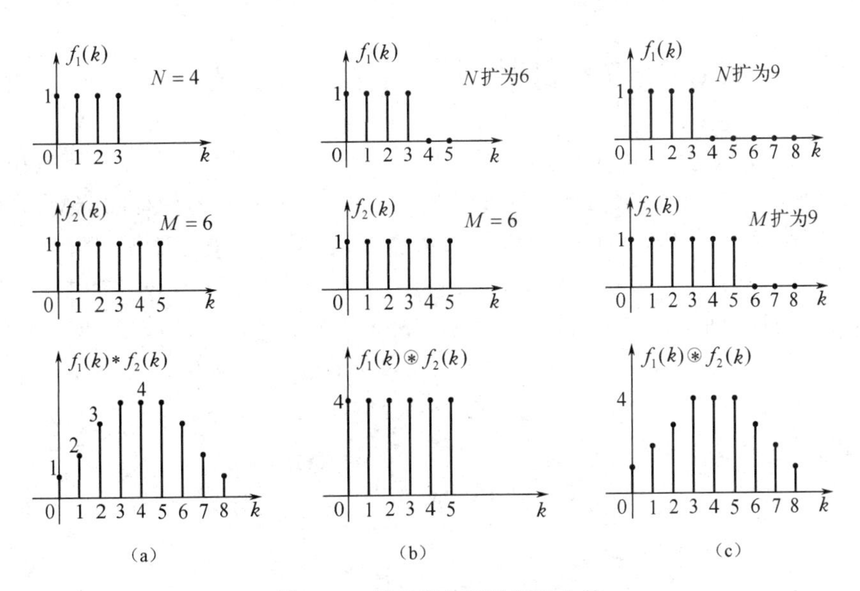

图 5-10　线卷积与圆卷积的比较

线卷积是系统分析的重要方法，而圆卷积可以利用计算机进行运算。

为了借助圆卷积求线卷积，应使圆卷积的结果与线卷积的结果相同，可以采用补零的方法，使 $f_1(k)$ 和 $f_2(k)$ 的长度均为 $L \geqslant N+M-1$，如图 5-10(c)所示，这样使得做圆卷积时，

向右端移出的是零值,左端循环出现的也是零值,从而保证了圆卷积与线卷积的情况相同。

时域圆卷积定理为:

若 $f_1(k)\leftrightarrow F_1(n)$、$f_2(k)\leftrightarrow F_2(n)$,则有

$$f_1(k)\circledast f_2(k)\leftrightarrow F_1(n)F_2(n) \tag{5-44}$$

6. 频域圆卷积定理

若 $f_1(k)\leftrightarrow F_1(n)$、$f_2(k)\leftrightarrow F_2(n)$,则有

$$f_1(k)f_2(k)\leftrightarrow \frac{1}{N}F_1(n)\circledast F_2(n) \tag{5-45}$$

式(5-45)表明,时域中的 $f_1(k)$ 与 $f_2(k)$ 相乘对应于频域中 $F_1(n)$ 与 $F_2(n)$ 的圆卷积并乘以 $\frac{1}{N}$。

7. 帕塞瓦尔定理

若 $f(k)\leftrightarrow F(n)$,则有

$$\sum_{k=0}^{N-1}|f(k)|^2=\frac{1}{N}\sum_{n=0}^{N-1}|F(n)|^2 \tag{5-46}$$

若 $f(k)$ 为实序列,则有

$$\sum_{k=0}^{N-1}f^2(k)=\frac{1}{N}\sum_{n=0}^{N-1}|F(n)|^2 \tag{5-47}$$

称式(5-46)为帕塞瓦尔定理。它说明在一个频域带限之内,功率谱之和与信号的能量成比例。

5.6 LTI 离散时间系统的频域分析

在 LTI 连续时间系统的分析中,傅里叶变换法占有重要的地位。它不仅可以用来分析系统的频谱,为信号的进一步加工处理提供理论根据,还可以用来求解系统的响应,在频域里对系统的特性进行分析。同样,在 LTI 离散时间系统中,利用离散信号的傅里叶变换也可以使系统的分析变得比较简便。

设某 LTI 离散时间系统,其单位序列响应为 $h(k)$,则其零状态响应 $y_{zs}(k)$ 可表示为

$$y_{zs}(k)=f(k)*h(k)$$

设 $f(k)\leftrightarrow F(e^{j\theta})$,$h(k)\leftrightarrow H(e^{j\theta})$,$y_{zs}(k)\leftrightarrow Y_{zs}(e^{j\theta})$。

根据离散傅里叶变换的卷积性质,有

$$Y_{zs}(e^{j\theta})=F(e^{j\theta})H(e^{j\theta}) \tag{5-48}$$

所以

$$H(e^{j\theta})=\frac{Y_{zs}(e^{j\theta})}{F(e^{j\theta})} \tag{5-49}$$

$H(e^{j\theta})$ 称为离散时间系统的频率响应。

式(5-48)表明,LTI 离散时间系统的作用可以理解为按其频率响应 $H(e^{j\theta})$ 的特性,改变输入信号中各频率分量的幅度大小和相位。在离散时间系统中,$H(e^{j\theta})$ 可以完全表征系统的特性。

LTI 离散时间系统的频率响应关系如图 5-11 所示。

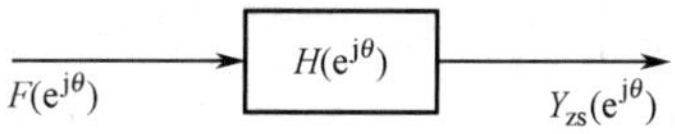

图 5-11　LTI 离散时间系统的频率响应关系

$H(\mathrm{e}^{\mathrm{j}\theta})$ 通常为复函数，可以用极坐标表示。即有

$$H(\mathrm{e}^{\mathrm{j}\theta}) = |H(\mathrm{e}^{\mathrm{j}\theta})|\mathrm{e}^{\mathrm{j}\varphi(\theta)} \tag{5-50}$$

式中，$|H(\mathrm{e}^{\mathrm{j}\theta})|$ 叫作系统的幅频特性，用于表征系统对输入信号的放大特性；$\varphi(\theta)$ 叫作系统的相频特性，用于表征系统对输入信号的延时特性。

例题 5-5：某 LTI 离散时间系统，初始状态为零，其差分方程为

$$y(k) - \frac{3}{4}y(k-1) + \frac{1}{8}y(k-2) = 2f(k)$$

求系统的频率响应和单位序列响应。

解：将方程两边取离散时间傅里叶变换，得

$$Y_{zs}(\mathrm{e}^{\mathrm{j}\theta}) - \frac{3}{4}\mathrm{e}^{-\mathrm{j}\theta}Y_{zs}(\mathrm{e}^{\mathrm{j}\theta}) + \frac{1}{8}\mathrm{e}^{-2\mathrm{j}\theta}Y_{zs}(\mathrm{e}^{\mathrm{j}\theta}) = 2F(\mathrm{e}^{\mathrm{j}\theta})$$

整理得系统的频率响应为

$$H(\mathrm{e}^{\mathrm{j}\theta}) = \frac{Y_{zs}(\mathrm{e}^{\mathrm{j}\theta})}{F(\mathrm{e}^{\mathrm{j}\theta})} = \frac{2}{1 - \frac{3}{4}\mathrm{e}^{-\mathrm{j}\theta} + \frac{1}{8}\mathrm{e}^{-2\mathrm{j}\theta}}$$

将 $H(\mathrm{e}^{\mathrm{j}\theta})$ 部分分式展开，得

$$H(\mathrm{e}^{\mathrm{j}\theta}) = \frac{2}{1 - \frac{3}{4}\mathrm{e}^{-\mathrm{j}\theta} + \frac{1}{8}\mathrm{e}^{-2\mathrm{j}\theta}} = \frac{4}{1 - \frac{1}{2}\mathrm{e}^{-\mathrm{j}\theta}} - \frac{2}{1 - \frac{1}{4}\mathrm{e}^{-\mathrm{j}\theta}}$$

对上式求离散时间傅里叶逆变换，得

$$h(k) = 4\left(\frac{1}{2}\right)^k u(k) - 2\left(\frac{1}{4}\right)^k u(k)$$

习　　题

5-1　求下列离散周期信号的傅里叶系数。

(1) $f(k) = \sin\left[\frac{(k-1)\pi}{6}\right]$

(2) $f(k) = (0.5)^k$，$(0 \leqslant k \leqslant 3)$，周期 $N = 4$

5-2　已知周期序列

$$f_N(k) = \begin{cases} 10, & 2 \leqslant k \leqslant 6 \\ 0, & k = 0,1,7,8,9 \end{cases}$$

其周期为 $N = 10$，试求 $F_n = \mathrm{DFS}[f_N(k)]$，并画出 F_n 的幅度和相位特性。

5-3　两个有限长序列 $f_1(k)$、$f_2(k)$ 如图 5-12 所示，求圆卷积 $f_1(k) \circledast f_2(k)$。

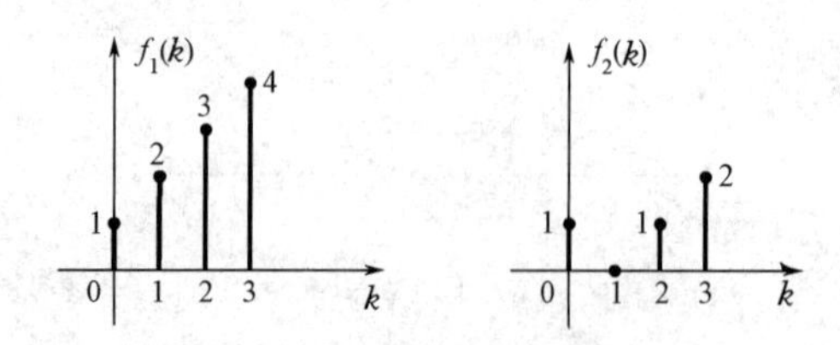

图 5-12　习题 5-3 的图

5-4　有限长序列 $f(k)$ 如图 5-13 所示，画出下列信号的波形图。

(1) $f_1(k)=f((k-2))_4G_4(k)$

(2) $f_2(k)=f((-k))_4G_4(k)$

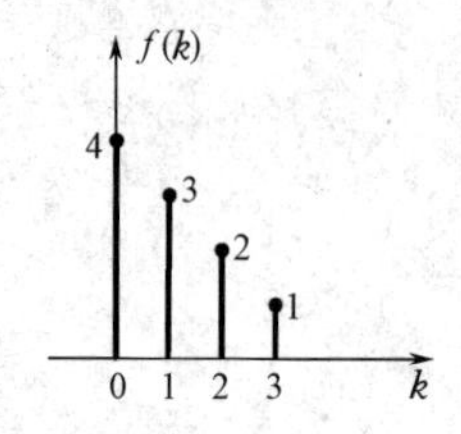

图 5-13　习题 5-4 的图

5-5　有限长序列 $f_1(k)$、$f_2(k)$ 如图 5-14 所示。

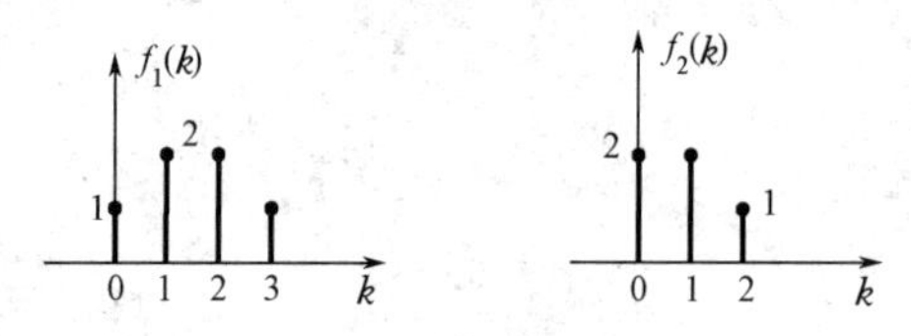

图 5-14　习题 5-5 的图

(1) 求 $f_1(k)$ 与 $f_2(k)$ 的线卷积 $f_1(k)*f_2(k)$。

(2) 求 $N=4$ 时的 $f_1(k)$ 与 $f_2(k)$ 的圆卷积 $f_1(k)\circledast f_2(k)$。

(3) 求 $N=5$ 时的 $f_1(k)$ 与 $f_2(k)$ 的圆卷积 $f_1(k)\circledast f_2(k)$。

(4) 若要使 $f_1(k)$ 与 $f_2(k)$ 的圆卷积与线卷积的结果相同，求长度 L 的最小值。

5-6　求下列序列的离散时间傅里叶变换(DTFT)。

(1) $f(k)=u(k)-u(k-6)$

(2) $f(k)=k[u(k)-u(k-4)]$

(3) $f(k)=(0.5)^k u(k)$

5-7　有限长序列 $f(k)$ 表达式为

$$f(k)=\{\underset{\substack{\uparrow\\ k=0}}{1}\quad 2\quad -1\quad 3\}$$

求 $f(k)$ 的离散傅里叶变换(DFT)，并由所得的结果验证离散傅里叶逆变换(IDFT)。

5-8　求下列有限长序列的 DFT，并表示成闭合的形式。

(1) $f(k)=\delta(k)$

(2) $f(k)=\delta(k-k_0)$，$0<k_0<N$

(3) $f(k)=a^kG_N(k)$

(4) $f(k)=1$

5-9　若已知实数有限长序列 $f_1(k)$ 与 $f_2(k)$，其长度均为 N，且

$$\text{DFT}[f_1(k)]=F_1(n),\quad \text{DFT}[f_2(k)]=F_2(n)$$

$$f_1(k)+\mathrm{j}f_2(k)=f(k),\quad \text{DFT}[f(k)]=F(n)$$

证明下列关系式成立：

$$F_1(n)=\frac{1}{2}[F(n)+F^*(N-n)]$$

$$F_2(n)=\frac{1}{2\mathrm{j}}[F(n)-F^*(N-n)]$$

5-10　已知有限长序列 $f(k)$，$\text{DFT}[f(k)]=F(n)$，利用频移定理求：

(1) $\text{DFT}\left[f(k)\cos\left(\frac{2\pi lk}{N}\right)\right]$

(2) $\text{DFT}\left[f(k)\sin\left(\frac{2\pi lk}{N}\right)\right]$

5-11　已知两有限长序列 $f_1(k)$ 与 $f_2(k)$ 分别为

$$f_1(k)=\cos\left(\frac{2\pi k}{N}\right)G_N(k),\quad f_2(k)=\sin\left(\frac{2\pi k}{N}\right)G_N(k)$$

用直接卷积和 DFT 两种方法分别求：

(1) $f_1(k)\circledast f_2(k)$

(2) $f_1(k)\circledast f_1(k)$

(3) $f_2(k)\circledast f_2(k)$（圆卷积长度仍取 N 点循环）

5-12　已知 $f(k)=G_N(k)$，求 $F_n=\text{DFT}[f(k)]$，并利用所得的结果验证帕塞瓦尔定理。

5-13　利用 DFT 的对称性质，证明若 $\text{DFT}[f(k)]=F_n$，则 $\text{DFT}[F(k)]=Nf((-n))_NG_N(n)$。

5-14　简述圆周卷积与线性卷积之间的关系，它们各自有什么用途？

5-15　简述 DFS、DTFT 和 DFT 的联系和区别。

5-16　工程上使用 DFT 分析连续时间信号的频谱时，往往要将时间信号截短，用截短后的信号分析得到的频谱与不截断的原信号的频谱是有差别的，该差别是如何引起的？如何减小这些差别？

第6章　拉普拉斯变换及连续系统的s域分析

本章要点

- 拉普拉斯变换的定义、收敛域
- 拉普拉斯变换的性质
- 拉普拉斯逆变换
- 系统的复频域分析
- 系统函数
- 信号流图、梅森公式

6.1　引　　言

第4章讨论了连续时间信号的傅里叶变换及其系统的频域分析，但并非所有信号都能直接进行傅里叶变换。只有当函数 $f(t)$ 满足狄里赫利条件时，才存在一对傅里叶变换，即

$$F(\mathrm{j}\omega)=\int_{-\infty}^{\infty} f(t)\mathrm{e}^{-\mathrm{j}\omega t}\mathrm{d}t \tag{6-1}$$

$$f(t)=\frac{1}{2\pi}\int_{-\infty}^{\infty} F(\mathrm{j}\omega)\mathrm{e}^{\mathrm{j}\omega t}\mathrm{d}\omega \tag{6-2}$$

有些信号，如单位阶跃函数 $u(t)$、符号函数 $\mathrm{sgn}(t)$、周期信号等，不满足绝对可积条件，因此不能用式(6-1)直接求出它们的傅里叶变换，但可以改用别的方法求得。还有一些函数，如单边指数增长函数 $\mathrm{e}^{\alpha t}u(t)(\alpha>0)$，则根本不存在傅里叶变换。为了扩大可变换的信号的范围，引入连续时间信号的另一种变换——拉普拉斯(Laplace)变换，简称拉氏变换。实际中遇到的信号都存在拉普拉斯变换。

拉普拉斯变换可理解为一种广义的傅里叶变换，即傅里叶变换是将时间信号 $f(t)$ 分解为无穷多项指数信号 $\mathrm{e}^{\mathrm{j}\omega t}$ 之和，而拉普拉斯变换是将 $f(t)$ 分解为无穷多项复指数信号 e^{st} 之和，其中，$s=\sigma+\mathrm{j}\omega$ 为复频率。

拉普拉斯变换分析法是分析线性时不变连续系统的有力工具，它可以把微分方程变换成代数方程，并且自动引入起始状态，求出系统的零输入响应、零状态响应和全响应。而利用傅里叶变换法只能求出系统的零状态响应，不能求出零输入响应，若要求零输入响应，则需采用别的方法。拉普拉斯变换还可以把时域中两函数的卷积运算转换成复频域中两函数的乘法运算。由于在拉普拉斯变换中采用了更一般化的复指数信号 e^{st} 作为基本信号，所以拉普拉斯变换分析法可以用于一些傅里叶变换不能应用的重要方面。

6.2　拉普拉斯变换

6.2.1　拉普拉斯变换的定义

对于很多函数 $f(t)$，不便于用式(6-1)求其傅里叶变换，这通常是因为 $t\to\infty$ 时 $f(t)$ 不趋于零。如果引入一个衰减因子 $\mathrm{e}^{-\sigma t}$（σ 为实常数），使它与 $f(t)$ 相乘，再适当选取 σ 的值，就可以使乘积信号 $f(t)\mathrm{e}^{-\sigma t}$ 得以收敛，绝对可积条件也就容易满足，从而可以求出 $f(t)\mathrm{e}^{-\sigma t}$ 的傅里叶变换。计算过程如下：

$$\mathscr{F}[f(t)\mathrm{e}^{-\sigma t}]=\int_{-\infty}^{\infty}f(t)\mathrm{e}^{-\sigma t}\mathrm{e}^{-\mathrm{j}\omega t}\mathrm{d}t=\int_{-\infty}^{\infty}f(t)\mathrm{e}^{-(\sigma+\mathrm{j}\omega)t}\mathrm{d}t$$

上式的积分结果是$(\sigma+\mathrm{j}\omega)$的函数，令其为 $F(\sigma+\mathrm{j}\omega)$，即

$$F(\sigma+\mathrm{j}\omega)=\int_{-\infty}^{\infty}f(t)\mathrm{e}^{-(\sigma+\mathrm{j}\omega)t}\mathrm{d}t \tag{6-3}$$

利用傅里叶逆变换公式，可得

$$f(t)\mathrm{e}^{-\sigma t}=\frac{1}{2\pi}\int_{-\infty}^{\infty}F(\sigma+\mathrm{j}\omega)\mathrm{e}^{\mathrm{j}\omega t}\mathrm{d}\omega$$

整理得

$$f(t)=\frac{1}{2\pi}\int_{-\infty}^{\infty}F(\sigma+\mathrm{j}\omega)\mathrm{e}^{(\sigma+\mathrm{j}\omega)t}\mathrm{d}\omega \tag{6-4}$$

令 $s=\sigma+\mathrm{j}\omega$，其中 σ 为常数，代入式(6-3)、式(6-4)得

$$F(s)=\int_{-\infty}^{\infty}f(t)\mathrm{e}^{-st}\mathrm{d}t \tag{6-5}$$

$$f(t)=\frac{1}{2\pi\mathrm{j}}\int_{\sigma-\mathrm{j}\infty}^{\sigma+\mathrm{j}\infty}F(s)\mathrm{e}^{st}\mathrm{d}s \tag{6-6}$$

式(6-5)、式(6-6)称为双边拉普拉斯变换对。

$F(s)$称为 $f(t)$的双边拉普拉斯变换（或象函数），$f(t)$称为 $F(s)$的双边拉普拉斯逆变换（或原函数）。

从上述过程可以看出，$F(s)$是信号 $f(t)$的双边拉普拉斯变换，是信号 $f(t)\mathrm{e}^{-\sigma t}$ 的傅里叶变换，因此可以将 $F(s)$看成 $f(t)$的广义傅里叶变换。所谓的广义，是指把 $f(t)$乘以 $\mathrm{e}^{-\sigma t}$之后再进行傅里叶变换，$f(t)\mathrm{e}^{-\sigma t}$ 比较容易满足绝对可积条件，这就使得许多原本不存在傅里叶变换的信号存在广义傅里叶变换，即双边拉普拉斯变换，从而扩大了信号变换的范围。

在实际问题中，由于遇到的信号总是因果信号，令信号的初始时刻为零，即 $t<0$ 时，$f(t)=0$，所以式(6-5)可改写为

$$F(s)=\int_{0_-}^{\infty}f(t)\mathrm{e}^{-st}\mathrm{d}t \tag{6-7}$$

式(6-7)中，$F(s)$称为 $f(t)$的单边拉普拉斯变换（或象函数），记为 $\mathscr{L}[f(t)]$。将其逆变换式(6-6)记为 $\mathscr{L}^{-1}[F(s)]$。

二者之间的关系也简记为

$$f(t)\leftrightarrow F(s)$$

式(6-7)中，积分下限取为 0_-，是考虑到 $f(t)$中可能包含 $\delta(t)$，$\delta'(t)$，…等奇异函数，今后

未注明的 $t=0$ 均指 0_-。

可以看出,拉普拉斯变换与傅里叶变换的定义形式是相似的。傅里叶变换是将信号 $f(t)$ 分解为无限多个频率为 ω、复振幅为$\dfrac{F(\mathrm{j}\omega)}{2\pi}\mathrm{d}\omega$ 的指数分量 $\mathrm{e}^{\mathrm{j}\omega t}$之和,而拉普拉斯变换则是把信号$f(t)$分解为无限多个复频率为 $s(s=\sigma+\mathrm{j}\omega)$、复振幅为$\dfrac{F(s)}{2\pi\mathrm{j}}\mathrm{d}s$ 的复指数分量 e^{st}之和。

两者的基本区别在于:傅里叶变换将时间函数 $f(t)$变换为频率函数 $F(\mathrm{j}\omega)$或作相反变换,其中变量 t 和 ω 都是实数;而拉普拉斯变换是将时间函数 $f(t)$变换为复变函数 $F(s)$或作相反变换,其变量 s 为复数,一般称 s 域为"复频域"。概括地说,傅里叶变换是时域与频域之间的对应关系,而拉普拉斯变换是时域与复频域(s 域)之间的对应关系。

目前,应用最广泛的是单边拉普拉斯变换,因此常简称它为拉普拉斯变换。本书主要讨论单边拉普拉斯变换。

6.2.2　拉普拉斯变换的收敛域

先来了解一下有关复频率平面的知识。

以复频率 $s=\sigma+\mathrm{j}\omega$ 的实部 σ 和虚部 $\mathrm{j}\omega$ 为相互垂直的坐标轴构成的平面,叫作复频率平面,简称为 s 平面。

s 平面上有三个区域:$\mathrm{j}\omega$ 轴以左的区域为左半开平面;$\mathrm{j}\omega$ 轴以右的区域为右半开平面;$\mathrm{j}\omega$ 轴本身也是一个区域,它是右半开平面和左半开平面的分界轴。

如前所述,函数 $f(t)$乘以收敛因子 $\mathrm{e}^{-\sigma t}$后,所得的时间函数 $\mathrm{e}^{-\sigma t}f(t)$有可能满足绝对可积条件。至于能否满足该条件,还取决于 $f(t)$的特性和 σ 的取值。也就是说,并不是对所有的 σ 值,函数 $f(t)$都存在拉普拉斯变换,只有 σ 的取值在一定的范围内,$\mathrm{e}^{-\sigma t}f(t)$是收敛的,$f(t)$才存在拉普拉斯变换。

通常把使得 $\mathrm{e}^{-\sigma t}f(t)$满足绝对可积条件的 σ 的取值范围叫作拉普拉斯变换的收敛域(Region of Convergence),简记为 ROC。在 s 平面上常用阴影部分来表示 ROC。在收敛域内,函数的拉普拉斯变换存在;在收敛域以外,函数的拉普拉斯变换不存在。

下面来讨论单边拉普拉斯变换的收敛域。

若 $f(t)$为因果函数,若满足条件

$$\lim_{t\to\infty}\left|f(t)\mathrm{e}^{-\sigma t}\right|=0,\quad \sigma>\sigma_0 \tag{6-8}$$

则收敛域为 $\sigma>\sigma_0$,在此收敛域内 $F(s)$存在。

σ_0 的取值与函数 $f(t)$的性质有关。根据 σ_0 的值,可以把 s 平面划分为两个区域,如图 6-1 所示。σ_0 称为收敛坐标,过 σ_0 的垂直线称为收敛轴或收敛边界。

下面通过具体的例题说明拉普拉斯变换的收敛域。

例题 6-1:$f_1(t)=\mathrm{e}^{\alpha t}u(t)$($\alpha$ 为实数),求其拉普拉斯变换及其收敛域。

解:将 $f_1(t)$代入到式(6-5)中,得

$$F_1(s)=\int_{-\infty}^{\infty}\mathrm{e}^{\alpha t}u(t)\mathrm{e}^{-st}\,\mathrm{d}t=\int_0^{\infty}\mathrm{e}^{\alpha t}\mathrm{e}^{-st}\,\mathrm{d}t=\left.\frac{\mathrm{e}^{-(s-\alpha)t}}{-(s-\alpha)}\right|_0^{\infty}$$

$$=\begin{cases}\dfrac{1}{s-\alpha}, & \mathrm{Re}[s]=\sigma>\alpha\\ \text{不定}, & \sigma=\alpha\\ \text{无界}, & \sigma<\alpha\end{cases}$$

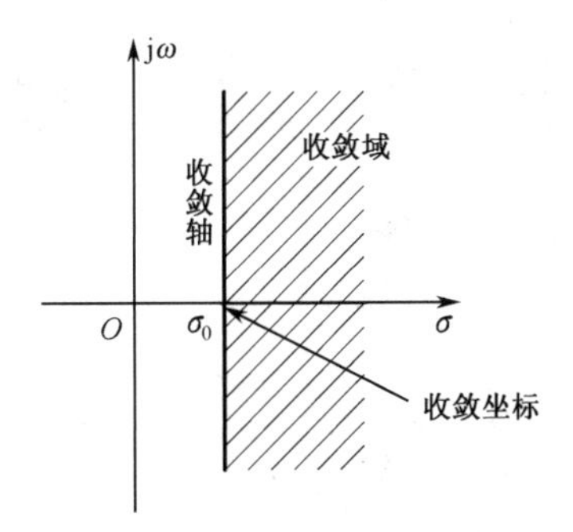

图 6-1　收敛域的划分

由此可见，对于因果信号 $f_1(t)$，仅当 $\text{Re}[s]=\sigma>\alpha$ 时，拉普拉斯变换存在，其收敛域如图 6-2 所示。

例题 6-2： $f_2(t)=e^{\beta t}u(-t)$（β 为实数），求其拉普拉斯变换及收敛域。

解：将 $f_2(t)$ 代入式(6-5)，得

$$F_2(s)=\int_{-\infty}^{\infty}e^{\beta t}u(-t)e^{-st}\,dt=\int_{-\infty}^{0}e^{\beta t}e^{-st}\,dt=\left.\frac{e^{-(s-\beta)t}}{-(s-\beta)}\right|_{-\infty}^{0}$$

$$=\begin{cases}\dfrac{-1}{s-\beta}, & \text{Re}[s]=\sigma<\beta\\ \text{不定}, & \sigma=\beta\\ \text{无界}, & \sigma>\beta\end{cases}$$

由此可见，对于反因果信号，仅当 $\text{Re}[s]=\sigma<\beta$ 时积分收敛，其收敛域如图 6-3 所示。

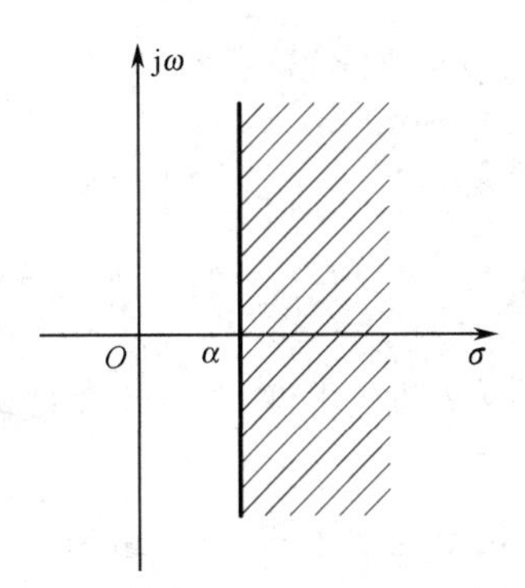

图 6-2　因果信号的收敛域

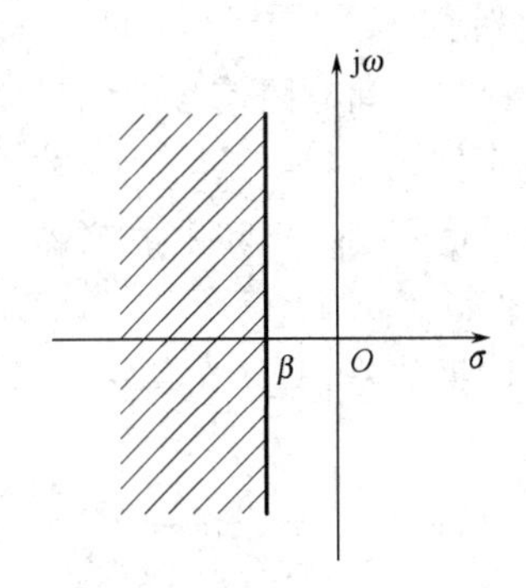

图 6-3　反因果信号的收敛域

下面讨论双边信号的收敛域。

若函数 $f(t)=\begin{cases}f_1(t), & t>0\\ f_2(t), & t<0\end{cases}$，则其双边拉普拉斯变换为

$$F(s)=\int_{0}^{\infty}f_1(t)e^{-st}\,dt+\int_{-\infty}^{0}f_2(t)e^{-st}\,dt=F_1(s)+F_2(s)$$

设 $F_1(s)$ 的收敛域为 $\text{Re}[s]>\alpha$，$F_2(s)$ 的收敛域为 $\text{Re}[s]<\beta$，则双边信号象函数 $F(s)$ 的收敛域为 $\alpha<\text{Re}[s]<\beta$，为一带状区域，如图 6-4 所示。

并且可见，仅在 $\alpha<\beta$ 时，象函数 $F(s)$ 存在。例如，双边信号 $f(t)=e^{-|t|}$，其象函数为

$\frac{-2}{s^2-1}$,收敛域为$-1<\mathrm{Re}[s]<1$;而双边信号 $f(t)=\mathrm{e}^{|t|}$ 就不存在拉普拉斯变换。

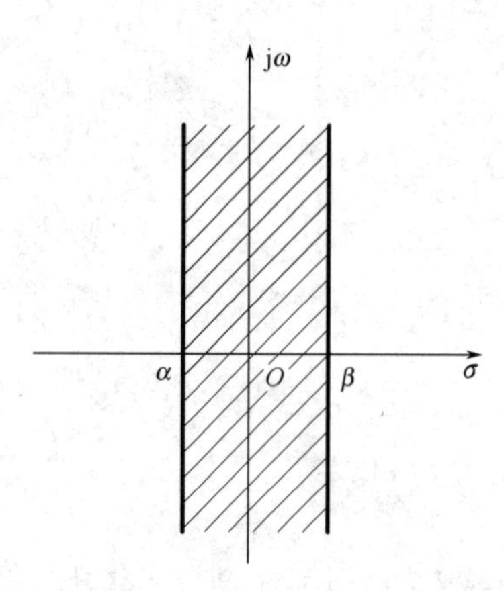

图 6-4　双边信号的收敛域

例题 6-3:求矩形脉冲信号 $f(t)=\begin{cases}1, & 0<t<\tau \\ 0, & \text{其他}\end{cases}$ 的象函数。

解:矩形脉冲信号 $f(t)$显然在区间$(0,\tau)$范围内可积,并且无论σ 取何值,都有$\lim\limits_{t\to\infty}f(t)\mathrm{e}^{-\sigma t}=0$,即收敛域为 $\mathrm{Re}[s]>-\infty$。

因此有

$$\mathscr{L}[f(t)]=\int_0^\tau \mathrm{e}^{-st}\mathrm{d}t=\frac{1-\mathrm{e}^{-s\tau}}{s}$$

从上面的例题可以看出,如果 $f(t)$仅在 $0\leqslant t<b<\infty$ 区间不等于零,而在此区间外为零[即 $f(t)$为可积的时间有限信号],则其象函数在整个 s 平面收敛。

综上所述可知:

- 对于因果信号 $f(t)$,其单边拉普拉斯变换和双边拉普拉斯变换相同,收敛域相同,均为 s 右半平面。
- 对于反因果信号,不存在单边拉普拉斯变换,其双边拉普拉斯变换的收敛域为 s 左半平面。
- 对于双边信号,其单边拉普拉斯变换和双边拉普拉斯变换不相等,收敛域也不相同。

也就是说,存在双边拉普拉斯变换的双边信号一定存在单边拉普拉斯变换。但存在单边拉普拉斯变换的双边信号,却不一定存在双边拉普拉斯变换(如 $\mathrm{e}^{\alpha t},-\infty<t<\infty$)。

单边拉普拉斯变换的收敛域只是双边拉普拉斯变换的一种特殊情况,而且单边拉普拉斯变换的象函数 $F(s)$与时域原函数 $f(t)$是一对一的变换。因此,在以后各节问题的讨论中,经常不标注单边拉普拉斯变换的收敛域。

6.2.3　拉普拉斯变换的零、极点表示

如果一个信号的拉普拉斯变换是复变量 s 的两个多项式之比,即

$$F(s)=\frac{B(s)}{A(s)}$$

式中，$B(s)$和 $A(s)$分别叫作 $F(s)$的分子多项式和分母多项式。

当 $F(s)$具有这种形式时，称为有理函数式。$B(s)=0$ 的根称为 $F(s)$的零点，在 s 平面上用"○"表示；$A(s)=0$ 的根称为$F(s)$的极点，在 s 平面上用"×"表示。用"○"和"×"表示零点和极点位置的图就叫作 $F(s)$的零、极点图。

在零、极点图中，标出$F(s)$的收敛域后，就得到拉普拉斯变换的几何表示。由于极点上的 $F(s)$为无穷大，所以收敛域内不包括任何极点。

例题 6-4：画出 $F(s)=\dfrac{s(s-1)^2}{(s+4)^3(s^2+4s+8)}$的零、极点图。

解：可以看出 $F(s)$的零点为 0，1(二阶)，极点为 -4(三阶)，$-2\pm \mathrm{j}2$。

其零、极点如图 6-5 所示，其中多重零、极点用括号标注，括号内的数字代表阶数。

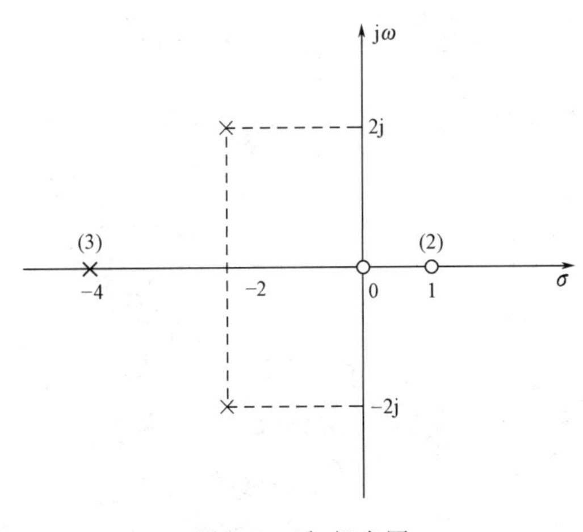

图 6-5　零、极点图

6.2.4　拉普拉斯变换与傅里叶变换的关系

拉普拉斯变换是从傅里叶变换推导而来的。由于单边拉普拉斯变换只对因果信号才有意义，所以下面仅简单讨论因果信号的拉普拉斯变换与其傅里叶变换之间的关系。

对于因果信号 $f(t)$，设其拉普拉斯变换 $F(s)$的收敛域为 $\mathrm{Re}[s]>\sigma_0$，下面根据 σ_0 的取值来简单分析。

1. $\sigma_0>0$，即收敛轴位于 s 右半平面

由于 $F(s)$的收敛域在虚轴以右，所以在 $s=\mathrm{j}\omega$(虚轴)处式(6-7)不收敛。也就是说，在这种情况下，$f(t)$的傅里叶变换不存在。例如，$f(t)=\mathrm{e}^{at}u(t)(a>0)$。

2. $\sigma_0<0$，即收敛轴位于 s 左半平面

$F(s)$的收敛坐标在虚轴以左，这时，式(6-7)在虚轴上也收敛，只要令式(6-7)中的 $s=\mathrm{j}\omega$，代入即可得到相应的傅里叶变换，即有

$$F(\mathrm{j}\omega)=F(s)\big|_{s=\mathrm{j}\omega} \tag{6-9}$$

3. $\sigma_0=0$,即收敛轴位于虚轴

此时式(6-7)在虚轴上不收敛,因此不能用式(6-9)来求傅里叶变换。如果$F(s)$的收敛坐标$\sigma_0=0$,说明它在虚轴上必然有极点,即$F(s)$的极点必有虚根(或$s=0$的根)或多重虚根,这种情况比较复杂,这里从略。

6.2.5 常用信号的拉普拉斯变换

根据拉普拉斯变换的定义,可以得出以下几个常用信号的拉普拉斯变换对。

1. 冲激函数$\delta(t)$

$$\mathscr{L}[\delta(t)]=\int_0^{\infty}\delta(t)\mathrm{e}^{-st}\mathrm{d}t=1$$

即

$$\delta(t)\leftrightarrow 1,\qquad \mathrm{Re}[s]>-\infty$$

同理有

$$\delta(t-t_0)\leftrightarrow \mathrm{e}^{-st_0},\quad \mathrm{Re}[s]>-\infty$$

$$\delta'(t)\leftrightarrow s,\qquad \mathrm{Re}[s]>-\infty$$

$\mathrm{Re}[s]>-\infty$表示收敛域为整个s平面,可以省略不写。

2. 阶跃函数$u(t)$

$$\mathscr{L}[u(t)]=\int_0^{\infty}\mathrm{e}^{-st}\mathrm{d}t=\frac{1}{s}$$

即

$$u(t)\leftrightarrow\frac{1}{s},\quad \mathrm{Re}[s]>0$$

3. 指数函数$\mathrm{e}^{-\alpha t}u(t)$

$$\mathrm{e}^{-\alpha t}u(t)\leftrightarrow\frac{1}{s+a},\quad \mathrm{Re}[s]>-a$$

4. $t^n u(t)$

$$\mathscr{L}[t^n u(t)]=\int_0^{\infty}t^n\mathrm{e}^{-st}\mathrm{d}t$$

用分部积分法,得

$$\int_0^{\infty}t^n\mathrm{e}^{-st}\mathrm{d}t=-\frac{t^n}{s}\mathrm{e}^{-st}\Big|_0^{\infty}+\frac{n}{s}\int_0^{\infty}t^{n-1}\mathrm{e}^{-st}\mathrm{d}t=\frac{n}{s}\int_0^{\infty}t^{n-1}\mathrm{e}^{-st}\mathrm{d}t$$

即有

$$\mathscr{L}[t^n u(t)]=\frac{n}{s}\mathscr{L}[t^{n-1}u(t)]$$

以此类推,可得

$$\mathscr{L}[t^n u(t)]=\frac{n}{s}\mathscr{L}[t^{n-1}u(t)]=\frac{n}{s}\cdot\frac{n-1}{s}\mathscr{L}[t^{n-2}u(t)]$$

$$=\frac{n}{s}\cdot\frac{n-1}{s}\cdots\frac{2}{s}\cdot\frac{1}{s}\cdot\frac{1}{s}$$

$$=\frac{n!}{s^{n+1}}$$

即

$$t^n u(t)\leftrightarrow\frac{n!}{s^{n+1}},\quad \mathrm{Re}[s]>0$$

当 $n=1$ 时，有

$$tu(t)\leftrightarrow\frac{1}{s^2},\quad \mathrm{Re}[s]>0$$

5. 复指数函数 $e^{s_0 t}u(t)$

$$e^{s_0 t}u(t)\leftrightarrow\frac{1}{s-s_0},\quad \mathrm{Re}[s]>\mathrm{Re}[s_0]\quad (s_0\text{ 为复常数})$$

6. 正、余弦函数

$$\sin(\beta t)=\frac{1}{2\mathrm{j}}(e^{\mathrm{j}\beta t}-e^{-\mathrm{j}\beta t})$$

$$e^{\mathrm{j}\beta t}u(t)\leftrightarrow\frac{1}{s-\mathrm{j}\beta},\quad e^{-\mathrm{j}\beta t}u(t)\leftrightarrow\frac{1}{s+\mathrm{j}\beta}$$

因此有

$$\sin(\beta t)u(t)\leftrightarrow\frac{\beta}{s^2+\beta^2},\quad \mathrm{Re}[s]>0$$

同理有

$$\cos(\beta t)u(t)\leftrightarrow\frac{s}{s^2+\beta^2},\quad \mathrm{Re}[s]>0$$

7. 衰减正、余弦函数

$$e^{-\alpha t}\sin(\beta t)u(t)\leftrightarrow\frac{\omega}{(s+\alpha)^2+\beta^2},\quad \mathrm{Re}[s]>-\alpha$$

$$e^{-\alpha t}\cos(\beta t)u(t)\leftrightarrow\frac{s+\alpha}{(s+\alpha)^2+\beta^2},\quad \mathrm{Re}[s]>-\alpha$$

6.3　拉普拉斯变换的性质

在拉普拉斯变换中，$f(t)$和 $F(s)$是一一对应的，时域信号的变化必将引起相应象函数的变化。在求时间函数 $f(t)$的拉普拉斯变换及其逆变换时，利用拉普拉斯变换的性质可使计算过程简化。

拉普拉斯变换的性质和傅里叶变换的性质有许多相似之处，但需要注意的是，讨论拉普拉斯变换性质时要考虑收敛域的问题。拉普拉斯变换的性质反映了信号的时域特性与 s 域特性的关系。

1. 线性

若

$$f_1(t)\leftrightarrow F_1(s),\quad \mathrm{ROC}=R_1$$
$$f_2(t)\leftrightarrow F_2(s),\quad \mathrm{ROC}=R_2$$

当 a_1,a_2 为常数时,有

$$a_1f_1(t)+a_2f_2(t)\leftrightarrow a_1F_1(s)+a_2F_2(s),\quad \mathrm{ROC}=R_1\cap R_2 \tag{6-10}$$

式中,符号 $R_1\cap R_2$ 表示 R_1 与 R_2 的交集。

式(6-10)同样适用于多个函数线性组合的拉普拉斯变换。

当 $R_1\cap R_2$ 是空集时,表示 $a_1f_1(t)+a_2f_2(t)$的象函数不存在。

在 $a_1f_1(t)$与 $a_2f_2(t)$相加过程中,若发生零极点相抵消的情况时,则 $a_1f_1(t)+a_2f_2(t)$的收敛域还可能扩大。

利用线性性质,可以把一个信号分解成若干个基本信号,通过求各基本信号的拉普拉斯变换之和即可求得整个信号的象函数。

例题 6-5:已知

$$f_1(t)\leftrightarrow F_1(s)=\frac{1}{s+1},\quad \mathrm{Re}[s]>-1$$
$$f_2(t)\leftrightarrow F_2(s)=\frac{-1}{(s+1)(s+2)},\quad \mathrm{Re}[s]>-1$$

求 $f_1(t)+f_2(t)$的拉普拉斯变换 $F(s)$。

解:根据线性性质,有

$$\begin{aligned}\mathscr{L}[f_1(t)+f_2(t)]&=\mathscr{L}[f_1(t)]+\mathscr{L}[f_2(t)]\\&=\frac{1}{s+1}-\frac{1}{(s+1)(s+2)}=\frac{1}{s+2},\quad \mathrm{Re}[s]>-2\end{aligned}$$

在本例中,零点和极点相抵消,极点 $s=-1$ 消失,从而使 $F(s)$的收敛域扩大。

2. 时移特性

若

$$f(t)\leftrightarrow F(s),\quad \mathrm{ROC}=R$$

且有正实常数 t_0,则

$$f(t-t_0)u(t-t_0)\leftrightarrow \mathrm{e}^{-st_0}F(s),\quad \mathrm{ROC}=R \tag{6-11}$$

证明:

$$\mathscr{L}[f(t-t_0)u(t-t_0)]=\int_{t_0}^{\infty}f(t-t_0)\mathrm{e}^{-st}\mathrm{d}t$$

令 $x=t-t_0$,则上式变为

$$\mathscr{L}[f(t-t_0)u(t-t_0)]=\int_0^{\infty}f(x)\mathrm{e}^{-sx}\mathrm{e}^{-st_0}\mathrm{d}x=\mathrm{e}^{-st_0}\int_0^{\infty}f(x)\mathrm{e}^{-sx}\mathrm{d}x=\mathrm{e}^{-st_0}F(s)$$

时域平移性质说明信号时移后的拉普拉斯变换为原函数的拉普拉斯变换 $F(s)$乘以复指数 e^{-st_0},其收敛域不变。

需要指出的是,式(6-11)中的延时信号 $f(t-t_0)u(t-t_0)$是指因果信号 $f(t)u(t)$延时 t_0 后的信号,而并非 $f(t-t_0)u(t)$。

例题 6-6:求 $f(t)=u(t-2)$的拉普拉斯变换。

解:已知 $u(t)\leftrightarrow\dfrac{1}{s}$, $\mathrm{Re}[s]>0$,利用时移特性得

$$u(t-2)\leftrightarrow\frac{1}{s}\cdot \mathrm{e}^{-2s},\quad \mathrm{Re}[s]>0$$

与 $u(t)$ 的拉普拉斯变换的零、极点图及收敛域相比较，由于 $u(t-2)$ 的拉普拉斯变换的零、极点图中极点的位置没有发生改变，所以其收敛域不变。

3. s 域平移

若

$$f(t)\leftrightarrow F(s),\quad \mathrm{ROC}=R$$

且有复常数 $s_0=\sigma_0+\mathrm{j}\omega_0$，则

$$f(t)\mathrm{e}^{s_0 t}\leftrightarrow F(s-s_0),\quad \mathrm{ROC}=R+\sigma_0 \tag{6-12}$$

证明略。

$F(s-s_0)$ 的收敛域是 $F(s)$ 的收敛域在 s 域内平移 σ_0 后形成的，如图 6-6 所示。

如果 s_0 为纯虚数，则 $F(s-s_0)$ 的收敛域与 $F(s)$ 的收敛域相同。

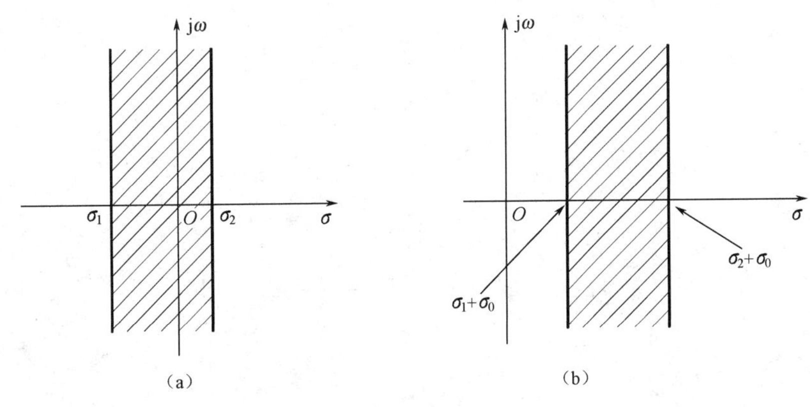

图 6-6　s 域平移的性质

4. 尺度变换

若

$$f(t)\leftrightarrow F(s),\quad \mathrm{ROC}=R$$

则

$$f(at)\leftrightarrow\frac{1}{|a|}F\left(\frac{s}{a}\right),\mathrm{ROC}=R\cdot a\quad (a\ 为实数) \tag{6-13}$$

证明：

当 $a>0$ 时，有

$$\begin{aligned}\mathscr{L}[f(at)]&=\int_{-\infty}^{\infty}f(at)\mathrm{e}^{-st}\mathrm{d}t\\&=\int_{-\infty}^{\infty}f(x)\mathrm{e}^{-\left(\frac{s}{a}\right)x}\ \frac{1}{a}\mathrm{d}x\\&=\frac{1}{a}F\left(\frac{s}{a}\right),\quad \mathrm{ROC}=R\cdot a\end{aligned}$$

当 $a<0$ 时，有

$$\mathscr{L}[f(at)]=\int_{-\infty}^{\infty} f(at)\mathrm{e}^{-st}\mathrm{d}t$$

$$=-\int_{-\infty}^{\infty} f(x)\mathrm{e}^{-\left(\frac{s}{a}\right)x}\ \frac{1}{a}\mathrm{d}x$$

$$=\frac{1}{-a}F\left(\frac{s}{a}\right),\quad \mathrm{ROC}=R\cdot a$$

所以有

$$f(at)\leftrightarrow\frac{1}{|a|}F\left(\frac{s}{a}\right),\quad \mathrm{ROC}=R\cdot a$$

例题 6-7: 已知因果函数 $f(t)$ 的象函数为 $F(s)=\frac{s}{s^2+1}$,求 $\mathrm{e}^{-2t}f(5t-3)$ 的象函数。

解：根据题意,有

$$f(t)\leftrightarrow F(s)$$

则有

$$f(t-3)\leftrightarrow \mathrm{e}^{-3s}F(s)$$

$$f(5t-3)\leftrightarrow\frac{1}{5}\mathrm{e}^{-\frac{3}{5}s}F\left(\frac{s}{5}\right)$$

$$\mathrm{e}^{-2t}f(5t-3)\leftrightarrow\frac{1}{5}e^{-\frac{3}{5}(s+2)}F\left(\frac{s+2}{5}\right)$$

因此,

$$\mathrm{e}^{-2t}f(5t-3)\leftrightarrow\frac{s+2}{(s+2)^2+25}\cdot \mathrm{e}^{-\frac{3}{5}(s+2)}$$

5. 时域微分

时域微分特性和积分特性主要用于研究具有初始条件的微分、积分方程。这里将考虑函数的初始值 $f(0_-)\neq 0$ 的情形。

若 $f(t)\leftrightarrow F(s)$,ROC$=R$,则有

$$\begin{cases} f^{(1)}(t)\leftrightarrow sF(s)-f(0_-) \\ f^{(2)}(t)\leftrightarrow s^2F(s)-sf(0_-)-f^{(1)}(0_-) \\ \cdots \\ f^{(n)}(t)\leftrightarrow s^nF(s)-\sum_{m=0}^{n-1}s^{n-1-m}f^{(m)}(0_-) \end{cases} \tag{6-14}$$

上述每个象函数的收敛域 ROC 至少包含 R。

证明:根据拉普拉斯变换的定义,利用分部积分法,得

$$\mathscr{L}\left[\frac{\mathrm{d}f(t)}{\mathrm{d}t}\right]=\int_{0_-}^{\infty}\frac{\mathrm{d}f(t)}{\mathrm{d}t}\mathrm{e}^{-st}\mathrm{d}t=f(t)\mathrm{e}^{-st}\Big|_{0_-}^{\infty}+s\int_{0_-}^{\infty}f(t)\mathrm{e}^{-st}\mathrm{d}t=sF(s)-f(0_-)$$

反复应用上式,可推广至高阶导数:

$$f^{(n)}(t)\leftrightarrow s^nF(s)-\sum_{m=0}^{n-1}s^{n-1-m}f^{(m)}(0_-)$$

如果 $f(t)$ 为因果函数,则 $f(0_-),f'(0_-),\cdots,f^{(n-1)}(0_-)$ 均为零,式(6-14)可化简为

$$f^{(n)}(t)\leftrightarrow s^nF(s)$$

6. 时域积分

若 $f(t)\leftrightarrow F(s)$,ROC$=R$,则有

$$\begin{cases} f^{(-1)}(t)\leftrightarrow \dfrac{1}{s}F(s)+\dfrac{1}{s}f^{(-1)}(0_-) \\ f^{(-2)}(t)\leftrightarrow \dfrac{1}{s^2}F(s)+\dfrac{1}{s^2}f^{(-1)}(0_-)+\dfrac{1}{s}f^{(-2)}(0_-) \\ \cdots \\ f^{(-n)}(t)\leftrightarrow \dfrac{1}{s^n}F(s)+\displaystyle\sum_{m=1}^{n}\dfrac{1}{s^{n-m+1}}f^{(-m)}(0_-) \end{cases} \tag{6-15}$$

其收敛域至少是 R 与 $\mathrm{Re}[s]>0$ 相重叠的部分。

证明过程略。

7. s 域微分

若 $f(t)\leftrightarrow F(s)$,ROC$=R$,则有

$$\begin{cases} (-t)f(t)\leftrightarrow \dfrac{\mathrm{d}F(s)}{\mathrm{d}s} \\ (-t)^2 f(t)\leftrightarrow \dfrac{\mathrm{d}^2F(s)}{\mathrm{d}s^2} \\ \cdots \\ (-t)^n f(t)\leftrightarrow \dfrac{\mathrm{d}^nF(s)}{\mathrm{d}s^n} \end{cases},\quad \mathrm{ROC}=R \tag{6-16}$$

证明:根据定义

$$F(s)=\int_0^{\infty} f(t)\mathrm{e}^{-st}\mathrm{d}t$$

得

$$\frac{\mathrm{d}F(s)}{\mathrm{d}s}=\frac{\mathrm{d}}{\mathrm{d}s}\int_0^{\infty} f(t)\mathrm{e}^{-st}\mathrm{d}t=\int_0^{\infty} f(t)\frac{\mathrm{d}}{\mathrm{d}s}\mathrm{e}^{-st}\mathrm{d}t=\int_0^{\infty}[-tf(t)]\mathrm{e}^{-st}\mathrm{d}t=\mathscr{L}[-tf(t)]$$

同理可推出

$$\frac{\mathrm{d}^nF(s)}{\mathrm{d}s^n}=\int_0^{\infty}[(-t)^n f(t)]\mathrm{e}^{-st}\mathrm{d}t=\mathscr{L}[(-t)^n f(t)]$$

8. s 域积分

若 $f(t)\leftrightarrow F(s)$,ROC$=R$,则有

$$\frac{f(t)}{t}\leftrightarrow\int_s^{\infty}F(\lambda)\mathrm{d}\lambda,\quad \mathrm{ROC}=R \tag{6-17}$$

证明:

$$\begin{aligned}\int_s^{\infty}F(\lambda)\mathrm{d}\lambda&=\int_s^{\infty}\left[\int_0^{\infty}f(t)\mathrm{e}^{-\lambda t}\mathrm{d}t\right]\mathrm{d}\lambda=\int_0^{\infty}f(t)\left[\int_s^{\infty}\mathrm{e}^{-\lambda t}\mathrm{d}\lambda\right]\mathrm{d}t\\&=\int_0^{\infty}f(t)\frac{\mathrm{e}^{-st}}{t}\mathrm{d}t=\mathscr{L}\left[\frac{f(t)}{t}\right]\end{aligned}$$

9. 卷积定理

若因果函数

$$f_1(t) \leftrightarrow F_1(s), \quad \text{ROC}=R_1$$
$$f_2(t) \leftrightarrow F_2(s), \quad \text{ROC}=R_2$$

则有

$$f_1(t) * f_2(t) \leftrightarrow F_1(s) \cdot F_2(s) \tag{6-18}$$

其收敛域至少包含 $R_1 \cap R_2$。

证明:根据卷积的定义知

$$f_1(t) * f_2(t)=\int_{-\infty}^{\infty} f_1(\tau)u(\tau)f_2(t-\tau)u(t-\tau)\mathrm{d}\tau=\int_0^{\infty} f_1(\tau)f_2(t-\tau)u(t-\tau)\mathrm{d}\tau$$

对上式两边进行拉普拉斯变换,得

$$\begin{aligned}\mathscr{L}[f_1(t) * f_2(t)] &= \int_0^{\infty}\left[\int_0^{\infty} f_1(\tau)f_2(t-\tau)u(t-\tau)\mathrm{d}\tau\right]\mathrm{e}^{-st}\mathrm{d}t \\ &= \int_0^{\infty} f_1(\tau)\left[\int_0^{\infty} f_2(t-\tau)u(t-\tau)\mathrm{e}^{-st}\mathrm{d}t\right]\mathrm{d}\tau \\ &= \int_0^{\infty} f_1(\tau)F_2(s)\mathrm{e}^{-s\tau}\mathrm{d}\tau \\ &= F_1(s)F_2(s)\end{aligned}$$

式(6-18)称为时域卷积定理。由于复频域卷积定理的计算比较复杂,较少应用,这里从略。

10. 初值定理

设函数 $f(t)$及其导数存在,并存在拉普拉斯变换,即

$$f(t) \leftrightarrow F(s), \quad \mathrm{Re}[s]>\sigma_0$$

则有

$$\begin{cases} f(0_+)=\lim\limits_{t\to 0+} f(t)=\lim\limits_{s\to\infty} sF(s) \\ f'(0_+)=\lim\limits_{s\to\infty} s[sF(s)-f(0_+)] \\ f''(0_+)=\lim\limits_{s\to\infty} s[s^2F(s)-sf(0_+)-f'(0_+)] \end{cases} \tag{6-19}$$

证明:

利用时域微分性质,可知

$$f'(t) \leftrightarrow sF(s)-f(0_-)$$

而

$$\begin{aligned} sF(s)-f(0_-) &= \int_{0-}^{\infty} \frac{\mathrm{d}f(t)}{\mathrm{d}t}\mathrm{e}^{-st}\mathrm{d}t \\ &= \int_{0-}^{0+} \frac{\mathrm{d}f(t)}{\mathrm{d}t}\mathrm{e}^{-st}\mathrm{d}t+\int_{0+}^{\infty} \frac{\mathrm{d}f(t)}{\mathrm{d}t}\mathrm{e}^{-st}\mathrm{d}t \\ &= f(t)\Big|_{0-}^{0+}+\int_{0+}^{\infty} \frac{\mathrm{d}f(t)}{\mathrm{d}t}\mathrm{e}^{-st}\mathrm{d}t \end{aligned}$$

$$=f(0_+)-f(0_-)+\int_{0+}^{\infty}\frac{\mathrm{d}f(t)}{\mathrm{d}t}\mathrm{e}^{-st}\mathrm{d}t$$

当 $s\to\infty$ 时，$\int_{0+}^{\infty}\frac{\mathrm{d}f(t)}{\mathrm{d}t}\mathrm{e}^{-st}\mathrm{d}t\to 0$，因此有

$$f(0_+)=\lim_{t\to 0+}f(t)=\lim_{s\to\infty}sF(s)$$

以此类推，可以求得 $f'(0_+)$，$f''(0_+)\cdots$

注意：式(6-19)成立的前提是 $F(s)$ 为真分式。若 $f(t)$ 包含冲激函数 $K\delta(t)$，则上述定理需要修改。此时 $\mathscr{L}[f(t)]=K+F_1(s)$，其中 $F_1(s)$ 为真分式，此时初值定理为 $f(0_+)=\lim_{s\to\infty}sF_1(s)$。

11. 终值定理

若函数 $f(t)$ 在 $t\to\infty$ 时的极限存在，且 $sF(s)$ 的所有极点都位于 s 平面的左半平面(原点处可以有单极点)，即

$$f(t)\leftrightarrow F(s),\quad \mathrm{Re}[s]>\sigma_0,\quad \sigma_0<0$$

则有

$$f(\infty)=\lim_{s\to 0}sF(s) \tag{6-20}$$

证明：

由时域微分性质知

$$sF(s)-f(0_-)=\int_{0-}^{\infty}\frac{\mathrm{d}f(t)}{\mathrm{d}t}\mathrm{e}^{-st}\mathrm{d}t$$

令 $s\to 0$，则上式变为

$$\lim_{s\to 0}sF(s)-f(0_-)=\lim_{s\to 0}\int_{0-}^{\infty}\frac{\mathrm{d}f(t)}{\mathrm{d}t}\mathrm{e}^{-st}\mathrm{d}t=f(\infty)-f(0_-)$$

因此有

$$f(\infty)=\lim_{s\to 0}sF(s)$$

初值定理和终值定理常用于由 $F(s)$ 直接求 $f(0_+)$ 和 $f(\infty)$ 的值，而不必求出原函数 $f(t)$ 的场合。

6.4　拉普拉斯逆变换

拉普拉斯逆变换的公式为

$$f(t)=\frac{1}{2\pi\mathrm{j}}\int_{\sigma-\mathrm{j}\infty}^{\sigma+\mathrm{j}\infty}F(s)\mathrm{e}^{st}\mathrm{d}s \tag{6-21}$$

式中，σ 为实常数，是收敛坐标。该积分应在收敛域内进行，且积分路线是横坐标为 σ，平行于纵坐标轴的直线。显然应用式(6-21)来求拉普拉斯逆变换是十分复杂的。

如果 $F(s)$ 是一个比较简单的函数，则可以利用常用函数的拉普拉斯变换表对应查找出原函数。对于比较复杂的变换式，求拉普拉斯逆变换的方法通常有两种，即部分分式展开法和留数定理法。部分分式展开法适用于 $F(s)$ 为有理分式的情况，其求解过程是先将 $F(s)$ 分解为许多简单的变换式之和，然后分别求得对应的时间信号；留数定理法的适应范围较广，其求解过程是直接进行拉普拉斯逆变换的积分。

6.4.1 部分分式展开法

设 $F(s)$是 s 的有理分式,可表示为

$$F(s)=\frac{B(s)}{A(s)}=\frac{b_m s^m+b_{m-1}s^{m-1}+\cdots+b_1 s+b_0}{s^n+a_{n-1}s^{n-1}+\cdots+a_1 s+a_0} \tag{6-22}$$

式中,各项系数 $a_i(i=0,1,2,\cdots,n)$,$b_j(j=0,1,2,\cdots,m)$均为实数,为简便,设 $a_n=1$。

当 $m\geqslant n$ 时,式(6-22)为假分式,此时可以利用多项式除法将 $F(s)$分解为有理多项式与有理真分式之和。例如

$$F(s)=\frac{3s^3-2s^2-7s+1}{s^2+s-1}$$

经过除法后,上式变为

$$F(s)=3s-5+\frac{s-4}{s^2+s-1}$$

因为 $\mathscr{L}^{-1}[1]=\delta(t)$,$\mathscr{L}^{-1}[s]=\delta'(t)$,…,故上面多项式的拉普拉斯逆变换由冲激函数及其导数组成。下面主要讨论象函数 $F(s)$为真分式(即 $m<n$)的情况。

1. $F(s)$有单极点

如果方程 $A(s)=0$ 的根都是单根,其 n 个根 $s_1,s_2,\cdots,s_n$ 都互不相等,则 $F(s)$可展开成如下形式。

$$F(s)=\frac{B(s)}{A(s)}=\frac{K_1}{s-s_1}+\frac{K_2}{s-s_2}+\cdots+\frac{K_i}{s-s_i}+\cdots\frac{K_n}{s-s_n}=\sum_{i=1}^{n}\frac{K_i}{s-s_i} \tag{6-23}$$

为求得待定系数 K_i,将式(6-23)两边乘以$(s-s_i)$,得

$$(s-s_i)F(s)=\frac{(s-s_i)B(s)}{A(s)}=\frac{(s-s_i)K_1}{s-s_1}+\cdots+K_i+\cdots\frac{(s-s_i)K_n}{s-s_n}$$

当 $s\to s_i$ 时,由于各根均不相等,故等号右端除 K_i 一项外均趋于零。于是得

$$K_i=(s-s_i)F(s)\big|_{s=s_i} \tag{6-24}$$

因为 $\mathscr{L}^{-1}\left(\frac{1}{s-s_i}\right)=e^{s_i t}u(t)$,利用线性性质,得

$$f(t)=\mathscr{L}^{-1}[F(s)]=\sum_{i=1}^{n}K_i e^{s_i t}u(t) \tag{6-25}$$

例题 6-8: 求 $F(s)=\frac{s+4}{s(s+1)(s+2)}$的逆变换。

解: 将 $F(s)$部分分式展开为

$$F(s)=\frac{K_1}{s}+\frac{K_2}{s+1}+\frac{K_3}{s+2}$$

利用式(6-24),求得

$$K_1=s\,\frac{s+4}{s(s+1)(s+2)}\bigg|_{s=0}=2$$

$$K_2=(s+1)\frac{s+4}{s(s+1)(s+2)}\bigg|_{s=-1}=-3$$

$$K_3=(s+2)\frac{s+4}{s(s+1)(s+2)}\bigg|_{s=-2}=1$$

即有

$$F(s)=\frac{2}{s}-\frac{3}{s+1}+\frac{1}{s+2}$$

所以有

$$f(t)=(2-3\mathrm{e}^{-t}+\mathrm{e}^{-2t})u(t)$$

2. $F(s)$有共轭单极点

若 $A(s)=0$ 有复数根，则它们必共轭成对出现。

设 $A(s)=0$ 的根中有一对共轭复数根 $-\alpha\pm \mathrm{j}\beta$，将 $F(s)$的展开式分为两部分，即有

$$F(s)=\frac{B(s)}{A(s)}=\frac{B(s)}{A_1(s)(s+\alpha-\mathrm{j}\beta)(s+\alpha+\mathrm{j}\beta)}=\frac{K_1}{s+\alpha-\mathrm{j}\beta}+\frac{K_2}{s+\alpha+\mathrm{j}\beta}+\frac{B_1(s)}{A_1(s)}$$

在该式中，$A_1(s)=0$ 的根均为单实根，设

$$F_2(s)=\frac{K_1}{s+\alpha-\mathrm{j}\beta}+\frac{K_2}{s+\alpha+\mathrm{j}\beta},\quad F_1(s)=\frac{B_1(s)}{A_1(s)}$$

$F_1(s)$的特征根均为单根，所以利用单极点的情况展开即可求得其逆变换。

下面来讨论 $F_2(s)$对应原函数的情况。

利用式(6-24)求得

$$K_1=(s+\alpha-\mathrm{j}\beta)F(s)\big|_{s=-\alpha+\mathrm{j}\beta}=P+\mathrm{j}Q$$

$$K_2=(s+\alpha+\mathrm{j}\beta)F(s)\big|_{s=-\alpha-\mathrm{j}\beta}=P-\mathrm{j}Q=K_1^*$$

可见，K_1 与 K_2 成共轭关系。

$F_2(s)$的逆变换可写为

$$f_2(t)=\mathscr{L}^{-1}[F_2(s)]=2\mathrm{e}^{-\alpha t}(P\cos\beta t-Q\sin\beta t)u(t)\tag{6-26}$$

例题 6-9： 已知 $F(s)=\dfrac{s^2+3}{(s+2)(s^2+2s+5)}$，求其拉普拉斯逆变换。

解：将 $F(s)$展开为

$$F(s)=\frac{K_0}{s+2}+\frac{K_1}{s+1-\mathrm{j}2}+\frac{K_2}{s+1+\mathrm{j}2}$$

式中，

$$K_0=(s+2)F(s)\big|_{s=-2}=\frac{7}{5}$$

$$K_1=(s+1-\mathrm{j}2)F(s)\big|_{s=-1+\mathrm{j}2}=-\frac{1}{5}+\mathrm{j}\,\frac{2}{5}$$

$$K_2=K_1^*=-\frac{1}{5}-\mathrm{j}\,\frac{2}{5}$$

即

$$\alpha=1,\quad \beta=2,\quad P=-\frac{1}{5},\quad Q=\frac{2}{5}$$

将 α、β、P、Q 的数值代入式(6-26)，得

$$f(t)=\mathscr{L}^{-1}[F(s)]=\frac{7}{5}\mathrm{e}^{-2t}u(t)-2\mathrm{e}^{-t}\left(\frac{1}{5}\cos2t+\frac{2}{5}\sin2t\right)u(t)$$

当 $F(s)$有共轭极点时,运用常用函数的拉普拉斯变换和性质计算起来会方便一点。

例题 6-10:已知 $F(s)=\dfrac{s}{s^2+2s+5}$,求其逆变换。

解:将 $F(s)$展开为如下形式

$$F(s)=\frac{s}{s^2+2s+5}=\frac{s}{(s+1)^2+4}=\frac{s+1}{(s+1)^2+2^2}-\frac{1}{2}\frac{2}{(s+1)^2+2^2}$$

所以

$$f(t)=\mathrm{e}^{-t}\left(\cos 2t-\frac{1}{2}\sin 2t\right)u(t)$$

3. $F(s)$有重极点

设 $A(s)=0$ 在 $s=s_1$ 处有 r 重根,即 $s_1=s_2\cdots=s_r$,而其余$(n-r)$个根 $s_{r+1},\cdots,s_n$ 都不等于 s_1,则 $F(s)$可展开为

$$\begin{aligned}F(s)=\frac{B(s)}{A(s)}&=\frac{K_{11}}{(s-s_1)^r}+\frac{K_{12}}{(s-s_1)^{r-1}}+\cdots+\frac{K_{1r}}{(s-s_1)}+\frac{B_2(s)}{A_2(s)}\\&=\sum_{i=1}^{r}\frac{K_{1i}}{(s-s_1)^{r+1-i}}+\frac{B_2(s)}{A_2(s)}\\&=F_1(s)+F_2(s)\end{aligned}$$

式中,$F_2(s)=\dfrac{B_2(s)}{A_2(s)}$是除重根以外的项,且当 $s=s_1$ 时,$A_2(s)\neq 0$。

各系数求解如下:

$$K_{11}=[(s-s_1)^rF(s)]\big|_{s=s_1}$$

$$K_{12}=\frac{\mathrm{d}}{\mathrm{d}s}[(s-s_1)^rF(s)]\bigg|_{s=s_1}$$

以此类推,有

$$K_{1i}=\frac{1}{(i-1)!}\frac{\mathrm{d}^{i-1}}{\mathrm{d}s^{i-1}}[(s-s_1)^rF(s)]\bigg|_{s=s_1},(i=1,2,\cdots,r)\tag{6-27}$$

由于 $\mathscr{L}[t^nu(t)]=\dfrac{n!}{s^{n+1}}$,故利用复频移特性,可得

$$\mathscr{L}^{-1}\left[\frac{1}{(s-s_1)^{n+1}}\right]=\frac{1}{n!}t^n\mathrm{e}^{s_1t}u(t)$$

所以有

$$f_1(t)=\mathscr{L}^{-1}\left[\sum_{i=1}^{r}\frac{K_{1i}}{(s-s_1)^{r+1-i}}\right]=\left[\sum_{i=1}^{r}\frac{K_{1i}}{(r-i)!}t^{r-i}\right]\mathrm{e}^{s_1t}u(t)$$

例题 6-11:已知 $F(s)=\dfrac{s+2}{s(s+3)(s+1)^2}$,求其逆变换。

解:将 $F(s)$展开如下:

$$F(s)=\frac{K_{11}}{(s+1)^2}+\frac{K_{12}}{s+1}+\frac{K_2}{s+3}+\frac{K_3}{s}$$

式中,

$$K_{11}=(s+1)^2F(s)\big|_{s=-1}=-\frac{1}{2}$$

$$K_{12}=\frac{\mathrm{d}}{\mathrm{d}s}[(s+1)^2F(s)]\bigg|_{s=-1}=-\frac{3}{4}$$

$$K_2=(s+3)F(s)\big|_{s=-3}=\frac{1}{12}$$

$$K_3=sF(s)\big|_{s=0}=\frac{2}{3}$$

所以

$$F(s)=\frac{-\frac{1}{2}}{(s+1)^2}+\frac{-\frac{3}{4}}{s+1}+\frac{\frac{1}{12}}{s+3}+\frac{\frac{2}{3}}{s}$$

因此，逆变换为

$$f(t)=\left[\frac{2}{3}+\frac{1}{12}\mathrm{e}^{-3t}-\mathrm{e}^{-t}\left(\frac{3}{4}+\frac{1}{2}t\right)\right]u(t)$$

6.4.2　留数定理法

留数定理法就是直接利用有关定理计算式(6-21)的积分，即

$$f(t)=\frac{1}{2\pi\mathrm{j}}\int_{\sigma-\mathrm{j}\infty}^{\sigma+\mathrm{j}\infty}F(s)\mathrm{e}^{st}\,\mathrm{d}s$$

上述积分问题属于复变函数的积分，直接计算比较困难。因此，可以从 $\sigma-\mathrm{j}\infty$ 到 $\sigma+\mathrm{j}\infty$ 补上一条积分路线以构成一个闭合路径。如图 6-7 所示，补足的路径为半径无限大的圆弧。

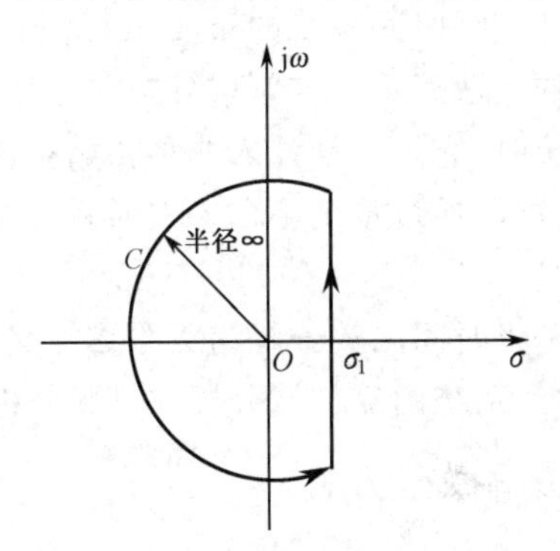

图 6-7　围线积分路径

这样可以利用留数定理来计算上式的积分值，其值等于闭合路径 C 内被积函数 $F(s)\mathrm{e}^{st}$ 所有极点的留数和，即

$$\mathscr{L}^{-1}[F(s)]=\sum_{\text{极点}}[F(s)\mathrm{e}^{st}\text{ 的留数}],t>0$$

设在极点 $s=p_i$ 处的留数为 $\mathrm{Res}[F(s)\mathrm{e}^{st}]_{s=p_i}$，并设 $F(s)\mathrm{e}^{st}$ 在围线中共有 n 个极点，则

$$\mathscr{L}^{-1}[F(s)]=\sum_{i=1}^{n}\mathrm{Res}[F(s)\mathrm{e}^{st}]_{s=p_i}$$

如果 $F(s)\mathrm{e}^{st}$ 在 $s=p_i$ 时有单极点，则

$$\mathrm{Res}[F(s)\mathrm{e}^{st}]_{s=p_i}=[(s-p_i)F(s)\mathrm{e}^{st}]_{s=p_i}$$

如果 $F(s)e^{st}$ 在 $s=p_i$ 时有 r 重极点,则

$$\mathrm{Res}[F(s)e^{st}]_{s=p_i}=\frac{1}{(r-1)!}\left[\frac{d^{r-1}}{ds^{r-1}}(s-p_i)^r F(s)e^{st}\right]_{s=p_i}$$

例题 6-12:已知 $F(s)=\dfrac{s+2}{s(s+3)(s+1)^2}$,用留数法求其逆变换。

解:$F(s)e^{st}$ 有 4 个极点,即 $p_1=0,p_2=-3,p_{3,4}=-1$。

它们的留数分别为

$$\mathrm{Res}[F(s)e^{st}]_{s=0}=[sF(s)e^{st}]_{s=0}=\frac{2}{3}$$

$$\mathrm{Res}[F(s)e^{st}]_{s=-3}=[(s+3)F(s)e^{st}]_{s=-3}=\frac{1}{12}e^{-3t}$$

$$\mathrm{Res}[F(s)e^{st}]_{s=-1}=\left[\frac{d}{ds}(s+1)^2F(s)e^{st}\right]_{s=-1}=-\frac{3}{4}e^{-t}-\frac{1}{2}te^{-t}$$

所以有

$$f(t)=\left[\frac{2}{3}+\frac{1}{12}e^{-3t}-e^{-t}\left(\frac{3}{4}+\frac{1}{2}t\right)\right]u(t)$$

此结果与例题 6-11 一致。

部分分式展开法和留数定理法各有优点。当 $F(s)$ 为有理分式时,部分分式展开法比较方便;当 $F(s)$ 为无理分式时,只能用留数定理来求其逆变换。

6.5 系统的 s 域分析

拉普拉斯变换法是分析线性连续时间系统的重要工具,利用它可以把在时域分析中解微分方程和卷积运算转换为简单的代数运算。与频域分析法相比,它可处理的信号范围更广,尤其是在分析非零初始状态的系统时,它可自动计入非零初始条件,从而可以一次解得零输入响应、零状态响应和全响应。它还可以通过系统函数来判断系统的稳定性,并可用来分析更为复杂的多输入、多输出系统。

由于拉普拉斯变换的实质是将时间函数分解为无限多个复指数信号之和,所以将拉普拉斯变换法用于系统分析时,也称为系统的复频域分析或 s 域分析。

6.5.1 拉普拉斯变换法解微分方程

设 LTI 系统的激励为 $f(t)$,响应为 $y(t)$,则描述 n 阶 LTI 系统的微分方程可写为

$$\sum_{i=0}^{n}a_i y^{(i)}(t)=\sum_{j=0}^{m}b_j f^{(j)}(t) \tag{6-28}$$

式中,系数 a_i、b_j 均为实数。

设系统的初始状态为 $y(0_-),y^{(1)}(0_-),\cdots,y^{(n-1)}(0_-)$。

令 $\mathscr{L}[y(t)]=Y(s),\mathscr{L}[f(t)]=F(s)$。考虑到 $f(t)$ 是在 $t=0$ 时接入的,则在 $t=0_-$ 时,$f(t)$ 及其各阶导数均为零,即 $f^{(j)}(0_-)=0(j=0,1,2,\cdots,m)$。

对式(6-28)两边进行拉普拉斯变换,得

$$\sum_{i=0}^{n}a_i\left[s^iY(s)-\sum_{p=0}^{i-1}s^{i-1-p}y^{(p)}(0_-)\right]=\sum_{j=0}^{m}b_j[s^jF(s)]$$

即

$$\left[\sum_{i=0}^{n}a_i s^i\right]Y(s)-\sum_{i=0}^{n}a_i\left[\sum_{p=0}^{i-1}s^{i-1-p}y^{(p)}(0_-)\right]=\sum_{j=0}^{m}b_j\left[s^jF(s)\right] \tag{6-29}$$

将上式整理成如下形式：

$$Y(s)=\frac{M(s)}{A(s)}+\frac{B(s)}{A(s)}F(s)$$

由上式可以看出，其第一项$\frac{M(s)}{A(s)}$仅与初始状态有关而与输入无关，因而是零输入响应 $y_{zi}(t)$ 的象函数 $Y_{zi}(s)$；其第二项$\frac{B(s)}{A(s)}F(s)$仅与激励有关而与初始状态无关，因而是零状态响应 $y_{zs}(t)$ 的象函数 $Y_{zs}(s)$。即有

$$Y(s)=Y_{zi}(s)+Y_{zs}(s)=\frac{M(s)}{A(s)}+\frac{B(s)}{A(s)}F(s) \tag{6-30}$$

对式(6-30)中多项式的每一项分别求逆变换，即可求得系统的零输入响应和零状态响应。

例题 6-13：已知某 LTI 系统的微分方程为

$$y''(t)+5y'(t)+6y(t)=2f'(t)+8f(t)$$

激励信号为 $f(t)=e^{-t}u(t)$，初始状态为 $y(0_-)=3, y'(0_-)=2$，求零输入响应、零状态响应和全响应。

解：对微分方程两边取拉普拉斯变换，得

$$s^2Y(s)-sy(0_-)-y'(0_-)+5[sY(s)-y(0_-)]+6Y(s)=2sF(s)+8F(s)$$

整理得

$$Y(s)=\frac{(s+5)y(0_-)+y'(0_-)}{s^2+5s+6}+\frac{2s+8}{s^2+5s+6}F(s)$$

因此有

$$Y_{zi}(s)=\frac{(s+5)y(0_-)+y'(0_-)}{s^2+5s+6}=\frac{3s+17}{s^2+5s+6}$$

$$Y_{zs}(s)=\frac{2s+8}{s^2+5s+6}F(s)=\frac{2s+8}{s^2+5s+6}\cdot\frac{1}{s+1}$$

分别对上两式进行逆变换得

$$y_{zi}(t)=(11e^{-2t}-8e^{-3t})u(t),$$

$$y_{zs}(t)=(3e^{-t}-4e^{-2t}+e^{-3t})u(t)$$

$$y(t)=y_{zi}(t)+y_{zs}(t)=(3e^{-t}+7e^{-2t}-7e^{-3t})u(t)$$

可以看出，用拉普拉斯变换法求解微分方程的过程比较简单。

6.5.2　拉普拉斯变换法分析电路

将电路进行拉普拉斯变换后，就无须建立微分方程，只要将电路中的各元件根据一定的规律进行拉普拉斯变换，就可以把原电路转换成相应的象电路。求解象电路后做逆变换，即可得到所要的结果。

(1) 电阻 R

电阻 R 在时域上的伏安关系为

$$u(t)=R\cdot i(t)$$

取拉普拉斯变换,有

$$U(s)=R\cdot I(s) \tag{6-31}$$

(2) 电感 L

电感 L 在时域上的电压与电流之间的关系为

$$u(t)=L\cdot\frac{\mathrm{d}i(t)}{\mathrm{d}t}$$

考虑到初始值为 $i_{\mathrm{L}}(0_-)$,则有

$$U(s)=sLI(s)-Li_{\mathrm{L}}(0_-) \tag{6-32}$$

对式(6-32)进行整理,可得

$$I(s)=\frac{1}{sL}U(s)+\frac{i_{\mathrm{L}}(0_-)}{s} \tag{6-33}$$

(3) 电容 C

电容 C 在时域上的电压与电流之间的关系为

$$i(t)=C\cdot\frac{\mathrm{d}u(t)}{\mathrm{d}t}$$

考虑到初始值为 $u_{\mathrm{C}}(0_-)$,则有

$$I(s)=sCU(s)-Cu_{\mathrm{C}}(0_-) \tag{6-34}$$

对式(6-34)进行整理,可得

$$U(s)=\frac{1}{sC}I(s)+\frac{u_{\mathrm{C}}(0_-)}{s} \tag{6-35}$$

电路元件的 s 域模型如表 6-1 所示。

表 6-1　电路元件的 s 域模型

		电阻 R	电感 L	电容 C
基本关系		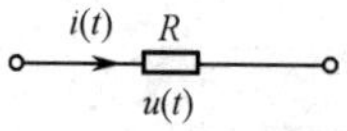 $i(t)$　R $u(t)$	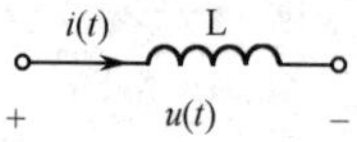 $i(t)$　L +　$u(t)$　−	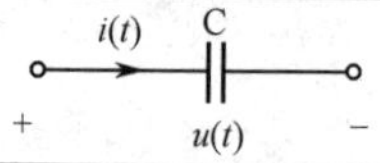 $i(t)$　C +　$u(t)$　−
		$u(t)=R\cdot i(t)$ $i(t)=\frac{1}{R}u(t)$	$u(t)=L\cdot\frac{\mathrm{d}i(t)}{\mathrm{d}t}$ $i(t)=\frac{1}{L}\int_{0-}^{t}u(x)\mathrm{d}x+i_{\mathrm{L}}(0_-)$	$u(t)=\frac{1}{C}\int_{0-}^{t}i(x)\mathrm{d}x+u_{\mathrm{C}}(0_-)$ $i(t)=C\cdot\frac{\mathrm{d}u(t)}{\mathrm{d}t}$
s 域模型	串联形式	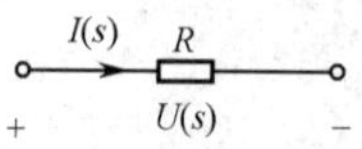 $I(s)$　R +　$U(s)$　−	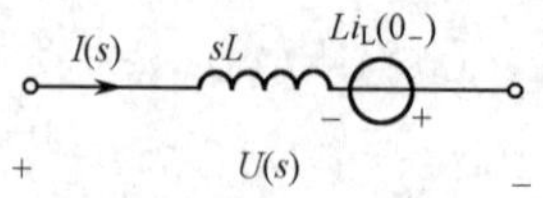 $I(s)$　sL　$Li_{\mathrm{L}}(0_-)$ +　$U(s)$　−	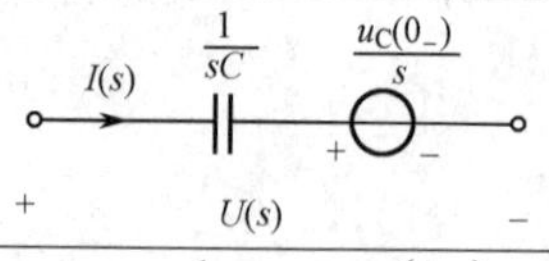 $I(s)$　$\frac{1}{sC}$　$\frac{u_{\mathrm{C}}(0_-)}{s}$ +　$U(s)$　−
		$U(s)=R\cdot I(s)$	$U(s)=sLI(s)-Li_{\mathrm{L}}(0_-)$	$U(s)=\frac{1}{sC}I(s)+\frac{u_{\mathrm{C}}(0_-)}{s}$
	并联形式	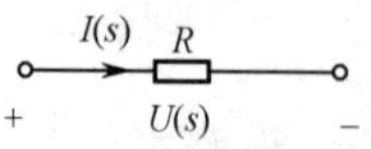 $I(s)$　R +　$U(s)$　−	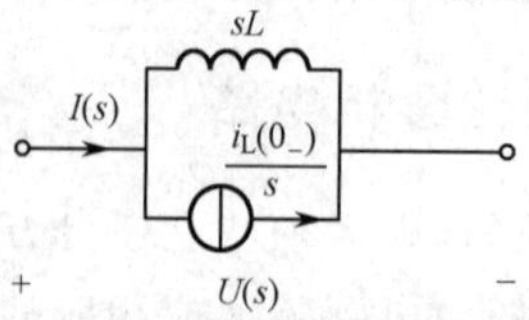 sL $I(s)$　$\frac{i_{\mathrm{L}}(0_-)}{s}$ +　$U(s)$　−	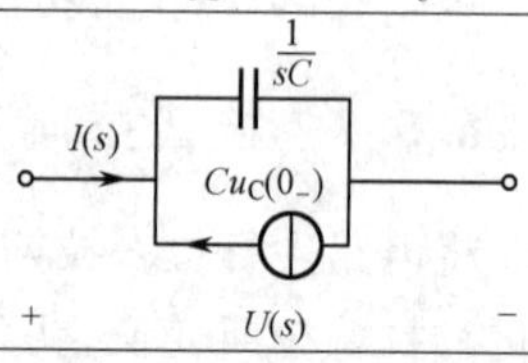 $\frac{1}{sC}$ $I(s)$　$Cu_{\mathrm{C}}(0_-)$ +　$U(s)$　−
		$I(s)=\frac{1}{R}U(s)$	$I(s)=\frac{1}{sL}U(s)+\frac{i_{\mathrm{L}}(0_-)}{s}$	$I(s)=sCU(s)-Cu_{\mathrm{C}}(0_-)$

象电路也满足基尔霍夫电流、电压定律。即，对于任意节点，流入（或流出）该节点的象电流代数和为零；沿任意闭合回路，各段象电压的代数和恒等于零。

例题 6-14：已知 RLC 串联电路如图 6-8(a)所示，$R=2\Omega$，$L=1\text{H}$，$C=0.2\text{F}$，电感电流和电容电压的初始值分别为 $i(0_-)=1\text{A}$，$u_C(0_-)=1\text{V}$，输入电压源 $v(t)=tu(t)$，求零输入响应 $i_{zi}(t)$、零状态响应 $i_{zs}(t)$ 和全响应 $i(t)$。

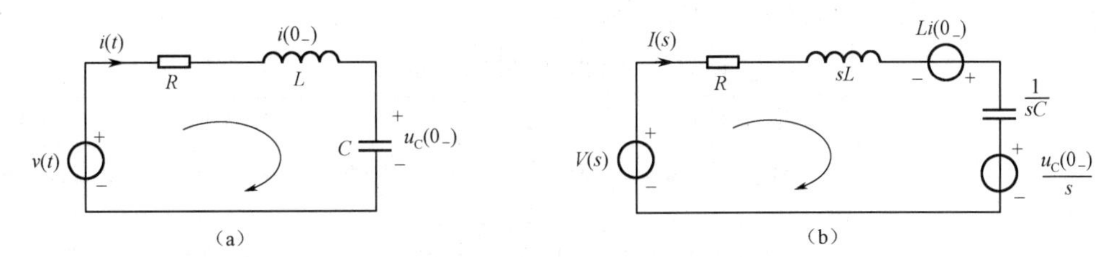

图 6-8　例题 6-14 的图

解：将图 6-8(a)所示的时域模型转换为图 6-8(b)所示的 s 域模型。

运用基尔霍夫电压定律，得

$$\left(R+sL+\frac{1}{sC}\right)I(s)-Li(0_-)+\frac{u_C(0_-)}{s}-V(s)=0$$

整理可得

$$I(s)=\frac{V(s)+Li(0_-)-\dfrac{u_C(0_-)}{s}}{R+sL+\dfrac{1}{sC}}=\frac{V(s)}{R+sL+\dfrac{1}{sC}}+\frac{Li(0_-)-\dfrac{u_C(0_-)}{s}}{R+sL+\dfrac{1}{sC}}$$

显然有

$$I_{zi}(s)=\frac{Li(0_-)-\dfrac{u_C(0_-)}{s}}{R+sL+\dfrac{1}{sC}}=\frac{s-1}{s^2+2s+5}$$

$$I_{zs}(s)=\frac{1}{R+sL+\dfrac{1}{sC}}V(s)=\frac{s}{s^2+2s+5}V(s)$$

将 $V(s)=\mathscr{L}[v(t)]=\dfrac{1}{s^2}$ 代入上式，可求得其逆变换分别为

$$i_{zi}(t)=\mathrm{e}^{-t}(\cos 2t-\sin 2t)u(t)$$

$$i_{zs}(t)=\frac{1}{5}u(t)-\frac{1}{10}\mathrm{e}^{-t}(2\cos 2t+\sin 2t)u(t)$$

因此

$$i(t)=i_{zi}(t)+i_{zs}(t)=\left(\frac{1}{5}+\frac{4}{5}\mathrm{e}^{-t}\cos 2t-\frac{11}{10}\mathrm{e}^{-t}\sin 2t\right)u(t)。$$

6.5.3 系统的 s 域框图

当系统采用时域框图表示时,可以首先根据基本运算部件的运算关系列出微分方程,然后求解;也可以首先根据时域框图画出其相应的 s 域框图,根据 s 域框图列写有关象函数的代数方程,然后求出相应的象函数,再求逆变换即得系统的响应,这样可以使计算过程简化。

各种基本运算部件的 s 域模型如表 6-2 所示。

表 6-2 基本运算部件的 s 域模型

名　　称	时域模型	s 域模型
数乘器	$f(t) \to (a) \to af(t)$ 或 $f(t) \xrightarrow{a} af(t)$	$F(s) \to (a) \to aF(s)$ 或 $F(s) \xrightarrow{a} aF(s)$
加法器	$f_1(t)$(+)、$f_2(t)$(+) $\to \Sigma \to f_1(t)+f_2(t)$	$F_1(s)$(+)、$F_2(s)$(+) $\to \Sigma \to F_1(s)+F_2(s)$
积分器	$f(t) \to \boxed{\int} \to \int_{-\infty}^{t} f(x)\mathrm{d}x$	$F(s) \to \boxed{\frac{1}{s}} \to \Sigma$(另一输入 $\frac{f^{(-1)}(0_-)}{s}$)$\to \frac{F(s)}{s}+\frac{f^{(-1)}(0_-)}{s}$
积分器 (零状态)	$f(t) \to \boxed{\int} \to \int_{0_-}^{t} f(x)\mathrm{d}x$ $q'(t)$　　　　$q(t)$	$F(s) \to \boxed{\frac{1}{s}} \to \frac{F(s)}{s}$ $sQ(s)$　　　　$Q(s)$

含有初始状态的框图比较复杂,但通常比较关心的是系统零状态响应的 s 域框图,这时,系统的时域框图与其 s 域框图在形式上是相同的,使用起来比较简便。

例题 6-15: 某 LTI 连续系统的时域框图如图 6-9(a)所示,已知其输入为 $f(t)=u(t)$,求其零状态响应。

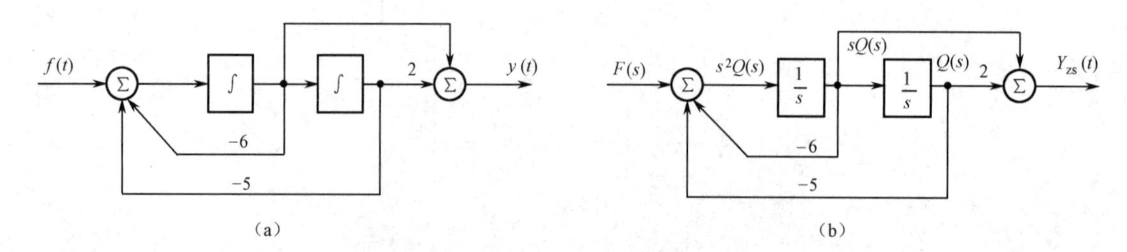

图 6-9 例题 6-15 的图

解:考虑到零状态响应,画出所对应的 s 域框图,如图 6-9(b)所示。

设中间变量为 $Q(s)$,则有

$$s^2Q(s)=F(s)-6sQ(s)-5Q(s)$$

整理得

$$s^2Q(s)+6sQ(s)+5Q(s)=F(s)$$

而 $sQ(s)+2Q(s)=Y_{zs}(s)$,所以有

$$Y_{zs}(s)=\frac{s+2}{s^2+6s+5}F(s)=\frac{s+2}{s^2+6s+5}\cdot\frac{1}{s}$$

对上式进行逆变换得

$$y_{zs}(t)=\left[\frac{2}{5}-\frac{1}{4}e^{-t}-\frac{3}{20}e^{-5t}\right]u(t)$$

6.6　系统函数

6.6.1　系统函数的定义

对于 LTI 连续时间系统，其零状态响应 $y_{zs}(t)$ 和激励信号 $f(t)$ 之间的关系为

$$y_{zs}(t)=f(t)*h(t) \tag{6-36}$$

式中，$h(t)$ 为系统的单位冲激响应。

对式(6-36)两边取拉普拉斯变换，运用卷积定理，得

$$Y_{zs}(s)=H(s)F(s)$$

也即

$$H(s)=\frac{Y_{zs}(s)}{F(s)}=\mathscr{L}[h(t)] \tag{6-37}$$

$H(s)$ 即为系统函数，也叫作转移函数或传输函数。它等于零状态响应的象函数 $Y_{zs}(s)$ 与激励的象函数 $F(s)$ 之比，也等于单位冲激响应 $h(t)$ 的拉普拉斯变换。

系统的阶跃响应 $g(t)$ 是输入 $f(t)=u(t)$ 时的零状态响应。

由于 $\mathscr{L}[u(t)]=\frac{1}{s}$，故有

$$g(t)\leftrightarrow\frac{1}{s}H(s) \tag{6-38}$$

由描述连续系统的微分方程很容易求出系统函数 $H(s)$，反之亦然。系统函数只与系统的结构、元件的参数有关，而与外界因素(激励、初始状态等)无关。

当系统的激励为 $f(t)=e^{st}\ (-\infty<t<\infty)$ 时，系统的零状态响应由时域卷积积分可求得，为

$$\begin{aligned}y_{zs}(t)=h(t)*f(t)&=\int_{-\infty}^{\infty}e^{s(t-\tau)}h(\tau)d\tau\\&=e^{st}\int_{-\infty}^{\infty}h(\tau)e^{-s\tau}d\tau\\&=e^{st}H(s)\end{aligned} \tag{6-39}$$

上式表明，若激励是无时限的复指数信号 e^{st} 时，则因果系统的零状态响应也是全响应，仍为相同复频率的指数信号，但被加权了 $H(s)$。或者说，只要将激励信号 e^{st} 乘以系统函数 $H(s)$ 便可求得响应[条件是 s 位于 $H(s)$ 的收敛域内，即位于 $H(s)$ 的最右极点的右边]。

因此，用拉普拉斯变换法分析系统的零状态响应，实质上就是将激励信号分解为许多不同复频率的复指数分量之和，即

$$f(t)=\frac{1}{2\pi \mathrm{j}}\int_{\sigma-\mathrm{j}\infty}^{\sigma+\mathrm{j}\infty}F(s)\mathrm{e}^{st}\mathrm{d}s$$

其中,每个复指数信号的分量为$\frac{F(s)\mathrm{d}s}{2\pi \mathrm{j}}\cdot \mathrm{e}^{st}$,对应的零状态响应分量为$\frac{F(s)\mathrm{d}s}{2\pi \mathrm{j}}\cdot \mathrm{e}^{st}\cdot H(s)$,最后将这些响应分量叠加,即得系统的零状态响应

$$y_{zs}(t)=\frac{1}{2\pi \mathrm{j}}\int_{\sigma-\mathrm{j}\infty}^{\sigma+\mathrm{j}\infty}F(s)H(s)\mathrm{e}^{st}\mathrm{d}s$$

即

$$y_{zs}(t)=\frac{1}{2\pi \mathrm{j}}\int_{\sigma-\mathrm{j}\infty}^{\sigma+\mathrm{j}\infty}Y_{zs}(s)\mathrm{e}^{st}\mathrm{d}s \tag{6-40}$$

例题 6-16:已知某 LTI 连续时间系统的微分方程为

$$y''(t)+3y'(t)+2y(t)=f'(t)+3f(t)$$

求系统的单位冲激响应。

解:考虑到系统的初始状态均为零,对微分方程两边进行拉普拉斯变换,得

$$s^2Y_{zs}(s)+3sY_{zs}(s)+2Y_{zs}(s)=sF(s)+3F(s)$$

整理得

$$H(s)=\frac{Y_{zs}(s)}{F(s)}=\frac{s+3}{s^2+3s+2}=\frac{2}{s+1}-\frac{1}{s+2}$$

所以有

$$h(t)=(2\mathrm{e}^{-t}-\mathrm{e}^{-2t})u(t)$$

可以看出,由微分方程可以写出其系统函数,同样由系统函数也可推导出系统的微分方程。

例题 6-17:某 LTI 连续时间系统,当输入 $f(t)=\mathrm{e}^{-t}u(t)$时,其零状态响应为

$$y_{zs}(t)=(3\mathrm{e}^{-t}-4\mathrm{e}^{-2t}+\mathrm{e}^{-3t})u(t)$$

求描述该系统的微分方程。

解:由题意得

$$F(s)=\mathscr{L}[f(t)]=\frac{1}{s+1}$$

$$Y_{zs}(s)=\mathscr{L}[y_{zs}(t)]=\frac{3}{s+1}-\frac{4}{s+2}+\frac{1}{s+3}=\frac{2(s+4)}{(s+1)(s+2)(s+3)}$$

所以有

$$H(s)=\frac{Y_{zs}(s)}{F(s)}=\frac{2s+8}{s^2+5s+6}$$

整理得

$$(s^2+5s+6)Y_{zs}(s)=(2s+8)F(s)$$

所以,对应的微分方程为

$$y''(t)+5y'(t)+6y(t)=2f'(t)+8f(t)$$

例题 6-18:某 LTI 连续时间系统的初始状态一定,当输入为 $f_1(t)=u(t)$时,系统的全响应为 $y_1(t)=(1+\mathrm{e}^{-t})u(t)$;当输入为 $f_2(t)=\delta(t)$时,系统的全响应为 $y_2(t)=3\mathrm{e}^{-t}u(t)$;求当输入为$f_3(t)=tu(t)$时,系统的全响应 $y_3(t)$。

解:系统全响应的象函数可以表示为

$$Y(s)=Y_{zi}(s)+Y_{zs}(s)=Y_{zi}(s)+H(s)F(s)$$

由于初始条件不变，所以 $Y_{zi}(s)$ 始终不变，$H(s)$ 也保持不变。即

$$\begin{cases}Y_1(s)=Y_{zi}(s)+H(s)F_1(s)\\Y_2(s)=Y_{zi}(s)+H(s)F_2(s)\end{cases}$$

由已知条件求得

$$F_1(s)=\mathscr{L}[f_1(t)]=\frac{1}{s},\quad Y_1(s)=\mathscr{L}[y_1(t)]=\frac{1}{s}+\frac{1}{s+1}$$

$$F_2(s)=\mathscr{L}[f_2(t)]=1,\quad Y_2(s)=\mathscr{L}[y_2(t)]=\frac{3}{s+1}$$

代入上式解得

$$Y_{zi}(s)=\frac{2}{s+1},\qquad H(s)=\frac{1}{s+1}$$

当输入为 $f_3(t)=tu(t)$ 时，$F_3(s)=\frac{1}{s^2}$，零状态响应为

$$Y_{zs3}(s)=H(s)F_3(s)=\frac{1}{(s+1)s^2}$$

对 $Y_{zi}(s)$、$Y_{zs3}(s)$ 求拉普拉斯逆变换，得

$$y_{zi}(t)=2\mathrm{e}^{-t}u(t)$$

$$y_{zs3}(t)=(t-1+\mathrm{e}^{-t})u(t)$$

因此有

$$y(t)=y_{zi}(t)+y_{zs3}(t)=(t-1+3\mathrm{e}^{-t})u(t)$$

6.6.2　系统函数的表示法

线性系统的系统函数是以多项式之比的形式出现的，即

$$H(s)=\frac{b_m s^m+b_{m-1}s^{m-1}+\cdots+b_1 s+b_0}{a_n s^n+a_{n-1}s^{n-1}+\cdots+a_1 s+a_0}=\frac{B(s)}{A(s)} \tag{6-41}$$

将 $B(s)$、$A(s)$ 分解因式，有

$$H(s)=\frac{B(s)}{A(s)}=H_0\frac{(s-q_1)(s-q_2)\cdots(s-q_m)}{(s-p_1)(s-p_2)\cdots(s-p_n)} \tag{6-42}$$

式中，H_0 为一常数；$q_j(j=1,2,\cdots,m)$ 为 $H(s)$ 的零点；$p_i(i=1,2,\cdots,n)$ 为 $H(s)$ 的极点。

系统函数也可能有多重零点和极点。把系统函数的零点和极点标注在 s 平面上的图形，就叫作系统函数的零、极点分布图。

从式(6-42)可以看出，系统函数 $H(s)$ 是复变量 s 的实有理函数，所以它的极点和零点要么是实数且位于实轴上，要么是成对出现的共轭复数且位于实轴上下对称的位置上。也就是说，系统函数的零、极点分布必定是对实轴成镜面对称的，如图6-10中所示。

系统函数含有 m 个零点和 n 个极点。如果 $n>m$，则当 $s\to\infty$ 时，函数值 $\lim\limits_{s\to\infty}H(s)=\lim\limits_{s\to\infty}\frac{b_m s^m}{a_n s^n}=0$，即 $H(s)$ 在无穷远处有一个 $(n-m)$ 阶的零点；如果 $n<m$，则当 $s\to\infty$ 时，函数值 $\lim\limits_{s\to\infty}H(s)=\lim\limits_{s\to\infty}\frac{b_m s^m}{a_n s^n}$ 为无穷大，即 $H(s)$ 在无穷远处有一个 $(m-n)$ 阶的极点。总的来说，系统

函数的零点和极点数目应该相等。但是,根据函数分子和分母幂次的高低,可以有若干零点在无穷远处或若干极点在无穷远处。

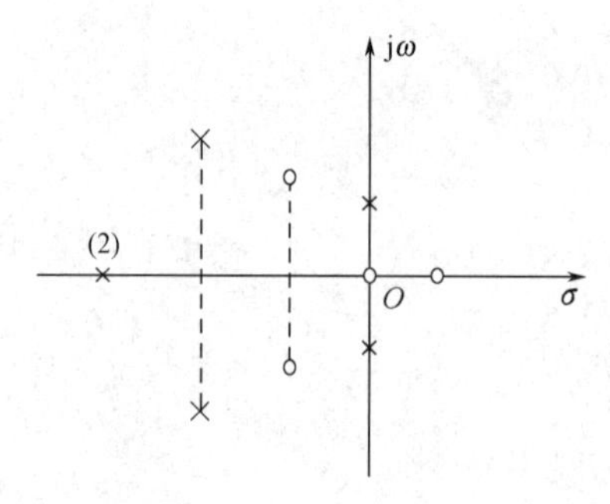

图 6-10 典型的零、极点分布图

当一个系统函数的全部零点、极点及 H_0 确定之后,这个系统函数也就完全确定。H_0 只是一个比例系数,对系统函数 $H(s)$ 的形式没有影响,所以一个系统随变量 s 的变化特性完全可以用其零、极点表示出来。

6.6.3 系统函数与时域响应

对于如式(6-42)所示的 $H(s)$,如果其为假分式(即 $m \geqslant n$),则可以通过多项式除法将其转化为真分式($m<n$)。本书只讨论 $H(s)$ 为真分式的情况。

系统函数 $H(s)$ 与冲激响应 $h(t)$ 是一对拉普拉斯变换。如果把 $H(s)$ 展开成部分分式,则 $H(s)$ 的每个极点会决定一项对应的时间函数 $h_i(t)$。

若 $H(s)$ 的极点 $p_i(i=1,2,\cdots,n)$ 全部是一阶极点,则它可写成

$$H(s)=\sum_{i=1}^{n} H_i(s)=\sum_{i=1}^{n} \frac{K_i}{s-p_i}$$

其冲激响应的形式为

$$h(t)=\mathscr{L}^{-1}[H(s)]=\mathscr{L}^{-1}\left[\sum_{i=1}^{n} \frac{K_i}{s-p_i}\right]=\sum_{i=1}^{n} h_i(t)$$

这里的极点 p_i 可以是实数,也可以是共轭复数。

下面简单讨论典型情况的极点分布与原函数的对应关系。

(1) 如果 $H(s)$ 的极点位于 s 平面的坐标原点,如 $H_i(s)=\frac{K_i}{s}$,则对应的冲激响应为阶跃函数,$h_i(t)=K_i u(t)$。

(2) 如果 $H(s)$ 的极点位于 s 平面的实轴上,如 $H_i(s)=\frac{K_i}{s-p_i}$,则对应的冲激响应为指数函数,$h_i(t)=K_i \mathrm{e}^{p_i t} u(t)$。如果 $p_i<0$,$h(t)$ 为衰减的指数函数;如果 $p_i>0$,$h(t)$ 为增长的指数函数。

(3) 如果 $H(s)$ 的极点是位于虚轴上的共轭极点,如 $H_i(s)=\frac{K_i \beta}{s^2+\beta^2}$,则对应的冲激响应为等幅振荡,$h_i(t)=K_i \sin(\beta t) u(t)$,它的极点是 $p_{1,2}=\pm \mathrm{j}\beta$。

(4) 如果 $H(s)$ 的极点是位于 s 左半平面的共轭极点,如 $H_i(s)=\frac{K_i \beta}{(s+\alpha)^2+\beta^2}$,$(\alpha>0)$,则

对应的冲激响应为衰减的振荡形式，$h_i(t)=K_i\mathrm{e}^{-\alpha t}\sin(\beta t)u(t)$，它的极点是 $p_{1,2}=-\alpha\pm\mathrm{j}\beta$。

同理，如果 $H(s)$ 的极点是位于 s 右半平面的共轭极点，如 $H_i(s)=\dfrac{K_i\beta}{(s-\alpha)^2+\beta^2}$，$(\alpha>0)$，则对应的冲激响应为增长的振荡形式，$h_i(t)=K_i\mathrm{e}^{\alpha t}\sin(\beta t)u(t)$，它的极点是 $p_{1,2}=\alpha\pm\mathrm{j}\beta$。

图 6-11 为 $H(s)$ 的一阶极点以及与其对应的响应函数。

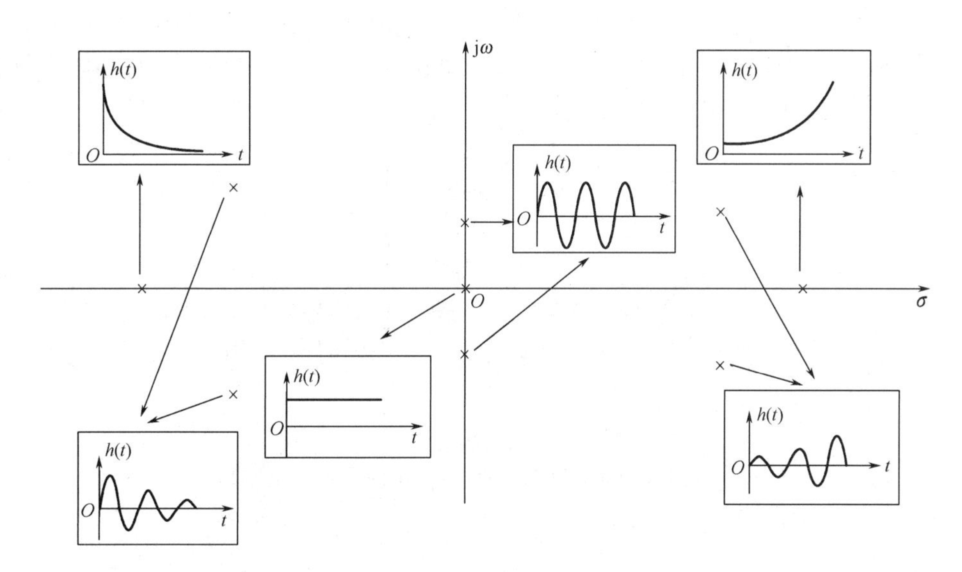

图 6-11　$H(s)$ 的一阶极点及对应的响应函数

若 $H(s)$ 具有高阶极点，则对应的冲激响应可能具有 $t,t^2,t^3,\cdots$ 与指数函数相乘的形式，t 的幂次由极点的阶数决定。

从以上分析可以看出，当系统函数为假分式时，所对应的冲激响应 $h(t)$ 在 $t=0$ 处包含冲激响应及其导数。极点的位置决定 $h(t)$ 的波形，但 $h(t)$ 的波形与 $H(s)$ 的零点无关，零点只是决定 $h(t)$ 的相位和幅度。

从图 6-11 可以看出，当 $H(s)$ 的极点位于 s 平面的左半平面时，$h(t)$ 波形为衰减形式；当 $H(s)$ 的极点位于 s 平面的右半平面时，$h(t)$ 波形为增长形式；当 $H(s)$ 的一阶极点落在虚轴上，对应的 $h(t)$ 为阶跃函数或等幅振荡，虚轴上的二阶极点对应的 $h(t)$ 为增长形式。

对于一个因果 LTI 连续系统，单位冲激响应 $h(t)$ 应满足 $h(t)=0(t<0)$，因而 $H(s)$ 的收敛域应在极点 p_i 中最右边极点的右边；如果系统是反因果的，则 $h(t)$ 应满足 $h(t)=0(t>0)$，因而 $H(s)$ 的收敛域应在极点 p_i 中最左边极点的左边。需要注意的是，相反的结论不一定成立，因为收敛域位于最右边极点的右边只能保证 $h(t)$ 是右边的，不能保证系统是因果的；同样，收敛域在最左边极点的左边时，只能保证 $h(t)$ 是左边的，不能保证系统是反因果的。

$H(s)$ 的极点分布、收敛域与系统的稳定性也相关。当 $t\to\infty$ 时，如果响应函数趋近于 0，说明该系统是稳定的。

因此可以得出一个重要的结论：一个有实际意义的因果稳定系统，其系统函数 $H(s)$ 的极点全部位于 s 左半开平面。

6.6.4 系统函数与频率响应

在正弦信号的激励下,系统的稳态响应随信号频率变化的情况叫作系统的频率响应特性,简称频响特性。系统的频率响应特性包括幅度频率特性和相位频率特性。系统函数 $H(s)$的零、极点与系统的频响特性有直接关系。

对于一个连续因果系统,如果其系统函数 $H(s)$的极点都位于左半开平面,则它在虚轴($s=\mathrm{j}\omega$)上也收敛。频率响应 $H(\mathrm{j}\omega)$就是系统的单位冲激响应在虚轴上的拉普拉斯变换。式(6-42)所示系统的频率响应可表示为

$$H(\mathrm{j}\omega)=H(s)\big|_{s=\mathrm{j}\omega}=H_0\frac{\prod_{j=1}^{m}(\mathrm{j}\omega-q_j)}{\prod_{i=1}^{n}(\mathrm{j}\omega-p_i)} \tag{6-43}$$

式中,$(\mathrm{j}\omega-q_j)$和$(\mathrm{j}\omega-p_i)$在 s 平面上分别表示从零点 q_j 和极点 p_i 指向虚轴上频率点 $\mathrm{j}\omega$ 的向量,称为零点向量和极点向量。将它们分别表示为极坐标的形式,有

$$\begin{cases}\mathrm{j}\omega-q_j=B_j\mathrm{e}^{\mathrm{j}\phi_j}\\ \mathrm{j}\omega-p_i=A_i\mathrm{e}^{\mathrm{j}\theta_i}\end{cases} \tag{6-44}$$

式中,A_i、B_j 分别为极点向量和零点向量的模;θ_i、ϕ_j 分别为它们的辐角。

零、极点的向量图如图 6-12 所示。

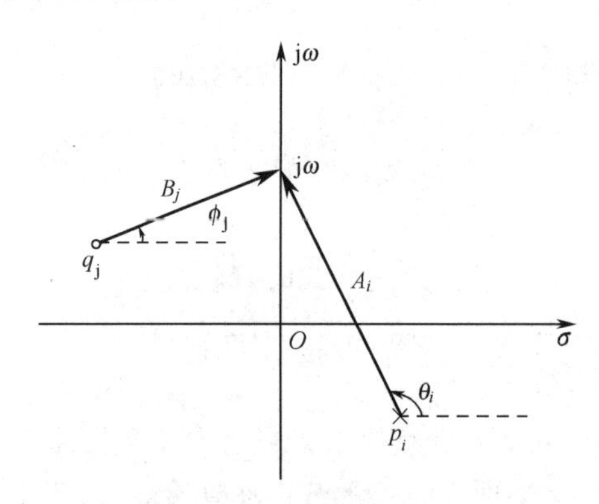

图 6-12 零、极点的向量图

如果给定 $H(s)$在 s 平面的零点和极点分布情况,就可以用几何方法求得零点和极点向量的模和相位。

将式(6-43)变为

$$H(\mathrm{j}\omega)=H_0\frac{B_1B_2\cdots B_m\mathrm{e}^{\mathrm{j}(\phi_1+\phi_2+\cdots+\phi_m)}}{A_1A_2\cdots A_n\mathrm{e}^{\mathrm{j}(\theta_1+\theta_2+\cdots+\theta_n)}}=|H(\mathrm{j}\omega)|\mathrm{e}^{\mathrm{j}\varphi(\omega)} \tag{6-45}$$

式中,

$$|H(\mathrm{j}\omega)|=H_0\frac{B_1B_2\cdots B_m}{A_1A_2\cdots A_n} \tag{6-46}$$

$$\varphi(\omega)=(\phi_1+\phi_2+\cdots+\phi_m)-(\theta_1+\theta_2+\cdots+\theta_n) \tag{6-47}$$

式(6-46)和式(6-47)分别为幅频特性和相频特性。

当 ω 从 0(或$-\infty$)沿虚轴向$+\infty$移动时,各零点向量和极点向量的模和辐角都将随 ω 的

改变而变化，便可得到幅频特性曲线和相频特性曲线。

例题 6-19：某二阶连续系统的系统函数为 $H(s)=\dfrac{(s-s_1)(s-s_1^*)}{(s+s_1)(s+s_1^*)}$，已知 $s_1=\alpha+\mathrm{j}\beta$，$\alpha>0$，$\beta>0$，试粗略画出其幅频特性曲线和相频特性曲线。

解：由题意知其频率特性为

$$H(\mathrm{j}\omega)=\frac{(\mathrm{j}\omega-s_1)(\mathrm{j}\omega-s_1^*)}{(\mathrm{j}\omega+s_1)(\mathrm{j}\omega+s_1^*)}=\frac{B_1B_2}{A_1A_2}\mathrm{e}^{\mathrm{j}(\phi_1+\phi_2-\theta_1-\theta_2)}$$

其零、极点的向量图如图 6-13 所示。

从该图中可以看出，对于所有的 ω，有 $A_1=B_1$，$A_2=B_2$。

幅频特性为

$$|H(\mathrm{j}\omega)|=1$$

相频特性为

$$\varphi(\omega)=\phi_1+\phi_2-\theta_1-\theta_2=2\pi-2\left[\arctan\left(\frac{\omega+\beta}{\alpha}\right)+\arctan\left(\frac{\omega-\beta}{\alpha}\right)\right]$$

$$=2\pi-2\arctan\left(\frac{2\alpha\omega}{\alpha^2+\beta^2-\omega^2}\right)$$

从图 6-13 中还可以看出：

当 $\omega=0$ 时，$\theta_1+\theta_2=0$，$\phi_1+\phi_2=2\pi$，所以有 $\varphi(\omega)=2\pi$。

当 $\omega\to\infty$ 时，$\theta_1=\theta_2=\phi_1=\phi_2=\dfrac{\pi}{2}$，所以有 $\varphi(\omega)\to0$。

频率响应特性（幅频和相频特性）如图 6-14 所示。

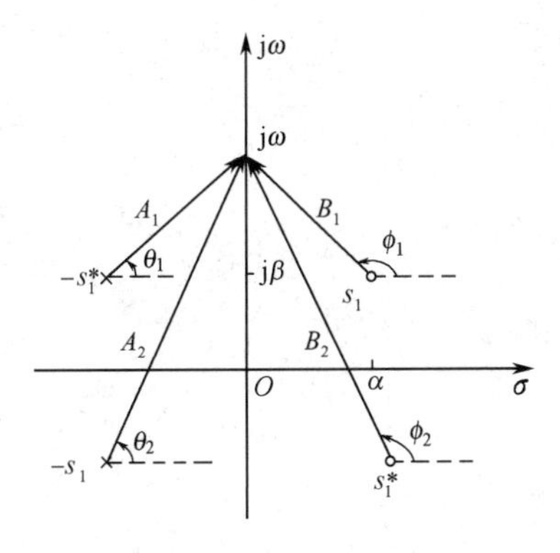

图 6-13　零、极点的向量图

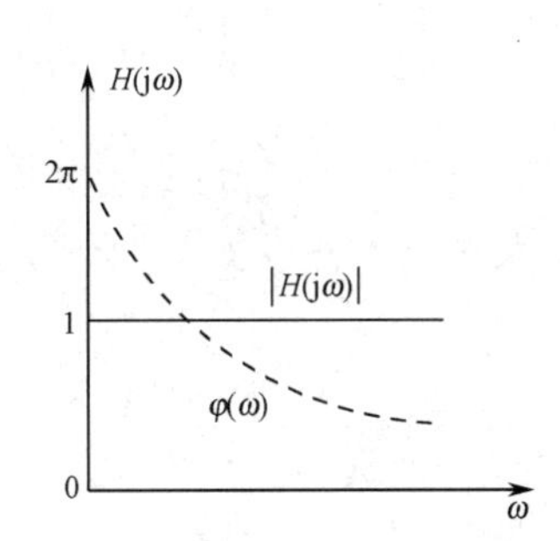

图 6-14　频率响应特性

如果系统的幅频响应 $|H(\mathrm{j}\omega)|$ 对所有的 ω 均为常数，则称该系统为全通系统。例题 6-19 中的系统即为二阶全通系统。当系统函数所有的零点与极点以 $\mathrm{j}\omega$ 轴为镜像对称时，该系统函数即为全通函数，所对应的系统为全通系统。全通系统对所有不同频率的信号一律进行平等的传输，只是各自的延迟时间一般来说不相等。

对于系统函数 $H(s)$ 而言，如果其极点全部位于 s 左半平面，并且其零点也全部位于左半平面（包括虚轴），则称这种函数为最小相移函数。如果 $H(s)$ 至少有一个零点位于右半平面，则此函数为非最小相移函数。

6.7 连续系统的稳定性及其判定

从6.6节的分析知,当系统函数$H(s)$的全部极点都位于s左半开平面时,系统是稳定的。因此,要判断某个系统的稳定性,必须知道$H(s)$极点的位置,可以通过对$H(s)$的分母多项式进行因式分解来确定其具体位置。但是,当系统的阶次较高时,分解因式比较困难。如果只是关心一个系统是不是稳定的,则没有必要知道$H(s)$极点的具体位置,只要看极点是否都位于s的左半平面即可,也就是看一下极点的值有没有正的实部。

设$H(s)$的分母多项式为

$$A(s)=a_0+a_1s+a_2s^2+\cdots+a_ns^n \tag{6-48}$$

因为s左半平面的极点是负实数或实部为负的共轭复数,所以,$H(s)$的极点全部位于s左半平面的必要而非充分条件是:式(6-48)的系数全部为正,而且多项式从最高次幂至最低次幂无缺项。

如果式(6-48)有负的系数,或有任何s的幂丢失,则s右半平面或jω轴上必定有$A(s)=0$的根,对应的系统就是不稳定的。由于这一条件只是系统稳定的必要条件,故只能作为初步判断稳定性的一个准则。

下面讨论一下如果$A(s)$的系数全部为正,而且没有任何s的幂丢失,此时这样的系统是否稳定。常用的方法是罗斯(Routh)准则。

罗斯准则是以阵列的形式表示出来,其规则为

$$\begin{vmatrix} a_n & a_{n-2} & a_{n-4} & \cdots \\ a_{n-1} & a_{n-3} & a_{n-5} & \cdots \\ c_{n-1} & c_{n-3} & c_{n-5} & \cdots \\ d_{n-1} & d_{n-3} & d_{n-5} & \cdots \\ \vdots & \vdots & \vdots & \vdots \end{vmatrix}$$

其中,第一行和第二行可直接由式(6-48)的系数得到。

第三行及其以下各行按下列规则计算:

$$c_{n-1}=-\frac{1}{a_{n-1}}\begin{vmatrix} a_n & a_{n-2} \\ a_{n-1} & a_{n-3} \end{vmatrix}$$

$$c_{n-3}=-\frac{1}{a_{n-1}}\begin{vmatrix} a_n & a_{n-4} \\ a_{n-1} & a_{n-5} \end{vmatrix}$$

$$\cdots$$

$$d_{n-1}=-\frac{1}{c_{n-1}}\begin{vmatrix} a_{n-1} & a_{n-3} \\ c_{n-1} & c_{n-3} \end{vmatrix}$$

$$d_{n-3}=-\frac{1}{c_{n-1}}\begin{vmatrix} a_{n-1} & a_{n-5} \\ c_{n-1} & c_{n-5} \end{vmatrix}$$

$$\cdots$$

按照上述规则形成阵列中的新元素,直至整个一行都变成0为止。

在阵列形成的过程中,任何一行的元素可以用任一正数相乘或相除,而不改变其结果,这

样可以简化新元素的计算。

阵列形成以后，考察第一列元素符号的变化。如果第一列中所有元素都具有相同的符号，则该 $H(s)$的极点都在 s 的左半平面；如果第一列中元素的符号有变化，则变化的次数等于 $H(s)$在右半平面极点的个数。

例题 6-20： 某系统函数 $H(s)$的分母多项式为 $A(s)=s^3+s^2+2s+8$，用罗斯准则判别系统的稳定性。

解：罗斯阵列为

$$\begin{vmatrix} 1 & 2 \\ 1 & 8 \\ -6 & 0 \\ 8 & 0 \end{vmatrix}$$

可以看出，第一列元素的符号发生了两次变化，因而 $A(s)=0$ 的根中有两个根位于 s 右半平面。因此，该系统不稳定。

在用罗斯准则判断系统是否稳定时，有两种特殊的情况：

第一种情况是某一行的元素全部为 0，这时不需要再排阵。

第二种情况是阵列中某一行的第一个元素为 0，同一行的其余元素不为 0。处理这种情况时，可以用任意小的数 ε 代替 0，然后按照原规则排阵，并忽略含有 ε^2 的项，此时将发现阵列的第一列元素符号改变的次数与 ε 的正负无关。

例题 6-21： 已知某系统函数 $H(s)$的分母多项式为 $A(s)=s^5+2s^4+2s^3+4s^2+s+1$，判断系统的稳定性。

解：罗斯阵列为

$$\begin{vmatrix} 1 & 2 & 1 \\ 2 & 4 & 1 \\ 0 & 1/2 & 0 \\ -1/0 & & \end{vmatrix}$$

用 ε 代替第三行第一列的元素 0，则有

$$\begin{vmatrix} 1 & 2 & 1 \\ 2 & 4 & 1 \\ \varepsilon & 1/2 & 0 \\ 4-(1/\varepsilon) & 1 & 0 \\ \left(\dfrac{1}{2}-\dfrac{\varepsilon^2}{4\varepsilon-1}\right) & 0 & 0 \end{vmatrix}$$

忽略$\dfrac{\varepsilon^2}{4\varepsilon-1}$项，并考虑到 $4-\dfrac{1}{\varepsilon}=-\dfrac{1}{\varepsilon}$，则上述阵列可改写成

$$\begin{vmatrix} 1 & 2 & 1 \\ 2 & 4 & 1 \\ \varepsilon & 1/2 & 0 \\ -1/\varepsilon & 1 & 0 \\ 1/2 & 0 & 0 \end{vmatrix}$$

因此，不论 ε 为正或负，第一列元素总是两次改变符号，即说明 $H(s)$有两个极点在 s 的右

半平面,则该系统是不稳定的。

如果 $A(s)$为三阶多项式,可以采用以下简单方法来判断 $A(s)=0$ 的根是否全部位于 s 左半平面。$s^3+\alpha s^2+\beta s+\gamma=0$ 的根全都位于 s 左半平面的充分必要条件是

$$\alpha>0,\ \beta>0,\ \gamma>0\ \text{且}\ \alpha\beta>\gamma$$

6.8 信号流图

前面介绍了用微分方程或模拟框图描述连续时间系统的特性,本节将介绍用信号流图描述一个连续时间系统。信号流图与模拟框图相比没有本质的区别,只是更加简便。通过对信号流图化简,可以迅速求得系统函数 $H(s)$的表达式。

系统信号流图的本质就是用一些点和有向线段来表示系统。图 6-15(a)所示的系统框图,它可以用图 6-15(b)所示的信号流图来表示。

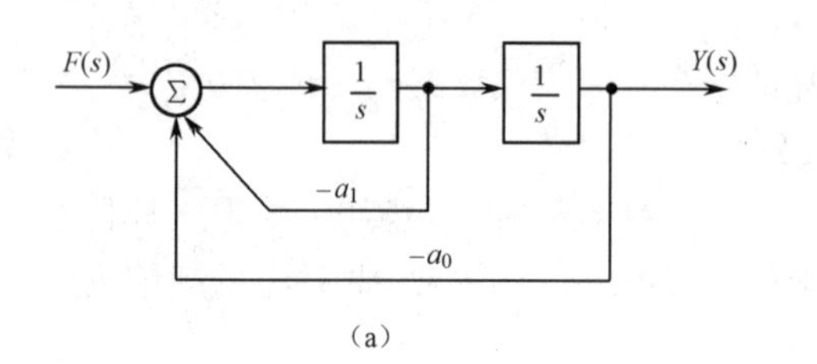

(a)

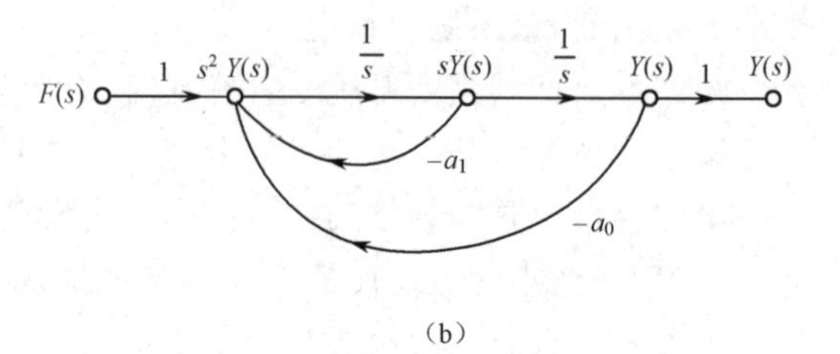

(b)

图 6-15 系统的框图及信号流图

6.8.1 信号流图中的常用术语

下面结合图 6-15(b)介绍信号流图中常用的术语。

(1) 节点:表示系统中变量或信号的点,用"∘"表示,如 $F(s)$、$s^2Y(s)$等。

(2) 支路:连接两个节点之间的有向线段。

(3) 转移函数:两个节点之间的增益,也叫作传输函数。

(4) 输入节点(源点):只有输出支路的节点,通常表示输入信号,如 $F(s)$。

(5) 输出节点(汇点):只有输入支路的节点,通常表示输出信号,如 $Y(s)$。

(6) 混合节点:既有输入支路又有输出支路的节点,如 $sY(s)$、$s^2Y(s)$等。

(7) 通路:从任何一个节点出发,沿着支路箭头的方向通过的路径。

(8) 开通路:通路与任一节点相交不多于一次,如 $F(s)\to s^2Y(s)\to sY(s)$。

(9) 闭通路(环路或回路):如果通路的终点就是通路的起点,并且与任何其他节点相交不多于一次,则称为闭通路,如 $s^2Y(s)\to sY(s)\to Y(s)\to s^2Y(s)$。

(10) 自环路:仅含有一个支路的环路。

(11) 环路增益:环路中各支路转移函数的乘积。

(12) 不接触环路:两环路之间没有任何公共节点。

(13) 前向通路:从输入节点到输出节点方向的通路上,通过任何节点不多于一次的路径,如 $F(s)\to s^2Y(s)\to sY(s)\to Y(s)\to Y(s)$。

(14) 前向通路增益:前向通路中各支路转移函数的乘积。

6.8.2　信号流图的性质

在运用信号流图时,必须遵循以下几个基本规律。

(1) 信号只能沿着支路方向传输,支路的输出是该支路输入与支路增益的乘积。

(2) 节点兼有加法器的作用。当节点有多个输入时,节点会将所有输入支路的信号相加,并将和信号传送给所有与该节点相连的输出支路,如在图6-16中,$x_6=ax_1+ex_5+dx_4$,$x_2=bx_6$,$x_3=cx_6$。

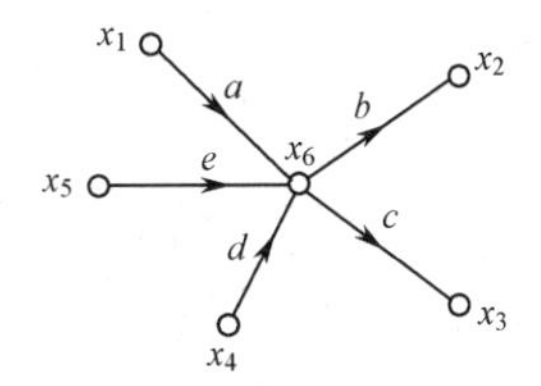

图6-16　信号流图中的节点

(3) 对于具有输入和输出支路的混合节点,通过增加一个具有单位传输的支路,可以把它变成输出节点,如图6-15(b)中的 $Y(s)$。

(4) 对于给定的系统,信号流图的形式并不是唯一的。由于同一系统的方程式可以表示成不同的形式,因此可以画出不同的信号流图。

(5) 信号流图转置以后,其转移函数保持不变。转置就是将信号流图中各支路的信号传输方向都进行调转,同时把输入、输出节点对换,如图6-17所示。它们的转移函数都是

$$H(s)=\frac{b_1s+b_0}{s+a_0}$$

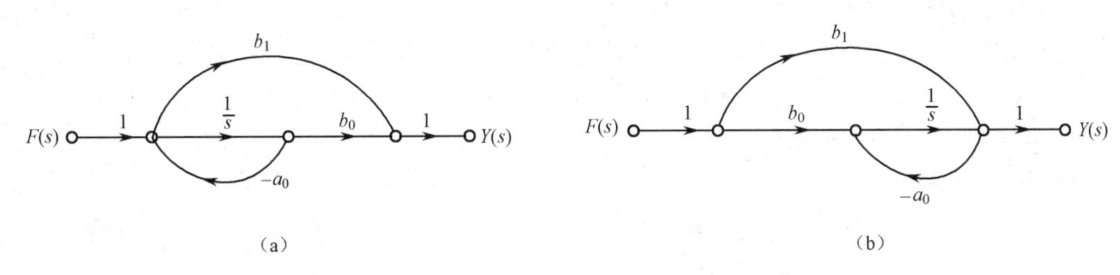

图6-17　信号流图的转置

6.8.3　信号流图的化简

信号流图描述的是代数方程或方程组,它们代表了某一线性系统,可以按照一些代数规则对其进行简化。常用的化简规则有以下几个。

(1) 只有一个输入支路的节点值等于输入信号乘以支路增益,如图6-18(a)所示。

(2) 支路串联的化简:支路串联可以化简为单一支路,其传输值等于各串联支路传输值的乘积,如图6-18(b)所示。

(3) 支路并联的化简:若干条支路并联可以化简为一条等效支路,其传输值等于各并联支路的传输值之和,如图6-18(c)所示。

(4) 混合节点的消除:可以按照图6-18(d)的方式进行消除。

(5) 自环路的消除:设某节点上有传输值为 t 的自环,消除自环后,该节点所有的输入支路的传输值都要除以$(1-t)$,而输出支路的传输值不变,如图 6-18(e)所示。

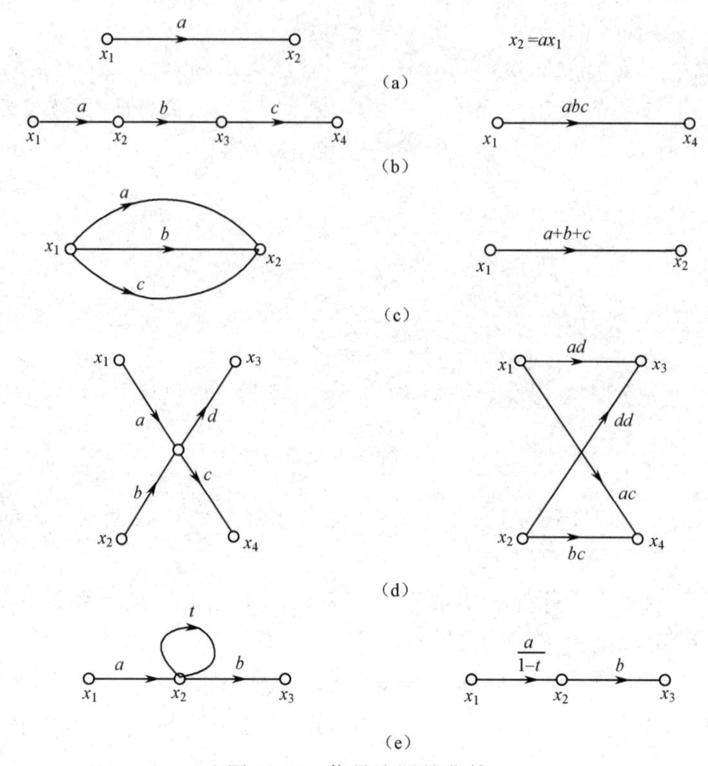

图 6-18 信号流图的化简

利用上述规则,最终可将信号流图化简为在源点和汇点之间仅有一条支路的流图,此支路的传输值就是原信号流图输入和输出之间的总传输。在复频域中,此增益就是系统函数。

例题 6-22:已知系统的信号流图如图 6-19(a)所示,化简并求出转移函数 $H(s)$。

解:过程如图 6-19 所示。

系统的转移函数为

$$H(s)=\frac{\dfrac{H_1H_2H_3H_4}{(1+G_2H_2)(1+G_3H_3)}}{1+\dfrac{G_1H_2H_3H_4+G_4H_4(1+G_2H_2)}{(1+G_2H_2)(1+G_3H_3)}}$$

$$=\frac{H_1H_2H_3H_4}{1+G_2H_2+G_3H_3+G_4H_4+G_1H_2H_3H_4+G_2H_2G_3H_3+G_2H_2G_4H_4}$$

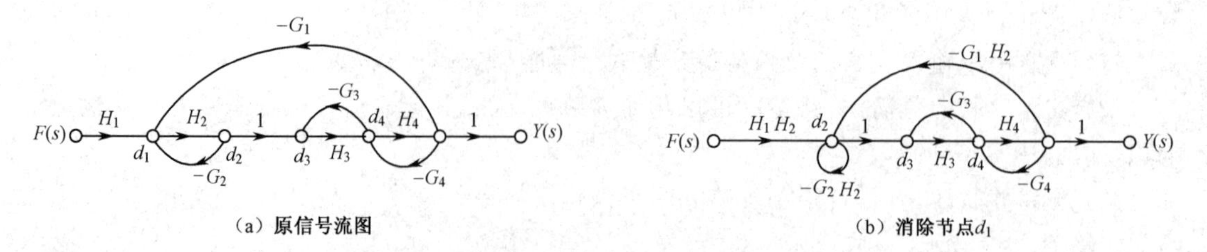

图 6-19 例题 6-22 信号流图的化简过程

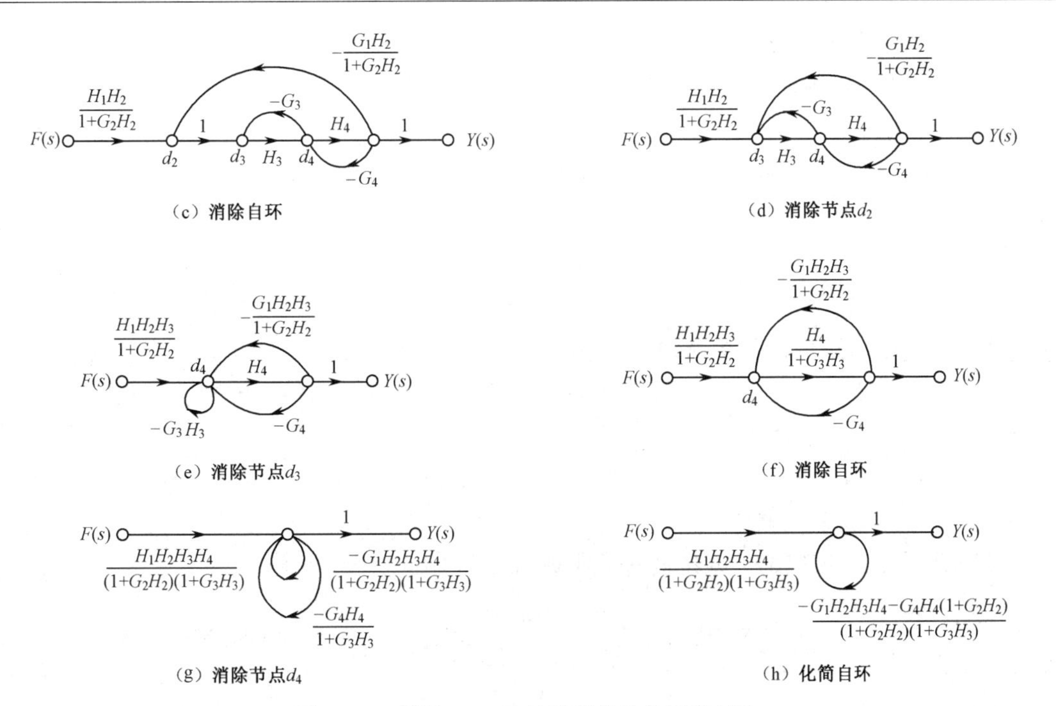

图 6-19　例题 6-22 信号流图的化简过程(续)

6.8.4　梅森公式

从例题 6-22 可以看出,利用 6.8.3 节介绍的化简规则来化简信号流图,过程显得比较烦琐。选用梅森(Mason)公式,则可以直接根据流图很方便地求出输入和输出之间的转移函数。

梅森公式为

$$H=\frac{1}{\Delta}\sum_{i}G_i\Delta_i$$

$$\Delta=1-\sum_{a}L_a+\sum_{b,c}L_bL_c-\sum_{d,e,f}L_dL_eL_f+\cdots$$

式中,H——系统的输入与输出之间的转移函数,即系统总的增益;

Δ——信号流图的特征行列式;

$\sum_{a}L_a$——所有不同环路的增益之和;

$\sum_{b,c}L_bL_c$——所有两两互不接触环路的增益乘积之和;

$\sum_{d,e,f}L_dL_eL_f$——所有三个互不接触环路的增益乘积之和;

⋮

i——表示由源点到汇点之间的第 i 条前向通路的标号;

G_i——由源点到汇点的第 i 条前向通路的增益;

Δ_i——第 i 条前向通路特征行列式的余因子。它是除了与第 i 条前向通路相接触的环路,所余子图的特征行列式。

例题 6-23：利用梅森公式，重新计算例题 6-22。

解：先求信号流图的特征行列式。

环路：

$$L_1=(d_1\rightarrow d_2\rightarrow d_1)=-H_2G_2$$

$$L_2=(d_3\rightarrow d_4\rightarrow d_3)=-H_3G_3$$

$$L_3=(d_4\rightarrow Y\rightarrow d_4)=-H_4G_4$$

$$L_4=(d_1\rightarrow d_2\rightarrow d_3\rightarrow d_4\rightarrow Y\rightarrow d_1)=-H_2H_3H_4G_1$$

其中，L_1 和 L_2、L_3 是两两不接触的环路，所以有

$$\Delta=1+(H_2G_2+H_3G_3+H_4G_4+H_2H_3H_4G_1)+(H_2G_2H_3G_3+H_2G_2H_4G_4)$$

由于前向通路只有一条，所以有

$$G_1=H_1H_2H_3H_4$$

$$\Delta_1=1-0+0-\cdots$$

根据梅森公式，可以求出系统的转移函数为

$$H(s)=\frac{H_1H_2H_3H_4}{1+G_2H_2+G_3H_3+G_4H_4+G_1H_2H_3H_4+G_2H_2G_3H_3+G_2H_2G_4H_4}$$

习　题

6-1　求下列函数的拉普拉斯变换。

(1) $f(t)=u(t+2)-u(t-2)$　　(2) $f(t)=(t\mathrm{e}^{-2t})u(t)$

(3) $f(t)=\mathrm{e}^{-t}\sin 2tu(t)$　　(4) $f(t)=2\delta(t)-3\mathrm{e}^{-7t}u(t)$

(5) $f(t)=\cos^2(\beta t)u(t)$　　(6) $f(t)=t^2\cos(2t)u(t)$

(7) $f(t)=\dfrac{1-\mathrm{e}^{-at}}{t}u(t)$　　(8) $f(t)=\dfrac{\sin\beta t}{t}u(t)$

(9) $f(t)=t\mathrm{e}^{-t}\sin tu(t)$　　(10) $f(t)=t^2u(t-1)$

(11) $f(t)=2\delta(t-t_0)+3\delta(t)$　　(12) $f(t)=\mathrm{e}^{-t}[u(t)-u(t-2)]$

6-2　已知 $\mathscr{L}[f(t)]=F(s)$，求下列式子的象函数。

(1) $\mathrm{e}^{-\frac{t}{a}}f\left(\dfrac{t}{a}\right)$　　(2) $\mathrm{e}^{-at}f\left(\dfrac{t}{a}\right)$

6-3　若 $\mathscr{L}[f(t)]=F(s)$，证明：

$$\mathscr{L}\left[\frac{1}{a}\mathrm{e}^{-\frac{b}{a}t}f\left(\frac{t}{a}\right)\right]=F(as+b)$$

6-4　求下列象函数的拉普拉斯逆变换。

(1) $F(s)=\dfrac{4}{s(2s+3)}$　　(2) $F(s)=\dfrac{1}{s(s^2+5)}$

(3) $F(s)=\dfrac{1}{s^2+1}+1$　　(4) $F(s)=\dfrac{s+3}{(s+1)^3(s+2)}$

(5) $F(s)=\dfrac{2\mathrm{e}^{-s}}{s^2+3s+2}$　　(6) $F(s)=\dfrac{2s+1}{s^2}\mathrm{e}^{-2s}$

(7) $F(s)=\ln\left(\dfrac{s}{s+9}\right)$　　(8) $F(s)=\ln\left(\dfrac{s+1}{s}\right)$

(9) $F(s)=\dfrac{s}{1-e^{-s}}$　　(10) $F(s)=\dfrac{1}{1+e^{-2s}}$

6-5　利用初值定理和终值定理，求以下原函数的初值 $f(0_+)$，终值 $f(\infty)$。

(1) $F(s)=\dfrac{4s+5}{2s+1}$　　(2) $F(s)=\dfrac{s+3}{(s+1)^2(s+2)}$

6-6　因果信号 $f(t)$ 的单边拉普拉斯变换为

$$F(s)=\frac{2s^3+6s^2+12s+20}{s^3+2s^2+3s}$$

(1) $f(0_+)$，$f(\infty)$ 分别为多少？

(2) $f(t)$ 在 $t=0$ 的冲激强度为多少？

6-7　写出如图 6-20 所示电路的系统转移函数 $H(s)=\dfrac{V_2(s)}{V_1(s)}$。

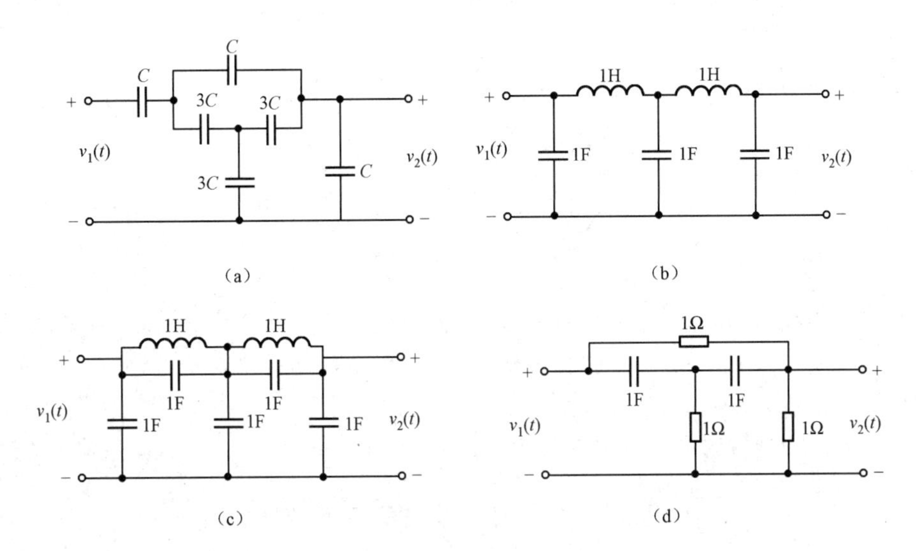

图 6-20　习题 6-7 的图

6-8　某 LTI 系统，激励为 $f(t)$ 时的全响应为 $y_1(t)=2e^{-t}u(t)$；激励为 $f'(t)$ 时的全响应为 $y_2(t)=\delta(t)$。若已知 $f(t)$ 为单位阶跃信号 $u(t)$，

(1) 求该系统的零输入响应。

(2) 若系统的初始条件不变，求激励为 $f(t)=e^{-t}u(t)$ 时，系统的全响应。

(3) 画出系统的时域模拟框图。

6-9　某 LTI 连续时间系统如图 6-21 所示，激励信号 $f(t)=\delta(t)$。

(1) 求积分器输出 $y_a(t)$ 的波形。

(2) 求输出 $y(t)$ 的波形。

(3) 求系统的微分方程及系统函数 $H(s)$ 的表达式。

(4) 画出 $H_3(s)$ 的零、极点图，并粗略画出 $H_3(s)$ 的幅频特性曲线和相频特性曲线。

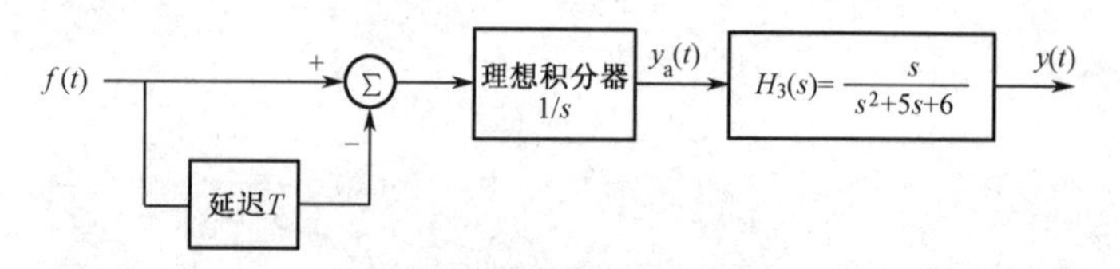

图 6-21 习题 6-9 的图

6-10 某一阶低通滤波器,当激励信号为 $\sin(2t)u(t)$ 时,自由响应为 $2e^{-3t}u(t)$,求强迫响应(设初始状态为 0)。

6-11 已知电路如图 6-22 所示,$f(t)$ 和 $v_c(t)$ 分别是输入电压和输出电压。

(1) 画出该电路的 s 域模型图(包括等效电源)。

(2) 求该电路的系统函数和冲激响应。

(3) 如果该电路的零输入响应等于冲激响应,试确定该电路的起始状态 $i_L(0_-)$,$v_c(0_-)$。

(4) 粗略画出幅频特性与相频特性曲线。

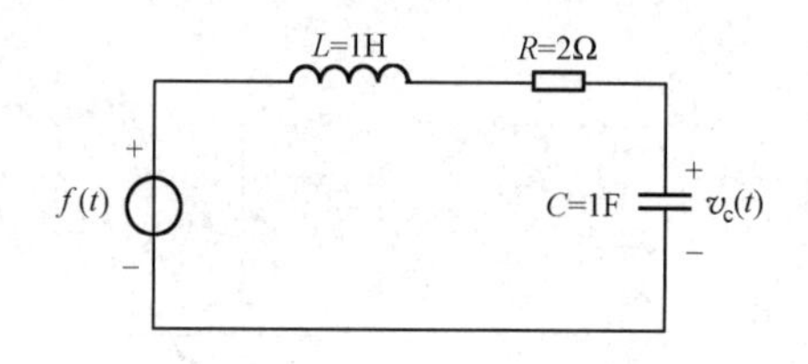

图 6-22 习题 6-11 的图

6-12 某 LTI 连续时间系统,初始条件一定,当激励信号为 $f_1(t)=\delta(t)$ 时,系统的全响应为 $y_1(t)=\delta(t)+e^{-t}u(t)$;当激励信号为 $f_2(t)=u(t)$ 时,全响应为 $y_2(t)=3e^{-t}u(t)$。求系统的冲激响应 $h(t)$。

6-13 已知某 LTI 连续时间系统最初是松弛的,且当输入 $f(t)=e^{-2t}u(t)$ 时,输出为

$$y(t)=\frac{2}{3}e^{-2t}u(t)+\frac{1}{3}e^{-t}u(t)$$

(1) 求系统的系统函数和它的收敛域。

(2) 求系统的单位冲激响应 $h(t)$。

(3) 写出描述系统的方程。

注:一个线性系统,初始松弛条件等价于系统满足因果性。

6-14 已知某 LTI 连续时间系统的激励信号为 $f(t)=u(t+2)-u(t-2)$,单位冲激响应为 $h(t)=2[u(t)-u(t-2)]$,画出系统的零状态响应 $y_{zs}(t)$ 的波形。

6-15 已知某 LTI 连续时间系统的单位阶跃响应的拉普拉斯变换为 $G(s)=\frac{2}{(s^2+2s+10)(e^{4s}-1)}$,$\mathrm{Re}[s]>0$,求该系统的单位冲激响应 $h(t)$。

6-16 已知两个时域因果信号 $f_1(t)$ 和 $f_2(t)$:

$$f'_1(t)=-2f_2(t)+\delta(t),\quad f'_2(t)=2f_1(t)$$

求 $f_1(t)$ 和 $f_2(t)$ 的拉普拉斯变换,并注明收敛域。

6-17 已知某 LTI 连续时间系统的系统函数为

$$H(s)=\frac{1}{s+1}$$

求系统对信号 $f(t)=\cos t+\cos\sqrt{3}t(-\infty<t<\infty)$ 的响应 $y(t)$。

6-18　某二阶 LTI 连续时间系统，$y''(t)+a_0y'(t)+a_1y(t)=b_0f'(t)+b_1f(t)$，在激励 $e^{-2t}u(t)$ 作用下的全响应为 $(-e^{-t}+4e^{-2t}-e^{-3t})u(t)$；而在激励 $\delta(t)-2e^{-2t}u(t)$ 作用下的全响应为 $(3e^{-t}+e^{-2t}-5e^{-3t})u(t)$。设初始状态固定，求：

(1) 系数 a_0、a_1、b_0、b_1；

(2) 系统的零输入响应 $y_{zi}(t)$ 和冲激响应 $h(t)$。

6-19　某 LTI 连续时间系统的框图如图 6-23 所示，已知当输入为 $f(t)=3(1+e^{-t})u(t)$ 时，系统的全响应为 $y(t)=(4e^{-2t}+3e^{-3t}+1)u(t)$。

(1) 列写该系统的输入、输出方程。

(2) 求系统的零输入响应 $y_{zi}(t)$。

(3) 求系统的初始状态 $y(0_-)$，$y'(0_-)$。

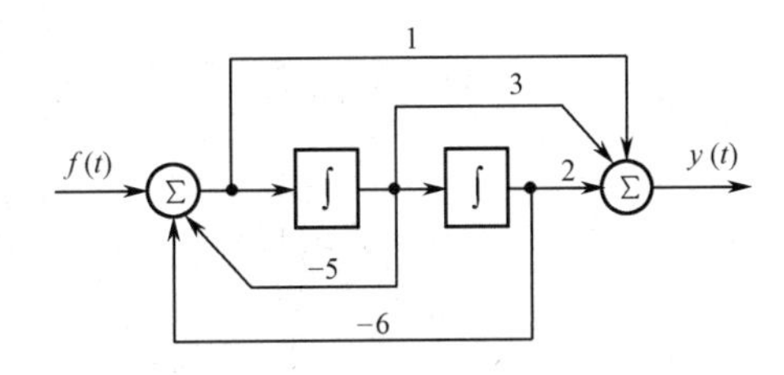

图 6-23　习题 6-19 的图

6-20　某二阶 LTI 连续时间系统，系统函数为 $H(s)=\dfrac{s+3}{s^2+3s+2}$，已知激励 $f(t)=e^{-3t}u(t)$，初始状态为 $y(0_-)=1$、$y'(0_-)=2$。求系统的全响应 $y(t)$ 及零输入响应 $y_{zi}(t)$、零状态响应 $y_{zs}(t)$，并确定其自由响应及强迫响应分量。

6-21　已知由子系统互联而成的系统如图 6-24 所示，其中 $h_1(t)=\delta(t)$，$h_2(t)$ 由微分方程 $y_1'(t)+y_1(t)=f_1(t)$ 确定，$h_3(t)=\int_{-\infty}^{t}\delta(\tau)\mathrm{d}\tau$，$f(t)=e^{-2(t-1)}u(t)$，试用拉普拉斯变换求：

(1) 互联系统的系统函数 $H(s)$ 和单位冲激响应 $h(t)$；

(2) 在 $f(t)$ 的作用下，互联系统的零状态响应 $y_{zs}(t)$。

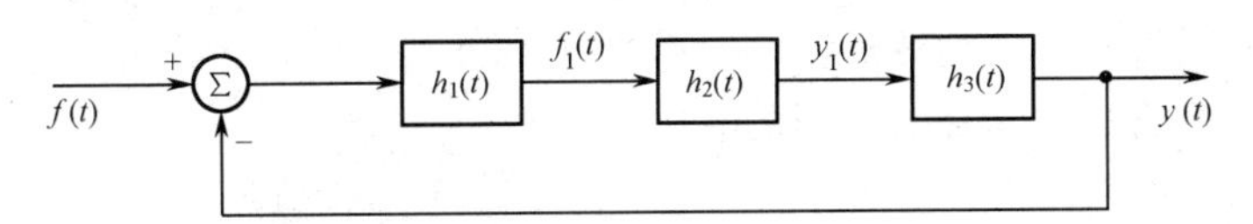

图 6-24　习题 6-21 的图

6-22　已知二阶连续时间系统的系统函数 $H(s)$ 的零、极点分布图如图 6-25 所示，求出相应的 $H(s)$ 的表达式，写出其幅频响应 $|H(j\omega)|$ 的表示式，并粗略画出幅频响应曲线。

(1) 对于图 6-25(a)，已知当 $s=0$ 时，$H(0)=1$。

(2) 对于图 6-25(b)，已知当 $s=j\sqrt{5}$ 时，$H(j\sqrt{5})=1$。

(3) 对于图 6-25(c)，已知 $H(\infty)=1$。

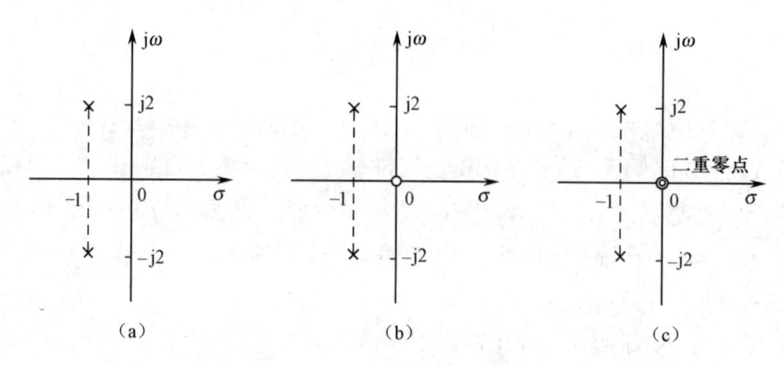

图 6-25　习题 6-22 的图

6-23　设连续系统函数 $H(s)$在虚轴上收敛,其幅频响应函数为$|H(j\omega)|$,证明:

$$|H(j\omega)|^2=H(s)H(-s)\big|_{s=j\omega}$$

6-24　图 6-26 所示的反馈因果系统,已知 $A(s)=\dfrac{s}{s^2+4s+4}$,K 为常数,为使系统稳定,确定 K 的范围。

6-25　对于一个 LTI 连续时间系统,对其进行时域分析后,为什么还要对其进行频域分析和复频域分析?

6-26　若连续系统的系统函数 $H(s)$分别如下,试用直接形式模拟各系统,并画出系统框图。

(1) $H(s)=\dfrac{s^2+s+2}{(s+2)(s^2+2s+2)}$

(2) $H(s)=\dfrac{s-1}{(s+1)(s+2)(s+3)}$

6-27　图 6-27 所示互感耦合电路,求电压 $v(t)$的冲激响应和阶跃响应。

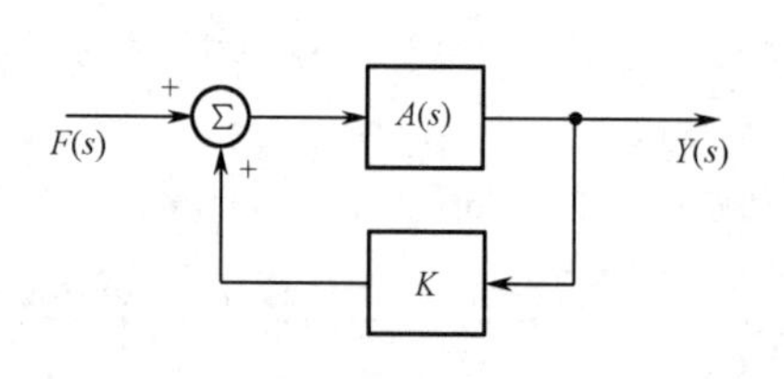

图 6-26　习题 6-24 的图

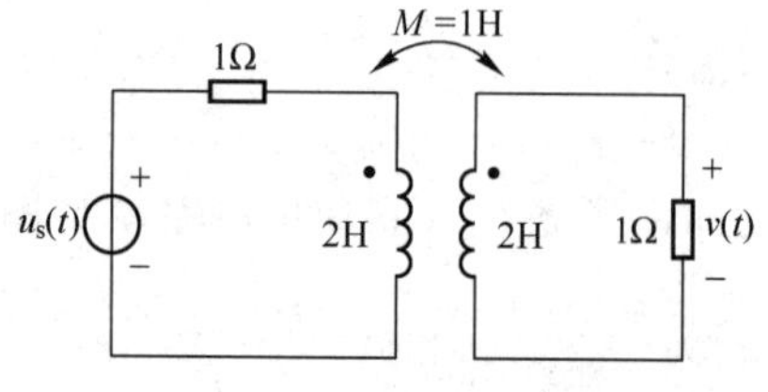

图 6-27　习题 6-27 的图

6-28　图 6-28 所示电路,在 $t=0$ 时刻之前电路元件无储能,在 $t=0$ 时刻开关闭合。求电压 $v(t)$的表达式,并画出其波形。

6-29　图 6-29 所示含理想运算放大器的系统,

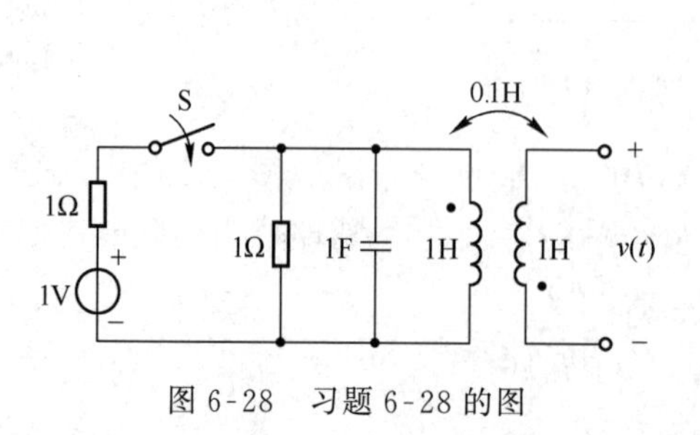

图 6-28　习题 6-28 的图

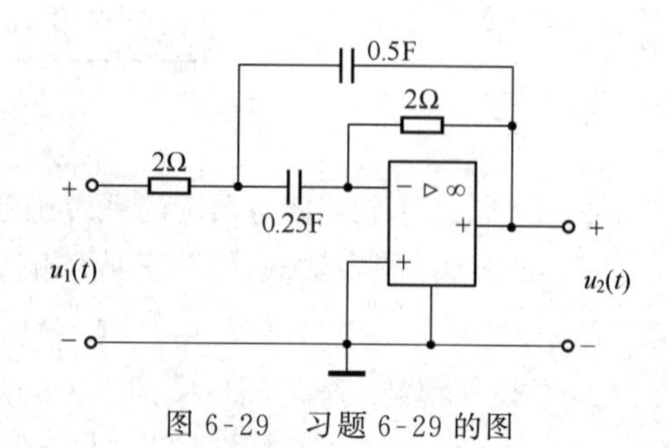

图 6-29　习题 6-29 的图

(1) 求系统函数 $H(s)=\dfrac{U_2(s)}{U_1(s)}$。

(2) 画出其零、极点分布图。

(3) 求幅频特性 $|H(\mathrm{j}\omega)|$,画出幅频特性曲线,说明该系统实现了怎样的滤波特性。

6-30 图6-30所示电路,$R_1=R_2=1\Omega$,$C_1=C_2=1\mathrm{F}$。设放大器为理想的,即输入阻抗为 ∞,输出阻抗为零。

(1) 求系统函数 $H(s)=\dfrac{U_2(s)}{U_1(s)}$。

(2) 欲使电路稳定,求 K 的取值范围。

(3) 欲使电路为临界稳定,求 K 值,并求此时电路的单位冲激响应 $h(t)$。

6-31 某连续时间系统的框图如图6-31所示,求其系统函数 $H(s)$,并画出信号流图。

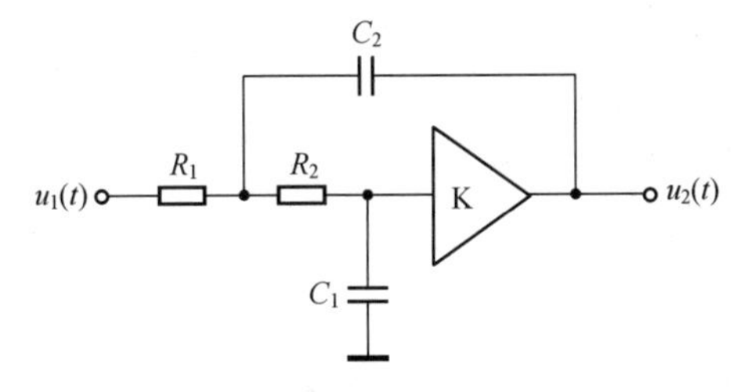

图6-30 习题6-30的图

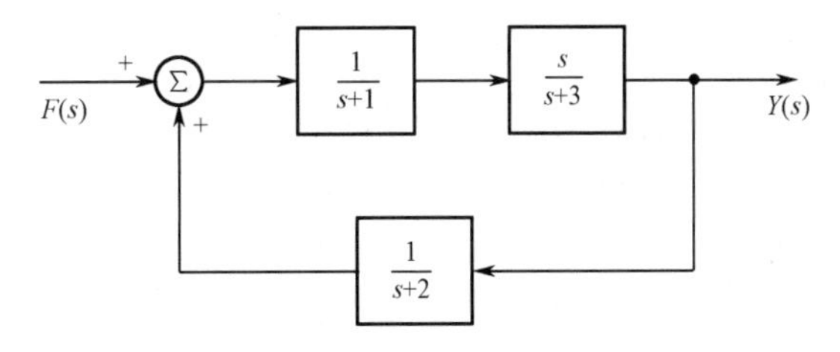

图6-31 习题6-31的图

6-32 图6-32所示信号流图,求系统的转移函数。

(1) 图6-32(a),求 $H(s)=\dfrac{Y(s)}{F(s)}$

(2) 图6-32(b),求 $H_{11}(s)=\dfrac{Y_1(s)}{F_1(s)}$,$H_{12}(s)=\dfrac{Y_1(s)}{F_2(s)}$,$H_{21}(s)=\dfrac{Y_2(s)}{F_1(s)}$,$H_{22}(s)=\dfrac{Y_2(s)}{F_2(s)}$。

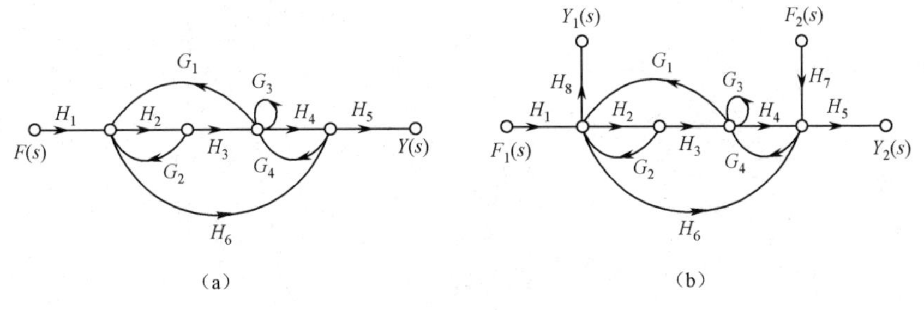

图6-32 习题6-32的图

6-33 图6-33所示连续时间系统的信号流图。

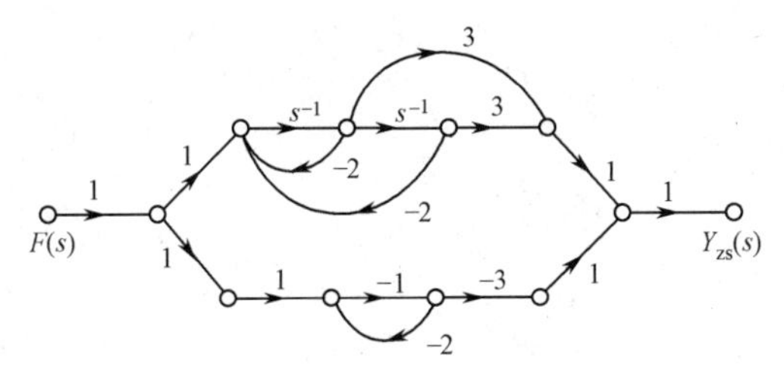

图6-33 习题6-33的图

(1) 求系统函数 $H(s)$。

(2) 列写系统的微分方程。

(3) 判断系统是否稳定。

6-34 判断以下系统函数 $H(s)$表示的系统是否稳定。

(1) $H(s)=\dfrac{s^2+2s+1}{s^3+4s^2-3s+2}$

(2) $H(s)=\dfrac{s^2+4s+2}{3s^3+s^2+2s+8}$

(3) $H(s)=\dfrac{s^3+s^2+s+2}{2s^3+7s+9}$

第 7 章　Z 变换及离散系统的 z 域分析

本章要点

- Z 变换的定义、收敛域及基本性质
- Z 逆变换的计算方法
- Z 变换与拉普拉斯变换的关系
- 离散时间系统的 z 域分析法
- 离散时间系统的系统函数、频率响应
- 傅里叶变换、拉普拉斯变换、Z 变换之间的关系

7.1　引　　言

在对 LTI 连续时间信号和系统的分析中，拉普拉斯变换起着重要作用，它是傅里叶变换的推广，可以将时域中的卷积积分和微分运算转化为复频域中的代数运算，从而简化信号和系统的分析。在 LTI 离散时间系统的分析中，Z 变换是一种很重要的数学工具，它是离散傅里叶变换的推广，并且与拉普拉斯变换之间有许多相似之处。

Z 变换在 LTI 离散时间系统中所起的作用，相当于拉普拉斯变换对连续时间系统所起的作用。Z 变换可以把描述系统的差分方程变为代数方程，而且代数方程中包括了系统的初始状态，从而可求得系统的零输入响应、零状态响应及全响应。用于分析的独立变量是复变量 z，故称为 z 域分析。本章将讨论 Z 变换的定义、收敛域、性质、与拉普拉斯变换及傅里叶变换的关系，并在此基础上研究离散系统的 z 域分析、系统的频率响应等。

7.2　Z　变　换

7.2.1　Z 变换的定义

Z 变换的定义，可以由抽样信号的拉普拉斯变换引出，也可以由离散信号的傅里叶变换给出。下面来分析如何由拉普拉斯变换引出 Z 变换。

设连续时间信号为 $f(t)$，每隔时间 T 冲激抽样一次，则抽样信号 $f_s(t)$ 即为离散时间信号，可表示为

$$f_s(t)=f(t)\delta_T(t)=f(t)\sum_{k=-\infty}^{\infty}\delta(t-kT)=\sum_{k=-\infty}^{\infty}f(kT)\delta(t-kT) \tag{7-1}$$

对式(7-1)进行双边拉普拉斯变换，由于 $\mathscr{L}[\delta(t-kT)]=\mathrm{e}^{-ksT}$，可得抽样信号 $f_s(t)$ 的双边拉普拉斯变换为

$$F_s(s)=\mathscr{L}[f_s(t)]=\sum_{k=-\infty}^{\infty}f(kT)\mathrm{e}^{-ksT} \tag{7-2}$$

令 $z=\mathrm{e}^{sT}$,式(7-2)将成为复变量 z 的函数,用 $F(z)$表示,即

$$F(z)=\sum_{k=-\infty}^{\infty}f(kT)z^{-k} \tag{7-3}$$

通常令抽样周期 $T=1$,则式(7-3)变为

$$F(z)=\sum_{k=-\infty}^{\infty}f(k)z^{-k} \tag{7-4}$$

式(7-4)称为序列 $f(k)$的双边 Z 变换。

如果求和只在 k 的非负值域进行(无论当 $k<0$ 时,$f(k)$是否为零),即

$$F(z)=\sum_{k=0}^{\infty}f(k)z^{-k} \tag{7-5}$$

则式(7-5)称为序列 $f(k)$的单边 Z 变换。

不难看出,$f(k)$的单边 Z 变换等于 $f(k)u(k)$的双边 Z 变换。若序列存在单边 Z 变换,则必然存在双边 Z 变换;但若序列存在双边 Z 变换,却不一定存在单边 Z 变换。由以上定义可知,如果 $f(k)$是因果序列,则其单边、双边 z 变换相等,否则二者不等。

今后在不致混淆的情况下,统称它们为 Z 变换。

从定义可以看出,序列 $f(k)$的 Z 变换是复变量 z 的幂级数,其系数是序列 $f(k)$的值。

将 $f(k)$的 Z 变换简记为 $\mathscr{Z}[f(k)]$,象函数 $F(z)$的逆 Z 变换简记为 $\mathscr{Z}^{-1}[F(z)]$。

$f(k)$和 $F(z)$之间的关系可记为

$$f(k)\leftrightarrow F(z) \tag{7-6}$$

7.2.2 Z 变换的收敛域

并不是任何序列 $f(k)$都能进行 Z 变换。从 Z 变换的定义可知,只有当级数收敛时,Z 变换才有意义。因此,必须讨论 Z 变换的收敛问题。

对于任意给定的有界序列 $f(k)$,能使其 Z 变换式收敛的所有 z 值的集合叫作 Z 变换的收敛域,常用 ROC 表示。

根据级数理论,式(7-4)收敛的充要条件是序列绝对可和,即

$$\sum_{k=-\infty}^{\infty}|f(k)z^{-k}|<\infty \tag{7-7}$$

下面分情况来讨论收敛域的问题。

1. 有限长序列

有限长序列即只在有限的时间范围内有值,如

$$f(k)=\begin{cases}f(k), & K_1\leqslant k\leqslant K_2\\0, & \text{其他}\end{cases}$$

其 Z 变换为

$$F(z)=\sum_{k=K_1}^{K_2}f(k)z^{-k}$$

由于 K_1、K_2 是有限的整数，所以上式是一个项数有限的级数。

下面通过一个例题说明。

例题 7-1： 已知有限长序列 $f(k)$ 为

$$f(k)=\{1,\quad 3,\quad \underset{\uparrow k=0}{5},\quad 2,\quad 1\}$$

求其 Z 变换。

解：按照定义，双边 Z 变换为

$$F(z)=\sum_{k=-\infty}^{\infty} f(k)z^{-k}=\sum_{k=-2}^{2} f(k)z^{-k}=z^2+3z+5+\frac{2}{z}+\frac{1}{z^2}$$

可见，除 $z=0$ 和 ∞ 点外，对于任意 z，双边 Z 变换的象函数 $F(z)$ 都有界，所以其收敛域为 $0<|z|<\infty$。

单边 Z 变换为

$$F(z)=\sum_{k=0}^{\infty} f(k)z^{-k}=\sum_{k=0}^{2} f(k)z^{-k}=5+\frac{2}{z}+\frac{1}{z^2}$$

可见，除 $z=0$ 点外，单边 Z 变换的象函数 $F(z)$ 都有界，所以其收敛域为 $|z|>0$。

在本例题中，对于同一个序列，其单边 Z 变换和双边 Z 变换的结果完全不一样，收敛域也不相同。因此，为了确定一个 Z 变换，仅用 $F(z)$ 的表达式是不够的，还需要指明它的收敛域。

2. 因果序列（也称右边序列）

$$f(k)=a^k u(k)=\begin{cases}a^k, & k\geqslant 0\\ 0, & k<0\end{cases},\quad a\text{ 为实数}$$

可以看出，因果序列的单、双边 Z 变换相等。即

$$F(z)=\sum_{k=0}^{\infty} f(k)z^{-k}=\sum_{k=0}^{\infty} a^k z^{-k}=\sum_{k=0}^{\infty}\left(\frac{a}{z}\right)^k$$

上式只有在 $\left|\frac{a}{z}\right|<1$，即 $|z|>|a|$ 时，$F(z)$ 才收敛。

此时

$$F(z)=\sum_{k=0}^{\infty}\left(\frac{a}{z}\right)^k=\frac{1}{1-\frac{a}{z}}=\frac{z}{z-a}$$

所以

$$a^k u(k)\leftrightarrow\frac{z}{z-a},\quad |z|>|a|$$

由此可见，在 z 平面上，因果序列的收敛域是在半径为 $|a|$ 的圆外，如图 7-1(a)所示。

3. 反因果序列（也称左边序列）

$$f(k)=b^k u(-k-1)=\begin{cases}0, & k\geqslant 0\\ b^k, & k<0\end{cases},\quad b\text{ 为实数}$$

对于反因果序列,只存在双边 Z 变换,不存在单边 Z 变换。即

$$F(z)=\sum_{k=-\infty}^{-1}f(k)z^{-k}=\sum_{k=-\infty}^{-1}\left(\frac{b}{z}\right)^{k}=\sum_{k=1}^{\infty}\left(\frac{z}{b}\right)^{k}$$

上式只有在 $\left|\frac{z}{b}\right|<1$,即 $|z|<|b|$ 时,$F(z)$ 才收敛。

此时

$$F(z)=\frac{\frac{z}{b}}{1-\frac{z}{b}}=-\frac{z}{z-b}$$

所以

$$b^{k}u(-k-1)\leftrightarrow-\frac{z}{z-b},\quad |z|<|b|$$

由此可见,在 z 平面上,反因果序列的收敛域是在半径为 $|b|$ 的圆内,如图 7-1(b)所示。

4. 双边序列

双边序列是指 k 从 $-\infty$ 到 ∞ 的序列,其双边 Z 变换和单边 Z 变换不相等。

其双边 Z 变换为

$$F(z)=\sum_{k=-\infty}^{\infty}f(k)z^{-k}$$

上式可改写为

$$F(z)=\sum_{k=-\infty}^{\infty}f(k)z^{-k}=\sum_{k=-\infty}^{-1}f(k)z^{-k}+\sum_{k=0}^{\infty}f(k)z^{-k}$$

式中,第二项为右边序列的 Z 变换,设其收敛域为 $|z|>|a|$;第一项为左边序列的 Z 变换,设其收敛域为 $|z|<|b|$。两项的公共收敛域就是 $F(z)$ 的收敛域,即 $|a|<|z|<|b|$,在 z 平面上是一个环状区域,如图 7-1(c)所示。可以看出,仅在 $|b|>|a|$ 时收敛域才存在。

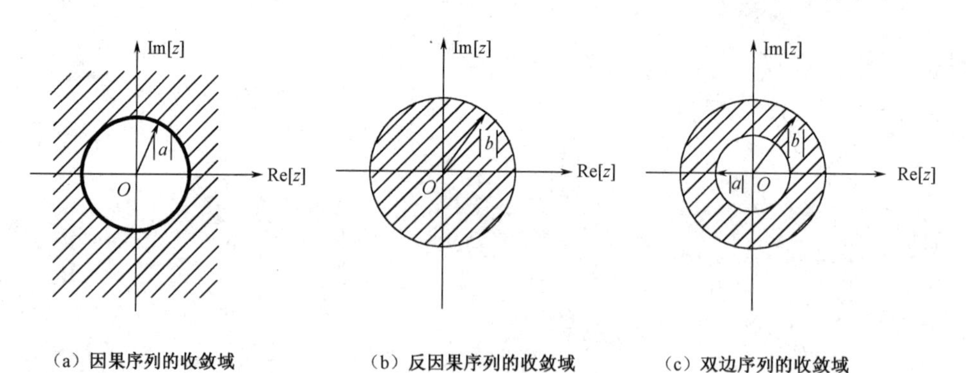

图 7-1　Z 变换的收敛域

7.2.3　Z 变换的几何表示——零、极点图

一般的,序列 $f(k)$ 的 Z 变换 $F(z)$ 可以表示成如下有理分式形式:

$$F(z)=\frac{B(z)}{A(z)}$$

与拉普拉斯变换一样，$B(z)$和 $A(z)$均为 z 的多项式，分别叫作 $F(z)$的分子多项式和分母多项式。

$B(z)=0$ 的根称为 $F(z)$的零点，在 z 平面上用"○"表示。

$A(z)=0$ 的根称为 $F(z)$的极点，在 z 平面上用"×"表示。

用"○"和"×"表示零点和极点的位置的图叫作 $F(z)$的零、极点图，如图 7-2 所示。

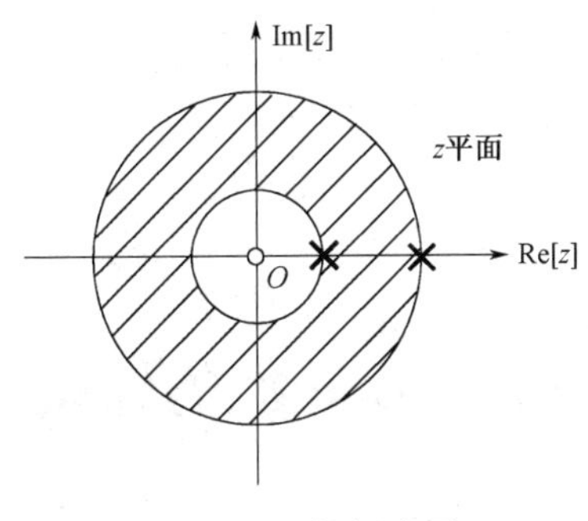

图 7-2　零、极点图

7.2.4　常用序列的 Z 变换

1. 单位序列 $\delta(k)$

$$\mathscr{Z}[\delta(k)]=\sum_{k=-\infty}^{\infty}\delta(k)z^{-k}=1$$

单位序列的 Z 变换等于 1，其收敛域为全平面。

2. 单边指数序列

$$a^k u(k)\leftrightarrow\frac{z}{z-a},\quad |z|>|a| \tag{7-8}$$

$$a^k u(-k-1)\leftrightarrow-\frac{z}{z-a},\quad |z|<|a| \tag{7-9}$$

3. 单位阶跃序列 $u(k)$

在式(7-8)中，令 $a=1$，可得

$$u(k)\leftrightarrow\frac{z}{z-1},\quad |z|>1 \tag{7-10}$$

其收敛域是以原点为圆心的单位圆的外部。

4. 斜变序列 $ku(k)$

$$\mathscr{Z}[ku(k)]=\sum_{k=0}^{\infty}kz^{-k}$$

由于上式不是几何级数，故不能直接利用几何级数的求和公式来计算。

由于

$$\sum_{k=0}^{\infty} z^{-k} = \frac{1}{1-z^{-1}}, \quad |z|>1$$

所以将上式两边对 z^{-1} 求导,得

$$\sum_{k=0}^{\infty} k(z^{-1})^{k-1} = \frac{1}{(1-z^{-1})^2}$$

整理得

$$\mathscr{Z}[ku(k)] = \sum_{k=0}^{\infty} kz^{-k} = \frac{z}{(z-1)^2}, \quad |z|>1 \tag{7-11}$$

同理,若将式(7-11)两边再对 z^{-1} 求导,可得

$$\mathscr{Z}[k^2u(k)] = \sum_{k=0}^{\infty} k^2 z^{-k} = \frac{z(z+1)}{(z-1)^3}, \quad |z|>1 \tag{7-12}$$

7.3 Z 变换的性质

Z 变换的性质反映了离散时间信号的时域特性与 z 域特性之间的关系,它是 LTI 离散时间系统 z 域分析的基础。利用这些性质,可以简化 Z 变换及其逆变换的运算。由于 Z 变换的性质中有许多和拉普拉斯变换的性质相似,所以这里只做简单介绍。

1. 线性

若

$$f_1(k) \leftrightarrow F_1(z), \quad \mathrm{ROC}=R_1$$
$$f_2(k) \leftrightarrow F_2(z), \quad \mathrm{ROC}=R_2$$

则有

$$a_1 f_1(k) + a_2 f_2(k) \leftrightarrow a_1 F_1(z) + a_2 F_2(z), \quad \mathrm{ROC}=R_1 \cap R_2 \tag{7-13}$$

式中,a_1,a_2 为任意常数,其收敛域至少是 $F_1(z)$ 与 $F_2(z)$ 收敛域的相交部分。

2. 时移特性

由于双边 Z 变换与单边 Z 变换定义中的求和下限不同,故二者的时移特性也有重要的区别。

(1) 双边 Z 变换的时移

若 $f(k) \leftrightarrow F(z)$,$\alpha<|z|<\beta$,且有整数 $m>0$,则

$$f(k \pm m) \leftrightarrow z^{\pm m} F(z), \quad \alpha<|z|<\beta \tag{7-14}$$

证明:

$$\mathscr{Z}[f(k+m)] = \sum_{k=-\infty}^{\infty} f(k+m) z^{-k} = \sum_{k=-\infty}^{\infty} f(k+m) z^{-(k+m)} \cdot z^m$$

令 $n=k+m$,则有

$$\mathscr{Z}[f(k+m)] = \sum_{n=-\infty}^{\infty} f(n) z^{-n} \cdot z^m = z^m F(z)$$

同样，上式对于 $-m$ 也成立。

(2) 单边 Z 变换的时移

若 $f(k)\leftrightarrow F(z)$，$|z|>\alpha$（α 为正实数），且有整数 $m>0$，则

$$\begin{cases} f(k-1)\leftrightarrow z^{-1}F(z)+f(-1) \\ f(k-2)\leftrightarrow z^{-2}F(z)+f(-2)+f(-1)z^{-1} \\ \quad\cdots \\ f(k-m)\leftrightarrow z^{-m}F(z)+\sum_{k=0}^{m-1}f(k-m)z^{-k} \end{cases},\quad |z|>\alpha \tag{7-15}$$

而

$$\begin{cases} f(k+1)\leftrightarrow zF(z)-f(0)z \\ f(k+2)\leftrightarrow z^{2}F(z)-f(0)z^{2}-f(1)z \\ \quad\cdots \\ f(k+m)\leftrightarrow z^{m}F(z)-\sum_{k=0}^{m-1}f(k)z^{m-k} \end{cases},\quad |z|>\alpha \tag{7-16}$$

序列时移后的收敛域保持不变。

证明：

$$\begin{aligned} \mathscr{Z}[f(k-m)] &= \sum_{k=0}^{\infty}f(k-m)z^{-k} = \sum_{k=0}^{m-1}f(k-m)z^{-k}+\sum_{k=m}^{\infty}f(k-m)z^{-k} \\ &= \sum_{k=0}^{m-1}f(k-m)z^{-k}+\sum_{k=m}^{\infty}f(k-m)z^{-(k-m)}z^{-m} \\ &= \sum_{k=0}^{m-1}f(k-m)z^{-k}+z^{-m}\sum_{n=0}^{\infty}f(n)z^{-n} \\ &= \sum_{k=0}^{m-1}f(k-m)z^{-k}+z^{-m}F(z) \end{aligned}$$

用同样的方法可以证明式(7-16)。

3. z 域的尺度变换

若 $f(k)\leftrightarrow F(z)$，ROC$=R$，且有常数 $a\neq 0$，则

$$a^{k}f(k)\leftrightarrow F\left(\frac{z}{a}\right),\quad \mathrm{ROC}=|a|R \tag{7-17}$$

z 域的尺度变换相对应于序列 $f(k)$ 乘以指数序列 a^{k}。

证明：

$$\mathscr{Z}[a^{k}f(k)] = \sum_{k=-\infty}^{\infty}a^{k}f(k)z^{-k} = \sum_{k=-\infty}^{\infty}f(k)\left(\frac{z}{a}\right)^{-k} = F\left(\frac{z}{a}\right)$$

4. 频移定理

在式(7-17)中，a 一般为复常数，如果限定 $a=\mathrm{e}^{\mathrm{j}\Omega_0}$，即得到频移定理。

$$\mathrm{e}^{\mathrm{j}\Omega_0 k}f(k)\leftrightarrow F(\mathrm{e}^{-\mathrm{j}\Omega_0}\cdot z),\quad \mathrm{ROC}=R \tag{7-18}$$

式(7-18)的左边可以看成序列 $f(k)$ 被一个复指数序列调制，右边可以看成是 z 平面的旋转，即全部的极点、零点的位置绕着 z 平面原点旋转一个角度 Ω_0。

图7-3描述了由时域调制引起的零、极点图的变化。

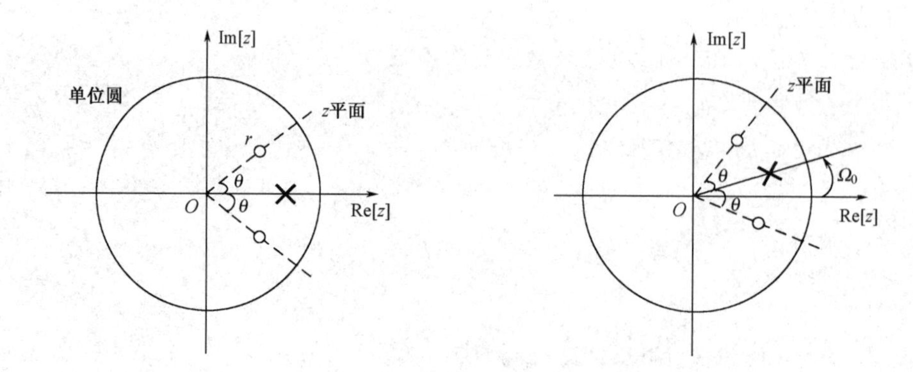

图7-3 由时域调制引起的零、极点图的变化

5. 时域反转

若 $f(k)\leftrightarrow F(z)$,ROC=R,则

$$f(-k)\leftrightarrow F\left(\frac{1}{z}\right),\quad \text{ROC}=\frac{1}{R} \tag{7-19}$$

证明:

$$\mathscr{Z}[f(-k)]=\sum_{k=-\infty}^{\infty}f(-k)z^{-k}=\sum_{n=-\infty}^{\infty}f(n)\left(\frac{1}{z}\right)^{-n}=F\left(\frac{1}{z}\right)$$

由此可见,$f(-k)$象函数的收敛域是$f(k)$象函数收敛域的倒置。即,如果z_0是$f(k)$象函数收敛域中的某一点,则$\dfrac{1}{z_0}$是$f(-k)$象函数收敛域中的某一点。

6. 卷积定理

若

$$f_1(k)\leftrightarrow F_1(z),\quad \text{ROC}=R_1$$
$$f_2(k)\leftrightarrow F_2(z),\quad \text{ROC}=R_2$$

则

$$f_1(k)*f_2(k)\leftrightarrow F_1(z)\cdot F_2(z),\quad \text{ROC}=R_1\cap R_2 \tag{7-20}$$

由式(7-20)可知,其收敛域至少是$F_1(z)$与$F_2(z)$收敛域的相交部分。

如果在乘积中有零、极点相抵消,则$F_1(z)\cdot F_2(z)$的收敛域还可能进一步扩大。

式(7-20)即为k域卷积定理,它在离散时间系统的分析中占有重要的地位。由于z域卷积定理应用较少,这里从略。

证明:

$$\begin{aligned}\mathscr{Z}[f_1(k)*f_2(k)]&=\sum_{k=-\infty}^{\infty}[f_1(k)*f_2(k)]z^{-k}=\sum_{k=-\infty}^{\infty}\Big[\sum_{i=-\infty}^{\infty}f_1(i)*f_2(k-i)\Big]z^{-k}\\&=\sum_{i=-\infty}^{\infty}f_1(i)\Big[\sum_{k=-\infty}^{\infty}f_2(k-i)z^{-k}\Big]=\sum_{i=-\infty}^{\infty}f_1(i)z^{-i}F_2(z)\\&=F_1(z)F_2(z)\end{aligned}$$

7. z 域微分

若 $f(k)\leftrightarrow F(z)$，ROC$=R$，则

$$\begin{cases} kf(k)\leftrightarrow -z\dfrac{\mathrm{d}}{\mathrm{d}z}F(z) \\ k^2f(k)\leftrightarrow -z\dfrac{\mathrm{d}}{\mathrm{d}z}\left[-z\dfrac{\mathrm{d}}{\mathrm{d}z}F(z)\right], \quad \text{ROC}=R \\ \cdots \\ k^mf(k)\leftrightarrow \left[-z\dfrac{\mathrm{d}}{\mathrm{d}z}\right]^m F(z) \end{cases} \tag{7-21}$$

式中，$\left[-z\dfrac{\mathrm{d}}{\mathrm{d}z}\right]^m F(z)$表示的运算为

$$-z\frac{\mathrm{d}}{\mathrm{d}z}\left\{\cdots\left[-z\frac{\mathrm{d}}{\mathrm{d}z}\left(-z\frac{\mathrm{d}}{\mathrm{d}z}F(z)\right)\right]\cdots\right\}$$

即共进行 m 次求导和乘以$(-z)$的运算。

证明：

由于 $F(z)=\sum\limits_{k=-\infty}^{\infty}f(k)z^{-k}$，两边对 z 求导数，则

$$\frac{\mathrm{d}F(z)}{\mathrm{d}z}=-z^{-1}\sum_{k=-\infty}^{\infty}kf(k)z^{-k}=-z^{-1}\mathscr{Z}[kf(k)]$$

整理得

$$kf(k)\leftrightarrow -z\frac{\mathrm{d}}{\mathrm{d}z}F(z)$$

同理，可以证明式(7-21)中的其他式子。

例题 7-2： 已知 $u(k)\leftrightarrow\dfrac{z}{z-1}$，利用 z 域微分性质，求序列 $ku(k)$的 Z 变换。

解：由式(7-21)得

$$\mathscr{Z}[ku(k)]=-z\frac{\mathrm{d}}{\mathrm{d}z}\mathscr{Z}[u(k)]=-z\frac{\mathrm{d}}{\mathrm{d}z}\left(\frac{z}{z-1}\right)=\frac{z}{(z-1)^2}$$

8. z 域积分

若 $f(k)\leftrightarrow F(z)$，ROC$=R$，设有整数 m，且 $k+m>0$，则

$$\frac{f(k)}{k+m}\leftrightarrow z^m\int_z^{\infty}\frac{F(\eta)}{\eta^{m+1}}\mathrm{d}\eta, \quad \text{ROC}=R \tag{7-22}$$

如果 $m=0$，且 $k>0$，则式(7-22)变为

$$\frac{f(k)}{k}\leftrightarrow\int_z^{\infty}\frac{F(\eta)}{\eta}\mathrm{d}\eta, \quad \text{ROC}=R \tag{7-23}$$

证明：根据 Z 变换的定义

$$\mathscr{Z}\left[\frac{f(k)}{k+m}\right]=\sum_{k=-\infty}^{\infty}\frac{f(k)}{k+m}z^{-k}=z^m\sum_{k=-\infty}^{\infty}f(k)\frac{z^{-(k+m)}}{k+m}$$

$$=z^m\sum_{k=-\infty}^{\infty}f(k)\int_z^{\infty}\eta^{-(k+m+1)}\mathrm{d}\eta=z^m\int_z^{\infty}\Big[\sum_{k=-\infty}^{\infty}f(k)\eta^{-k}\Big]\eta^{-(m+1)}\mathrm{d}\eta$$

$$=z^m\int_z^{\infty}\frac{F(\eta)}{\eta^{m+1}}\mathrm{d}\eta$$

例题 7-3：求序列$\frac{a^{k+1}}{k+1}$的 Z 变换($k+1>0$)。

解：由于 $a^{k+1}\leftrightarrow\frac{az}{z-a}$，根据式(7-22)，取 $m=1$，得

$$\mathscr{Z}\left[\frac{a^{k+1}}{k+1}\right]=z\int_z^{\infty}\frac{a\eta}{\eta-a}\eta^{-2}\mathrm{d}\eta=z\int_z^{\infty}\left(\frac{1}{\eta-a}-\frac{1}{\eta}\right)\mathrm{d}\eta=z\ln\frac{\eta-a}{\eta}\bigg|_z^{\infty}$$

$$=z\ln\frac{z}{z-a}$$

9. 部分和

若 $f(k)\leftrightarrow F(z)$，$\alpha<|z|<\beta$，则

$$\sum_{i=-\infty}^{k}f(i)\leftrightarrow\frac{z}{z-1}F(z),\quad \max(\alpha,1)<|z|<\beta \tag{7-24}$$

由于 $\sum_{i=-\infty}^{k}f(i)=f(k)*u(k)$，运用卷积定理很容易得出上式的结论。

10. 初值定理和终值定理

(1) 初值定理。

初值定理适应于右边序列。利用它，可以由象函数直接求得序列的初始值，而不必求出原序列。

如果 $f(k)$为因果序列，且 $f(k)\leftrightarrow F(z)$，$\alpha<|z|<\infty$，则

$$\begin{cases}f(0)=\lim\limits_{z\to\infty}F(z)\\ f(1)=\lim\limits_{z\to\infty}[zF(z)-zf(0)]\\ f(2)=\lim\limits_{z\to\infty}[z^2F(z)-z^2f(0)-zf(1)]\\ \cdots\end{cases} \tag{7-25}$$

证明：因为

$$F(z)=\sum_{k=0}^{\infty}f(k)z^{-k}=f(0)+f(1)z^{-1}+f(2)z^{-2}+\cdots$$

当 $z\to\infty$时，在上式中，除了第一项 $f(0)$不为零，其余各项都趋于零，所以

$$f(0)=\lim_{z\to\infty}F(z)$$

将 $F(z)$乘以 z，得

$$zF(z)=z\sum_{k=0}^{\infty}f(k)z^{-k}=zf(0)+f(1)+z^{-1}f(2)+z^{-2}f(3)+\cdots$$

当 $z\to\infty$时，有 $f(1)=\lim\limits_{z\to\infty}[zF(z)-zf(0)]$。

以此类推，可证明式(7-25)中的其他式子。

(2) 终值定理。

终值定理也只适应于右边序列。

利用终值定理，可以由象函数直接求得序列的终值。

对于右边序列 $f(k)$，设

$$f(k) \leftrightarrow F(z), \quad \alpha < |z| < \infty$$

且 $0 \leqslant \alpha < 1$，则序列的终值为

$$f(\infty) = \lim_{z \to 1}(z-1)F(z) \tag{7-26}$$

由于式(7-26)是取 $z \to 1$ 的极限，所以终值定理要求 $z=1$ 在收敛域内($0 \leqslant \alpha < 1$)，这时 $\lim\limits_{k \to \infty} f(k)$ 存在。

证明：

$$\mathscr{Z}[f(k)-f(k-1)] = F(z) - z^{-1}F(z) - f(-1) = (1-z^{-1})F(z) - f(-1)$$

对上式两边取 $z \to 1$ 的极限，得

$$\begin{aligned}
\lim_{z \to 1}(1-z^{-1})F(z) &= f(-1) + \lim_{z \to 1}\sum_{k=0}^{\infty}[f(k)-f(k-1)]z^{-k} \\
&= f(-1) + [f(0)-f(-1)] + [f(1)-f(0)] + \cdots \\
&= f(\infty)
\end{aligned}$$

终值定理的应用需要满足一定的条件：

① 在时域上，当 $k \to \infty$ 时，$f(k)$ 收敛。

② 在 z 域上，$F(z)$ 的极点必须位于单位圆之内(如果恰好位于单位圆上，则只能位于 $z=+1$ 点，并且是一阶极点)。

这两个条件是等效的。

7.4　Z 逆变换

Z 逆变换就是已知象函数 $F(z)$ 求原序列 $f(k)$，其常用的方法有幂级数展开法、部分分式展开法和留数定理法。

一般地，双边序列 $f(k)$ 可以分解为因果序列 $f_1(k)$ 和反因果序列 $f_2(k)$ 两部分，即

$$f(k) = f_2(k) + f_1(k) = f(k)u(-k-1) + f(k)u(k)$$

相应地，其 Z 变换也分为两部分，即

$$F(z) = F_2(z) + F_1(z), \quad \alpha < |z| < \beta$$

其中，

$$F_1(z) = \sum_{k=0}^{\infty} f(k)z^{-k}, \quad |z| > \alpha$$

$$F_2(z) = \sum_{k=-\infty}^{-1} f(k)z^{-k}, \quad |z| < \beta$$

当已知象函数 $F(z)$ 时，根据给定的收敛域，可分别先求出 $F_1(z)$ 和 $F_2(z)$，然后求得它们所对应的原序列 $f_1(k)$ 和 $f_2(k)$，最后相加即得到 $F(z)$ 所对应的原序列 $f(k)$。

7.4.1　幂级数展开法(长除法)

因为 Z 变换的式子本身就是级数和的形式，所以在求 Z 逆变换时，可根据收敛域情况将

$F(z)$展开为 z(或 z^{-1})的幂次的形式,再对应写出各 z 幂次前的系数,即可得到原序列在各序号的值。

如果 $f(k)$是因果序列,则被除数和除数都按 z 的降幂排列。

如果 $f(k)$是反因果序列,则被除数和除数就必须按 z 的升幂排列。

例题 7-4: 已知象函数 $F(z)=\dfrac{z^2+2z}{z^2-2z+1}$,其收敛域为$|z|>1$,求其相对应的原序列 $f(k)$。

解:当$|z|>1$ 时,$F(z)$所对应的序列为因果序列。

将 $F(z)$用降幂长除法展开成幂级数,如下所示:

$$
\begin{array}{r|l}
 & 1+4z^{-1}+7z^{-2}+\cdots \\
\hline
z^2-2z+1 & z^2+2z \\
 & \underline{z^2-2z+1} \\
 & \quad 4z-1 \\
 & \quad \underline{4z-8+4z^{-1}} \\
 & \qquad 7-4z^{-1} \\
 & \qquad \vdots
\end{array}
$$

所以有

$$F(z)=1+4z^{-1}+7z^{-2}+\cdots=\sum_{k=0}^{\infty}(1+3k)z^{-k}$$

对比 Z 变换的定义式,可得出 $F(z)$的逆变换为

$$f(k)=(1+3k)u(k)$$

用长除法来求 Z 逆变换,有时不容易得到 $f(k)$的闭合形式。

除了用长除法将 $F(z)$展开成幂级数,还可以利用已知的幂级数展开式(如 a^x、e^x)来求逆变换。

例题 7-5: 某象函数 $F(z)=\mathrm{e}^{\frac{a}{z}}$,收敛域为$|z|>0$,求其原序列 $f(k)$。

解:指数函数 e^x 可以展开为

$$\mathrm{e}^x=1+x+\frac{1}{2!}x^2+\frac{1}{3!}x^3\cdots=\sum_{k=0}^{\infty}\frac{x^k}{k!},\quad |x|<\infty$$

令 $x=\dfrac{a}{z}$,则 $F(z)$可展开为

$$F(z)=\sum_{k=0}^{\infty}\frac{1}{k!}\left(\frac{a}{z}\right)^k=\sum_{k=0}^{\infty}\frac{a^k}{k!}z^{-k}\ ,\quad |z|>0$$

所以有

$$f(k)=\frac{a^k}{k!},\quad k\geqslant 0$$

7.4.2 部分分式展开法

如果象函数 $F(z)$是 z 的有理多项式,那么有

$$F(z)=\frac{B(z)}{A(z)}=\frac{b_m z^m+b_{m-1}z^{m-1}+\cdots+b_1 z+b_0}{z^n+a_{n-1}z^{n-1}+\cdots+a_1 z+a_0} \tag{7-27}$$

式中,$m\leqslant n$。

与拉普拉斯逆变换中的部分分式展开法类似,将 $F(z)$展开成简单的部分分式之和,再分别求出各部分的 Z 逆变换,最后将得到的序列相加,即可求得原序列 $f(k)$。

Z 变换最基本的形式是 $1,\dfrac{z}{z-a},\dfrac{z}{(z-a)^2},\cdots$。

在利用部分分式展开时，通常要先将 $\dfrac{F(z)}{z}$ 展开为部分分式，再用各项乘以 z，就可以得到 $\dfrac{z}{z-a}$ 的形式。

由式(7-27)得

$$\frac{F(z)}{z}=\frac{B(z)}{zA(z)}=\frac{B(z)}{z(z^n+a_{n-1}z^{n-1}+\cdots+a_1z+a_0)} \tag{7-28}$$

式中，$B(z)$ 的最高幂 $m<n+1$。

$F(z)$ 的分母多项式 $A(z)=0$ 的 n 个根 $(z_1,z_2,\cdots,z_n)$，称为 $F(z)$ 的极点。

按 $F(z)$ 极点的类型，$\dfrac{F(z)}{z}$ 的展开式可分成以下几种情况。

1. $F(z)$ 有单极点

若 $F(z)$ 的极点 $z_1,z_2,\cdots,z_n$ 互不相等，且不等于0。

将 $\dfrac{F(z)}{z}$ 展开可得

$$\frac{F(z)}{z}=\frac{K_0}{z}+\frac{k_1}{z-z_1}+\cdots+\frac{k_n}{z-z_n}=\sum_{i=0}^{n}\frac{K_i}{z-z_i} \tag{7-29}$$

式中，$z_0=0$，各系数

$$K_i=(z-z_i)\frac{F(z)}{z}\bigg|_{z=z_i} \tag{7-30}$$

将求得的各系数 K_i 代入式(7-29)后，等号两端同乘以 z，可得

$$F(z)=K_0+\sum_{i=1}^{n}\frac{K_iz}{z-z_i} \tag{7-31}$$

根据给定的收敛域，式(7-31)可划分为 $F_1(z)(|z|>\alpha)$ 和 $F_2(z)(|z|<\beta)$ 两部分。

利用以下常用的 Z 变换对

$$\delta(k)\leftrightarrow 1$$

$$a^ku(k)\leftrightarrow\frac{z}{z-a},\quad |z|>|a|$$

$$-a^ku(-k-1)\leftrightarrow\frac{z}{z-a},\quad |z|<|a|$$

就可以求得式(7-31)对应的原序列。

例题7-6： 已知 $F(z)=\dfrac{5z}{z^2+z-6}$，其收敛域分别如下所示，求各自对应的原序列。

(1) $|z|>3$；　(2) $|z|<2$；　(3) $3>|z|>2$。

解：将 $\dfrac{F(z)}{z}$ 展开为部分分式，得

$$\frac{F(z)}{z}=\frac{5}{(z-2)(z+3)}=\frac{K_1}{z-2}+\frac{K_2}{z+3}$$

其中，

$$K_1=(z-2)\frac{F(z)}{z}\bigg|_{z=2}=1$$

$$K_2=(z+3)\frac{F(z)}{z}\bigg|_{z=-3}=-1$$

所以有

$$F(z)=\frac{z}{z-2}-\frac{z}{z+3}$$

(1) 当$|z|>3$时，$f(k)$为因果序列，则

$$f(k)=[2^k-(-3)^k]u(k)$$

(2) 当$|z|<2$时，$f(k)$为反因果序列，则

$$f(k)=[-2^k+(-3)^k]u(-k-1)$$

(3) 当$3>|z|>2$时，$F(z)$的第一项对应的原序列为因果序列，第二项对应非因果序列，即有

$$f(k)=2^k u(k)+(-3)^k u(-k-1)$$

2. $F(z)$有共轭单极点

若$F(z)$有一对共轭单极点，设为$z_{1,2}=c\pm \mathrm{j}d=\rho \mathrm{e}^{\pm \mathrm{j}\phi}$，将$\frac{F(z)}{z}$展开得

$$\frac{F(z)}{z}=\frac{F_a(z)}{z}+\frac{F_b(z)}{z}=\frac{K_1}{z-z_1}+\frac{K_2}{z-z_2}+\frac{F_b(z)}{z} \tag{7-32}$$

$\frac{F_b(z)}{z}$是$\frac{F(z)}{z}$中除去共轭极点之外的那部分。

$\frac{F_a(z)}{z}=\frac{K_1}{z-z_1}+\frac{K_2}{z-z_2}$，可以验证$K_1=K_2^*$。

不妨设$K_1=|K_1|\mathrm{e}^{\mathrm{j}\theta}$，则$K_2=|K_1|\mathrm{e}^{-\mathrm{j}\theta}$。

于是有

$$F_a(z)=\frac{|K_1|\mathrm{e}^{\mathrm{j}\theta}\cdot z}{z-\rho \mathrm{e}^{\mathrm{j}\phi}}+\frac{|K_1|\mathrm{e}^{-\mathrm{j}\theta}\cdot z}{z-\rho \mathrm{e}^{-\mathrm{j}\phi}} \tag{7-33}$$

对式(7-33)取逆变换。

当$|z|>\rho$时，有

$$f_a(k)=2|K_1|\rho^k\cos(\phi k+\theta)u(k) \tag{7-34}$$

当$|z|<\rho$时，有

$$f_a(k)=-2|K_1|\rho^k\cos(\phi k+\theta)u(-k-1) \tag{7-35}$$

3. $F(z)$有重极点

若$F(z)$在$z=a$处有一r重极点，将$\frac{F(z)}{z}$展开可得

$$\frac{F(z)}{z}=\frac{F_a(z)}{z}+\frac{F_b(z)}{z}=\frac{K_{11}}{(z-a)^r}+\frac{K_{12}}{(z-a)^{r-1}}+\cdots+\frac{k_{1r}}{z-a}+\frac{F_b(z)}{z} \tag{7-36}$$

式中，$\frac{F_b(z)}{z}$是$\frac{F(z)}{z}$除重极点$z=a$以外的项，在$z=a$处$F_b(z)\neq\infty$。

各系数 K_{1i} 可用下式求得

$$K_{1i}=\frac{1}{(i-1)!}\frac{\mathrm{d}^{i-1}}{\mathrm{d}z^{i-1}}\left[(z-a)^{r}\frac{F(z)}{z}\right]_{z=a}$$

将求得的系数 K_{1i} 代入式(7-36)，根据给定的收敛域，即可求得 $F(z)$ 的 Z 逆变换。

例题 7-7： 已知象函数 $F(z)=\dfrac{4}{z^{2}(2z-1)}$，$|z|>0.5$，求其逆变换 $f(k)$。

解：由题意得

$$\frac{F(z)}{z}=\frac{2}{z^{3}(z-0.5)}=\frac{K_{0}}{z-0.5}+\frac{K_{11}}{z^{3}}+\frac{K_{12}}{z^{2}}+\frac{K_{13}}{z}$$

其中，

$$K_{0}=(z-0.5)\frac{F(z)}{z}\bigg|_{z=0.5}=16$$

$$K_{11}=z^{3}\frac{F(z)}{z}\bigg|_{z=0}=-4$$

$$K_{12}=\frac{\mathrm{d}}{\mathrm{d}z}\left[z^{3}\frac{F(z)}{z}\right]\bigg|_{z=0}=-8$$

$$K_{13}=\frac{1}{2}\frac{\mathrm{d}^{2}}{\mathrm{d}z^{2}}\left[z^{3}\frac{F(z)}{z}\right]\bigg|_{z=0}=-16$$

因此

$$F(z)=\frac{16z}{z-0.5}-\frac{4}{z^{2}}-\frac{8}{z}-16$$

因为 $|z|>0.5$，所以有

$$\begin{aligned}f(k)&=16\left(\frac{1}{2}\right)^{k}u(k)-4\delta(k-2)-8\delta(k-1)-16\delta(k)\\&=16\left(\frac{1}{2}\right)^{k}u(k-3)\end{aligned}$$

7.4.3　留数定理法

当 $F(z)$ 是 z 的有理函数时，可以利用留数定理法来求逆变换。下面简单介绍一下。

已知序列 $f(k)$，其 Z 变换为

$$F(z)=\sum_{k=-\infty}^{\infty}f(k)z^{-k}$$

将上式两边乘以 z^{m-1}，得

$$F(z)z^{m-1}=\left[\sum_{k=-\infty}^{\infty}f(k)z^{-k}\right]z^{m-1}$$

在 $F(z)$ 的收敛域内，选取一条包围坐标原点的闭合围线 C，沿着围线 C 逆时针方向积分，得

$$\oint_{C}F(z)z^{m-1}\mathrm{d}z=\oint_{C}\sum_{k=-\infty}^{\infty}f(k)z^{m-k-1}\mathrm{d}z$$

交换积分和求和的次序，得

$$\oint_C F(z)z^{m-1}\mathrm{d}z=\sum_{k=-\infty}^{\infty}f(k)\oint_C z^{m-k-1}\mathrm{d}z \tag{7-37}$$

由复变函数的理论,可知

$$\oint_C z^{n-1}\mathrm{d}z=\begin{cases}2\pi\mathrm{j}, & n=0\\ 0, & n\neq 0\end{cases}$$

式(7-37)等号右边的围线积分只有在 $k=m$ 时为 $2\pi\mathrm{j}$,对于其余的 k 值均为零。

所以有

$$\oint_C F(z)z^{m-1}\mathrm{d}z=2\pi\mathrm{j}f(m)$$

因此,Z 逆变换的公式可写为

$$f(k)=\frac{1}{2\pi\mathrm{j}}\oint_C F(z)z^{k-1}\mathrm{d}z \tag{7-38}$$

式(7-38)即为 $F(z)$逆变换的围线积分。

通常,$F(z)z^{k-1}$是 z 的有理分式,故可用留数定理法来计算上面的围线积分。

即

$$f(k)=\frac{1}{2\pi\mathrm{j}}\oint_C F(z)z^{k-1}\mathrm{d}z=\sum_i \mathrm{Res}[F(z)z^{k-1}]_{z=z_i} \tag{7-39}$$

式中,$\mathrm{Res}[F(z)z^{k-1}]_{z=z_i}$ 表示 $F(z)z^{k-1}$ 在极点 z_i 上的留数值;$\sum\limits_i$ 表示对围线 C 以内所有极点集合$\{z_i\}$求留数和。

如果 $F(z)z^{k-1}$在 $z=z_i$ 的极点为单极点,则其留数的计算式为

$$\mathrm{Res}[F(z)z^{k-1}]_{z=z_i}=[(z-z_i)F(z)z^{k-1}]_{z=z_i} \tag{7-40}$$

如果 $F(z)z^{k-1}$在 $z=z_i$ 的极点为 r 重极点,则其留数的计算式为

$$\mathrm{Res}[F(z)z^{k-1}]_{z=z_i}=\frac{1}{(r-1)!}\left\{\frac{\mathrm{d}^{r-1}}{\mathrm{d}z^{r-1}}[(z-z_i)^r F(z)z^{k-1}]\right\}_{z=z_i} \tag{7-41}$$

采用上述公式时,要注意围线所包围的极点情况。

对于不同的 k 值,在 $z=0$ 处的极点可能有不同的阶次。下面通过具体的例题来说明。

例题 7-8: 已知象函数 $F(z)=\dfrac{z^2}{(z-1)(z+2)}$,$|z|>2$,用留数定理法求 Z 逆变换 $f(k)$。

解:根据收敛域$|z|>2$,可知 $f(k)$为因果序列。

则有

$$F(z)z^{k-1}=\frac{z^2}{(z-1)(z+2)}z^{k-1}=\frac{1}{(z-1)(z+2)}z^{k+1}$$

当 $k\geqslant -1$ 时,$F(z)z^{k-1}$的极点为 $z_1=1$、$z_2=-2$。

因此有

$$\begin{aligned}f(k)&=\mathrm{Res}[F(z)z^{k-1}]_{z=z_1}+\mathrm{Res}[F(z)z^{k-1}]_{z=z_2}\\&=[(z-1)F(z)z^{k-1}]_{z=1}+[(z+2)F(z)z^{k-1}]_{z=-2}\\&=\frac{1}{3}+\frac{2}{3}(-2)^k\end{aligned}$$

当 $k=-1$ 时,$f(k)=0$。

当 $k<-1$ 时,$F(z)z^{k-1}$的极点除了 1 和-2,在 $z=0$ 处还有多阶极点,其阶次与 k 的取值

有关。

当 $k=-2$ 时，

$$f(k)=[(z-1)F(z)z^{k-1}]_{z=1}+[(z+2)F(z)z^{k-1}]_{z=-2}+[zF(z)z^{k-1}]_{z=0}$$
$$=\frac{1}{3}+\frac{1}{6}-\frac{1}{2}=0$$

当 $k=-3$ 时，

$$f(k)=[(z-1)F(z)z^{k-1}]_{z=1}+[(z+2)F(z)z^{k-1}]_{z=-2}+\frac{d}{dz}[z^2F(z)z^{k-1}]_{z=0}$$
$$=\frac{1}{3}-\frac{1}{12}-\frac{1}{4}=0$$

以此类推，对于 $k<-1$，所有极点的留数值之和均为 0，即 $f(k)=0$。

因此有

$$f(k)=\left[\frac{1}{3}+\frac{2}{3}(-2)^k\right]u(k)$$

随着 k 取值的不同，当在 $z=0$ 点出现多重极点时，可以采用留数辅助定理来求留数，此时计算就比较简单。

留数辅助定理为：对于 $F(z)$ 解析域内的任一闭合围线 C，围线内所有极点的留数值与围线外所有极点留数值之和为零，即

$$\sum \text{Res}[F(z)]_{z=C\text{内极点}}=-\sum \text{Res}[F(z)]_{z=C\text{外极点}}$$

这样，用留数定理来求 Z 逆变换时，又得到另一种形式：

$$f(k)=-\sum \text{Res}[F(z)z^{k-1}]_{z=C\text{外极点}} \tag{7-42}$$

例题 7-9：用留数定理法来求解例题 7-7。

解：由题意得

$$F(z)=\frac{2}{z^2(z-0.5)}$$

$$F(z)z^{k-1}=\frac{2z^{k-1}}{z^2(z-0.5)}=\frac{2z^{k-3}}{(z-0.5)}$$

当 $k\geqslant 3$ 时，围线 C 内只有一个单极点 0.5，

所以有

$$f_1(k)=\text{Res}[F(z)z^{k-1}]_{z=0.5}=[(z-0.5)F(z)z^{k-1}]_{z=0.5}$$
$$=2\left(\frac{1}{2}\right)^{k-3}=16\left(\frac{1}{2}\right)^k$$

当 $k<3$ 时，围线 C 内除有一个单极点 0.5 外，在 $z=0$ 处有多阶极点(阶次与 k 的取值有关)，但是在围线外没有极点存在，利用式(7-42)有

$$f_2(k)=-\sum \text{Res}[F(z)z^{k-1}]_{z=C\text{外极点}}=0$$

因此

$$f(k)=16\left(\frac{1}{2}\right)^k u(k-3)$$

7.5　z 域分析

与连续时间系统类似,Z 变换是分析 LTI 离散时间系统的重要工具。

7.5.1　Z 变换法解差分方程

设 LTI 离散时间系统的激励为 $f(k)$,响应为 $y(k)$,则描述 n 阶 LTI 离散时间系统的差分方程可写为

$$\sum_{i=0}^{n} a_{n-i} y(k-i)=\sum_{j=0}^{m} b_{m-j} f(k-j) \tag{7-43}$$

式中,系数 a_i、b_j 均为实数。

设 $f(k)$是在 $k=0$ 时接入系统的,令系统的初始状态为 $y(-1)$,$y(-2)$,…,$y(-n)$,有

$$\mathscr{Z}[y(k)]=Y(z)$$

$$\mathscr{Z}[f(k)]=F(z)$$

利用单边 Z 变换的时移特性,对式(7-43)两边进行 Z 变换,得

$$\left[\sum_{i=0}^{n} a_{n-i} z^{-i}\right] Y(z)+\sum_{i=0}^{n} a_{n-i}\left[\sum_{k=0}^{i-1} y(k-i) z^{-k}\right]=\left[\sum_{j=0}^{m} b_{m-j} z^{-j}\right] F(z) \tag{7-44}$$

将式(7-44)整理成如下形式:

$$Y(z)=\frac{M(z)}{A(z)}+\frac{B(z)}{A(z)} F(z) \tag{7-45}$$

由式(7-45)可以看出,其第一项$\frac{M(z)}{A(z)}$仅与初始状态有关而与输入无关,因而是零输入响应$y_{zi}(k)$的象函数 $Y_{zi}(z)$;其第二项$\frac{B(z)}{A(z)}F(z)$仅与激励有关而与初始状态无关,因而是零状态响应 $y_{zs}(k)$的象函数 $Y_{zs}(z)$。

即有

$$Y(z)=Y_{zi}(z)+Y_{zs}(z)=\frac{M(z)}{A(z)}+\frac{B(z)}{A(z)} F(z) \tag{7-46}$$

对式(7-46)中多项式的每一项分别求逆变换,就可求得系统的零输入响应和零状态响应。

例题 7-10:某离散系统的差分方程为

$$y(k)+3y(k-1)+2y(k-2)=f(k)$$

已知激励 $f(k)=2^k u(k)$,初始状态 $y(-1)=0$,$y(-2)=0.5$,求系统的零输入响应、零状态响应和全响应。

解:对方程两边取 Z 变换,有

$$Y(z)+3[z^{-1}Y(z)+y(-1)]+2[z^{-2}Y(z)+y(-2)+y(-1)z^{-1}]=F(z)$$

整理得

$$Y(z)=\frac{-3y(-1)-2y(-2)-2y(-1)z^{-1}}{1+3z^{-1}+2z^{-2}}+\frac{F(z)}{1+3z^{-1}+2z^{-2}}$$

所以有

$$Y_{zi}(z)=\frac{-3y(-1)-2y(-2)-2y(-1)z^{-1}}{1+3z^{-1}+2z^{-2}}=\frac{-z^2}{z^2+3z+2}$$

$$Y_{zs}(z)=\frac{F(z)}{1+3z^{-1}+2z^{-2}}=\frac{z^2}{z^2+3z+2}\cdot\frac{z}{z-2}$$

分别对 $Y_{zi}(z)$、$Y_{zs}(z)$求逆变换，得

$$y_{zi}(k)=[(-1)^k-2(-2)^k]u(k)$$

$$y_{zs}(k)=\left[-\frac{1}{3}(-1)^k+(-2)^k+\frac{1}{3}\cdot 2^k\right]u(k)$$

因此

$$y(k)=y_{zi}(k)+y_{zs}(k)=\left[\frac{2}{3}(-1)^k-(-2)^k+\frac{1}{3}\cdot 2^k\right]u(k)$$

7.5.2　系统的 z 域框图

对时域框图中各基本运算部件的输入、输出取 Z 变换，可以得到各部件的 z 域模型，如表 7-1 所示。

表 7-1　基本运算部件的 z 域模型

名　称	时 域 模 型	z 域 模 型
数乘器	$f(k)$ → ⓐ → $af(k)$ 或 $f(k)$ —a→ $af(k)$	$F(z)$ → ⓐ → $aF(z)$ 或 $F(z)$ —a→ $aF(z)$
加法器	$f_1(k)$ (+)、$f_2(k)$ (+) → Σ → $f_1(k)+f_2(k)$	$F_1(z)$ (+)、$F_2(z)$ (+) → Σ → $F_1(z)+F_2(z)$
延迟单元	$f(k)$ → D → $f(k-1)$	$F(z)$ → z^{-1} → Σ ← $f(-1)$；Σ → $z^{-1}F(z)+f(-1)$
延迟单元（零状态）	$f(k)$ → D → $f(k-1)$	$F(z)$ → z^{-1} → $z^{-1}F(z)$

例题 7-11： 某 LTI 离散时间系统的时域框图如图 7-4(a)所示，已知 $f(k)=u(k)$，求系统的零状态响应 $y_{zs}(k)$。

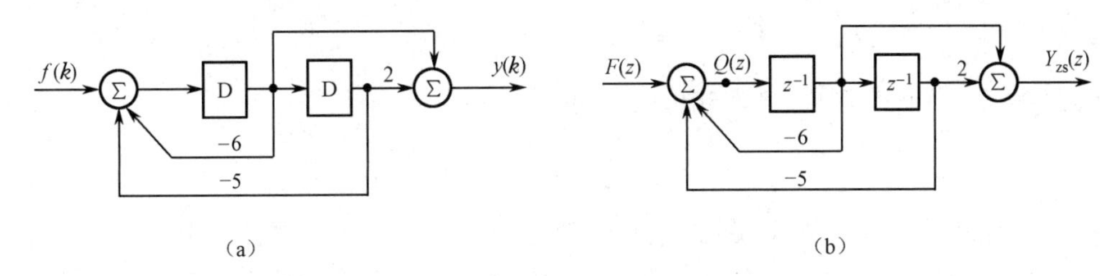

图 7-4　例题 7-11 的图

解：对应的 z 域框图如图 7-4(b)所示。

设中间变量为 $Q(z)$，则有

$$Q(z)=F(z)-6z^{-1}Q(z)-5z^{-2}Q(z)$$

整理得

$$(1+6z^{-1}+5z^{-2})Q(z)=F(z)$$

而

$$z^{-1}Q(z)+2z^{-2}Q(z)=Y_{zs}(z)$$

消掉中间变量，得

$$Y_{zs}(z)=\frac{z^{-1}+2z^{-2}}{1+6z^{-1}+5z^{-2}}F(z)=\frac{z+2}{z^2+6z+5}\cdot\frac{z}{z-1}$$

对上式取逆变换，得

$$y_{zs}(k)=\left[\frac{1}{4}-\frac{1}{8}(-1)^k-\frac{1}{8}(-5)^k\right]u(k)$$

7.6 系统函数

7.6.1 系统函数的定义

对于 LTI 离散时间系统，其零状态响应 $y_{zs}(k)$ 和激励 $f(k)$ 之间的关系为

$$y_{zs}(k)=f(k)*h(k) \tag{7-47}$$

其中，$h(k)$ 为系统的单位序列响应。

对式(7-47)两边取 Z 变换，运用卷积定理，得

$$Y_{zs}(z)=H(z)F(z)$$

也即

$$H(z)=\frac{Y_{zs}(z)}{F(z)}=\mathscr{Z}[h(k)] \tag{7-48}$$

$H(z)$ 即为离散时间系统的系统函数，也叫作传输函数。

它等于零状态响应的象函数 $Y_{zs}(z)$ 与激励的象函数 $F(z)$ 之比，也等于单位序列响应 $h(k)$ 的 Z 变换。系统函数只与系统的结构、元件的参数有关，而与外界因素(激励、初始状态等)无关。

在离散时间系统中，当激励信号为无时限复指数序列 $f(k)=z^k\ (-\infty<k<\infty)$ 时(条件是 z 取值位于 $H(z)$ 的收敛域内)，系统的零状态响应可由时域卷积和求得，即

$$y_{zs}(k)=h(k)*f(k)=\sum_{i=-\infty}^{\infty}h(i)f(k-i)=z^k\sum_{i=-\infty}^{\infty}h(i)z^{-i}$$

考虑到 $h(k)$ 为因果序列，则上式可整理为

$$y_{zs}(k)=z^k\sum_{i=0}^{\infty}h(i)z^{-i}=z^kH(z) \tag{7-49}$$

式(7-49)表明，当激励信号为无时限复指数序列 z^k 时，系统的零状态响应仍为同样的复指数序列，但被加权了 $H(z)$。或者说，只要将激励信号乘以系统函数 $H(z)$ 即可。

与连续系统拉普拉斯变换的情况相似，根据单边 Z 变换的定义，单边信号 $f(k)$ 可以表

示为

$$f(k)=\frac{1}{2\pi j}\oint_C F(z)z^{k-1}dz=\frac{1}{2\pi j}\oint_C \frac{F(z)}{z}z^k dz,\quad k\geqslant 0 \tag{7-50}$$

式中，围线 C 在 $F(z)$ 的收敛域中，其物理意义是因果信号 $f(k)$ 可以分解为基本信号 z^k 之和（积分）。

对于围线上的任一 z，其分量的大小为 $\frac{1}{2\pi j}\cdot\frac{F(z)dz}{z}\cdot z^k$，其对应的零状态响应分量为 $\frac{1}{2\pi j}\cdot\frac{F(z)dz}{z}\cdot z^k\cdot H(z)$。将这些响应分量叠加，即可得系统的零状态响应：

$$y_{zs}(k)=\frac{1}{2\pi j}\oint_C F(z)H(z)z^{k-1}dz=\frac{1}{2\pi j}\oint_C Y_{zs}(z)z^{k-1}dz,\quad k\geqslant 0 \tag{7-51}$$

例题 7-12：某 LTI 离散时间系统的差分方程为

$$y(k)-5y(k-1)+6y(k-2)=f(k)-3f(k-2)$$

求该系统的系统函数 $H(z)$。

解：对差分方程两边取 Z 变换，并且初始状态为零，可得

$$Y_{zs}(z)-5z^{-1}Y_{zs}(z)+6z^{-2}Y_{zs}(z)=F(z)-3z^{-2}F(z)$$

所以

$$H(z)=\frac{Y_{zs}(z)}{F(z)}=\frac{1-3z^{-2}}{1-5z^{-1}+6z^{-2}}=\frac{z^2-3}{z^2-5z+6}$$

7.6.2　系统函数与时域响应

线性离散时间系统的系统函数一般是以多项式之比的形式出现，即

$$H(z)=\frac{b_m z^m+b_{m-1}z^{m-1}+\cdots+b_1 z+b_0}{a_n z^n+a_{n-1}z^{n-1}+\cdots+a_1 z+a_0}=\frac{B(z)}{A(z)} \tag{7-52}$$

设 $H(z)$ 的零点、极点分别为 $q_j(j=1,2,\cdots,m)$，$p_i(i=1,2,\cdots,n)$，则式(7-52)可表示为

$$H(z)=\frac{B(z)}{A(z)}=H_0\frac{(z-q_1)(z-q_2)\cdots(z-q_m)}{(z-p_1)(z-p_2)\cdots(z-p_n)} \tag{7-53}$$

式中，H_0 为一常数。

对于式(7-53)，如果不考虑常数 H_0，则由零点 q_j 和极点 p_i 就可以确定系统的特性。

由于 $H(z)$ 和 $h(k)$ 是一一对应的 Z 变换的关系，将式(7-53)部分分式展开（这里只考虑 $m\leqslant n$ 的情况），则 $H(z)$ 的每一个极点 p_i 就对应一项时间序列 $h_i(k)$。

若 $H(z)$ 的极点 $p_i(i=1,2,\cdots,n)$ 全部是一阶极点，则可写成

$$H(z)=\sum_{i=1}^{n}H_i(z)=\sum_{i=1}^{n}\frac{K_i}{z-p_i} \tag{7-54}$$

单位序列响应 $h(k)$ 的形式为

$$h(k)=\mathscr{Z}^{-1}[H(z)]=\mathscr{Z}^{-1}\left[\sum_{i=1}^{n}\frac{K_i}{z-p_i}\right]=\sum_{i=1}^{n}h_i(k) \tag{7-55}$$

图 7-5 为 $H(z)$ 的一阶极点处于 z 平面的不同位置所对应的 $h(k)$ 的不同形式，其零点只影响 $h(k)$ 的幅度和相位。

按其在 z 平面的位置，$H(z)$ 的极点可以分为在单位圆内、单位圆外和单位圆上。

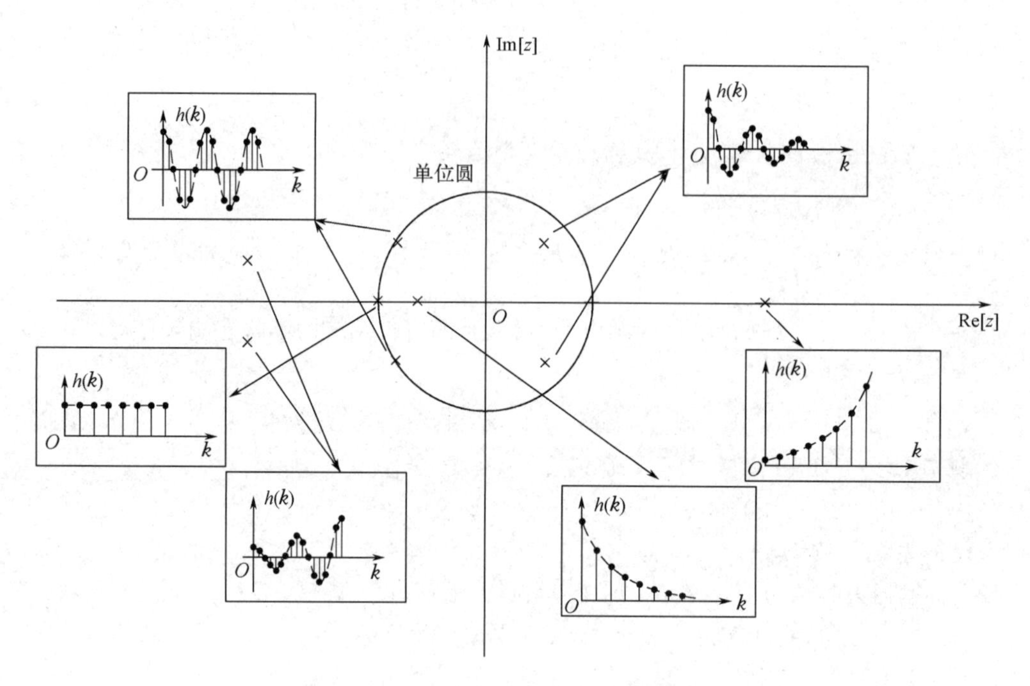

图 7-5　$H(z)$的极点与其所对应的 $h(k)$

从图 7-5 可以看出,对于因果系统:

(1) 当 $H(z)$的极点位于 z 平面的单位圆内时,$h(k)$的波形呈衰减形式,当 k 趋于无限大时,响应趋近于零。极点全部在单位圆内的系统是稳定系统。

(2) 当 $H(z)$的极点位于单位圆外时,所对应 $h(k)$的波形呈增长形式。

(3) 当 $H(z)$的一阶极点位于±1 点时,对应的 $h(k)$为阶跃序列;当 $H(z)$的极点位于除±1 点外的单位圆上时,对应的 $h(k)$为等幅振荡序列。

当 $H(z)$的二阶及二阶以上的极点位于单位圆上或者单位圆外时,其所对应的序列 $h(k)$都随着 k 的增长而增大,这样的系统是不稳定的。

明确系统函数的极点相对于单位圆的位置,对离散时间系统稳定性的判断非常有用。

7.6.3　系统函数与频率响应

对于因果离散时间系统,若系统函数 $H(z)$的极点都位于单位圆的内部,则它在单位圆 $|z|=1$ 上也收敛,于是式(7-53)变为

$$H(e^{j\theta})=H(z)\big|_{z=e^{j\theta}}=H_0\frac{\prod_{j=1}^{m}(e^{j\theta}-q_j)}{\prod_{i=1}^{n}(e^{j\theta}-p_i)} \tag{7-56}$$

式中,$\theta=\omega T_s$,ω 为角频率,T_s 为抽样周期。

在 z 平面上,将复数用矢量来表示,令

$$\begin{cases}e^{j\theta}-q_j=B_j e^{j\phi_j}\\ e^{j\theta}-p_i=A_i e^{j\varphi_i}\end{cases} \tag{7-57}$$

式中,A_i、B_j 分别为差矢量的模;φ_i、ϕ_j 分别为它们的辐角,如图 7-6 所示。

于是有

$$H(\mathrm{e}^{\mathrm{j}\theta})=H(z)\big|_{z=\mathrm{e}^{\mathrm{j}\theta}}=H_0\frac{B_1B_2\cdots B_m\mathrm{e}^{\mathrm{j}(\phi_1+\phi_2+\cdots+\phi_m)}}{A_1A_2\cdots A_n\mathrm{e}^{\mathrm{j}(\varphi_1+\varphi_2+\cdots+\varphi_n)}}=|H(\mathrm{e}^{\mathrm{j}\theta})|\mathrm{e}^{\mathrm{j}\psi(\theta)} \tag{7-58}$$

式中，

$$|H(\mathrm{e}^{\mathrm{j}\theta})|=H_0\frac{B_1B_2\cdots B_m}{A_1A_2\cdots A_n} \tag{7-59}$$

$$\psi(\theta)=(\phi_1+\phi_2+\cdots+\phi_m)-(\varphi_1+\varphi_2+\cdots+\varphi_n) \tag{7-60}$$

式(7-59)和式(7-60)分别为幅频特性和相频特性。

当θ从0变化到2π时，即复变量z从$z=1$沿单位圆逆时针旋转一周时，各矢量的模和辐角也跟着发生变化，便可得到幅频特性曲线和相频特性曲线。

从图7-6可以看出，位于$z=0$处的零点或极点对幅频特性不产生作用，只影响相频特性。

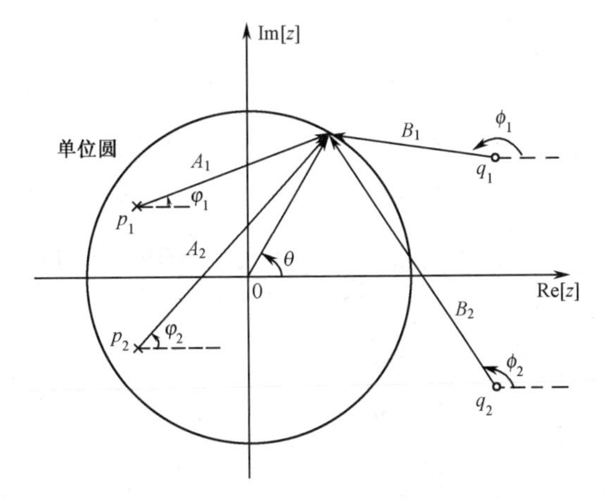

图7-6　零、极点的矢量图

例题7-13： 已知离散时间系统的系统函数为

$$H(z)=\frac{6(z-1)}{4z+1},\quad |z|>\frac{1}{4}$$

求系统的频率响应，并粗略画出其幅频特性曲线和相频特性曲线。

解：因为收敛域$|z|>\frac{1}{4}$，所以$H(z)$在单位圆上收敛。

$H(z)$的极点为$p_1=-\frac{1}{4}$，零点为$q_1=1$。

系统的频率响应为

$$H(\mathrm{e}^{\mathrm{j}\theta})=H(z)\big|_{z=\mathrm{e}^{\mathrm{j}\theta}}=\frac{3}{2}\left(\frac{\mathrm{e}^{\mathrm{j}\theta}-1}{\mathrm{e}^{\mathrm{j}\theta}+\frac{1}{4}}\right)$$

令$\mathrm{e}^{\mathrm{j}\theta}-\left(-\frac{1}{4}\right)=A\mathrm{e}^{\mathrm{j}\varphi}$，$\mathrm{e}^{\mathrm{j}\theta}-1=B\mathrm{e}^{\mathrm{j}\phi}$，则有

$$H(\mathrm{e}^{\mathrm{j}\theta})=\frac{3}{2}\cdot\frac{B\mathrm{e}^{\mathrm{j}\phi}}{A\mathrm{e}^{\mathrm{j}\varphi}}=|H(\mathrm{e}^{\mathrm{j}\theta})|\mathrm{e}^{\mathrm{j}\psi(\theta)}$$

$$|H(e^{j\theta})| = \frac{3B}{2A}$$

$$\psi(\theta) = \phi - \varphi$$

其零、极点的矢量图如图7-7(a)所示，幅频特性曲线和相频特性曲线如图7-7(b)所示。

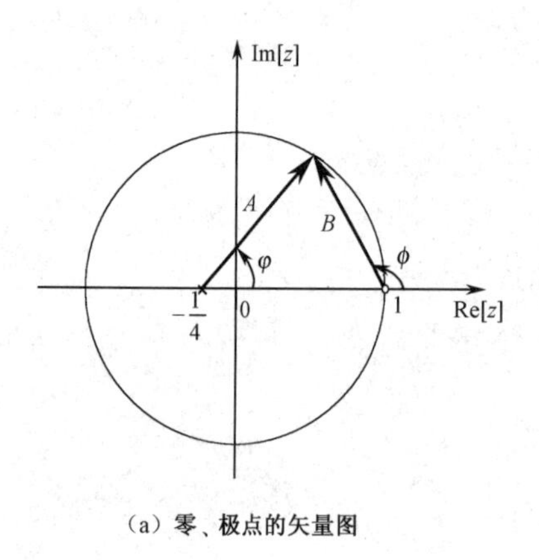

(a) 零、极点的矢量图

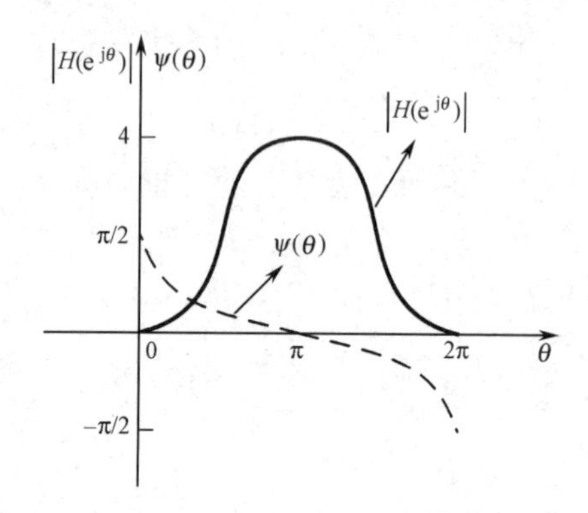

(b) 幅频特性曲线和相频特性曲线

图7-7 零、极点的矢量图与频率特性曲线

7.7 离散系统的稳定性及其判定

在时域上，离散时间系统稳定的充要条件是

$$\sum_{k=-\infty}^{\infty} |h(k)| < \infty \tag{7-61}$$

即单位序列响应 $h(k)$ 绝对可和。

由于

$$H(z) = \mathscr{Z}[h(t)] = \sum_{k=-\infty}^{\infty} h(k) z^{-k}$$

当 $z=1$（在 z 平面单位圆上）时

$$H(z) = \sum_{k=-\infty}^{\infty} h(k)$$

为使系统稳定，应满足

$$H(z) = \sum_{k=-\infty}^{\infty} h(k) < \infty \tag{7-62}$$

式(7-62)表明，稳定系统 $H(z)$ 的收敛域一定包含单位圆在内。

一个因果离散系统稳定的充分必要条件是 $H(z)$ 的极点都位于单位圆的内部。

若系统函数的极点比较容易求得，则根据极点的位置可以很容易判断系统是不是稳定。系统的阶数比较高时，$H(z)$ 极点的求解就很复杂，但由于我们只关心 $H(z)$ 的极点是否全部位于单位圆的内部，而不用知道极点的确切数值，所以这里介绍一种方法——朱里(Jury)准则。

朱里准则是根据 $H(z)$ 的分母 $A(z)$ 的系数排成一个阵列来判断 $H(z)$ 的极点位置。

设 n 阶离散系统的系统函数为

$$H(z)=\frac{B(z)}{A(z)}=\frac{b_m z^m+b_{m-1}z^{m-1}+\cdots+b_1 z+b_0}{a_n z^n+a_{n-1}z^{n-1}+\cdots+a_1 z+a_0}$$

其阵列如下所示：

行							
1	a_n	a_{n-1}	a_{n-2}	$\cdots$	a_2	a_1	a_0
2	a_0	a_1	a_2	$\cdots$	a_{n-2}	a_{n-1}	a_n
3	c_{n-1}	c_{n-2}	c_{n-3}	$\cdots$	c_1	c_0	
4	c_0	c_1	c_2	$\cdots$	c_{n-2}	c_{n-1}	
5	d_{n-2}	d_{n-3}	d_{n-4}	$\cdots$	d_0		
6	d_0	d_1	d_2	$\cdots$	d_{n-2}		
$\vdots$	$\vdots$	$\vdots$	$\vdots$	$\cdots$			
$(2n-3)$	r_2	r_1	r_0				

此阵列共有$(2n-3)$行，第一行和第二行直接由$A(z)$的系数得到。若系数中某项为0，则用0替补。阵列的第三行及以后各行的元素按以下规则计算：

$$c_{n-1}=\begin{vmatrix}a_n & a_0\\ a_0 & a_n\end{vmatrix},\ c_{n-2}=\begin{vmatrix}a_n & a_1\\ a_0 & a_{n-1}\end{vmatrix},\ c_{n-3}=\begin{vmatrix}a_n & a_2\\ a_0 & a_{n-2}\end{vmatrix},\cdots \tag{7-63}$$

$$d_{n-2}=\begin{vmatrix}c_{n-1} & c_0\\ c_0 & c_{n-1}\end{vmatrix},\ d_{n-3}=\begin{vmatrix}c_{n-1} & c_1\\ c_0 & c_{n-2}\end{vmatrix},\ d_{n-4}=\begin{vmatrix}c_{n-1} & c_2\\ c_0 & c_{n-3}\end{vmatrix},\cdots \tag{7-64}$$

根据上述规则，依次计算出阵列中各元素的值，直到计算出第$(2n-3)$行元素为止。

朱里准则：$A(z)=0$ 的根，即 $H(z)$的极点全部位于单位圆内的充要条件是

$$\begin{cases}A(1)=A(z)\big|_{z=1}>0\\ (-1)^n A(-1)>0\\ a_n>|a_0|\\ c_{n-1}>|c_0|\\ d_{n-2}>|d_0|\\ \quad\vdots\\ r_2>|r_0|\end{cases} \tag{7-65}$$

若$A(z)$为二阶多项式，设$A(z)=z^2+\alpha z+\beta$，其根全都位于 z 平面单位圆内的充要条件是：$|\alpha|<1+\beta$，且$|\beta|<1$。

例题 7-14： 已知离散系统的系统函数为

$$H(z)=\frac{z^2+z+3}{12z^3-16z^2+7z-1}$$

判断该系统的稳定性。

解：对 $H(z)$的分母多项式 $A(z)=12z^3-16z^2+7z-1$ 进行朱里排列，得

$$\begin{matrix} 12 & -16 & 7 & -1 \\ -1 & 7 & -16 & 12 \\ c_2 & c_1 & c_0 & \end{matrix}$$

根据式(7-63)得

$$c_2=\begin{vmatrix} 12 & -1 \\ -1 & 12 \end{vmatrix}=143,\ c_1=\begin{vmatrix} 12 & 7 \\ -1 & -16 \end{vmatrix}=-185,\ c_0=\begin{vmatrix} 12 & -16 \\ -1 & 7 \end{vmatrix}=68$$

根据朱里准则,因为

$$A(1)=2>0$$

$$(-1)^3A(-1)=36>0$$

$$a_3>|a_0|$$

$$c_2>|c_0|$$

所以,$H(z)$的极点全部位于单位圆内,该系统是稳定的。

7.8 傅里叶变换、拉普拉斯变换与Z变换的关系

目前,我们已经学习了三种变换,即傅里叶变换、拉普拉斯变换和 Z 变换。这些变换相互之间有着密切的关系,而且在一定的条件下,它们可以相互转换。

1. Z 变换与拉普拉斯变换的关系

(1) z 平面与 s 平面的映射关系。

复变量 z 与 s 之间的关系为

$$z=e^{sT} \tag{7-66}$$

或

$$s=\frac{1}{T}\ln z \tag{7-67}$$

式中,T 为序列的时间间隔。

将 s 表示为直角坐标的形式,将 z 表示为极坐标的形式,即

$$s=\sigma+j\omega$$

$$z=\rho e^{j\theta}$$

有

$$\rho e^{j\theta}=e^{(\sigma+j\omega)T}=e^{\sigma T}\cdot e^{j\omega T}$$

因此有

$$\begin{cases}\rho=e^{\sigma T}\\ \theta=\omega T\end{cases} \tag{7-68}$$

式(7-68)表示了 z 平面与 s 平面之间的映射关系。具体来说,它们的关系如下。

① s 平面上的原点 $s=0(\sigma=0,\omega=0)$映射到 z 平面是 $z=1(\rho=1,\theta=0)$的点。

② s 平面上的虚轴$(\sigma=0,s=j\omega)$映射到 z 平面是单位圆;

s 左半平面$(\sigma<0)$映射到 z 平面是单位圆的内部$(\rho<1)$;

s 右半平面$(\sigma>0)$映射到 z 平面是单位圆的外部$(\rho>1)$。

s 平面与 z 平面的映射关系如表 7-2 所示。

表 7-2　s 平面与 z 平面的映射关系

s 平面($s=\sigma+\mathrm{j}\omega$)		z 平面($z=\rho \mathrm{e}^{\mathrm{j}\theta}$)	
虚轴 ($\sigma=0, s=\mathrm{j}\omega$)	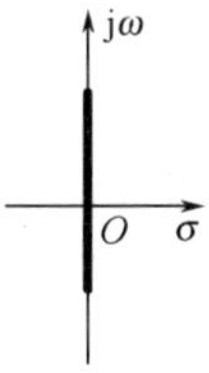	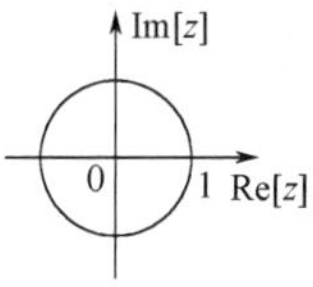	单位圆 ($\rho=1, \theta$ 任意)
左半平面 ($\sigma<0$)	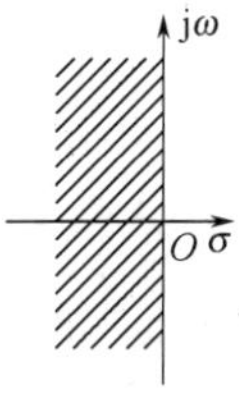	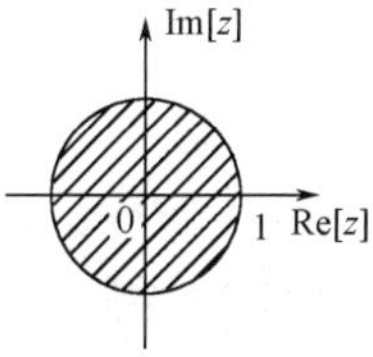	单位圆内 ($\rho<1, \theta$ 任意)
右半平面 ($\sigma>0$)	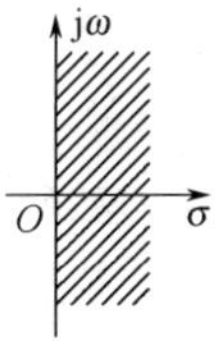	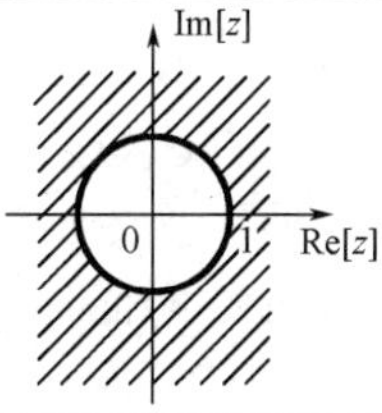	单位圆外 ($\rho>1, \theta$ 任意)
平行于虚轴的直线 (σ 为常数)	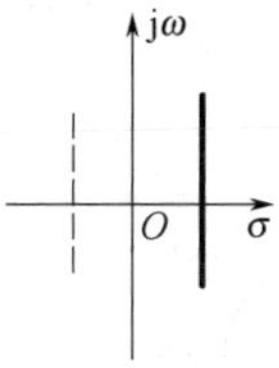	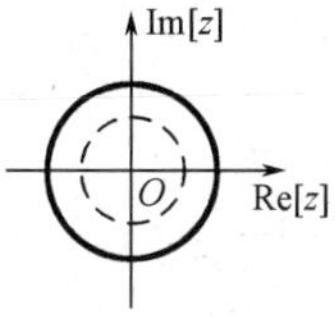	圆 ($\sigma<0, \rho<1$) ($\sigma>0, \rho>1$)
实轴 ($\omega=0, s=\sigma$)	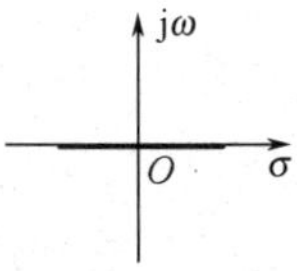	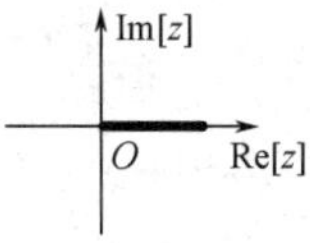	正实轴 (ρ 任意, $\theta=0$)
平行于实轴的直线 (ω 为常数)	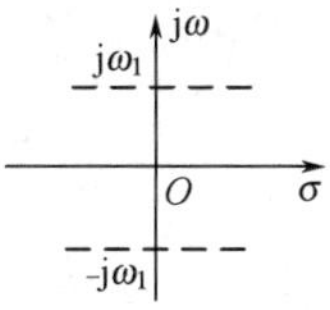	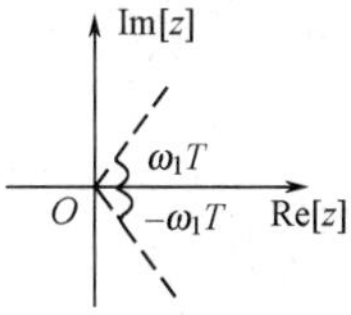	始于原点的幅射线 (ρ 任意, θ 为常数)
通过 $\pm \mathrm{j}\frac{m\pi}{T}$ 平行于实轴的直线 ($m=1,3,5,\cdots$)	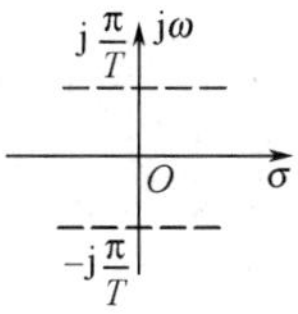	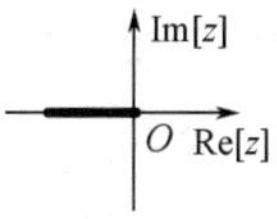	负实轴 (ρ 任意, $\theta=\pi$)

s 平面与 z 平面的映射关系不是单值映射。因为在 s 平面上沿虚轴移动时，对应于在 z 平面上是沿单位圆周期性旋转的，即当 ω 由 $-\pi/T$ 增长到 π/T 时，z 平面上的辐角 θ 将由 $-\pi$ 增长

到 π。换句话说,在 s 平面上 ω 每平移 $2\pi/T$,对应在 z 平面上 θ 变化 2π(沿单位圆转一周)。

(2) Z 变换与拉普拉斯变换的关系。

① 序列 Z 变换与抽样信号拉普拉斯变换的关系。

由 7.2 节知道,Z 变换可以由拉普拉斯变换推导而出。

由式(7-2)知,抽样信号 $f_s(t)$ 的拉普拉斯变换为

$$F_s(s)=\int_{-\infty}^{\infty}f_s(t)e^{-st}dt=\sum_{k=-\infty}^{\infty}f(kT)e^{-skT} \tag{7-69}$$

而 $f(k)$ 的 Z 变换为

$$F(z)=\sum_{k=-\infty}^{\infty}f(k)z^{-k} \tag{7-70}$$

当 $z=e^{sT}$ 时

$$F(z)\big|_{z=e^{sT}}=F_s(s) \tag{7-71}$$

式(7-65)表明,序列的 Z 变换等于抽样信号的拉普拉斯变换。

同样,当 $s=\dfrac{1}{T}\ln z$ 时,

$$F_s(s)\big|_{s=\frac{1}{T}\ln z}=F(z) \tag{7-72}$$

② 序列的 Z 变换与连续信号拉普拉斯变换之间的关系。

抽样信号 $f_s(t)$ 的拉普拉斯变换与连续信号 $f(t)$ 的拉普拉斯变换之间的关系为

$$F_s(s)=\int_{-\infty}^{\infty}f_s(t)e^{-st}dt=\int_{-\infty}^{\infty}f(t)\left[\sum_{k=-\infty}^{\infty}\delta(t-kT)\right]e^{-st}dt$$

而

$$\sum_{k=-\infty}^{\infty}\delta(t-kT)=\frac{1}{T}\sum_{k=-\infty}^{\infty}e^{jk\left(\frac{2\pi}{T}\right)t}$$

所以有

$$F_s(s)=\frac{1}{T}\sum_{k=-\infty}^{\infty}\int_{-\infty}^{\infty}f(t)e^{-\left(s-jk\frac{2\pi}{T}\right)t}dt=\frac{1}{T}\sum_{k=-\infty}^{\infty}F\left(s-jk\frac{2\pi}{T}\right) \tag{7-73}$$

式(7-73)表明,时域抽样后使信号的拉普拉斯变换在 s 平面上沿着虚轴周期拓展了。根据式(7-71)可得到连续时间信号 $f(t)$ 的拉普拉斯变换与抽样序列 Z 变换的关系为

$$F(z)\big|_{z=e^{sT}}=\frac{1}{T}\sum_{k=-\infty}^{\infty}F\left(s-jk\frac{2\pi}{T}\right) \tag{7-74}$$

2. Z 变换与傅里叶变换的关系

由于 $z=\rho e^{j\theta}$,按 Z 变换的定义,有

$$F(z)\big|_{z=\rho e^{j\theta}}=F(\rho e^{j\theta})=\sum_{k=-\infty}^{\infty}f(k)(\rho e^{j\theta})^{-k}=\sum_{k=-\infty}^{\infty}[f(k)\rho^{-k}]e^{-j\theta k} \tag{7-75}$$

式(7-75)表明,序列 $f(k)$ 的 Z 变换等于序列 $f(k)$ 乘以指数序列 ρ^{-k} 后的离散傅里叶变换。

在单位圆 $|z|=1$ 上,$\rho=1$,式(7-75)变为

$$F(z)\big|_{z=e^{j\theta}}=F(e^{j\theta})=\sum_{k=-\infty}^{\infty}f(k)e^{-j\theta k} \tag{7-76}$$

由式(7-76)可知,序列 $f(k)$ 在单位圆上的 Z 变换即序列的傅里叶变换。

3. 序列的傅里叶变换与拉普拉斯变换的关系

序列的傅里叶变换可看作双边拉普拉斯变换在虚轴上的特例。

令 $s=\mathrm{j}\omega$，由于

$$F_{\mathrm{s}}(s)=\frac{1}{T}\sum_{k=-\infty}^{\infty}F\left(s-\mathrm{j}k\frac{2\pi}{T}\right)$$

$$F_{\mathrm{s}}(s)\big|_{s=\mathrm{j}\omega}=F(\mathrm{e}^{\mathrm{j}\omega T})=\frac{1}{T}\sum_{k=-\infty}^{\infty}F\left[\mathrm{j}\left(\omega-k\frac{2\pi}{T}\right)\right] \tag{7-77}$$

式(7-77)表明，虚轴上的拉普拉斯变换即为序列的傅里叶变换，是与其相应的连续时间信号频谱的周期拓展。

习　　题

7-1　求下列序列的双边 Z 变换，并注明收敛域。

(1) $f(k)=\begin{cases}2^k, & k<0\\ \left(\frac{1}{3}\right)^k, & k\geqslant 0\end{cases}$　　(2) $f(k)=\left(\frac{1}{2}\right)^{|k|}, k=0,\pm 1,\pm 2,\cdots$

(3) $f(k)=\begin{cases}0, & k<-4\\ \left(\frac{1}{2}\right)^k, & k\geqslant -4\end{cases}$

7-2　求下列序列的 Z 变换，注明收敛域并画出极、零点图。

(1) $f(k)=3\delta(k-2)+2\delta(k-5)$　　(2) $f(k)=u(k)-u(k-2)$

(3) $f(k)=\left(\frac{1}{2}\right)^k u(k-2)$　　(4) $f(k)=-\left(\frac{1}{2}\right)^k u(-k-1)$

(5) $f(k)=\left(\frac{1}{2}\right)^k [u(k)-u(k-10)]$　　(6) $f(k)=\frac{1}{2}ku(k)$

7-3　求序列 $f(k)=2^k\sum_{i=0}^{k-1}[(-1)^i u(i)]$ 的单边 Z 变换。

7-4　求以下序列单边的 Z 变换及收敛域。

(1) $f(k)=\sum_{i=0}^{\infty}(-1)^i\delta(k-i)$　　(2) $f(k)=\sum_{m=0}^{\infty}\left[\left(\frac{1}{4}\right)^k\delta(k-3m)\right]$

7-5　求序列 $f(k)=\delta(k+3)+\delta(k)+2^k u(-k)$ 的单边 Z 变换。

7-6　已知 $f(k)\leftrightarrow F(z)$，其收敛域为 $|z|>2$，求 $\sum_{i=-\infty}^{k}(0.5)^i f(i)$ 的 Z 变换及收敛域。

7-7　设因果信号 $f(t)$ 的拉普拉斯变换为 $F(s)=\frac{1}{s^2+5s+6}$，将 $f(t)$ 以间隔 T 抽样后得到离散序列 $f(kT)$，求序列 $f(kT)$ 的 Z 变换。

7-8　利用 Z 变换的性质，求下列序列的 Z 变换，并注明收敛域。

(1) $f(k)=u(k)-2u(k-4)+u(k-8)$　　(2) $f(k)=(k-1)u(k-1)$

(3) $f(k)=k(k-1)u(k-1)$　　(4) $f(k)=\cos\left(\frac{k\pi}{2}\right)u(k)$

(5) $f(k)=\left(\frac{1}{2}\right)^k\cos\left(\frac{\pi}{2}k+\frac{\pi}{4}\right)u(k)$　　(6) $f(k)=k\sin\left(\frac{\pi}{2}k\right)u(k)$

7-9　求下列象函数的 Z 逆变换。

(1) $F(z)=\frac{z^2}{z^2+3z+2}, |z|>2$　　(2) $F(z)=\frac{z^2}{\left(z-\frac{1}{2}\right)\left(z-\frac{1}{3}\right)}, |z|<\frac{1}{3}$

(3) $F(z)=\frac{z^3}{\left(z-\frac{1}{2}\right)^2(z-1)}, \frac{1}{2}<|z|<1$　　(4) $F(z)=\frac{z}{(z-1)(z^2-1)}, |z|>1$

7-10　已知某信号的 Z 变换 $F(z)=\frac{z^2}{z^2-2.5z+1}$，且 $\sum_{k=-\infty}^{\infty}|f(k)|<\infty$，求 $f(k)$。

7-11　序列 $f(k)$ 的 Z 变换为 $F(z)=8z^3-2+z^{-1}-z^{-2}$，求序列 $f(k)$。

7-12　函数 $F(z)=\frac{2z^2-3z+1}{z^2-4z+5}$ 的原序列 $f(k)$ 的初值 $f(0)$ 和终值 $f(\infty)$ 为多少？

7-13　已知某线性离散系统的单位序列响应为 $h(k)=\cos\frac{k\pi}{2}u(k)$。求：

(1) 求系统函数 $H(z)$，并画出 $H(z)$ 的极、零点图。

(2) 画出该系统的幅频特性曲线。

(3) 画出该系统的直接Ⅱ型框图和信号流图，并列写状态方程与输出方程。

7-14　某因果离散系统 $H(z)$ 的零、极点位置如图 7-8 所示，已知 $h(0)=1$。

(1) 画出系统的结构框图或信号流图。

(2) 试求 $|H(e^{j\omega})|$ 的表达式。

(3) 画出 $|H(e^{j\omega})|\sim\omega$ 的曲线，并说明该系统是何种特性的滤波器。

7-15　某离散系统的系统函数为

$$H(z)=\frac{z(z-1)}{z^3+0.6z^2+0.1z-0.2}$$

且 $H(z)$ 被分解为如图 7-9 所示的级联形式。

(1) 求 $H_2(z)$ 的表达式，并画出直接Ⅱ型的框图或流图。

(2) 判断 $H(z)$ 的稳定性，并说明理由。

(3) 粗略画出 $|H_2(e^{j\omega})|\sim\omega$ 的曲线。

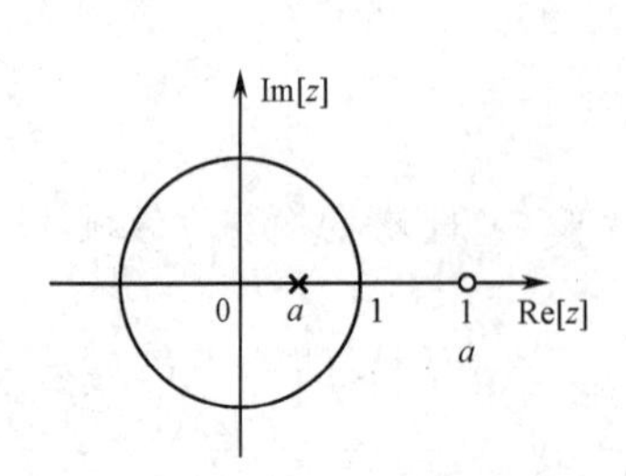

图 7-8　习题 7-14 的图

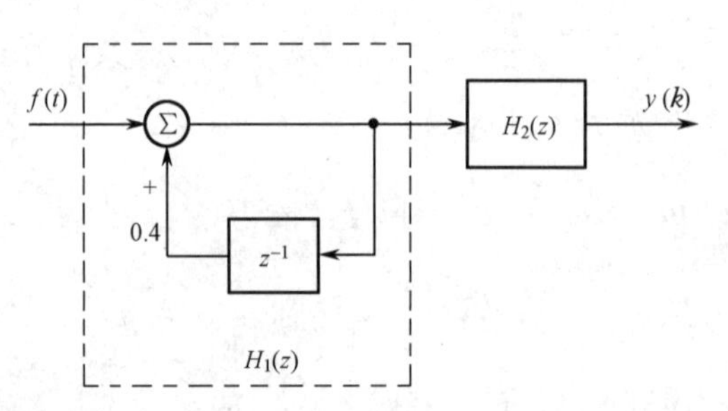

图 7-9　习题 7-15 的图

7-16　已知某 LTI 因果离散系统的差分方程为

$$y(k)=y(k-1)+y(k-2)+f(k-1)$$

(1) 求该系统的系统函数 $H(z)$，并画出 $H(z)$ 的零、极点分布图，并指出收敛域（在 z 平面上画出收敛域）。

(2) 求该系统的单位序列响应 $h(k)$。

(3) 画出该系统并联形式的模拟框图或流图。

(4) 说明该系统为什么是一个不稳定系统，再求满足上述差分方程的一个稳定（但非因果）系统的单位序列响应。

7-17　已知某因果离散系统的系统函数为

$$H(z)=\frac{z+3}{z^2+3z+2}$$

(1) 求该系统的单位序列响应 $h(k)$。

(2) 描述该系统的差分方程。

(3) 画出系统框图。

7-18　已知某因果离散系统的系统函数为

$$H(z)=\frac{z(z-1)}{z^2+0.64}$$

试画出 $H(z)$ 的零、极点分布图，并粗略画出幅频特性曲线。

7-19　已知某 LTI 因果离散系统的单位阶跃响应为

$$g(k)=\left[\frac{4}{3}-\frac{3}{7}(0.5)^k+\frac{2}{21}(-0.2)^k\right]u(k)$$

(1) 列写该系统的差分方程。

(2) 画出该系统的直接型模拟框图或流图。

(3) 欲获得零状态响应 $y_{zs}(k)=\frac{10}{7}[(0.5)^k-(-0.2)^k]u(k)$，计算所需的激励信号 $f(k)$。

(4) 欲获得零输入响应 $y_{zi}(k)=\frac{10}{7}[(0.5)^k-(-0.2)^k]u(k)$，求初始条件 $y(-1)$ 和 $y(-2)$。

7-20　已知某因果离散系统的系统函数为

$$H(z)=\frac{3+3.6z^{-1}+0.6z^{-2}}{1+0.1z^{-1}-0.2z^{-2}}$$

(1) 在 z 平面上画出它的零、极点分布图，并标明收敛域。

(2) 粗略画出系统的幅频特性曲线，并说明系统是否稳定，说出理由。

(3) 求该系统的单位序列响应 $h(k)$。

(4) 画出该系统的并联型结构框图或信号流图。

7-21　已知某 LTI 因果离散系统的系统函数为

$$H(z)=\frac{z}{(z-0.5)(z-2)(z-3)}$$

如果系统稳定，求系统的单位序列响应 $h(k)$。

7-22 已知某LTI因果离散系统为

$$y(k)-\frac{7}{12}y(k-1)+\frac{1}{12}y(k-2)=3f(k)-\frac{5}{6}f(k-1)$$

(1) 求 $H(z)$、$h(k)$。

(2) 当 $y(-1)=1, y(-2)=0, f(k)=\delta(k)$ 时,求 $y(k)$、$y_{zi}(k)$、$y_{zs}(k)$。

7-23 假设某LTI因果离散系统,其单位序列响应为 $h(k)$,频率响应为 $H(e^{j\omega})$,并具有以下性质:

(1) 输入 $f(k)=\left(\frac{1}{4}\right)^k u(k)$ 引起的零状态响应为 $y_{zs}(k)$,其中 $k\geqslant 2$ 和 $k<0$ 时,$y_{zs}(k)=0$;

(2) $H(e^{j\frac{\pi}{2}})=1$;

(3) $H(e^{j\omega})=H[e^{j(\omega-\pi)}]$。

求:(1) $h(k)$; (2) 该系统的差分方程; (3) 系统对 $u(k)$ 的响应。

7-24 用计算机对测量的随机数据 $f(k)$ 进行平均处理,当收到一个测量数据后,计算机就把这一次输入数据与前三次输入数据进行平均。试求这一运算过程的频率响应。

7-25 在语音信号处理技术中,一种描述声道模型的系统函数具有如下形式

$$H(z)=\frac{1}{1-\sum_{i=1}^{P}a_i z^{-i}}$$

若取 $P=8$,试画出此声道模型的结构图。

7-26 已知如图7-10所示的理想带通滤波器。

(1) 求滤波器的单位序列响应 $h(k)$。

(2) 求输入信号 $f(k)=\left[(-1)^k+\sum_{m=-4}^{4}a_m e^{-jm\left(\frac{2\pi}{9}\right)k}\right]u(k)$ 的稳态响应。

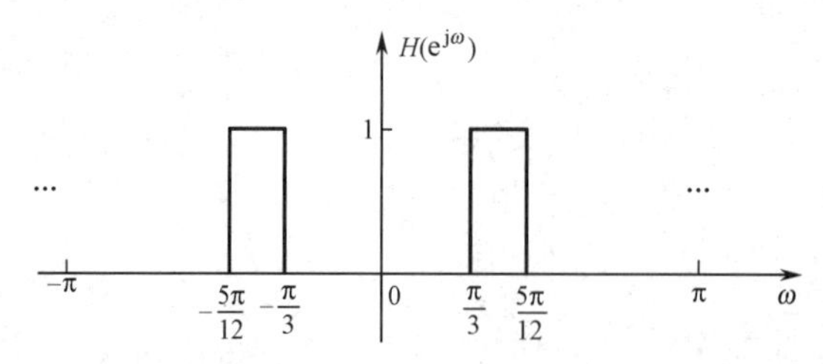

图7-10 习题7-26的图

7-27 某因果离散系统如图7-11所示。

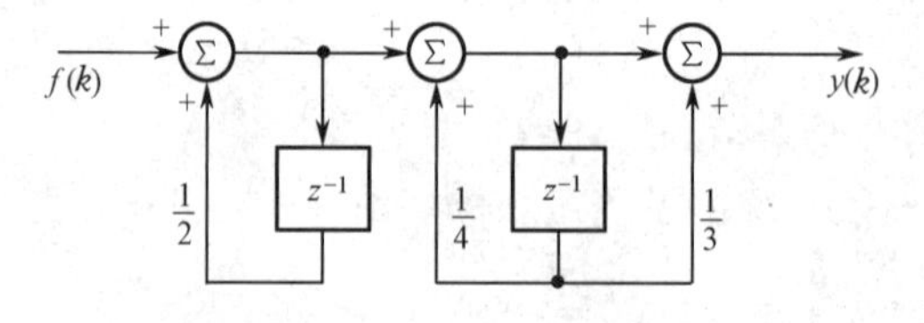

图7-11 习题7-27的图

(1) 求系统函数。

(2) 写出系统的差分方程。

(3) 求系统的单位序列响应。

7-28　某LTI因果离散系统可由差分方程 $y(k)-y(k-1)-6y(k-2)=f(k-1)$ 描述。

(1) 求该系统的系统函数和它的收敛域。

(2) 求该系统的单位序列响应 $h(k)$。

(3) 当 $f(k)=(-3)^k, -\infty<k<\infty$ 时，求输出 $y(k)$。

7-29　已知某LTI离散系统由两个子系统级联组成，这两个子系统的差分方程分别为

$$y(k)+\frac{1}{2}y(k-1)=2f(k)-f(k-1)$$

$$y(k)-\frac{1}{2}y(k-1)+\frac{1}{4}y(k-2)=f(k)$$

(1) 求描述整个系统的差分方程。

(2) 用一个一阶系统和一个二阶系统的并联实现整个系统。

7-30　某LTI离散时间系统的全响应为 $y(k)=[1-(-1)^k-(-2)^k]u(k)$，初始条件为 $y(-1)=0, y(-2)=0.5$，当 $f(k)=u(k)$ 时，求描述该系统的差分方程。

7-31　已知某因果离散系统的框图如图7-12所示，当 $f(k)=\left(\frac{3}{4}\right)^k, -\infty<k<\infty$ 时，响应 $y(k)=3\left(\frac{3}{4}\right)^k$。

(1) 求系统函数 $H(z)$，确定 a 值，并写出系统的差分方程。

(2) 当 $f(k)=\delta(k)+0.5\delta(k-1)$ 时，求零状态响应。

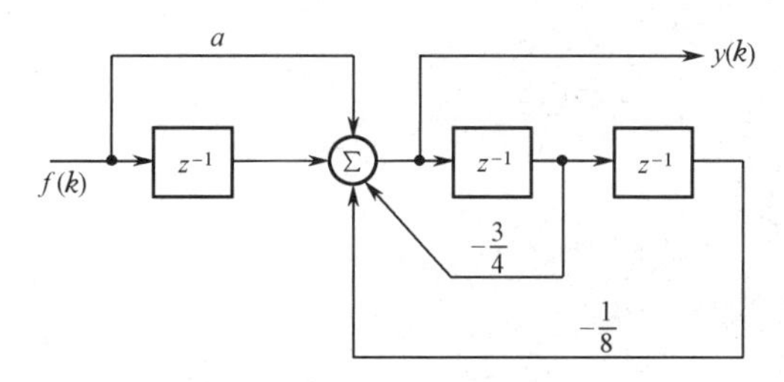

图7-12　习题7-31的图

7-32　一个输入为 $f(k)$，输出为 $y(k)$ 的LTI离散时间系统，处于零状态，已知：

(1) 若对全部 k，$f(k)=(-2)^k$，有 $y(k)=0$；

(2) 若对全部 k，$f(k)=2^{-k}u(k)$，有 $y(k)=\delta(k)+a\cdot 4^{-k}u(k)$，其中 a 为常数。

求：

(1) 常数 a 的值；

(2) 若系统输入对全部 k 有 $f(k)=1$，求响应 $y(k)$。

7-33　某LTI因果离散系统，初始状态不为零。当输入为 $f_1(k)=\delta(k)$ 时，系统的全响应为

$$y_1(k)=2\left(\frac{1}{4}\right)^k u(k)$$

在相同的初始状态下，输入 $f_2(k)=\left(\frac{1}{2}\right)^k u(k)$ 时，系统的全响应为

$$y_2(k)=\left[\left(\frac{1}{4}\right)^k+\left(\frac{1}{2}\right)^k\right]u(k)$$

求该系统的频率响应函数 $H(e^{j\theta})$，并画出一个周期的幅频特性曲线。

7-34 已知某LTI因果离散系统的流图如图7-13所示。

(1) 求系统函数 $H(z)$。

(2) 列写系统的差分方程。

(3) 判断该系统是否稳定。

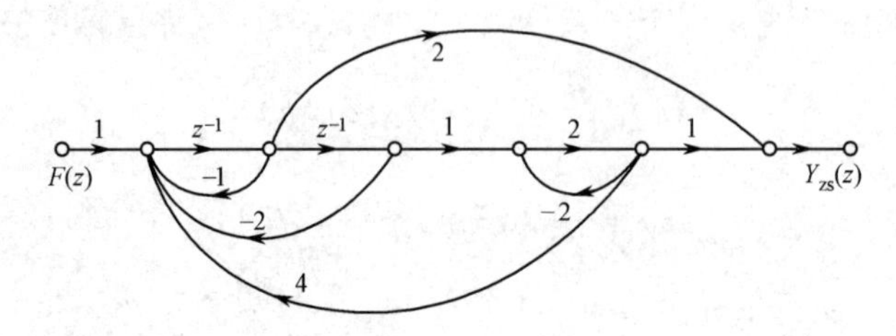

图7-13 习题7-34的图

第8章　系统的状态变量分析

本章要点

- 连续系统状态方程的建立
- 离散系统状态方程的建立
- 连续系统状态方程的解法
- 离散系统状态方程的解法
- 由状态方程判断系统的稳定性
- 系统的可控性与可观性判断

8.1　引　　言

分析一个系统时，首先要建立描述系统的数学模型。根据数学模型的不同，描述系统的方法有输入-输出法和状态变量分析法。

输入-输出法着重系统输入和输出之间的关系，并且只研究系统的端口特性，所以也称为外部法。前面几章讨论的系统时域分析法和变换域分析法都属于输入-输出法。这种方法不便于研究系统内部情况，一般只适用于单输入-单输出的线性时不变系统。当系统比较复杂、输入和输出是多个时，采用输入-输出法来分析系统就比较困难。

状态变量分析法是现代控制理论的重要标志，又叫作内部法，着重系统内部特性的描述。它用状态变量描述系统的内部特性，并且又通过状态变量将系统的输入-输出变量联系起来以描述系统的外部特性。

与输入-输出法相比，状态变量分析法有以下优点。

(1) 可以获得系统更多的内部信息，既能根据输入-输出之间的关系求出响应信号，也可以提供系统的内部状况。

(2) 不管系统多复杂，其数学模型都相同，分析方法的程序也相同，便于使用计算机分析，特别适应于多输入、多输出的系统。

(3) 建立的数学模型都是一阶微分(或差分)方程组，这样更适合于用计算机进行数值计算。

(4) 不仅适应于LTI系统，也适应于非线性系统和时变系统。

本书仅讨论LTI系统的状态变量分析法。本章首先介绍系统状态变量的概念和状态空间的描述，然后给出系统状态方程的建立和求解方法，最后简单地讨论状态空间中系统稳定性的判断、系统可控性与可观性等问题。

8.2　状态变量与状态方程

8.2.1　状态与状态变量

为了说明系统状态与状态变量的概念，先来观察一个系统。

图8-1所示电路为一个二阶动态系统，激励为电流源 $i_s(t)$。根据KCL定律和KVL定律，可写出下列方程

$$i_s(t)=Cv'_C(t)+i_L(t)$$
$$v_C(t)+R_CCv'_C(t)=Li'_L(t)+R_Li_L(t)$$

整理得

$$\begin{cases}v'_C(t)=-\dfrac{1}{C}i_L(t)+\dfrac{1}{C}i_s(t)\\ i'_L(t)=\dfrac{1}{L}v_C(t)-\dfrac{R_C+R_L}{L}i_L(t)+\dfrac{R_C}{L}i_s(t)\end{cases}\tag{8-1}$$

若以电路的电压 $v(t)$ 和电容的电流 $i_C(t)$ 为输出，可得

$$\begin{cases}v(t)=v_C(t)-R_Ci_L(t)+R_Ci_s(t)\\ i_C(t)=-i_L(t)+i_s(t)\end{cases}\tag{8-2}$$

由式(8-2)可以看出，它是以 $i_L(t)$ 和 $v_C(t)$ 作为变量的方程组，只要知道 $i_L(t)$ 和 $v_C(t)$ 的初始情况及激励 $i_s(t)$ 的情况，就可完全确定系统的全部行为。这种描述系统的方法就叫作状态变量分析法。

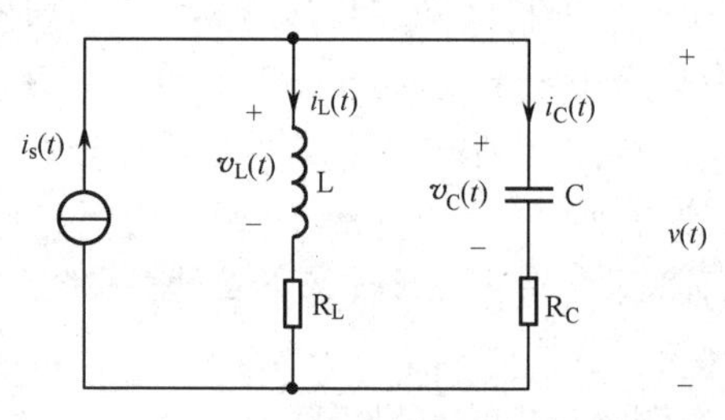

图8-1　二阶动态系统

下面给出系统的状态变量分析法中常见的几个名词的定义。

状态：一个动态系统的状态就是指系统特征过去、现在和未来发展变化的情况。只要知道 $t=t_0$ 时系统的情况和 $t\geqslant t_0$ 时的系统输入，就可以完全确定系统在 $t\geqslant t_0$ 时的任意时刻的行为。换句话说，即系统在 $t\geqslant t_0$ 时的系统状态和工作情况可以由系统在 $t=t_0$ 时的初始状态和 $t\geqslant t_0$ 以后系统的输入完全确定。t_0 时刻的状态是 $t<t_0$ 时系统工作积累的结果，表示 t_0 以前系统运动的历史总结。

状态变量：用来描述系统状态的数目最小(独立)的一组变量。如图8-1中的 $i_L(t)$ 和 $v_C(t)$。状态变量的实质是反映了系统内部储能状态的变化，因此状态变量分析法只适用于动态系统。描述系统的独立的状态变量的数目是一定的，若多于这个数目，则必存在不独立变量；若少于这个数目，则不足以描述整个系统。系统中有几个独立的储能元件，就有几个独立的状态变量。

状态矢量：能够完全描述一个系统行为的 n 个状态变量，可以看成一个矢量 $\boldsymbol{x}(t)$ 的各分

量坐标，此时 $\boldsymbol{x}(t)$ 就叫作状态矢量，并可将其列成矩阵的形式。假如独立的状态变量共有 n 个，即 $x_1(t)$、$x_2(t)$、…、$x_n(t)$，则对应的状态矢量是 n 维的，记为

$$\boldsymbol{x}(t)=[x_1(t) \quad x_2(t) \quad \cdots \quad x_n(t)]^{\mathrm{T}}$$

其中 T 为转置符号，也可写为

$$\boldsymbol{x}(t)=\begin{bmatrix} x_1(t) \\ x_2(t) \\ \vdots \\ x_n(t) \end{bmatrix}$$

状态空间：状态矢量 $\boldsymbol{x}(t)$ 所在的空间叫作状态空间。状态矢量所含分量的个数就是空间的维数。

状态轨迹：在状态空间中，状态矢量的端点随时间变化而描述的路径，称为状态轨迹。

8.2.2　状态方程与输出方程

对于图 8-1 所示的系统，令

$$x_1(t)=v_{\mathrm{C}}(t), \quad x_2(t)=i_{\mathrm{L}}(t), \quad y_1(t)=v(t), \quad y_2(t)=i_{\mathrm{C}}(t), \quad i_{\mathrm{S}}(t)=f(t)$$

将 $x_1(t)$ 和 $x_2(t)$ 的一阶导数表示为

$$\dot{x}_1(t)=v'_{\mathrm{C}}(t), \quad \dot{x}_2(t)=i'_{\mathrm{L}}(t)$$

则式(8-1)和式(8-2)可分别改写为

$$\begin{cases} \dot{x}_1(t)=-\dfrac{1}{C}x_2(t)+\dfrac{1}{C}f(t) \\ \dot{x}_2(t)=\dfrac{1}{L}x_1(t)-\dfrac{R_{\mathrm{C}}+R_{\mathrm{L}}}{L}x_2(t)+\dfrac{R_{\mathrm{C}}}{L}f(t) \end{cases} \tag{8-3}$$

$$\begin{cases} y_1(t)=x_1(t)-R_{\mathrm{C}}x_2(t)+R_{\mathrm{C}}f(t) \\ y_2(t)=-x_2(t)+f(t) \end{cases} \tag{8-4}$$

写成矩阵的形式，得

$$\begin{bmatrix} \dot{x}_1(t) \\ \dot{x}_2(t) \end{bmatrix}=\begin{bmatrix} 0 & -\dfrac{1}{C} \\ \dfrac{1}{L} & -\dfrac{R_{\mathrm{C}}+R_{\mathrm{L}}}{L} \end{bmatrix}\begin{bmatrix} x_1(t) \\ x_2(t) \end{bmatrix}+\begin{bmatrix} \dfrac{1}{C} \\ \dfrac{R_{\mathrm{C}}}{L} \end{bmatrix}f(t) \tag{8-5}$$

$$\begin{bmatrix} y_1(t) \\ y_2(t) \end{bmatrix}=\begin{bmatrix} 1 & -R_{\mathrm{C}} \\ 0 & -1 \end{bmatrix}\begin{bmatrix} x_1(t) \\ x_2(t) \end{bmatrix}+\begin{bmatrix} R_{\mathrm{C}} \\ 1 \end{bmatrix}f(t) \tag{8-6}$$

状态方程：状态变量分析法所用的数学模型称为状态方程。对于连续时间系统，状态方程为一阶微分方程组；对于离散时间系统，状态方程为一阶差分方程组。

式(8-3)即为状态方程，它描述了状态变量的一阶导数与状态变量自身及系统输入之间的关系。由于状态方程是由系统微分方程推导出来的，选择不同的状态变量，会得到不同的状态方程，所以状态方程具有不唯一性。但是不同形式的状态方程之间存在某种线性变换关系。状态方程可以由系统网络直接列写出，但更方便的是依据输入-输出方程来列写。

输出方程：描述系统的输出与状态变量及系统输入之间关系的方程，称为输出方程，如式(8-4)。

通常,状态方程和输出方程总称为动态方程或系统方程。

1. 连续时间系统状态方程和输出方程的一般形式

对于一般的 n 阶多输入-多输出 LTI 连续时间系统,如图 8-2 所示。它有 p 个输入,q 个输出,将该系统的 n 个状态变量记为 $x_1(t),x_2(t),\cdots,x_n(t)$。

图 8-2　多输入-多输出连续时间系统

其状态方程的一般形式为[为了简便,等号右侧变量中的(t)省略]

$$\begin{cases}\dot{x}_1(t)=a_{11}x_1+a_{12}x_2+\cdots+a_{1n}x_n+b_{11}f_1+b_{12}f_2+\cdots+b_{1p}f_p\\ \dot{x}_2(t)=a_{21}x_1+a_{22}x_2+\cdots+a_{2n}x_n+b_{21}f_1+b_{22}f_2+\cdots+b_{2p}f_p\\ \vdots\\ \dot{x}_n(t)=a_{n1}x_1+a_{n2}x_2+\cdots+a_{nn}x_n+b_{n1}f_1+b_{n2}f_2+\cdots+b_{np}f_p\end{cases}\tag{8-7}$$

其输出方程的一般形式为

$$\begin{cases}y_1(t)=c_{11}x_1+c_{12}x_2+\cdots+c_{1n}x_n+d_{11}f_1+d_{12}f_2+\cdots+d_{1p}f_p\\ y_2(t)=c_{21}x_1+c_{22}x_2+\cdots+c_{2n}x_n+d_{21}f_1+d_{22}f_2+\cdots+d_{2p}f_p\\ \vdots\\ y_q(t)=c_{q1}x_1+c_{q2}x_2+\cdots+c_{qn}x_n+d_{q1}f_1+d_{q2}f_2+\cdots+d_{qp}f_p\end{cases}\tag{8-8}$$

在式(8-7)与式(8-8)中, $a_{11},\cdots,a_{nn}$、$b_{11},\cdots,b_{np}$、$c_{11},\cdots,c_{qn}$、$d_{11},\cdots,d_{qp}$ 是由系统确定的参数。对于 LTI 系统,它们都是常数。

将上述两式写成矩阵形式,得

$$\dot{\boldsymbol{x}}(t)=\boldsymbol{A}\boldsymbol{x}(t)+\boldsymbol{B}\boldsymbol{f}(t)\tag{8-9}$$

$$\boldsymbol{y}(t)=\boldsymbol{C}\boldsymbol{x}(t)+\boldsymbol{D}\boldsymbol{f}(t)\tag{8-10}$$

式中,

$$\dot{\boldsymbol{x}}(t)=\begin{bmatrix}\dot{x}_1(t)\\ \dot{x}_2(t)\\ \vdots\\ \dot{x}_n(t)\end{bmatrix},\quad \boldsymbol{x}(t)=\begin{bmatrix}x_1(t)\\ x_2(t)\\ \vdots\\ x_n(t)\end{bmatrix},\quad \boldsymbol{y}(t)=\begin{bmatrix}y_1(t)\\ y_2(t)\\ \vdots\\ y_q(t)\end{bmatrix},\quad \boldsymbol{f}(t)=\begin{bmatrix}f_1(t)\\ f_2(t)\\ \vdots\\ f_p(t)\end{bmatrix}$$

$$\boldsymbol{A}=\begin{bmatrix}a_{11} & a_{12} & \cdots & a_{1n}\\ a_{21} & a_{21} & \cdots & a_{2n}\\ \vdots & \vdots & \ddots & \vdots\\ a_{n1} & a_{n2} & \cdots & a_{nn}\end{bmatrix},\text{系统矩阵}(n\times n\text{ 阶})$$

$$\boldsymbol{B}=\begin{bmatrix}b_{11} & b_{12} & \cdots & b_{1p}\\ b_{21} & b_{21} & \cdots & b_{2p}\\ \vdots & \vdots & \ddots & \vdots\\ b_{n1} & b_{n2} & \cdots & b_{np}\end{bmatrix},\text{控制矩阵}(n\times p\text{ 阶})$$

$$\boldsymbol{C}=\begin{bmatrix} c_{11} & c_{12} & \cdots & c_{1n} \\ c_{21} & c_{21} & \cdots & c_{2n} \\ \vdots & \vdots & \ddots & \vdots \\ c_{q1} & c_{q2} & \cdots & c_{qn} \end{bmatrix}，输出矩阵(q\times n\ 阶)$$

$$\boldsymbol{D}=\begin{bmatrix} d_{11} & d_{12} & \cdots & d_{1p} \\ d_{21} & d_{21} & \cdots & d_{2p} \\ \vdots & \vdots & \ddots & \vdots \\ d_{q1} & d_{q2} & \cdots & d_{qp} \end{bmatrix}，q\times p\ 阶矩阵$$

对于LTI系统，$\boldsymbol{A}$、$\boldsymbol{B}$、$\boldsymbol{C}$、$\boldsymbol{D}$都是常量矩阵。

式(8-9)、式(8-10)是线性连续时间系统状态方程和输出方程的标准形式。根据这两个式子，可画出连续时间系统的矩阵框图，如图8-3所示。

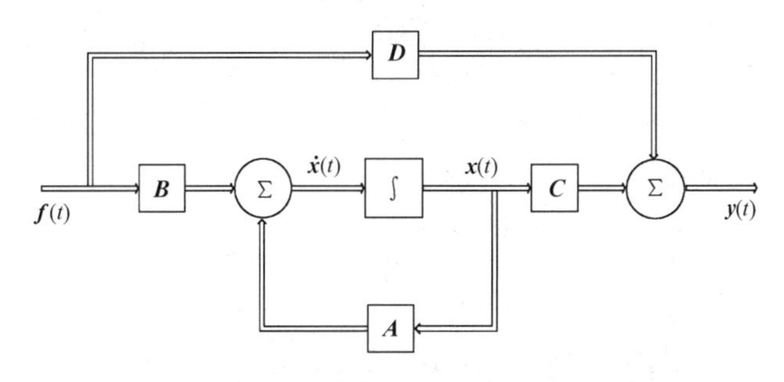

图8-3　连续时间系统的矩阵框图

图8-3中，每一方块的输出关系为

输出向量=(方块所示矩阵)×(输入向量)

2. 离散时间系统状态方程和输出方程的一般形式

对于一般的n阶多输入-多输出LTI离散时间系统，如图8-4所示。它有p个输入，q个输出，系统的n个状态变量记为$x_1(k)$，$x_2(k)$，…，$x_n(k)$。

图8-4　多输入-多输出离散时间系统

其状态方程的一般形式为

$$\begin{cases} x_1(k+1)=a_{11}x_1(k)+a_{12}x_2(k)+\cdots+a_{1n}x_n(k)+b_{11}f_1(k)+b_{12}f_2(k)+\cdots+b_{1p}f_p(k) \\ x_2(k+1)=a_{21}x_1(k)+a_{22}x_2(k)+\cdots+a_{2n}x_n(k)+b_{21}f_1(k)+b_{22}f_2(k)+\cdots+b_{2p}f_p(k) \\ \vdots \\ x_n(k+1)=a_{n1}x_1(k)+a_{n2}x_2(k)+\cdots+a_{nn}x_n(k)+b_{n1}f_1(k)+b_{n2}f_2(k)+\cdots+b_{np}f_p(k) \end{cases} \tag{8-11}$$

其输出方程的一般形式为

$$\begin{cases} y_1(k)=c_{11}x_1(k)+c_{12}x_2(k)+\cdots+c_{1n}x_n(k)+d_{11}f_1(k)+d_{12}f_2(k)+\cdots+d_{1p}f_p(k) \\ y_2(k)=c_{21}x_1(k)+c_{22}x_2(k)+\cdots+c_{2n}x_n(k)+d_{21}f_1(k)+d_{22}f_2(k)+\cdots+d_{2p}f_p(k) \\ \vdots \\ y_q(k)=c_{q1}x_1(k)+c_{q2}x_2(k)+\cdots+c_{qn}x_n(k)+d_{q1}f_1(k)+d_{q2}f_2(k)+\cdots+d_{qp}f_p(k) \end{cases} \tag{8-12}$$

写成矩阵形式，有

$$\boldsymbol{x}(k+1)=\boldsymbol{A}\boldsymbol{x}(k)+\boldsymbol{B}\boldsymbol{f}(k) \tag{8-13}$$

$$\boldsymbol{y}(k)=\boldsymbol{C}\boldsymbol{x}(k)+\boldsymbol{D}\boldsymbol{f}(k) \tag{8-14}$$

式中，

$$\boldsymbol{x}(k+1)=\begin{bmatrix} x_1(k+1) \\ x_2(k+1) \\ \vdots \\ x_n(k+1) \end{bmatrix},\quad \boldsymbol{x}(k)=\begin{bmatrix} x_1(k) \\ x_2(k) \\ \vdots \\ x_n(k) \end{bmatrix},\quad \boldsymbol{y}(k)=\begin{bmatrix} y_1(k) \\ y_2(k) \\ \vdots \\ y_q(k) \end{bmatrix},\quad \boldsymbol{f}(k)=\begin{bmatrix} f_1(k) \\ f_2(k) \\ \vdots \\ f_p(k) \end{bmatrix}$$

式(8-13)、式(8-14)是线性离散时间系统状态方程和输出方程的标准形式，根据它们可画出离散时间系统的矩阵框图，如图8-5所示。

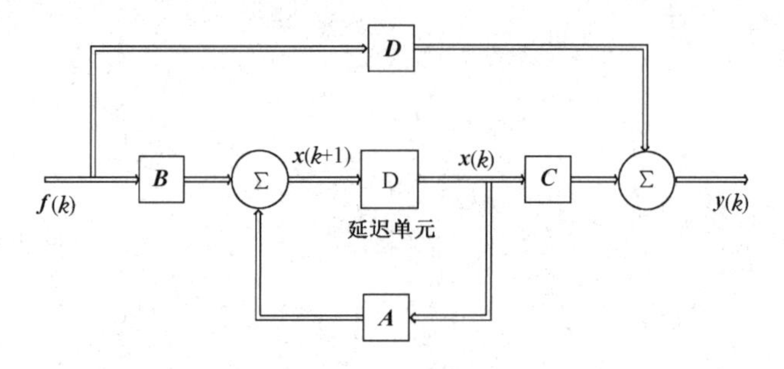

图8-5 离散时间系统的矩阵框图

给定系统的模型和激励函数，用状态变量法分析系统时，首先要列出状态方程，然后根据状态方程求出状态变量，最后将状态变量代入输出方程可得到输出响应。

8.3 状态方程的建立

对于给定的系统，用状态变量法分析时，最关键的是如何建立状态方程和输出方程。建立状态方程的方法大致分为直接法和间接法两种。直接法是指根据系统结构直接列写状态方程，适用于电路系统的分析；而间接法是根据描述系统的输入-输出方程、系统函数、系统的框图或信号流图等来建立状态方程。

8.3.1 连续时间系统状态方程的建立

1. 由电路图建立状态方程

根据电路图直接建立状态方程，首先要正确选择状态变量。

在电路系统中，一般可选电容电压或者电感电流为状态变量。这是因为电容元件和电感元件都是记忆元件，其变量 $v_C(t)$ 和 $i_L(t)$ 直接与系统的储能状况相关联，根据电容和电感的伏安关系 $i_C(t)=Cv_C'(t)$、$v_L(t)=Li_L'(t)$，可知其一阶导数仍然是电流或电压，便于在电路中列写 KCL、KVL 方程。

状态变量是一组独立变量，其个数等于系统的阶数。

对于电路系统，状态变量的个数即独立电容和独立电感的个数。在电路中，当若干电感串联时，由于各电感的电流相同，所以只有一个独立的电感电流；同理，当若干电容并联时，因为电容的电压值相同，所以也只有一个独立的电容电压。

由于连续时间系统的状态方程为一阶微分方程组，将独立的电容电压 $v_C(t)$ 和电感电流 $i_L(t)$ 选为状态变量后，可对接有该电容的独立节点列写 KCL 方程，对含有该电感的独立回路列写 KVL 方程。对所列写的方程，只保留状态变量和输入，设法消去其他一些不需要的变量，整理后即可得到标准的状态方程。

例题 8-1：如图 8-6 所示的电路，建立它的状态方程。

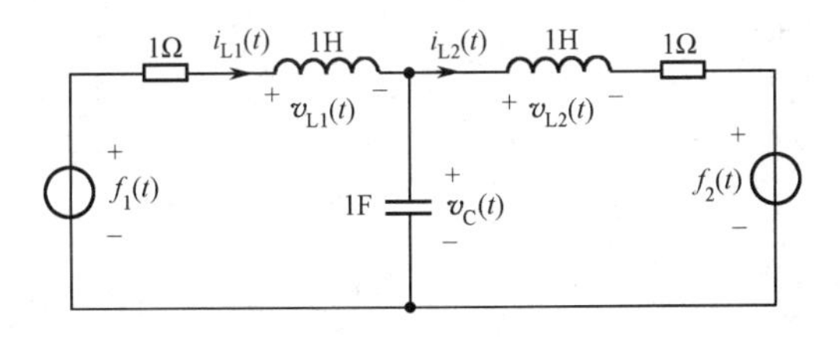

图 8-6　例题 8-1 的图

解：可以看出该电路中共有三个独立变量。

选择 $i_{L1}(t)$、$i_{L2}(t)$、$v_C(t)$ 为状态变量，以 $v_{L1}(t)$，$v_{L2}(t)$ 为输出。

令 $i_{L1}(t)=x_1$，$i_{L2}(t)=x_2$，$v_C(t)=x_3$，$v_{L1}(t)=y_1$，$v_{L2}(t)=y_2$。则有

KCL 方程：
$$v_C'(t)=i_{L1}(t)-i_{L2}(t)$$

KVL 方程：
$$i_{L1}'(t)=-i_{L1}(t)-v_C(t)+f_1(t)$$
$$i_{L2}'(t)=-i_{L2}(t)+v_C(t)-f_2(t)$$

输出：
$$v_{L1}(t)=i_{L1}'(t)=-i_{L1}(t)-v_C(t)+f_1(t)$$
$$v_{L2}(t)=i_{L2}'(t)=-i_{L2}(t)+v_C(t)-f_2(t)$$

将上述式子写成状态变量的矩阵形式，即有

状态方程：
$$\begin{bmatrix}\dot{x}_1\\\dot{x}_2\\\dot{x}_3\end{bmatrix}=\begin{bmatrix}-1&0&-1\\0&-1&1\\1&-1&0\end{bmatrix}\begin{bmatrix}x_1\\x_2\\x_3\end{bmatrix}+\begin{bmatrix}1&0\\0&-1\\0&0\end{bmatrix}\begin{bmatrix}f_1\\f_2\end{bmatrix}$$

输出方程：
$$\begin{bmatrix}y_1\\y_2\end{bmatrix}=\begin{bmatrix}-1&0&-1\\0&-1&1\end{bmatrix}\begin{bmatrix}x_1\\x_2\\x_3\end{bmatrix}+\begin{bmatrix}1&0\\0&-1\end{bmatrix}\begin{bmatrix}f_1\\f_2\end{bmatrix}$$

2. 由输入-输出方程建立状态方程

对于连续时间系统来说，微分方程是几阶的，状态变量就有几个。下面举例说明。

例题 8-2：某三阶连续时间系统，其微分方程为

$$y'''(t)+a_2y''(t)+a_1y'(t)+a_0y(t)=b_2f''(t)+b_1f'(t)+b_0f(t)$$

列写出该系统的状态方程和输出方程。

解:引入辅助函数 $q(t)$,且满足

$$\begin{cases}q'''(t)+a_2q''(t)+a_1q'(t)+a_0q(t)=f(t)\\ b_2q''(t)+b_1q'(t)+b_0q(t)=y(t)\end{cases}$$

设状态变量分别为 $x_1=q(t),x_2=q'(t),x_3=q''(t)$,

写出状态方程和输出方程,分别为

$$\begin{cases}\dot{x}_1=q'=x_2\\ \dot{x}_2=q''=x_3\\ \dot{x}_3=q'''=-a_0x_1-a_1x_2-a_2x_3+f\end{cases}$$

$$y=b_0x_1+b_1x_2+b_2x_3$$

写成矩阵形式,则有

$$\begin{bmatrix}\dot{x}_1\\ \dot{x}_2\\ \dot{x}_3\end{bmatrix}=\begin{bmatrix}0&1&0\\0&0&1\\-a_0&-a_1&-a_2\end{bmatrix}\begin{bmatrix}x_1\\x_2\\x_3\end{bmatrix}+\begin{bmatrix}0\\0\\1\end{bmatrix}f$$

$$[y]=[b_0\quad b_1\quad b_2]\begin{bmatrix}x_1\\x_2\\x_3\end{bmatrix}$$

如果给出的微分方程右边不含有输入 $f(t)$的导数项,则不再需要假设辅助变量,可直接选用输出 $y(t)$及其各阶导数作为状态变量。

3. 由模拟框图建立状态方程

当给定的系统采用框图表示时,列写系统的状态方程和输出方程比较直观、简单。有时,在给定微分方程的情况下,先根据方程画出系统的框图再列写状态方程,也会使问题简化。

由模拟框图建立状态方程时,要选择积分器的输出作为状态变量,再围绕着加法器列写状态方程和输出方程。

例题 8-3:某三阶连续系统的模拟框图如图 8-7 所示,利用框图列写其状态变量方程和输出方程。

解:选择积分器的输出作为状态变量,从右到左分别取 x_1、x_2、x_3,如图 8-7 所示。

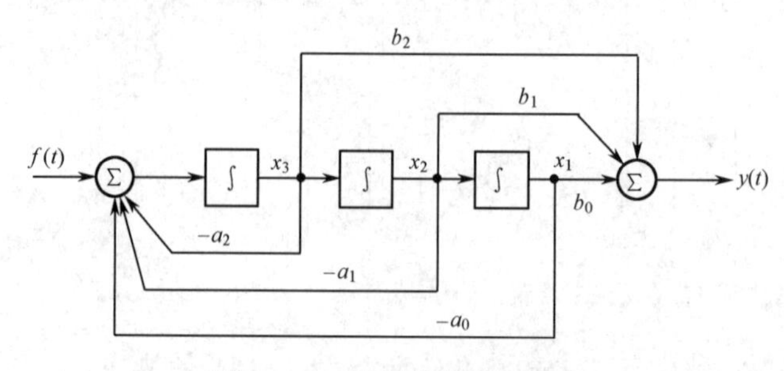

图 8-7 连续系统的模拟框图

根据积分器及两边加法器的函数关系，列写方程如下。

状态方程：
$$\begin{cases}\dot{x}_1=x_2\\ \dot{x}_2=x_3\\ \dot{x}_3=-a_0x_1-a_1x_2-a_2x_3+f\end{cases}$$

输出方程：
$$y=b_0x_1+b_1x_2+b_2x_3$$

可以发现，本题的模拟框图即为例题 8-2 描述的系统。从列写状态方程的过程可以看出，用框图法更为简单。

4. 由系统函数 $H(s)$ 建立状态方程

已知连续时间系统的系统函数 $H(s)$，要建立系统的状态方程，比较简单的方法是先根据系统函数画出信号流图，再列写方程。此外，也可以根据系统函数，写出系统的微分方程，再利用上面的方法求解。下面通过具体的例题来说明。

例题 8-4：已知某连续时间系统的系统函数为

$$H(s)=\frac{b_2s^2+b_1s+b_0}{s^3+a_2s^2+a_1s+a_0}$$

列写该系统的状态方程和输出方程。

解：将 $H(s)$ 整理，得

$$H(s)=\frac{b_2s^{-1}+b_1s^{-2}+b_0s^{-3}}{1-(-a_2s^{-1}-a_1s^{-2}-a_0s^{-3})}$$

$H(s)$ 对应的信号流图如图 8-8 所示。

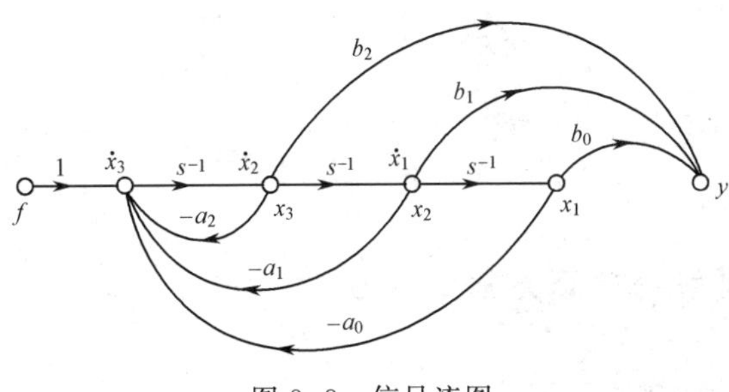

图 8-8　信号流图

选择积分器（信号流图中增益为 s^{-1} 的支路）的输出端为状态变量（在图中已标示），列写方程，如下所示。

状态方程：
$$\begin{cases}\dot{x}_1=x_2\\ \dot{x}_2=x_3\\ \dot{x}_3=-a_0x_1-a_1x_2-a_2x_3+f\end{cases}$$

输出方程：
$$y=b_0x_1+b_1x_2+b_2x_3$$

需要注意的是，对于同一个微分方程，采用不同的模拟实现方法，可以得到不同形式的信号流图，从而列出的状态方程和输出方程也不同。

例题 8-5：已知某连续时间系统可由下列微分方程来描述：

$$\begin{cases}y_1'(t)+y_2(t)=f_1(t)\\ y_2''(t)+y_1'(t)+y_2'(t)+y_1(t)=f_2(t)\end{cases}$$

试列写其状态方程和输出方程。

解：(方法一)直接根据微分方程来建立系统方程。

状态变量选择为 $x_1(t)=y_1(t)$，$x_2(t)=y_2(t)$，$x_3(t)=y_2'(t)$，则有

$$\begin{cases}\dot{x}_1=y_1'=-x_2+f_1\\ \dot{x}_2=y_2'=x_3\\ \dot{x}_3=y_2''=-x_1+x_2-x_3-f_1+f_2\end{cases}$$

$$y_1=x_1$$

$$y_2=x_2$$

写成矩阵形式为

$$\begin{bmatrix}\dot{x}_1\\ \dot{x}_2\\ \dot{x}_3\end{bmatrix}=\begin{bmatrix}0 & -1 & 0\\ 0 & 0 & 1\\ -1 & 1 & -1\end{bmatrix}\begin{bmatrix}x_1\\ x_2\\ x_3\end{bmatrix}+\begin{bmatrix}1 & 0\\ 0 & 0\\ -1 & 1\end{bmatrix}\begin{bmatrix}f_1\\ f_2\end{bmatrix}$$

$$\begin{bmatrix}y_1\\ y_2\end{bmatrix}=\begin{bmatrix}1 & 0 & 0\\ 0 & 1 & 0\end{bmatrix}\begin{bmatrix}x_1\\ x_2\\ x_3\end{bmatrix}$$

(方法二)可以根据方程画出系统框图，再由框图建立动态方程，如图 8-9 所示。

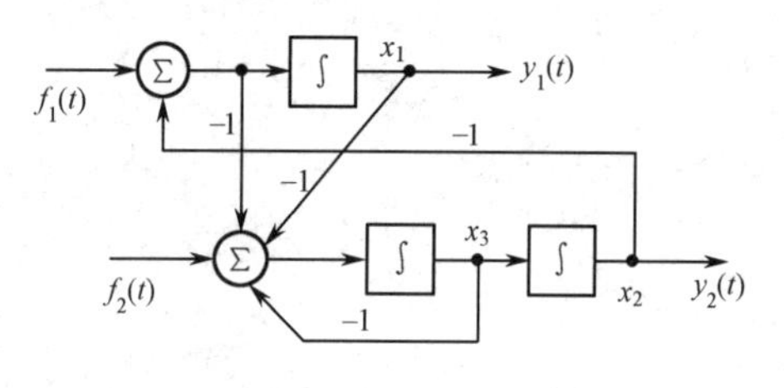

图 8-9　系统框图

8.3.2　离散时间系统状态方程的建立

1. 由输入-输出方程建立状态方程

根据差分方程列写离散时间系统状态方程的方法跟连续时间系统类似。该方法最关键的步骤也是状态变量的选取。将原差分方程转化为一阶差分方程组后，就可得到系统的状态方程。下面通过具体的例子来说明。

例题 8-6：某三阶离散时间系统的差分方程为

$$y(k)+a_2y(k-1)+a_1y(k-2)+a_0y(k-3)=f(k)+b_1f(k-1)+b_2f(k-2)$$

写出其状态方程和输出方程。

解：根据差分方程的理论，只要知道 $y(-3)$、$y(-2)$、$y(-1)$，以及当 $k\geqslant0$ 时 $f(k)$的表达式，就可以完全确定出系统未来所有的状态。

选择辅助变量 $q(k)$，且满足

$$\begin{cases}q(k)+a_2q(k-1)+a_1q(k-2)+a_0q(k-3)=f(k)\\ q(k)+b_1q(k-1)+b_2q(k-2)=y(k)\end{cases}$$

状态变量的选取如下：

$$x_1(k)=q(k-3),\quad x_2(k)=q(k-2),\quad x_3(k)=q(k-1)$$

状态方程为

$$\begin{cases}x_1(k+1)=q(k-2)=x_2(k)\\ x_2(k+1)=q(k-1)=x_3(k)\\ x_3(k+1)=q(k)=-a_0q(k-3)-a_1q(k-2)-a_2q(k-1)+f(k)\\ \qquad\qquad\qquad =-a_0x_1(k)-a_1x_2(k)-a_2x_3(k)+f(k)\end{cases}$$

输出方程为

$$\begin{aligned}y(k)&=x_3(k+1)+b_1x_3(k)+b_2x_2(k)\\ &=-a_0x_1(k)+(b_2-a_1)x_2(k)+(b_1-a_2)x_3(k)+f(k)\end{aligned}$$

写成矩阵形式为

$$\begin{bmatrix}x_1(k+1)\\ x_2(k+1)\\ x_3(k+1)\end{bmatrix}=\begin{bmatrix}0&1&0\\ 0&0&1\\ -a_0&-a_1&-a_2\end{bmatrix}\begin{bmatrix}x_1(k)\\ x_2(k)\\ x_3(k)\end{bmatrix}+\begin{bmatrix}0\\ 0\\ 1\end{bmatrix}f(k)$$

$$[y(k)]=[-a_0\quad b_2-a_1\quad b_1-a_2]\begin{bmatrix}x_1(k)\\ x_2(k)\\ x_3(k)\end{bmatrix}+[1]f(k)$$

2. 由模拟框图建立状态方程

由离散时间系统的模拟框图来列写系统的动态方程时，通常先选取延迟单元的输出作为状态变量，然后根据延迟单元的输入-输出关系及加法器来列写方程。

例题 8-7： 如图 8-10 所示的离散时间系统框图，列写出其状态方程和输出方程。

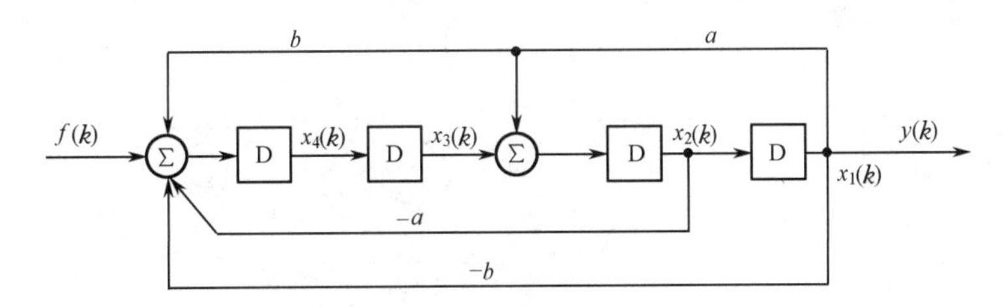

图 8-10　离散时间系统框图

解：从框图中可以看出，这是一个四阶离散时间系统。

选择四个延迟单元的输出作为状态变量，从右至左依次为 $x_1(k)$、$x_2(k)$、$x_3(k)$、$x_4(k)$。因此，状态方程为

$$\begin{cases}x_1(k+1)=x_2(k)\\ x_2(k+1)=ax_1(k)+x_3(k)\\ x_3(k+1)=x_4(k)\\ x_4(k+1)=abx_1(k)-ax_2(k)-bx_1(k)+f(k)=(ab-b)x_1(k)-ax_2(k)+f(k)\end{cases}$$

输出方程为

$$y(k)=x_1(k)$$

写成矩阵形式为

$$\begin{bmatrix} x_1(k+1) \\ x_2(k+1) \\ x_3(k+1) \\ x_4(k+1) \end{bmatrix} = \begin{bmatrix} 0 & 1 & 0 & 0 \\ a & 0 & 1 & 0 \\ 0 & 0 & 0 & 1 \\ ab-b & -a & 0 & 0 \end{bmatrix} \begin{bmatrix} x_1(k) \\ x_2(k) \\ x_3(k) \\ x_4(k) \end{bmatrix} + \begin{bmatrix} 0 \\ 0 \\ 0 \\ 1 \end{bmatrix} f(k)$$

$$[y(k)] = [1 \quad 0 \quad 0 \quad 0] \begin{bmatrix} x_1(k) \\ x_2(k) \\ x_3(k) \\ x_4(k) \end{bmatrix}$$

3. 由系统函数 $H(z)$ 建立状态方程

已知离散时间系统的系统函数 $H(z)$，列写状态方程的方法和连续时间系统类似，此时利用信号流图列写最简便。首先根据信号流图选择正确的状态变量，再建立相应的状态方程即可。对于离散时间系统，一般选取各延迟单元(在信号流图中增益为 z^{-1} 的支路)的输出作为状态变量。下面举例来说明。

例题 8-8：已知离散时间系统的系统函数为

$$H(z) = \frac{z^3+3z^2+5z}{z^3+2z^2+4z+6}$$

写出其状态方程和输出方程。

解：将 $H(z)$ 整理，得

$$H(z) = \frac{1+3z^{-1}+5z^{-2}}{1+2z^{-1}+4z^{-2}+6z^{-3}}$$

根据 $H(z)$ 的形式，画出其信号流图，如图 8-11 所示。

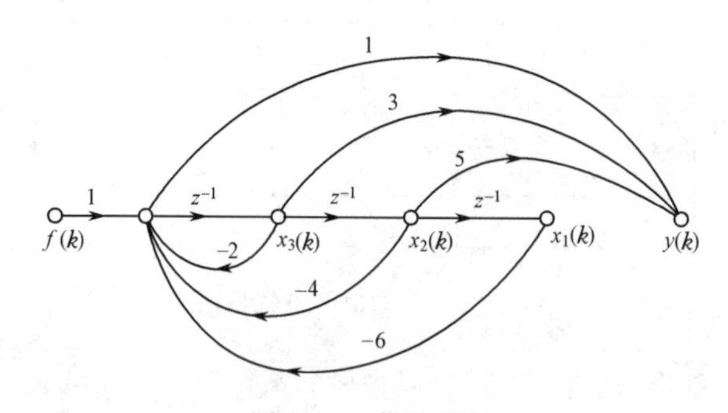

图 8-11　信号流图

状态变量 $x_1(k)$、$x_2(k)$、$x_3(k)$ 如图中标示。

状态方程为

$$\begin{cases} x_1(k+1) = x_2(k) \\ x_2(k+1) = x_3(k) \\ x_3(k+1) = -6x_1(k) - 4x_2(k) - 2x_3(k) + f(k) \end{cases}$$

输出方程为

$$y(k) = x_3(k+1) + 3x_3(k) + 5x_2(k) = -6x_1(k) + x_2(k) + x_3(k) + f(k)$$

写成矩阵形式，为

$$\begin{bmatrix} x_1(k+1) \\ x_2(k+1) \\ x_3(k+1) \end{bmatrix} = \begin{bmatrix} 0 & 1 & 0 \\ 0 & 0 & 1 \\ -6 & -4 & -2 \end{bmatrix} \begin{bmatrix} x_1(k) \\ x_2(k) \\ x_3(k) \end{bmatrix} + \begin{bmatrix} 0 \\ 0 \\ 1 \end{bmatrix} f(k)$$

$$[y(k)] = [-6 \quad 1 \quad 1] \begin{bmatrix} x_1(k) \\ x_2(k) \\ x_3(k) \end{bmatrix} + [1] f(k)$$

需要注意的是，对于同一个差分方程，采用不同的模拟实现方法可以得到不同形式的信号流图，所以列出来的状态方程和输出方程也不相同。

例题 8-9： 如图 8-12 所示的系统具有两个输入、两个输出，列写出其状态方程和输出方程。

解：选取状态变量 $x_1(k)$、$x_2(k)$，如图中所示。

状态方程为 $\begin{cases} x_1(k+1) = a_1 x_1(k) + f_1(k) \\ x_2(k+1) = a_2 x_2(k) + f_2(k) \end{cases}$

输出方程为 $\begin{cases} y_1(k) = x_1(k) + x_2(k) \\ y_2(k) = x_2(k) + f_1(k) \end{cases}$

表示成矩阵形式为

$$\begin{bmatrix} x_1(k+1) \\ x_2(k+1) \end{bmatrix} = \begin{bmatrix} a_1 & 0 \\ 0 & a_2 \end{bmatrix} \begin{bmatrix} x_1(k) \\ x_2(k) \end{bmatrix} + \begin{bmatrix} 1 & 0 \\ 0 & 1 \end{bmatrix} \begin{bmatrix} f_1(k) \\ f_2(k) \end{bmatrix}$$

$$\begin{bmatrix} y_1(k) \\ y_2(k) \end{bmatrix} = \begin{bmatrix} 1 & 1 \\ 0 & 1 \end{bmatrix} \begin{bmatrix} x_1(k) \\ x_2(k) \end{bmatrix} + \begin{bmatrix} 0 & 0 \\ 1 & 0 \end{bmatrix} \begin{bmatrix} f_1(k) \\ f_2(k) \end{bmatrix}$$

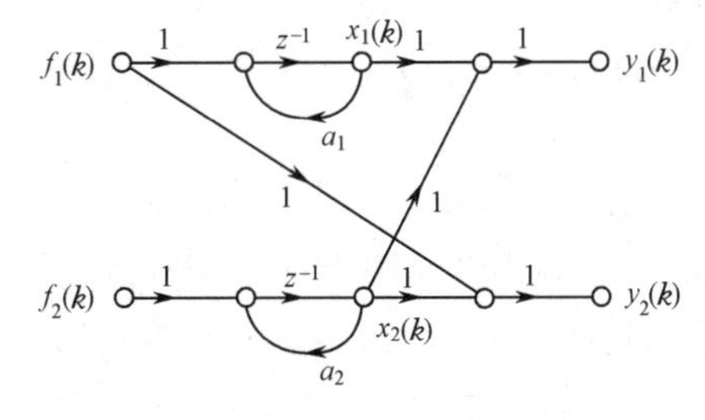

图 8-12　系统流图

8.4　状态方程的时域解法

前几节讨论了状态方程和输出方程的建立方法，本节讨论状态方程的时域解法。

8.4.1　连续系统状态方程的时域解法

连续系统的状态方程和输出方程一般可写为

$$\dot{\boldsymbol{x}}(t) = \boldsymbol{A}\boldsymbol{x}(t) + \boldsymbol{B}\boldsymbol{f}(t) \tag{8-15}$$

$$\boldsymbol{y}(t) = \boldsymbol{C}\boldsymbol{x}(t) + \boldsymbol{D}\boldsymbol{f}(t) \tag{8-16}$$

将式(8-15)两边左乘矩阵指数函数 e^{-At}(其中 A 为 $n\times n$ 阶方阵)并移项,由于初始状态矢量为 $x(0_-)$,$t=0$ 时激励信号接入系统,所以可得

$$e^{-At}\dot{x}(t)-e^{-At}Ax(t)=e^{-At}Bf(t)$$

利用矩阵指数函数的性质

$$\frac{d}{dt}[e^{-At}x(t)]=-e^{-At}x(t)+e^{-At}\dot{x}(t)$$

因此有

$$\frac{d}{dt}[e^{-At}x(t)]=e^{-At}Bf(t)$$

对上式两边从 0_- 到 t 取积分,可得

$$e^{-At}x(t)-x(0_-)=\int_{0_-}^{t}e^{-A\tau}Bf(\tau)d\tau$$

对上式两边左乘 e^{At},整理得

$$\begin{aligned}x(t)&=e^{At}x(0_-)+\int_{0_-}^{t}e^{A(t-\tau)}Bf(\tau)d\tau\\&=x_{zi}(t)+x_{zs}(t),\quad t\geqslant 0\end{aligned}\tag{8-17}$$

式中,$x_{zi}(t)=e^{At}x(0_-)$,$x_{zs}(t)=\int_{0_-}^{t}e^{A(t-\tau)}Bf(\tau)d\tau$,分别称为状态矢量的零输入解和零状态解。

矩阵 e^{At} 称为状态转移矩阵,用 $\phi(t)$表示。e^{At} 的定义为

$$e^{At}=I+At+\frac{1}{2!}A^2t^2+\cdots+\frac{1}{i!}A^it^i+\cdots=\sum_{i=0}^{\infty}\frac{1}{i!}A^it^i\tag{8-18}$$

e^{At} 是一个 $n\times n$ 阶方阵,它的主要性质为

$$\begin{cases}\phi(0)=I\\\phi^{-1}(t)=\phi(-t)\\\phi(t-t_1)\phi(t_1-t_0)=\phi(t-t_0)\end{cases}$$

如果用类似于矩阵乘法的运算规则定义两个函数矩阵的卷积积分(注意:矩阵之间的卷积比标量卷积复杂,遵循的是乘法运算规则,且不满足交换律),如

$$\begin{bmatrix}f_{11}&f_{12}\\f_{21}&f_{22}\end{bmatrix}*\begin{bmatrix}g_{11}&g_{12}\\g_{21}&g_{22}\end{bmatrix}=\begin{bmatrix}f_{11}*g_{11}+f_{12}*g_{21}&f_{11}*g_{12}+f_{12}*g_{22}\\f_{21}*g_{11}+f_{22}*g_{21}&f_{21}*g_{12}+f_{22}*g_{22}\end{bmatrix}$$

则式(8-17)状态矢量的解可简写为

$$\begin{aligned}x(t)&=\phi(t)x(0_-)+[\phi(t)Bu(t)]*f(t)\\&=x_{zi}(t)+x_{zs}(t)\end{aligned}\tag{8-19}$$

式中,$u(t)$为标量函数。$x_{zi}(t)=\phi(t)x(0_-)$,$x_{zs}(t)=[\phi(t)Bu(t)]*f(t)$分别表示状态矢量的零输入解和零状态解。

将上式代入输出方程式(8-16),得

$$\begin{aligned}y(t)&=C\phi(t)x(0_-)+[C\phi(t)Bu(t)]*f(t)+Df(t)\\&=y_{zi}(t)+y_{zs}(t)\end{aligned}\tag{8-20}$$

式中,$y_{zi}(t)=C\phi(t)x(0_-)$,$y_{zs}(t)=[C\phi(t)Bu(t)]*f(t)+Df(t)$,它们分别表示系统的零

输入响应矢量和零状态响应矢量。

由于 $\boldsymbol{D}\boldsymbol{f}(t)=[\boldsymbol{D}\delta(t)]*\boldsymbol{f}(t)$，式中的 $\delta(t)$ 为标量函数（$p\times p$ 方阵），则 $\boldsymbol{y}_{zs}(t)$ 可以改写为

$$\boldsymbol{y}_{zs}(t)=[\boldsymbol{C}\boldsymbol{\phi}(t)\boldsymbol{B}u(t)+\boldsymbol{D}\delta(t)]*\boldsymbol{f}(t)=\boldsymbol{h}(t)*\boldsymbol{f}(t) \tag{8-21}$$

因此，系统的单位冲激响应的矩阵形式为

$$\boldsymbol{h}(t)=\boldsymbol{C}\boldsymbol{\phi}(t)\boldsymbol{B}u(t)+\boldsymbol{D}\delta(t) \tag{8-22}$$

可以看出，$\boldsymbol{h}(t)$ 是一个 $q\times p$ 阶矩阵，称为冲激响应矩阵。

具体形式为

$$\boldsymbol{h}(t)=\begin{bmatrix} h_{11}(t) & h_{12}(t) & \cdots & h_{1p}(t) \\ h_{21}(t) & h_{22}(t) & \cdots & h_{2p}(t) \\ \vdots & \vdots & \ddots & \vdots \\ h_{q1}(t) & h_{q2}(t) & \cdots & h_{qp}(t) \end{bmatrix}$$

冲激响应矩阵中第 i 行第 j 列的元素 $h_{ij}(t)$ 是当第 j 个输入 $f_j(t)=\delta(t)$，而其余输入分量均为 0 时，所引起第 i 个输出 $y_i(t)$ 的零状态响应。

从上面的讨论可以看出，无论是状态方程的解还是输出方程的解，都可以分解为两部分，即由初始状态 $x(0_-)$ 引起的零输入解和由激励信号 $f(t)$ 引起的零状态解。这两部分的变化规律都与状态转移矩阵 $\boldsymbol{\phi}(t)$ 有关，因此 $\boldsymbol{\phi}(t)$ 体现了系统状态变化的实质，也是求解动态方程的关键。

这里仅介绍将矩阵函数 $\boldsymbol{\phi}(t)=e^{\boldsymbol{A}t}$ 转化为有限项之和的计算方法。

根据凯莱-哈密顿（Cayley-Hamilton）定理，对于 n 阶方阵 $\boldsymbol{A}$，当 $i\geqslant n$ 时，有

$$\boldsymbol{A}^i=b_0\boldsymbol{I}+b_1\boldsymbol{A}+b_2\boldsymbol{A}^2+\cdots+b_{n-1}\boldsymbol{A}^{n-1} \tag{8-23}$$

对 $e^{\boldsymbol{A}t}$ 的定义式（8-19）进行整理，将高于或等于 n 次的各项幂指数全部用 $\boldsymbol{A}^{n-1}$ 以下幂次的各项幂指数的线性组合表示，可得

$$e^{\boldsymbol{A}t}=\alpha_0\boldsymbol{I}+\alpha_1\boldsymbol{A}+\alpha_2\boldsymbol{A}^2+\cdots+\alpha_{n-1}\boldsymbol{A}^{n-1} \tag{8-24}$$

式中，系数 $\alpha_0,\alpha_1,\alpha_2,\cdots,\alpha_{n-1}$ 均为时间 t 的函数。为了简便，这里将 t 省略。

凯莱-哈密顿定理还指出，将式（8-24）中的矩阵 $\boldsymbol{A}$，用方阵 $\boldsymbol{A}$ 的特征根 $\lambda_i\,(i=1,2,\cdots,n)$ [$\boldsymbol{A}$ 的特征多项式 $\det(\lambda\boldsymbol{I}-\boldsymbol{A})=0$ 的根]来替代，方程仍然成立。即有

$$e^{\lambda_i t}=\alpha_0+\alpha_1\lambda_i+\alpha_2\lambda_i^2+\cdots+\alpha_{n-1}\lambda_i^{n-1} \tag{8-25}$$

如果 λ_i 为单根，则式（8-25）可写为

$$\begin{cases} e^{\lambda_1 t}=\alpha_0+\alpha_1\lambda_1+\alpha_2\lambda_1^2+\cdots+\alpha_{n-1}\lambda_1^{n-1} \\ e^{\lambda_2 t}=\alpha_0+\alpha_1\lambda_2+\alpha_2\lambda_2^2+\cdots+\alpha_{n-1}\lambda_2^{n-1} \\ \quad\vdots \\ e^{\lambda_n t}=\alpha_0+\alpha_1\lambda_n+\alpha_2\lambda_n^2+\cdots+\alpha_{n-1}\lambda_n^{n-1} \end{cases} \tag{8-26}$$

如果 $\boldsymbol{A}$ 的某个特征根（如 λ_1）为 r 重根，对此特征根，则必须列出以下 r 个方程。

$$\begin{cases} e^{\lambda_1 t}=\alpha_0+\alpha_1\lambda_1+\alpha_2\lambda_1^2+\cdots+\alpha_{n-1}\lambda_1^{n-1} \\ \dfrac{d}{d\lambda_1}[e^{\lambda_1 t}]=\dfrac{d}{d\lambda_1}[\alpha_0+\alpha_1\lambda_1+\alpha_2\lambda_1^2+\cdots+\alpha_{n-1}\lambda_1^{n-1}] \\ \dfrac{d^2}{d\lambda_1^2}[e^{\lambda_1 t}]=\dfrac{d^2}{d\lambda_1^2}[\alpha_0+\alpha_1\lambda_1+\alpha_2\lambda_1^2+\cdots+\alpha_{n-1}\lambda_1^{n-1}] \\ \quad\vdots \\ \dfrac{d^{r-1}}{d\lambda_1^{r-1}}[e^{\lambda_1 t}]=\dfrac{d^{r-1}}{d\lambda_1^{r-1}}[\alpha_0+\alpha_1\lambda_1+\alpha_2\lambda_1^2+\cdots+\alpha_{n-1}\lambda_1^{n-1}] \end{cases} \tag{8-27}$$

联立求解该方程组即可求出待定函数 $\alpha_j(j=0,1,2,\cdots,n-1)$,将它们代入式(8-24)即可求得$\boldsymbol{\phi}(t)$。

例题 8-10: 某 LTI 连续系统的状态方程和输出方程分别为

$$\begin{bmatrix}\dot{x}_1\\ \dot{x}_2\end{bmatrix}=\begin{bmatrix}2 & 3\\ 0 & -1\end{bmatrix}\begin{bmatrix}x_1\\ x_2\end{bmatrix}+\begin{bmatrix}0 & 1\\ 1 & 0\end{bmatrix}\begin{bmatrix}f_1\\ f_2\end{bmatrix}$$

$$\begin{bmatrix}y_1\\ y_2\end{bmatrix}=\begin{bmatrix}1 & 1\\ 0 & -1\end{bmatrix}\begin{bmatrix}x_1\\ x_2\end{bmatrix}+\begin{bmatrix}1 & 0\\ 1 & 0\end{bmatrix}\begin{bmatrix}f_1\\ f_2\end{bmatrix}$$

初始状态和激励分别为

$$\begin{bmatrix}x_1(0_-)\\ x_2(0_-)\end{bmatrix}=\begin{bmatrix}2\\ -1\end{bmatrix},\quad \begin{bmatrix}f_1\\ f_2\end{bmatrix}=\begin{bmatrix}u(t)\\ \delta(t)\end{bmatrix}$$

求该系统状态方程和输出方程的解。

解:先求状态转移矩阵 $\boldsymbol{\phi}(t)=\mathrm{e}^{\boldsymbol{A}t}$。

根据系统矩阵 $\mathbf{A}$,确定特征多项式为

$$\det(\lambda\boldsymbol{I}-\boldsymbol{A})=\det\left\{\lambda\begin{bmatrix}1 & 0\\ 0 & 1\end{bmatrix}-\begin{bmatrix}2 & 3\\ 0 & -1\end{bmatrix}\right\}$$

$$=\det\begin{bmatrix}\lambda-2 & -3\\ 0 & \lambda+1\end{bmatrix}=(\lambda-2)(\lambda+1)$$

所以特征根为 $\lambda_1=2$、$\lambda_2=-1$。

根据式(8-26)有

$$\begin{cases}\alpha_0+2\alpha_1=\mathrm{e}^{2t}\\ \alpha_0-\alpha_1=\mathrm{e}^{-t}\end{cases}\quad\Rightarrow\quad\begin{cases}\alpha_0=\dfrac{1}{3}(\mathrm{e}^{2t}+2\mathrm{e}^{-t})\\ \alpha_1=\dfrac{1}{3}(\mathrm{e}^{2t}-\mathrm{e}^{-t})\end{cases}$$

根据式(8-24)

$$\boldsymbol{\phi}(t)=\mathrm{e}^{\boldsymbol{A}t}=\alpha_0\boldsymbol{I}+\alpha_1\boldsymbol{A}$$

$$=\frac{1}{3}(\mathrm{e}^{2t}+2\mathrm{e}^{-t})\begin{bmatrix}1 & 0\\ 0 & 1\end{bmatrix}+\frac{1}{3}(\mathrm{e}^{2t}-\mathrm{e}^{-t})\begin{bmatrix}2 & 3\\ 0 & -1\end{bmatrix}$$

$$=\begin{bmatrix}\mathrm{e}^{2t} & \mathrm{e}^{2t}-\mathrm{e}^{-t}\\ 0 & \mathrm{e}^{-t}\end{bmatrix}$$

根据式(8-19),状态方程的解为

$$\begin{bmatrix}x_1(t)\\ x_2(t)\end{bmatrix}=\begin{bmatrix}\mathrm{e}^{2t} & \mathrm{e}^{2t}-\mathrm{e}^{-t}\\ 0 & \mathrm{e}^{-t}\end{bmatrix}\begin{bmatrix}2\\ -1\end{bmatrix}+\begin{bmatrix}\mathrm{e}^{2t} & \mathrm{e}^{2t}-\mathrm{e}^{-t}\\ 0 & \mathrm{e}^{-t}\end{bmatrix}\begin{bmatrix}0 & 1\\ 1 & 0\end{bmatrix}*\begin{bmatrix}u(t)\\ \delta(t)\end{bmatrix}$$

$$=\underbrace{\begin{bmatrix}\mathrm{e}^{2t}+\mathrm{e}^{-t}\\ -\mathrm{e}^{-t}\end{bmatrix}}_{\text{零输入解}}+\underbrace{\begin{bmatrix}1.5\mathrm{e}^{2t}+\mathrm{e}^{-t}-1.5\\ 1-\mathrm{e}^{-t}\end{bmatrix}}_{\text{零状态解}}$$

$$=\underbrace{\begin{bmatrix}2.5\mathrm{e}^{2t}+2\mathrm{e}^{-t}-1.5\\ 1-2\mathrm{e}^{-t}\end{bmatrix}}_{\text{全解}},\quad t\geqslant 0$$

根据式(8-20),输出方程的解为

$$\begin{bmatrix} y_1(t) \\ y_2(t) \end{bmatrix} = \begin{bmatrix} 1 & 1 \\ 0 & -1 \end{bmatrix} \left\{ \begin{bmatrix} e^{2t}+e^{-t} \\ -e^{-t} \end{bmatrix} + \begin{bmatrix} 1.5e^{2t}+e^{-t}-1.5 \\ 1-e^{-t} \end{bmatrix} \right\} + \begin{bmatrix} 1 & 0 \\ 1 & 0 \end{bmatrix} \begin{bmatrix} u(t) \\ \delta(t) \end{bmatrix}$$

$$= \begin{bmatrix} e^{2t} \\ e^{-t} \end{bmatrix} + \begin{bmatrix} 1.5e^{2t}-0.5 \\ -1+e^{-t} \end{bmatrix} + \begin{bmatrix} u(t) \\ u(t) \end{bmatrix}$$

$$= \underbrace{\begin{bmatrix} e^{2t} \\ e^{-t} \end{bmatrix}}_{\text{零输入响应}} + \underbrace{\begin{bmatrix} 1.5e^{2t}+0.5 \\ e^{-t} \end{bmatrix}}_{\text{零状态响应}} = \underbrace{\begin{bmatrix} 2.5e^{2t}+0.5 \\ 2e^{-t} \end{bmatrix}}_{\text{全响应}}, \quad t \geqslant 0$$

8.4.2　离散系统状态方程的时域解法

离散系统的状态方程和输出方程的一般形式为

$$\boldsymbol{x}(k+1) = \boldsymbol{A}\boldsymbol{x}(k) + \boldsymbol{B}\boldsymbol{f}(k) \tag{8-28}$$

$$\boldsymbol{y}(k) = \boldsymbol{C}\boldsymbol{x}(k) + \boldsymbol{D}\boldsymbol{f}(k) \tag{8-29}$$

离散系统的状态方程为一阶差分方程组，一般可用迭代法求解，因此特别适合于用计算机求解。

系统的初始状态矢量为 $\boldsymbol{x}(0)$，在 $k=0$ 时激励 $f(k)$ 接入到因果系统中。

根据式(8-28)，从 $k=0$ 开始迭加，得

$$\boldsymbol{x}(1) = \boldsymbol{A}\boldsymbol{x}(0) + \boldsymbol{B}\boldsymbol{f}(0)$$

$$\boldsymbol{x}(2) = \boldsymbol{A}\boldsymbol{x}(1) + \boldsymbol{B}\boldsymbol{f}(1) = \boldsymbol{A}^2\boldsymbol{x}(0) + \boldsymbol{A}\boldsymbol{B}\boldsymbol{f}(0) + \boldsymbol{B}\boldsymbol{f}(1)$$

$$\boldsymbol{x}(3) = \boldsymbol{A}\boldsymbol{x}(2) + \boldsymbol{B}\boldsymbol{f}(2) = \boldsymbol{A}^3\boldsymbol{x}(0) + \boldsymbol{A}^2\boldsymbol{B}\boldsymbol{f}(0) + \boldsymbol{A}\boldsymbol{B}\boldsymbol{f}(1) + \boldsymbol{B}\boldsymbol{f}(2)$$

$$\vdots$$

$$\begin{aligned} x(k) &= \boldsymbol{A}\boldsymbol{x}(k-1) + \boldsymbol{B}\boldsymbol{f}(k-1) \\ &= \boldsymbol{A}^k\boldsymbol{x}(0) + \boldsymbol{A}^{k-1}\boldsymbol{B}\boldsymbol{f}(0) + \boldsymbol{A}^{k-2}\boldsymbol{B}\boldsymbol{f}(1) + \cdots + \boldsymbol{B}\boldsymbol{f}(k-1) \qquad (8\text{-}30) \\ &= \boldsymbol{A}^k\boldsymbol{x}(0) + \sum_{i=0}^{k-1}\boldsymbol{A}^{k-1-i}\boldsymbol{B}\boldsymbol{f}(i) \end{aligned}$$

由于 $k<0$ 时，$f(k)=0$，所以当 $k=0$ 时，式(8-30)中的第二项不存在，此时的结果只由第一项确定，即为 $x(0)$ 本身，于是式(8-30)又可写为

$$\boldsymbol{x}(k) = \boldsymbol{A}^k\boldsymbol{x}(0)u(k) + \left[\sum_{i=0}^{k-1}\boldsymbol{A}^{k-1-i}\boldsymbol{B}\boldsymbol{f}(i)\right]u(k-1) \tag{8-31}$$

式中，$\boldsymbol{A}^k$ 称为状态转移矩阵，用 $\boldsymbol{\phi}(k)$ 表示。$\boldsymbol{\phi}(k)$ 的含义类似于连续系统中的 $\boldsymbol{\phi}(t)$。

与连续系统类似，使用序列矩阵的卷积和关系，可将式(8-31)写为

$$\begin{aligned} \boldsymbol{x}(k) &= \boldsymbol{A}^k\boldsymbol{x}(0)u(k) + \left[\sum_{i=0}^{k-1}\boldsymbol{A}^{k-1-i}\boldsymbol{B}\boldsymbol{f}(i)\right]u(k-1) \\ &= \boldsymbol{\phi}(k)\boldsymbol{x}(0)u(k) + [\boldsymbol{\phi}(k-1)\boldsymbol{B}u(k-1)] * \boldsymbol{f}(k) \\ &= \boldsymbol{x}_{zi}(k) + \boldsymbol{x}_{zs}(k) \qquad (8\text{-}32) \end{aligned}$$

式中，$\boldsymbol{x}_{zi}(k) = \boldsymbol{\phi}(k)\boldsymbol{x}(0)u(k)$，$\boldsymbol{x}_{zs}(k) = [\boldsymbol{\phi}(k-1)\boldsymbol{B}u(k-1)] * \boldsymbol{f}(k)$ 分别叫作状态变量的零输入解和零状态解。

将式(8-32)代入式(8-29)，可得系统的输出为

$$\begin{aligned} \boldsymbol{y}(k) &= \boldsymbol{C}\boldsymbol{\phi}(k)\boldsymbol{x}(0)u(k) + [\boldsymbol{C}\boldsymbol{\phi}(k-1)\boldsymbol{B}u(k-1)] * \boldsymbol{f}(k) + \boldsymbol{D}\boldsymbol{f}(k) \\ &= \boldsymbol{y}_{zi}(k) + \boldsymbol{y}_{zs}(k) \qquad (8\text{-}33) \end{aligned}$$

式中,$\boldsymbol{y}_{zi}(k)=\boldsymbol{C\phi}(k)\boldsymbol{x}(0)u(k)$, $\boldsymbol{y}_{zs}(k)=[\boldsymbol{C\phi}(k-1)\boldsymbol{B}u(k-1)]*\boldsymbol{f}(k)+\boldsymbol{Df}(k)$分别为系统的零输入响应矢量和零状态响应矢量。

由于$\boldsymbol{Df}(k)=[\boldsymbol{D}\delta(k)]*\boldsymbol{f}(k)$,$\delta(k)$为标量函数,

所以$\boldsymbol{y}_{zs}(k)$可以进一步改写为

$$\begin{aligned}\boldsymbol{y}_{zs}(k)&=[\boldsymbol{C\phi}(k-1)\boldsymbol{B}u(k-1)+\boldsymbol{D}\delta(k)]*\boldsymbol{f}(k)\\&=\boldsymbol{h}(k)*\boldsymbol{f}(k)\end{aligned}\tag{8-34}$$

式中,

$$\boldsymbol{h}(k)=\boldsymbol{C\phi}(k-1)\boldsymbol{B}u(k-1)+\boldsymbol{D}\delta(k)。\tag{8-35}$$

$\boldsymbol{h}(k)$是一个$q\times p$阶矩阵,称为单位序列响应矩阵。该矩阵中第i行第j列的元素$h_{ij}(k)$是当第j个输入$f_j(k)=\delta(k)$,而其余输入分量均为零时,所引起第i个输出$y_i(k)$的零状态响应。

下面简单说明一下状态转移矩阵$\boldsymbol{\phi}(k)$的求法。

利用凯莱-哈密顿定理,对于n阶方阵$\mathbf{A}$,当$k\geqslant n$时,$\mathbf{A}^k$也可展开为有限项和。

即

$$\boldsymbol{\phi}(k)=\mathbf{A}^k=\alpha_0\boldsymbol{I}+\alpha_1\mathbf{A}+\alpha_2\mathbf{A}^2+\cdots+\alpha_{n-1}\mathbf{A}^{n-1}\tag{8-36}$$

用$\mathbf{A}$的特征根$\lambda_i(i=1,2,\cdots,n)$替代式(8-36)中的矩阵$\mathbf{A}$,得

$$\alpha_0+\alpha_1\lambda_i+\alpha_2\lambda_i^2+\cdots+\alpha_{n-1}\lambda_i^{n-1}=\lambda_i^k\tag{8-37}$$

若λ_i为单根,则可列出以下方程:

$$\begin{cases}\lambda_1^k=\alpha_0+\alpha_1\lambda_1+\alpha_2\lambda_1^2+\cdots+\alpha_{n-1}\lambda_1^{n-1}\\\lambda_2^k=\alpha_0+\alpha_1\lambda_2+\alpha_2\lambda_2^2+\cdots+\alpha_{n-1}\lambda_2^{n-1}\\\quad\vdots\\\lambda_n^k=\alpha_0+\alpha_1\lambda_n+\alpha_2\lambda_n^2+\cdots+\alpha_{n-1}\lambda_n^{n-1}\end{cases}\tag{8-38}$$

如果$\boldsymbol{A}$的某个特征根(如λ_1)为r重根,对此特征根,则必须列出以下r个方程:

$$\begin{cases}\lambda_1^k=\alpha_0+\alpha_1\lambda_1+\alpha_2\lambda_1^2+\cdots+\alpha_{n-1}\lambda_1^{n-1}\\\dfrac{\mathrm{d}}{\mathrm{d}\lambda_1}[\lambda_1^k]=\dfrac{\mathrm{d}}{\mathrm{d}\lambda_1}[\alpha_0+\alpha_1\lambda_1+\alpha_2\lambda_1^2+\cdots+\alpha_{n-1}\lambda_1^{n-1}]\\\quad\vdots\\\dfrac{\mathrm{d}^{r-1}}{\mathrm{d}\lambda_1^{r-1}}[\lambda_1^k]=\dfrac{\mathrm{d}^{r-1}}{\mathrm{d}\lambda_1^{r-1}}[\alpha_0+\alpha_1\lambda_1+\alpha_2\lambda_1^2+\cdots+\alpha_{n-1}\lambda_1^{n-1}]\end{cases}\tag{8-39}$$

联立求解该方程组即可求出待定函数$\alpha_j(j=0,1,2,\cdots,n-1)$。将它们代入式(8-36)即可求出$\boldsymbol{\phi}(k)$。

将相关矩阵及$\boldsymbol{\phi}(k)$、$\boldsymbol{f}(k)$分别代入式(8-32)、式(8-33),即可解出状态方程和输出方程。

例题8-11:已知离散系统的状态方程和输出方程分别为

$$\begin{bmatrix}x_1(k+1)\\x_2(k+1)\end{bmatrix}=\begin{bmatrix}0&1\\-6&5\end{bmatrix}\begin{bmatrix}x_1(k)\\x_2(k)\end{bmatrix}+\begin{bmatrix}0\\1\end{bmatrix}f(k)$$

$$\begin{bmatrix}y_1(k)\\y_2(k)\end{bmatrix}=\begin{bmatrix}1&1\\2&-1\end{bmatrix}\begin{bmatrix}x_1(k)\\x_2(k)\end{bmatrix}+\begin{bmatrix}0\\0\end{bmatrix}f(k)$$

初始状态和激励分别为

$$\begin{bmatrix} x_1(0) \\ x_2(0) \end{bmatrix} = \begin{bmatrix} 1 \\ 2 \end{bmatrix}, \quad f(k) = u(k)$$

试求系统状态方程、输出方程的解、单位序列响应矩阵。

解:(1) 先求状态转移矩阵 $\boldsymbol{\phi}(k)=\boldsymbol{A}^k$。

根据状态方程,得知系统矩阵为

$$\boldsymbol{A} = \begin{bmatrix} 0 & 1 \\ -6 & 5 \end{bmatrix}$$

其特征多项式为

$$\det(\lambda \boldsymbol{I} - \boldsymbol{A}) = \det\begin{bmatrix} \lambda & -1 \\ 6 & \lambda - 5 \end{bmatrix} = (\lambda - 2)(\lambda - 3)$$

特征根为 $\lambda_1=2$、$\lambda_2=3$。

根据式(8-38)有

$$\begin{cases} \alpha_0 + 2\alpha_1 = 2^k \\ \alpha_0 + 3\alpha_1 = 3^k \end{cases} \Rightarrow \begin{cases} \alpha_0 = 3 \cdot 2^k - 2 \cdot 3^k \\ \alpha_1 = 3^k - 2^k \end{cases}$$

即

$$\begin{aligned} \boldsymbol{\phi}(k) = \boldsymbol{A}^k &= \alpha_0 \boldsymbol{I} + \alpha_1 \boldsymbol{A} \\ &= (3 \cdot 2^k - 2 \cdot 3^k)\begin{bmatrix} 1 & 0 \\ 0 & 1 \end{bmatrix} + (3^k - 2^k)\begin{bmatrix} 0 & 1 \\ -6 & 5 \end{bmatrix} \\ &= \begin{bmatrix} 3 \cdot 2^k - 2 \cdot 3^k & 3^k - 2^k \\ 3 \cdot 2^{k+1} - 2 \cdot 3^{k+1} & 3^{k+1} - 2^{k+1} \end{bmatrix} \end{aligned}$$

(2) 状态方程的解为

$$\begin{aligned} \begin{bmatrix} x_1(k) \\ x_2(k) \end{bmatrix} &= \begin{bmatrix} 3 \cdot 2^k - 2 \cdot 3^k & 3^k - 2^k \\ 3 \cdot 2^{k+1} - 2 \cdot 3^{k+1} & 3^{k+1} - 2^{k+1} \end{bmatrix}\begin{bmatrix} 1 \\ 2 \end{bmatrix} + \begin{bmatrix} 3 \cdot 2^{k-1} - 2 \cdot 3^{k-1} & 3^{k-1} - 2^{k-1} \\ 3 \cdot 2^k - 2 \cdot 3^k & 3^k - 2^k \end{bmatrix}\begin{bmatrix} 0 \\ 1 \end{bmatrix} * u(k) \\ &= \begin{bmatrix} 2^k \\ 2^{k+1} \end{bmatrix} + \begin{bmatrix} -2^{k-1} + 3^{k-1} \\ -2^k + 3^k \end{bmatrix} * u(k) \\ &= \underbrace{\begin{bmatrix} 2^k \\ 2^{k+1} \end{bmatrix}}_{\text{零输入解}} + \underbrace{\begin{bmatrix} 0.5 - 2^k + 0.5 \cdot 3^k \\ 0.5 - 2^{k+1} + 0.5 \cdot 3^{k+1} \end{bmatrix}}_{\text{零状态解}} \\ &= \underbrace{\begin{bmatrix} 0.5 + 0.5 \cdot 3^k \\ 0.5 + 0.5 \cdot 3^{k+1} \end{bmatrix}}_{\text{全解}}, \quad k \geqslant 0 \end{aligned}$$

(3) 输出方程的解为

$$\begin{aligned} \begin{bmatrix} y_1(k) \\ y_2(k) \end{bmatrix} &= \begin{bmatrix} 1 & 1 \\ 2 & -1 \end{bmatrix}\begin{bmatrix} 3 \cdot 2^k - 2 \cdot 3^k & 3^k - 2^k \\ 3 \cdot 2^{k+1} - 2 \cdot 3^{k+1} & 3^{k+1} - 2^{k+1} \end{bmatrix}\begin{bmatrix} 1 \\ 2 \end{bmatrix} + \\ &\quad + \begin{bmatrix} 1 & 1 \\ 2 & -1 \end{bmatrix}\begin{bmatrix} 3 \cdot 2^{k-1} - 2 \cdot 3^{k-1} & 3^{k-1} - 2^{k-1} \\ 3 \cdot 2^k - 2 \cdot 3^k & 3^k - 2^k \end{bmatrix}\begin{bmatrix} 0 \\ 1 \end{bmatrix} * u(k) + \begin{bmatrix} 0 \\ 0 \end{bmatrix} u(k) \\ &= \underbrace{\begin{bmatrix} 3 \cdot 2^k \\ 0 \end{bmatrix}}_{\text{零输入响应}} + \underbrace{\begin{bmatrix} 1 - 3 \cdot 2^k + 2 \cdot 3^k \\ 0.5 - 0.5 \cdot 3^k \end{bmatrix}}_{\text{零状态响应}} \end{aligned}$$

$$=\underbrace{\begin{bmatrix}1+2\cdot 3^k\\0.5-0.5\cdot 3^k\end{bmatrix}}_{\text{全响应}},\quad k\geqslant 0$$

(4) 单位序列响应矩阵为

$$\begin{bmatrix}h_1(k)\\h_2(k)\end{bmatrix}=\begin{bmatrix}1&1\\2&-1\end{bmatrix}\begin{bmatrix}3\cdot 2^{k-1}-2\cdot 3^{k-1}&3^{k-1}-2^{k-1}\\3\cdot 2^k-2\cdot 3^k&3^k-2^k\end{bmatrix}\begin{bmatrix}0\\1\end{bmatrix}+\begin{bmatrix}0\\0\end{bmatrix}\delta(k)$$

$$=\begin{bmatrix}4\cdot 3^{k-1}-3\cdot 2^{k-1}\\-3^{k-1}\end{bmatrix},\quad k\geqslant 1$$

8.5 状态方程的变换域解法

8.5.1 拉普拉斯变换法求解连续系统的状态方程

设状态矢量 $\boldsymbol{x}(t)$ 的分量 $x_i(t)(i=1,2,\cdots,n)$ 的拉普拉斯变换为 $X_i(s)$，由矩阵积分运算的定义可知，状态矢量 $\boldsymbol{x}(t)$ 的拉普拉斯变换为

$$\boldsymbol{X}(s)=[X_1(s)\quad X_2(s)\quad\cdots\quad X_n(s)]^{\mathrm{T}}\quad(n\times 1\text{ 阶})$$

同理，输入矢量 $\boldsymbol{f}(t)$、输出矢量 $\boldsymbol{y}(t)$ 的拉普拉斯变换分别为

$$\boldsymbol{F}(s)=[F_1(s)\quad F_2(s)\quad\cdots\quad F_p(s)]^{\mathrm{T}}\quad(p\times 1\text{ 阶})\tag{8-40}$$

$$\boldsymbol{Y}(s)=[Y_1(s)\quad Y_2(s)\quad\cdots\quad Y_q(s)]^{\mathrm{T}}\quad(q\times 1\text{ 阶})\tag{8-41}$$

根据单边拉普拉斯变换的微分性质，有

$$\mathscr{L}[\dot{\boldsymbol{x}}(t)]=s\boldsymbol{X}(s)-\boldsymbol{x}(0_-)\tag{8-42}$$

式中，$\boldsymbol{x}(0_-)$ 为初始状态矢量。

根据矩阵特性和拉普拉斯变换的性质，对常量矩阵 $\boldsymbol{A}$，有

$$\mathscr{L}[\boldsymbol{A}\boldsymbol{x}(t)]=\boldsymbol{A}\boldsymbol{X}(s)$$

利用以上关系，对状态方程式(8-15)取单边拉普拉斯变换，得

$$s\boldsymbol{X}(s)-\boldsymbol{x}(0_-)=\boldsymbol{A}\boldsymbol{X}(s)+\boldsymbol{B}\boldsymbol{F}(s)$$

整理得

$$(s\boldsymbol{I}-\boldsymbol{A})\boldsymbol{X}(s)=\boldsymbol{x}(0_-)+\boldsymbol{B}\boldsymbol{F}(s)\tag{8-43}$$

对式(8-43)左乘矩阵 $(s\boldsymbol{I}-\boldsymbol{A})$ 的逆 $(s\boldsymbol{I}-\boldsymbol{A})^{-1}$，得

$$\begin{aligned}\boldsymbol{X}(s)&=(s\boldsymbol{I}-\boldsymbol{A})^{-1}\boldsymbol{x}(0_-)+(s\boldsymbol{I}-\boldsymbol{A})^{-1}\boldsymbol{B}\boldsymbol{F}(s)\\&=\boldsymbol{\Phi}(s)\boldsymbol{x}(0_-)+\boldsymbol{\Phi}(s)\boldsymbol{B}\boldsymbol{F}(s)\end{aligned}\tag{8-44}$$

式中，$\boldsymbol{\Phi}(s)=(s\boldsymbol{I}-\boldsymbol{A})^{-1}$，常称为预解矩阵。

对式(8-44)两边取拉普拉斯逆变换，即可得状态矢量的解为

$$\begin{aligned}\boldsymbol{x}(t)&=\mathscr{L}^{-1}[\boldsymbol{\Phi}(s)\boldsymbol{x}(0_-)]+\mathscr{L}^{-1}[\boldsymbol{\Phi}(s)\boldsymbol{B}\boldsymbol{F}(s)]\\&=\boldsymbol{x}_{zi}(t)+\boldsymbol{x}_{zs}(t)\end{aligned}\tag{8-45}$$

式中，$\boldsymbol{x}_{zi}(t)=\mathscr{L}^{-1}[\boldsymbol{\Phi}(s)\boldsymbol{x}(0_-)]$，$\boldsymbol{x}_{zs}(t)=\mathscr{L}^{-1}[\boldsymbol{\Phi}(s)\boldsymbol{B}\boldsymbol{F}(s)]$ 分别为状态矢量的零输入解和零状态解。

对输出方程式(8-16)取拉普拉斯变换，可得

$$\boldsymbol{Y}(s)=\boldsymbol{C}\boldsymbol{X}(s)+\boldsymbol{D}\boldsymbol{F}(s)$$

将式(8-44)代入上式，得

$$\begin{aligned}\boldsymbol{Y}(s)&=\boldsymbol{C}\boldsymbol{\Phi}(s)\boldsymbol{x}(0_-)+[\boldsymbol{C}\boldsymbol{\Phi}(s)\boldsymbol{B}+\boldsymbol{D}]\boldsymbol{F}(s)\\&=\boldsymbol{Y}_{zi}(s)+\boldsymbol{H}(s)\boldsymbol{F}(s)\end{aligned}\tag{8-46}$$

对式(8-46)取拉普拉斯逆变换，得系统的响应为

$$\begin{aligned}\boldsymbol{y}(t)&=\mathscr{L}^{-1}[\boldsymbol{C}\boldsymbol{\Phi}(s)\boldsymbol{x}(0_-)]+\mathscr{L}^{-1}\{[\boldsymbol{C}\boldsymbol{\Phi}(s)\boldsymbol{B}+\boldsymbol{D}]\boldsymbol{F}(s)\}\\&=\boldsymbol{y}_{zi}(t)+\boldsymbol{y}_{zs}(t)\end{aligned}\tag{8-47}$$

可以看出，$\boldsymbol{y}_{zi}(t)=\mathscr{L}^{-1}[\boldsymbol{C}\boldsymbol{\Phi}(s)\boldsymbol{x}(0_-)]$，$\boldsymbol{y}_{zs}(t)=\mathscr{L}^{-1}\{[\boldsymbol{C}\boldsymbol{\Phi}(s)\boldsymbol{B}+\boldsymbol{D}]\boldsymbol{F}(s)\}$。

由式(8-46)知

$$\boldsymbol{H}(s)=\boldsymbol{C}\boldsymbol{\Phi}(s)\boldsymbol{B}+\boldsymbol{D}\qquad (q\times p\ \text{阶})\tag{8-48}$$

$\boldsymbol{H}(s)$称为系统函数矩阵或转移函数矩阵，它的任一个元素 $H_{ij}(s)$代表第 i 个输出分量对于第 j 个输入分量的转移函数。

系统函数矩阵 $\boldsymbol{H}(s)$和单位冲激响应矩阵 $\boldsymbol{h}(t)$是拉普拉斯变换对，即

$$\boldsymbol{h}(t)\leftrightarrow\boldsymbol{H}(s)\tag{8-49}$$

通过以上的讨论可以看出，在求解过程中最关键的是如何求 $\boldsymbol{\Phi}(s)$。

不难看出，预解矩阵$\boldsymbol{\Phi}(s)$ 与状态转移矩阵 $\boldsymbol{\phi}(t)$是拉普拉斯变换对，即

$$\boldsymbol{\phi}(t)=\mathrm{e}^{\boldsymbol{A}t}\leftrightarrow\boldsymbol{\Phi}(s)=(s\boldsymbol{I}-\boldsymbol{A})^{-1}\tag{8-50}$$

例题 8-12：已知某 LTI 连续系统的状态方程和输出方程分别为

$$\begin{bmatrix}\dot{x}_1\\ \dot{x}_2\end{bmatrix}=\begin{bmatrix}1 & 0\\ 1 & -3\end{bmatrix}\begin{bmatrix}x_1\\ x_2\end{bmatrix}+\begin{bmatrix}1\\ 0\end{bmatrix}f$$

$$y=\begin{bmatrix}-0.25 & 1\end{bmatrix}\begin{bmatrix}x_1\\ x_2\end{bmatrix}$$

初始状态和输入信号分别为

$$\begin{bmatrix}x_1(0_-)\\ x_2(0_-)\end{bmatrix}=\begin{bmatrix}1\\ 2\end{bmatrix},\quad f(t)=u(t)$$

求系统的状态转移矩阵 $\boldsymbol{\phi}(t)$和输出信号。

解：由于

$$s\boldsymbol{I}-\boldsymbol{A}=s\begin{bmatrix}1 & 0\\ 0 & 1\end{bmatrix}-\begin{bmatrix}1 & 0\\ 1 & -3\end{bmatrix}=\begin{bmatrix}s-1 & 0\\ -1 & s+3\end{bmatrix}$$

所以有

$$\boldsymbol{\Phi}(s)=(s\boldsymbol{I}-\boldsymbol{A})^{-1}=\frac{1}{(s-1)(s+3)}\begin{bmatrix}s+3 & 0\\ 1 & s-1\end{bmatrix}=\begin{bmatrix}\dfrac{1}{s-1} & 0\\ \dfrac{1}{(s-1)(s+3)} & \dfrac{1}{s+3}\end{bmatrix}$$

状态转移矩阵为

$$\boldsymbol{\phi}(t)=\mathrm{e}^{\boldsymbol{A}t}=\mathscr{L}^{-1}[\boldsymbol{\Phi}(s)]=\begin{bmatrix}\mathrm{e}^{t} & 0\\ 0.25(\mathrm{e}^{t}-\mathrm{e}^{-3t}) & \mathrm{e}^{-3t}\end{bmatrix}$$

系统输出信号的拉普拉斯变换为

$$\boldsymbol{Y}(s)=[-0.25\quad 1]\begin{bmatrix}\dfrac{1}{s-1} & 0\\ \dfrac{1}{(s-1)(s+3)} & \dfrac{1}{s+3}\end{bmatrix}\begin{bmatrix}1\\2\end{bmatrix}+[-0.25\quad 1]\begin{bmatrix}\dfrac{1}{s-1} & 0\\ \dfrac{1}{(s-1)(s+3)} & \dfrac{1}{s+3}\end{bmatrix}\begin{bmatrix}1\\0\end{bmatrix}\frac{1}{s}$$

$$=\frac{7}{4}\cdot\frac{1}{s+3}-\frac{1}{4}\cdot\frac{1}{s(s+3)}$$

对上式取拉普拉斯逆变换,得

$$y(t)=\frac{7}{4}\mathrm{e}^{-3t}-\frac{1}{12}(1-\mathrm{e}^{-3t})$$
$$=\left(\frac{11}{6}\mathrm{e}^{-3t}-\frac{1}{12}\right)u(t)$$

从上面的求解过程可以看出,用拉普拉斯变换法求解系统状态方程和输出方程比用时域法简便。

8.5.2 Z 变换法求解离散系统的状态方程

与连续系统的拉普拉斯变换法类似,用单边 Z 变换法求解离散系统的状态方程也比较简便。

设初始状态矢量为 $\boldsymbol{x}(0)$,$k=0$ 时将激励接入系统,对其状态方程式(8-28)和输出方程式(8-29) 分别取单边 Z 变换,有

$$z\boldsymbol{X}(z)-z\boldsymbol{x}(0)=\boldsymbol{AX}(z)+\boldsymbol{BF}(z) \tag{8-51}$$

$$\boldsymbol{Y}(z)=\boldsymbol{CX}(z)+\boldsymbol{DF}(z) \tag{8-52}$$

式中,$\boldsymbol{X}(z)$、$\boldsymbol{F}(z)$、$\boldsymbol{Y}(z)$分别为 $\boldsymbol{x}(k)$、$\boldsymbol{f}(k)$、$\boldsymbol{y}(k)$的单边 Z 变换。

整理式(8-51),得

$$(z\boldsymbol{I}-\boldsymbol{A})\boldsymbol{X}(z)=z\boldsymbol{x}(0)+\boldsymbol{BF}(z)$$

对上式等号两边左乘$(z\boldsymbol{I}-\boldsymbol{A})^{-1}$,得

$$\boldsymbol{X}(z)=(z\boldsymbol{I}-\boldsymbol{A})^{-1}z\boldsymbol{x}(0)+(z\boldsymbol{I}-\boldsymbol{A})^{-1}\boldsymbol{BF}(z)$$
$$=\boldsymbol{\Phi}(z)\boldsymbol{x}(0)+z^{-1}\boldsymbol{\Phi}(z)\boldsymbol{BF}(z) \tag{8-53}$$

式中,$\boldsymbol{\Phi}(z)$称为预解矩阵。

$$\boldsymbol{\Phi}(z)=(z\boldsymbol{I}-\boldsymbol{A})^{-1}z \tag{8-54}$$

对式(8-53)两边取 Z 逆变换,得状态矢量的解为

$$\boldsymbol{x}(k)=\mathscr{Z}^{-1}[\boldsymbol{\Phi}(z)\boldsymbol{x}(0)]+\mathscr{Z}^{-1}[z^{-1}\boldsymbol{\Phi}(z)\boldsymbol{BF}(z)]$$
$$=\boldsymbol{x}_{\mathrm{zi}}(k)+\boldsymbol{x}_{\mathrm{zs}}(k) \tag{8-55}$$

式中,$\boldsymbol{x}_{\mathrm{zi}}(k)=\mathscr{Z}^{-1}[\boldsymbol{\Phi}(z)\boldsymbol{x}(0)]$,$\boldsymbol{x}_{\mathrm{zs}}(k)=\mathscr{Z}^{-1}[z^{-1}\boldsymbol{\Phi}(z)\boldsymbol{BF}(z)]$分别为状态矢量的零输入解和零状态解。

将式(8-53)代入式(8-52),得

$$\boldsymbol{Y}(z)=\boldsymbol{C\Phi}(z)\boldsymbol{x}(0)+\boldsymbol{C}z^{-1}\boldsymbol{\Phi}(z)\boldsymbol{BF}(z)+\boldsymbol{DF}(z) \tag{8-56}$$
$$=\boldsymbol{Y}_{\mathrm{zi}}(z)+\boldsymbol{Y}_{\mathrm{zs}}(z)$$
$$=\boldsymbol{Y}_{\mathrm{zi}}(z)+\boldsymbol{H}(z)\boldsymbol{F}(z)$$

式中,$\boldsymbol{H}(z)$称为系统函数矩阵。

$$\boldsymbol{H}(z)=\boldsymbol{C}z^{-1}\boldsymbol{\Phi}(z)\boldsymbol{B}+\boldsymbol{D}\qquad (q\times p\ \text{阶}) \tag{8-57}$$

对式(8-56)取 Z 逆变换,得系统的响应为

$$\begin{aligned}\boldsymbol{y}(k)&=\mathscr{Z}^{-1}[\boldsymbol{C\Phi}(z)\boldsymbol{x}(0)]+\mathscr{Z}^{-1}\{[\boldsymbol{C}z^{-1}\boldsymbol{\Phi}(z)\boldsymbol{B}+\boldsymbol{D}]\boldsymbol{F}(z)\}\\&=\boldsymbol{y}_{zi}(k)+\boldsymbol{y}_{zs}(k)\end{aligned}\tag{8-58}$$

式中,

$$\boldsymbol{y}_{zi}(k)=\mathscr{Z}^{-1}[\boldsymbol{C\Phi}(z)\boldsymbol{x}(0)]$$

$$\boldsymbol{y}_{zs}(k)=\mathscr{Z}^{-1}\{[\boldsymbol{C}z^{-1}\boldsymbol{\Phi}(z)\boldsymbol{B}+\boldsymbol{D}]\boldsymbol{F}(z)\}$$

从前面的推导可以看出,状态转移矩阵 $\boldsymbol{\phi}(k)$ 与预解矩阵 $\boldsymbol{\Phi}(z)$ 是一个单边 Z 变换对,即

$$\boldsymbol{\phi}(k)\leftrightarrow\boldsymbol{\Phi}(z)\tag{8-59}$$

而单位序列响应矩阵 $\boldsymbol{h}(k)$ 与系统函数矩阵 $H(z)$ 是一个单边 Z 变换对,即

$$\boldsymbol{h}(k)\leftrightarrow\boldsymbol{H}(z)\tag{8-60}$$

例题 8-13: 已知离散系统的动态方程为

$$\begin{bmatrix}x_1(k+1)\\x_2(k+1)\end{bmatrix}=\begin{bmatrix}0&1\\-6&5\end{bmatrix}\begin{bmatrix}x_1(k)\\x_2(k)\end{bmatrix}+\begin{bmatrix}0\\1\end{bmatrix}f(k)$$

$$\begin{bmatrix}y_1(k)\\y_2(k)\end{bmatrix}=\begin{bmatrix}1&1\\2&-1\end{bmatrix}\begin{bmatrix}x_1(k)\\x_2(k)\end{bmatrix}$$

初始状态为 $\begin{bmatrix}x_1(0)\\x_2(0)\end{bmatrix}=\begin{bmatrix}1\\2\end{bmatrix}$,激励 $f(k)=u(k)$,求:

(1) 状态方程的解和系统的输出。

(2) 系统函数 $H(z)$ 和单位序列响应 $h(k)$。

解:(1) 根据定义

$$\boldsymbol{\Phi}(z)=(z\boldsymbol{I}-\boldsymbol{A})^{-1}z=\begin{bmatrix}\dfrac{z^2-5z}{(z-2)(z-3)}&\dfrac{z}{(z-2)(z-3)}\\\dfrac{-6z}{(z-2)(z-3)}&\dfrac{z^2}{(z-2)(z-3)}\end{bmatrix}$$

$$\begin{aligned}\boldsymbol{X}(z)&=\boldsymbol{\Phi}(z)[\boldsymbol{x}(0)+z^{-1}\boldsymbol{BF}(z)]\\&=\begin{bmatrix}\dfrac{z^2-5z}{(z-2)(z-3)}&\dfrac{z}{(z-2)(z-3)}\\\dfrac{-6z}{(z-2)(z-3)}&\dfrac{z^2}{(z-2)(z-3)}\end{bmatrix}\left\{\begin{bmatrix}1\\2\end{bmatrix}+z^{-1}\begin{bmatrix}0\\1\end{bmatrix}\frac{z}{z-1}\right\}\\&=\begin{bmatrix}\dfrac{z(z-2)}{(z-1)(z-3)}\\\dfrac{z(2z-3)}{(z-1)(z-3)}\end{bmatrix}\end{aligned}$$

对 $\boldsymbol{X}(z)$ 取 Z 逆变换,得

$$\boldsymbol{x}(k)=\begin{bmatrix}0.5(1+3^k)\\0.5(1+3^{k+1})\end{bmatrix}u(k)$$

$$\begin{bmatrix}y_1(k)\\y_2(k)\end{bmatrix}=\begin{bmatrix}1&1\\2&-1\end{bmatrix}\begin{bmatrix}x_1(k)\\x_2(k)\end{bmatrix}=\begin{bmatrix}1&1\\2&-1\end{bmatrix}\begin{bmatrix}0.5(1+3^k)\\0.5(1+3^{k+1})\end{bmatrix}u(k)$$

$$=\begin{bmatrix}1+2\cdot 3^k\\0.5(1-3^k)\end{bmatrix}u(k)$$

(2)$\boldsymbol{H}(z)=\boldsymbol{C}[z\boldsymbol{I}-\boldsymbol{A}]^{-1}\boldsymbol{B}+\boldsymbol{D}$

$$\boldsymbol{H}(z)=\begin{bmatrix}1&1\\2&-1\end{bmatrix}\begin{bmatrix}\dfrac{z-5}{(z-2)(z-3)}&\dfrac{1}{(z-2)(z-3)}\\\dfrac{-6}{(z-2)(z-3)}&\dfrac{z}{(z-2)(z-3)}\end{bmatrix}\begin{bmatrix}0\\1\end{bmatrix}$$

$$=\begin{bmatrix}\dfrac{z+1}{(z-2)(z-3)}\\\dfrac{-1}{z-3}\end{bmatrix}$$

取 Z 逆变换,得

$$\boldsymbol{h}(k)=\begin{bmatrix}4\cdot 3^{k-1}-3\cdot 2^{k-1}\\-3^{k-1}\end{bmatrix}u(k-1)$$

8.6 由状态方程判断系统的稳定性

系统的稳定性通常是由系统函数的极点来确定的,在用状态方程和输出方程表示的多输入-多输出系统中,可以利用系统函数矩阵的极点来确定。

8.6.1 系统函数矩阵 $\boldsymbol{H}(s)$与连续系统的稳定性

在8.5节的讨论中,得知连续系统的系统函数矩阵 $\boldsymbol{H}(s)$为

$$\boldsymbol{H}(s)=\boldsymbol{C}\,\boldsymbol{\Phi}(s)\boldsymbol{B}+\boldsymbol{D}\tag{8-61}$$

它是一个 $q\times p$ 阶矩阵,可写为

$$\boldsymbol{H}(s)=\begin{bmatrix}H_{11}(s)&H_{12}(s)&\cdots&H_{1p}(s)\\H_{21}(s)&H_{22}(s)&\cdots&H_{2p}(s)\\\vdots&\vdots&\ddots&\vdots\\H_{q1}(s)&H_{q2}(s)&\cdots&H_{qp}(s)\end{bmatrix}$$

由于

$$\boldsymbol{\Phi}(s)=(s\boldsymbol{I}-\boldsymbol{A})^{-1}=\frac{\mathrm{adj}(s\boldsymbol{I}-\boldsymbol{A})}{\det(s\boldsymbol{I}-\boldsymbol{A})}\tag{8-62}$$

代入式(8-61),得

$$\boldsymbol{H}(s)=\frac{\boldsymbol{C}\mathrm{adj}(s\boldsymbol{I}-\boldsymbol{A})\boldsymbol{B}+\boldsymbol{D}\det(s\boldsymbol{I}-\boldsymbol{A})}{\det(s\boldsymbol{I}-\boldsymbol{A})}\tag{8-63}$$

式中,多项式 $\det(s\boldsymbol{I}-\boldsymbol{A})$就是系统的特征多项式,所以 $\boldsymbol{H}(s)$的极点就是特征方程

$$\det(s\boldsymbol{I}-\boldsymbol{A})=0$$

的根,即系统的特征根。通过判断特征根是否在左半平面可以判断因果系统是否稳定。

可以看出,系统是否稳定只与状态方程中的系统矩阵 $\boldsymbol{A}$ 有关。

例题 8-14:某连续系统的状态方程为

$$\begin{bmatrix}\dot{x}_1\\ \dot{x}_2\\ \dot{x}_3\end{bmatrix}=\begin{bmatrix}0 & 1 & 0\\ -K & -1 & -K\\ 0 & -1 & -4\end{bmatrix}\begin{bmatrix}x_1\\ x_2\\ x_3\end{bmatrix}+\begin{bmatrix}0 & 0\\ 0 & K\\ 1 & 0\end{bmatrix}\begin{bmatrix}f_1\\ f_2\end{bmatrix}$$

当 K 在什么范围内，系统是稳定的？

解：由题意知

$$\boldsymbol{A}=\begin{bmatrix}0 & 1 & 0\\ -K & -1 & -K\\ 0 & -1 & -4\end{bmatrix}$$

系统的特征多项式为

$$|s\boldsymbol{I}-\boldsymbol{A}|=\begin{vmatrix}s & -1 & 0\\ K & s+1 & K\\ 0 & 1 & s+4\end{vmatrix}=s^3+5s^2+4s+4K$$

为保证特征根都落于 s 左半平面，依据罗斯准则，必有

$$\begin{cases}K>0\\ 20>4K\end{cases}\quad\Rightarrow\quad 5>K>0$$

即，当 $5>K>0$ 时，系统稳定。

8.6.2　系统函数矩阵 $\boldsymbol{H}(z)$ 与离散系统的稳定性

离散系统的系统函数矩阵 $\boldsymbol{H}(z)$ 为

$$\boldsymbol{H}(z)=\boldsymbol{C}z^{-1}\boldsymbol{\Phi}(z)\boldsymbol{B}+\boldsymbol{D} \tag{8-64}$$

它是一个 $q\times p$ 阶矩阵。

由于

$$(z\boldsymbol{I}-\boldsymbol{A})^{-1}=\frac{\mathrm{adj}(z\boldsymbol{I}-\boldsymbol{A})}{\det(z\boldsymbol{I}-\boldsymbol{A})}$$

代入式(8-64)，得

$$H(z)=\frac{\boldsymbol{C}\mathrm{adj}(z\boldsymbol{I}-\boldsymbol{A})\boldsymbol{B}+\boldsymbol{D}\det(z\boldsymbol{I}-\boldsymbol{A})}{\det(z\boldsymbol{I}-\boldsymbol{A})}$$

可见，多项式 $\det(z\boldsymbol{I}-\boldsymbol{A})$ 就是系统的特征多项式，所以 $\boldsymbol{H}(z)$ 的极点就是特征方程

$$\det(z\boldsymbol{I}-\boldsymbol{A})=0$$

的根，即系统的特征根。根据特征根是否在 z 平面的单位圆内可以判断因果系统是否稳定，系统的稳定性只与系统矩阵 $\boldsymbol{A}$ 有关。

例题 8-15： 已知离散系统的状态方程为

$$\begin{bmatrix}x_1(k+1)\\ x_2(k+1)\end{bmatrix}=\begin{bmatrix}0 & 1\\ 1 & -1\end{bmatrix}\begin{bmatrix}x_1(k)\\ x_2(k)\end{bmatrix}+\begin{bmatrix}1\\ 0\end{bmatrix}f(k)$$

判断系统的稳定性。

解：由题意知

$$\boldsymbol{A}=\begin{bmatrix}0 & 1\\ 1 & -1\end{bmatrix}$$

系统的特征多项式为

$$|z\boldsymbol{I}-\boldsymbol{A}|=\begin{vmatrix} z & -1 \\ -1 & z+1 \end{vmatrix}=z^2+z-1$$

容易求得系统的极点为

$$z_{1,2}=-\frac{1}{2}\pm\frac{1}{2}\sqrt{5}$$

可以看出,有一个特征根$-\frac{1}{2}-\frac{1}{2}\sqrt{5}$位于单位圆外,因此该系统是不稳定的。

8.7　系统的可控性和可观性

在现代控制理论中,有两个非常重要的概念——可控制性和可观测性。这两个特性是状态矢量线性变换的具体应用,本节来简单讨论一下。

8.7.1　状态矢量的线性变换

在建立系统的状态方程时,选择不同的状态变量,列出来的状态方程是不相同的。但这些不同的状态方程描述的是同一系统,因此这些不同的状态矢量之间存在线性变换关系。

下面简单讨论一下状态矢量的线性变换。

对于连续系统的动态方程

$$\dot{\boldsymbol{x}}(t)=\boldsymbol{A}\boldsymbol{x}(t)+\boldsymbol{B}\boldsymbol{f}(t) \tag{8-65}$$

$$\boldsymbol{y}(t)=\boldsymbol{C}\boldsymbol{x}(t)+\boldsymbol{D}\boldsymbol{f}(t) \tag{8-66}$$

存在非奇异矩阵 $\boldsymbol{P}$(称为变换矩阵),使状态矢量 $\boldsymbol{x}(t)$经线性变换成为新状态矢量 $\boldsymbol{g}(t)$,即

$$\boldsymbol{g}(t)=\boldsymbol{P}^{-1}\boldsymbol{x}(t) \tag{8-67}$$

显然有

$$\boldsymbol{x}(t)=\boldsymbol{P}\boldsymbol{g}(t) \tag{8-68}$$

对式(8-67)求导,得

$$\dot{\boldsymbol{g}}(t)=\boldsymbol{P}^{-1}\dot{\boldsymbol{x}}(t)=\boldsymbol{P}^{-1}\boldsymbol{A}\boldsymbol{x}(t)+\boldsymbol{P}^{-1}\boldsymbol{B}\boldsymbol{f}(t) \tag{8-69}$$

将式(8-68)代入式(8-69)和式(8-66),则用新状态矢量描述的动态方程为

$$\dot{\boldsymbol{g}}(t)=\boldsymbol{P}^{-1}\boldsymbol{A}\boldsymbol{P}\boldsymbol{g}(t)+\boldsymbol{P}^{-1}\boldsymbol{B}\boldsymbol{f}(t)=\hat{\boldsymbol{A}}\boldsymbol{g}(t)+\hat{\boldsymbol{B}}\boldsymbol{f}(t) \tag{8-70}$$

$$\boldsymbol{y}(t)=\boldsymbol{C}\boldsymbol{P}\boldsymbol{g}(t)+\boldsymbol{D}\boldsymbol{f}(t)=\hat{\boldsymbol{C}}\boldsymbol{g}(t)+\hat{\boldsymbol{D}}\boldsymbol{f}(t) \tag{8-71}$$

新状态矢量下的系数矩阵$\hat{\boldsymbol{A}}$,$\hat{\boldsymbol{B}}$,$\hat{\boldsymbol{C}}$,$\hat{\boldsymbol{D}}$与原来的$\boldsymbol{A}$,$\boldsymbol{B}$,$\boldsymbol{C}$,$\boldsymbol{D}$之间满足下列关系:

$$\begin{cases} \hat{\boldsymbol{A}}=\boldsymbol{P}^{-1}\boldsymbol{A}\boldsymbol{P} \\ \hat{\boldsymbol{B}}=\boldsymbol{P}^{-1}\boldsymbol{B} \\ \hat{\boldsymbol{C}}=\boldsymbol{C}\boldsymbol{P} \\ \hat{\boldsymbol{D}}=\boldsymbol{D} \end{cases} \tag{8-72}$$

由式(8-72)可见,新状态矢量下的系统矩阵 $\hat{\boldsymbol{A}}$ 与原系统矩阵 $\boldsymbol{A}$ 为相似矩阵。

由于相似矩阵不改变矩阵的特征值,所以用于表征系统特性的特征值不因选择不同的状态矢量而改变。

以上关于状态变量的线性变换性质是以连续系统为例说明，其方法和结论同样也适应于离散系统。

系统的转移函数描述了系统输入和输出之间的关系，与状态矢量的选择无关。因此，对同一系统，选择不同的状态矢量进行描述时，其系统转移函数应是相同的。

当系统的特征根均为单根时，常用的线性变换是将系统矩阵 $\boldsymbol{A}$ 变换为对角阵。

下面举例说明具体的变换方法。

例题 8-16：已知描述某系统的系统矩阵为

$$\boldsymbol{A}=\begin{bmatrix}0 & 1\\ -2 & 3\end{bmatrix}$$

将其变换为对角阵。

解：系统的特征多项式为

$$\det(\lambda\boldsymbol{I}-\boldsymbol{A})=\det\begin{bmatrix}\lambda & -1\\ 2 & \lambda-3\end{bmatrix}=(\lambda-1)(\lambda-2)$$

其特征值为 $\lambda_1=1$，$\lambda_2=2$。

根据特征向量的定义 $\boldsymbol{A\zeta}=\lambda\boldsymbol{\zeta}$ 来确定特征向量 $\boldsymbol{\zeta}$。

设 λ_1、λ_2 所对应的向量分别为 $\boldsymbol{\zeta}_1$、$\boldsymbol{\zeta}_2$，令

$$\boldsymbol{\zeta}_1=\begin{bmatrix}\zeta_{11}\\ \zeta_{21}\end{bmatrix},\quad \boldsymbol{\zeta}_2=\begin{bmatrix}\zeta_{12}\\ \zeta_{22}\end{bmatrix}$$

则有

$$\begin{bmatrix}0 & 1\\ -2 & 3\end{bmatrix}\begin{bmatrix}\zeta_{11}\\ \zeta_{21}\end{bmatrix}=\begin{bmatrix}\zeta_{11}\\ \zeta_{21}\end{bmatrix},\quad \begin{bmatrix}0 & 1\\ -2 & 3\end{bmatrix}\begin{bmatrix}\zeta_{12}\\ \zeta_{22}\end{bmatrix}=2\begin{bmatrix}\zeta_{12}\\ \zeta_{22}\end{bmatrix}$$

满足

$$\zeta_{11}=\zeta_{21},\quad \zeta_{22}=2\zeta_{12}$$

其中的一个解为

$$\boldsymbol{\zeta}_1=\begin{bmatrix}1\\ 1\end{bmatrix},\quad \boldsymbol{\zeta}_2=\begin{bmatrix}1\\ 2\end{bmatrix}$$

构成的变换矩阵为

$$\boldsymbol{P}=\begin{bmatrix}\zeta_{11} & \zeta_{12}\\ \zeta_{21} & \zeta_{22}\end{bmatrix}=\begin{bmatrix}1 & 1\\ 1 & 2\end{bmatrix},\quad \boldsymbol{P}^{-1}=\begin{bmatrix}2 & -1\\ -1 & 1\end{bmatrix}$$

对角阵为

$$\hat{\boldsymbol{A}}=\boldsymbol{P}^{-1}\boldsymbol{AP}=\begin{bmatrix}2 & -1\\ -1 & 1\end{bmatrix}\begin{bmatrix}0 & 1\\ -2 & 3\end{bmatrix}\begin{bmatrix}1 & 1\\ 1 & 2\end{bmatrix}=\begin{bmatrix}1 & 0\\ 0 & 2\end{bmatrix}$$

可以看出，对角元素即为 $\boldsymbol{A}$ 的特征值。

8.7.2　系统的可控制性

系统的可控制性简称可控性。其定义为：当系统用状态方程描述时，给定系统的任意初始状态，如果存在一个输入矢量 $\boldsymbol{f}(t)$[或 $\boldsymbol{f}(k)$]，它能在有限时间内把系统的全部状态引向状态空间的原点(零状态)，则称系统可控。如果只有部分状态变量能做到这一点，则称系统不完全可控。

如果系统矩阵 $\boldsymbol{A}$ 是对角阵,则系统可控的充要条件是其相应的控制矩阵 $\boldsymbol{B}$ 中没有任何一行元素全为零。

如果 $\boldsymbol{A}$ 不是对角阵,并且其特征值互不相等,则可以利用变换矩阵 $\boldsymbol{P}$ 将它转换为对角阵 $\hat{\boldsymbol{A}}$,此时控制矩阵 $\boldsymbol{B}$ 将转换为$\hat{\boldsymbol{B}}=\boldsymbol{P}^{-1}\boldsymbol{B}$,从而得到系统可控的充要条件是$\hat{\boldsymbol{B}}$中没有任何一行元素全为零。

对于任意 n 阶系统,判断其是否可控时,应先将矩阵 $\boldsymbol{A}$、$\boldsymbol{B}$ 组成可控性判别矩阵,即

$$\boldsymbol{M}_{\mathrm{c}}=[\boldsymbol{B}\quad \boldsymbol{AB}\quad \boldsymbol{A}^2\boldsymbol{B}\quad \cdots\quad \boldsymbol{A}^{n-1}\boldsymbol{B}] \tag{8-73}$$

系统可控的充要条件是 $\boldsymbol{M}_{\mathrm{c}}$ 满秩,即

$$\mathrm{rank}\ \boldsymbol{M}_{\mathrm{c}}=\mathrm{rank}\ [\boldsymbol{B}\quad \boldsymbol{AB}\quad \boldsymbol{A}^2\boldsymbol{B}\quad \cdots\quad \boldsymbol{A}^{n-1}\boldsymbol{B}]=n \tag{8-74}$$

例题 8-17:已知某连续系统的状态方程为

$$\begin{bmatrix}\dot{x}_1\\ \dot{x}_2\end{bmatrix}=\begin{bmatrix}2 & 1\\ 0 & 3\end{bmatrix}\begin{bmatrix}x_1\\ x_2\end{bmatrix}+\begin{bmatrix}1 & 1\\ 1 & 1\end{bmatrix}\begin{bmatrix}f_1\\ f_2\end{bmatrix}$$

判断该系统是否可控?

解:可控性矩阵为

$$\boldsymbol{M}_{\mathrm{c}}=[\boldsymbol{B}\quad \boldsymbol{AB}]=\begin{bmatrix}1 & 1 & 3 & 3\\ 1 & 1 & 3 & 3\end{bmatrix}$$

由于 $\mathrm{rank}\boldsymbol{M}_{\mathrm{c}}=1<n=2$,所以该系统是不可控的。

8.7.3 系统的可观测性

系统的可观测性(简称可观性)就是根据系统的输出量来确定系统的所有初始状态。可定义为:当系统用状态方程描述时,在给定输入(控制)后,若能在有限时间间隔内根据系统输出唯一地确定系统的所有初始状态,则称系统是完全可观测的,简称系统可观。若只能确定部分初始状态,则称系统不完全可观。

如果系统矩阵 $\boldsymbol{A}$ 是对角阵,则系统可观的充要条件是其相应的输出矩阵 $\boldsymbol{C}$ 中没有任何一列元素全为零。

如果 $\boldsymbol{A}$ 不是对角阵且其特征值互不相等,则通过变换矩阵 $\boldsymbol{P}$ 将它转换为对角阵 $\hat{\boldsymbol{A}}$,此时 $\boldsymbol{C}$ 将转换为$\hat{\boldsymbol{C}}=\boldsymbol{CP}$,从而得到系统可观的充要条件是$\hat{\boldsymbol{C}}$中没有任何一列元素全为零。

对于任意 n 阶系统,判断其是否可观时,应先将矩阵 $\boldsymbol{A}$、$\boldsymbol{C}$ 组成可观性判别矩阵,即

$$\boldsymbol{M}_{\mathrm{o}}=\begin{bmatrix}\boldsymbol{C}\\ \boldsymbol{CA}\\ \vdots\\ \boldsymbol{CA}^{n-1}\end{bmatrix} \tag{8-75}$$

系统可观的充要条件是 $\boldsymbol{M}_{\mathrm{o}}$ 满秩,即

$$\mathrm{rank}\ \boldsymbol{M}_{\mathrm{o}}=\mathrm{rank}\begin{bmatrix}\boldsymbol{C}\\ \boldsymbol{CA}\\ \vdots\\ \boldsymbol{CA}^{n-1}\end{bmatrix}=n \tag{8-76}$$

例题 8-18:已知某离散系统的状态方程为

$$\begin{bmatrix} x_1(k+1) \\ x_2(k+2) \end{bmatrix} = \begin{bmatrix} 0 & 1 \\ -1 & 0 \end{bmatrix} \begin{bmatrix} x_1(k) \\ x_2(k) \end{bmatrix} + \begin{bmatrix} 1 \\ 3 \end{bmatrix} f(k)$$

$$y(k) = [1 \quad 0] \begin{bmatrix} x_1(k) \\ x_2(k) \end{bmatrix}$$

判断该系统是否可观?

解:可观性矩阵为

$$\boldsymbol{M}_{\mathrm{o}} = \begin{bmatrix} \boldsymbol{C} \\ \boldsymbol{CA} \end{bmatrix} = \begin{bmatrix} 1 & 0 \\ 0 & 1 \end{bmatrix}$$

显然 rank $\boldsymbol{M}_{\mathrm{o}} = 2 = n$,因此该系统是可观的。

习　　题

8-1　列写图 8-13 所示电路的状态方程和输出方程。

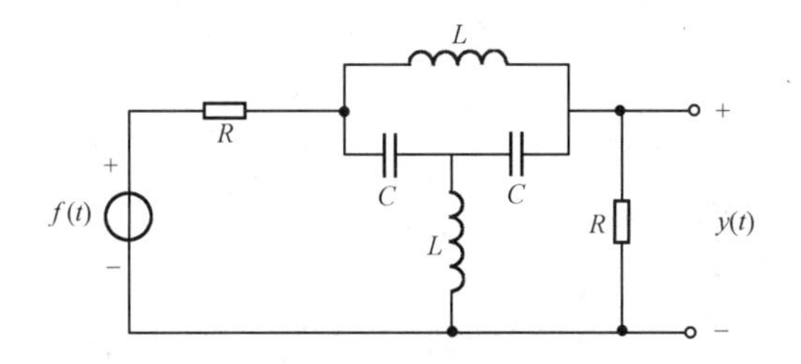

图 8-13　习题 8-1 的图

8-2　列写图 8-14 所示电路的状态方程和输出方程。

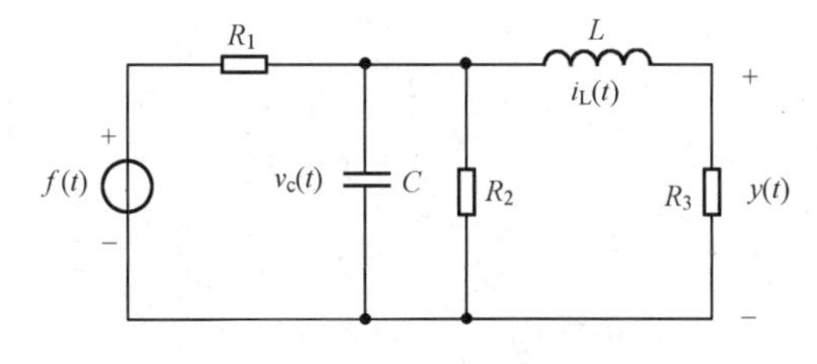

图 8-14　习题 8-2 的图

8-3　若每年从外地进入某城市的人口是上一年该外地人口的 α 倍,而离开该市的人口是该城市人口的 β 倍,全国每年人口自然增长率为 γ(α,β,γ 都是百分比表示)。试建立一个离散时间系统的状态方程和输出方程,描述该城市人口和外地人口以及全国总人口的动态发展规律。为了预测未来若干年后的人口数量,还需要哪些数据?

8-4　将下列方程变换成状态方程和输出方程。

(1) $y''(t) + 4y'(t) + 3y(t) = f'(t) + f(t)$

(2) $\begin{cases} 2y_1'(t) + 3y_2'(t) + y_2(t) = 2f_1(t) \\ y_2''(t) + 2y_1'(t) + y_2'(t) + y_1(t) = f_1(t) + f_2(t) \end{cases}$

8-5　已知某 LTI 连续系统,在零输入条件下,

当 $\boldsymbol{x}(0_-)=\begin{bmatrix}1\\-1\end{bmatrix}$时,$\boldsymbol{x}(t)=\begin{bmatrix}\mathrm{e}^{-2t}\\-\mathrm{e}^{-2t}\end{bmatrix}$;

当 $\boldsymbol{x}(0_-)=\begin{bmatrix}2\\-1\end{bmatrix}$时,$\boldsymbol{x}(t)=\begin{bmatrix}2\mathrm{e}^{-t}\\-\mathrm{e}^{-t}\end{bmatrix}$。

(1) 求状态转移矩阵 $\boldsymbol{\phi}(t)$。

(2) 确定相应的系统矩阵 $\boldsymbol{A}$。

8-6 如图 8-15 所示的连续系统框图。

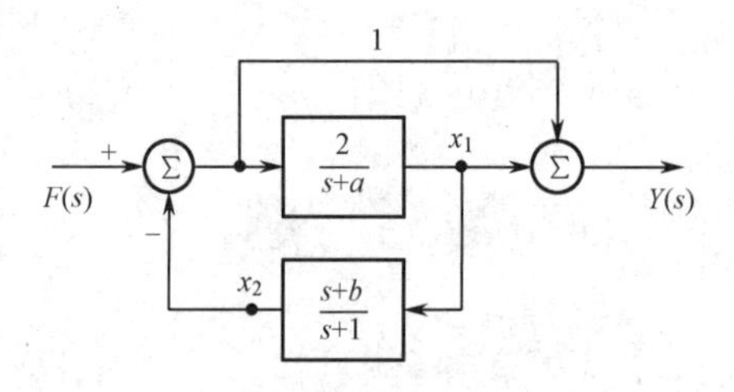

图 8-15 习题 8-6 的图

(1) 写出以 x_1 和 x_2 为状态变量的状态方程和输出方程。

(2) 为使系统稳定,常数 a、b 应满足什么条件?

8-7 某因果系统的状态方程为

$$\begin{bmatrix}\dot{x}_1\\ \dot{x}_2\end{bmatrix}=\begin{bmatrix}-1 & 2\\ -1 & -4\end{bmatrix}\begin{bmatrix}x_1\\ x_2\end{bmatrix}+\begin{bmatrix}0\\ 1\end{bmatrix}f$$

$$y=[1\quad 1]\begin{bmatrix}x_1\\ x_2\end{bmatrix}+[1]f$$

已知初始状态为$\begin{bmatrix}x_1(0_-)\\ x_2(0_-)\end{bmatrix}=\begin{bmatrix}3\\ 2\end{bmatrix}$,激励信号 $f(t)=\delta(t)$。

(1) 求状态变量 $x_1(t)$、$x_2(t)$。

(2) 求输出 $y(t)$。

(3) 判断系统是否稳定,并说明理由。

8-8 某连续系统的动态方程为

$$\begin{bmatrix}\dot{x}_1\\ \dot{x}_2\end{bmatrix}=\begin{bmatrix}-4 & 1\\ -3 & 0\end{bmatrix}\begin{bmatrix}x_1\\ x_2\end{bmatrix}+\begin{bmatrix}1\\ 1\end{bmatrix}f$$

$$y=[1\quad 0]\begin{bmatrix}x_1\\ x_2\end{bmatrix}$$

(1) 求该系统的系统函数 $H(s)$及系统的微分方程。

(2) 系统在 $f(t)=u(t)$的作用下,其全响应为 $y(t)=\left(\frac{1}{3}+\frac{1}{2}\mathrm{e}^{-t}-\frac{5}{6}\mathrm{e}^{-3t}\right)u(t)$,求系统初始状态 $x_1(0_-)$和 $x_2(0_-)$。

8-9 已知系统的微分方程为 $y'''(t)+6y''(t)+11y'(t)+6y(t)=2f'(t)+8f(t)$。

(1) 列写系统的状态方程和输出方程。

(2) 如果 $f(t)=\mathrm{e}^{-4t}u(t)$，且 $y(0_-)=y'(0_-)=y''(0_-)=0$，利用状态变量分析法，求系统的响应 $y(t)$。

(3) 画出该系统并联型的结构流图。

8-10　已知系统的状态方程和输出方程为

$$\dot{x}(t)=\begin{bmatrix}0 & 1\\ -1 & -2\end{bmatrix}x(t)+\begin{bmatrix}0 & 1\\ 1 & 0\end{bmatrix}f(t)$$

$$y(t)=\begin{bmatrix}1 & 2\\ -1 & 1\\ 1 & 1\end{bmatrix}x(t)+\begin{bmatrix}0 & 0\\ 0 & 0\\ 1 & 1\end{bmatrix}f(t)$$

试求系统的转移函数矩阵和冲激响应矩阵。

8-11　已知信号流图如图 8-16 所示。

(1) 列写系统的状态方程和输出方程(写成矩阵形式)。

(2) 列写系统的差分方程。

8-12　已知某离散系统如图 8-17 所示。

(1) 当输入 $f(k)=\delta(k)$时，求 $x_1(k)$。

(2) 列写系统的差分方程。

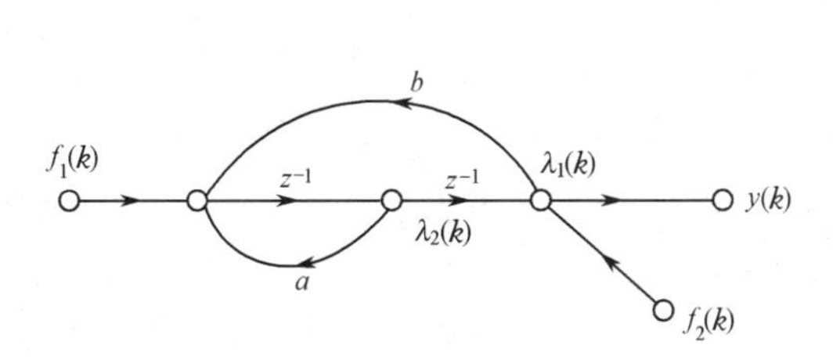

图 8-16　习题 8-11 的图

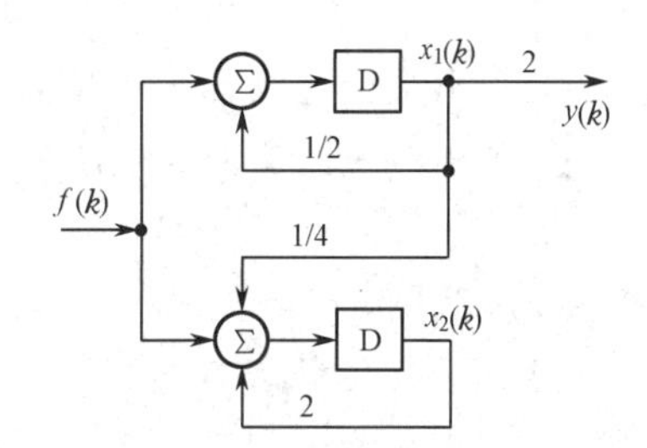

图 8-17　习题 8-12 的图

8-13　某二阶 LTI 离散系统的流图如图 8-18 所示。

(1) 列写系统的状态方程和输出方程(矩阵形式)。

(2) 求系统函数 $H(z)$(用矩阵方法求解)。

(3) 根据 $H(z)$列写系统的后向差分方程。

(4) 若 $H_1(z)$为 $H(z)$中的零点和单位圆内的极点构成的子系统，画出 $H_1(z)$的幅频特性$|H_1(\mathrm{e}^{\mathrm{j}\omega})|$的曲线。

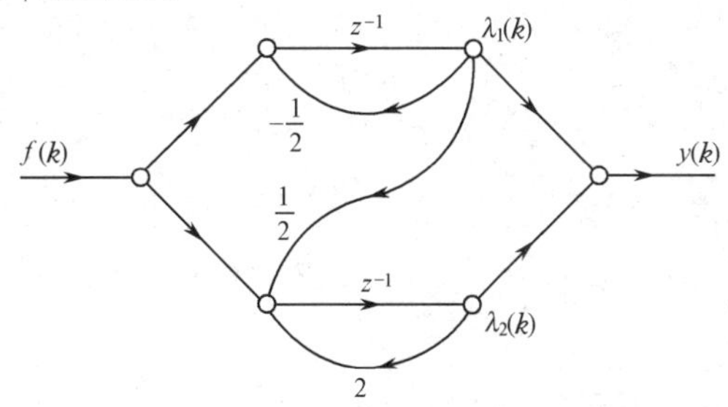

图 8-18　习题 8-13 的图

8-14　某 LTI 连续系统的动态方程为

$$\begin{bmatrix}\dot{x}_1\\\dot{x}_2\end{bmatrix}=\begin{bmatrix}-1 & 2\\-1 & -4\end{bmatrix}\begin{bmatrix}x_1\\x_2\end{bmatrix}+\begin{bmatrix}0\\1\end{bmatrix}f$$

$$y=[1\quad 1]\begin{bmatrix}x_1\\x_2\end{bmatrix}+[1]f$$

设初始状态 $x_1(0_-)=3, x_2(0_-)=2$，输入 $f(t)=\delta(t)$。

(1) 求状态方程的解和系统的输出。

(2) 若选取另一个状态变量 $\rho_1(t)$ 和 $\rho_2(t)$，它与原状态变量的关系是

$$\begin{bmatrix}\rho_1\\\rho_2\end{bmatrix}=\begin{bmatrix}1 & 1\\1 & 2\end{bmatrix}\begin{bmatrix}x_1\\x_2\end{bmatrix}$$

推导出以 $\rho_1(t)$ 和 $\rho_2(t)$ 为状态变量的状态方程，并求初始状态 $\rho_1(0_-)$，$\rho_2(0_-)$。

(3) 求以 $\rho_1(t)$ 和 $\rho_2(t)$ 为状态变量的方程的解和系统的输出。

8-15　用状态变量法分析连续系统，已知 $\boldsymbol{A}$、$\boldsymbol{B}$、$\boldsymbol{C}$、$\boldsymbol{D}$ 各矩阵分别为

$$\boldsymbol{A}=\begin{bmatrix}-1 & 3\\-2 & 4\end{bmatrix},\quad \boldsymbol{B}=\begin{bmatrix}1 & 0\\0 & 1\end{bmatrix},\quad \boldsymbol{C}=[1\quad -1],\quad \boldsymbol{D}=[0\quad 1]$$

(1) 写出系统的状态方程和输出方程。

(2) 画出系统的流图或框图。

(3) 求系统函数矩阵 $\boldsymbol{H}(s)$。

(4) 若激励信号 $f_1(t)=\delta(t)$，$f_2(t)=u(t)$，求零状态响应 $y_{zs}(t)$。

8-16　某连续系统的状态方程和输出方程分别为

$$\begin{bmatrix}\dot{x}_1\\\dot{x}_2\end{bmatrix}=\begin{bmatrix}0 & 1\\-2 & -3\end{bmatrix}\begin{bmatrix}x_1\\x_2\end{bmatrix}+\begin{bmatrix}0\\2\end{bmatrix}f$$

$$\begin{bmatrix}y_1\\y_2\end{bmatrix}=\begin{bmatrix}1 & 1\\-2 & 2\end{bmatrix}\begin{bmatrix}x_1\\x_2\end{bmatrix}$$

(1) 求一组新的状态变量，使其系统矩阵 $\boldsymbol{A}$ 对角化。

(2) 求出以新状态变量表示的输出方程。

8-17　某 LTI 连续系统的状态方程和输出方程分别为

$$\dot{\boldsymbol{x}}(t)=\boldsymbol{A}\boldsymbol{x}(t)+\boldsymbol{B}\boldsymbol{f}(t)$$

$$\boldsymbol{y}(t)=\boldsymbol{C}\boldsymbol{x}(t)$$

其中，

$$\boldsymbol{A}=\begin{bmatrix}-2 & 2 & -1\\0 & -2 & 0\\1 & -4 & 0\end{bmatrix},\quad \boldsymbol{B}=\begin{bmatrix}0\\1\\1\end{bmatrix},\quad \boldsymbol{C}=[1\quad 0\quad 0]$$

(1) 判断系统的可控性和可观性。

(2) 求系统转移函数。

8-18　某离散系统的状态方程和输出方程为

$$\begin{bmatrix} x_1(k+1) \\ x_2(k+1) \end{bmatrix} = \begin{bmatrix} 0 & 1 \\ 2 & -1 \end{bmatrix} \begin{bmatrix} x_1(k) \\ x_2(k) \end{bmatrix} + \begin{bmatrix} 0 \\ 1 \end{bmatrix} f(k)$$

$$y(k) = \begin{bmatrix} 0 & 1 \end{bmatrix} \begin{bmatrix} x_1(k) \\ x_2(k) \end{bmatrix}$$

(1) 判断系统的可观性。

(2) 已知输入 $f(0)=0$、$f(1)=1$，观测值为 $y(1)=1$、$y(2)=6$，试确定初始状态 $x_1(0)$ 和 $x_2(0)$。

第9章　MATLAB在信号与系统中的应用

9.1　引　　言

MATLAB软件原来是作为一个“矩阵实验室”加以发展的，它的基本元素是矩阵。因为MATLAB指令的表达方式与人们以数字语言描述工程问题的形式很相似，并且其程序的编写比其他高级语言更为快捷方便，所以发展至今天，该软件已经远远超过了原先的能力而成为通用的科学与技术计算的一种交互系统和编程语言。

信号与系统的仿真运算任务要求有一个具有交互式教学计算和易用的集成图形的环境，这个环境还要编程简单、功能连贯。因此，MATLAB成为最优选择。MATLAB软件在信号与系统中的应用主要有两条途径，即推导演算途径、数值计算与仿真分析途径。

MATLAB提供了符号运算SYMBOLIC工具箱。该工具箱提供了进行傅里叶正、逆变换的fourier函数和ifourier函数，进行拉普拉斯正、逆变换的laplace函数和ilaplace函数，进行Z正、逆变换的ztrans函数和iztrans函数等，所以基本能满足信号与系统课程的需求。

MATLAB在信号与系统中的另一个应用途径就是进行数值计算与仿真分析，即把公式演算问题转化为数值计算问题，如函数波形的绘制，卷积积分，冲激响应与阶跃响应的仿真分析，连续时间系统的时域、频域分析，离散时间系统的时域、频域分析等。通过数值计算与仿真分析，可以为将来实际使用MATLAB进行信号与系统的各种分析和应用打下基础，并可进一步加强对本课程理论知识的理解。

9.2　信号的产生与运算

9.2.1　常用信号的MATLAB表示

1. 指数信号Ae^{at}

指数信号Ae^{at}在MATLAB中可用exp函数表示，其调用形式为

```
A * exp(a * t)
```

例题9-1：单边衰减指数信号$2e^{-0.5t}$的MATLAB实现如下：

```
A=2;a=-0.5;
t=0:0.001:10;
ft=A * exp(a * t);
plot(t,ft);
title('单边衰减指数信号');
grid on;
```

其运行结果如图9-1所示。

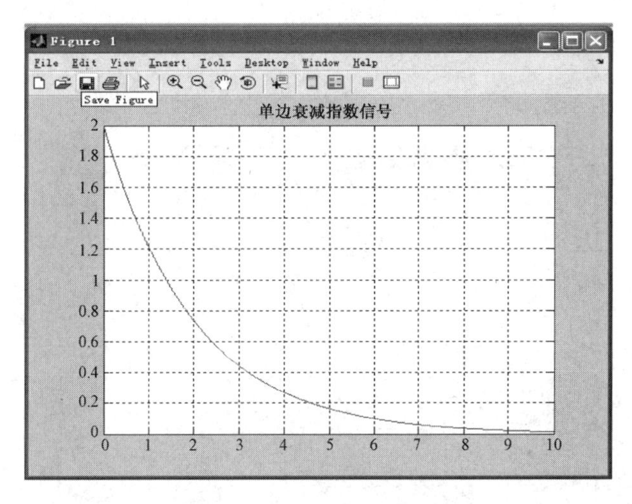

图9-1　单边衰减指数信号

2. 正、余弦信号

正、余弦信号 $A\sin(\omega t+\varphi)$ 和 $A\cos(\omega t+\varphi)$ 分别用MATLAB的内部函数sin和cos表示，其调用形式分别为

```
A * sin(ω * t+phi)
A * cos(ω * t+phi)
```

例题9-2：正弦信号 $\sin(2\pi t+\pi/6)$ 的MATLAB实现如下：

```
A=1;w=2 * pi;
phi=pi/6;
t=0:0.001:4;
ft=A * sin(w * t+phi);
plot(t,ft);axis([0,4,-1.2,1.2]);
title('正弦信号');grid on;
```

其运行结果如图9-2所示。

3. 抽样函数Sa(*t*)

抽样函数 $Sa(t)$ 在MATLAB中用sinc函数表示，定义为

$$\mathrm{sinc}(t)=\sin(\pi t)/(\pi t)$$

其调用形式为

```
f=sinc(t)
```

例题9-3：抽象信号的MATLAB实现如下：

```
%sample signal
t=-6 * pi:pi/100:6 * pi;
```

```
ft=sinc(t/pi);
plot(t,ft);axis([-20,20,-0.4,1.2]);
title('抽样信号');grid on;
```

其运行结果如图9-3所示。

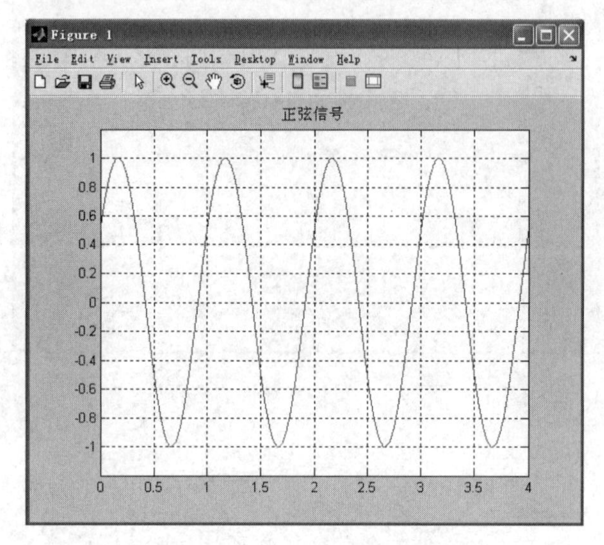

图9-2 正弦信号

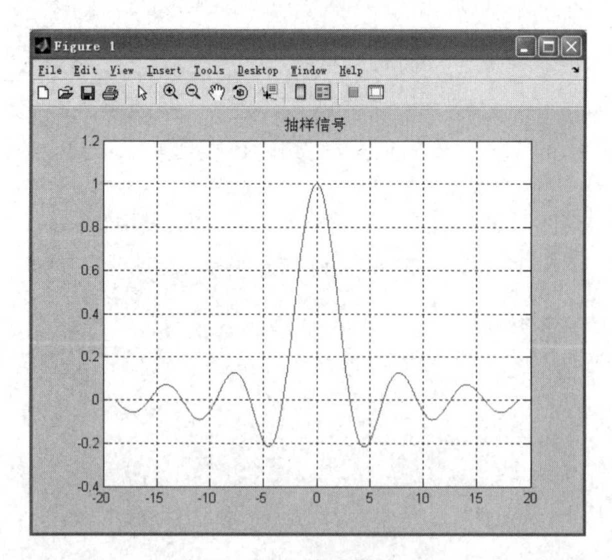

图9-3 抽样信号

4. 矩形脉冲信号

矩形脉冲信号在MATLAB中用rectpuls函数表示,其调用形式为

```
f=rectpuls(t,width)
```

该函数用以产生一个幅值为1,宽度width为以$t=0$为对称轴的矩形波。width的默认值为1。

例题 9-4： 以 $t=2$ 为对称中心的矩形脉冲信号的 MATLAB 实现如下：

```
t=0:0.001:4;
ft=rectpuls(t-2,2);
plot(t,ft); axis([0,4,0,1.1]);
title('矩形脉冲信号'); grid on;
```

其运行结果如图 9-4 所示。

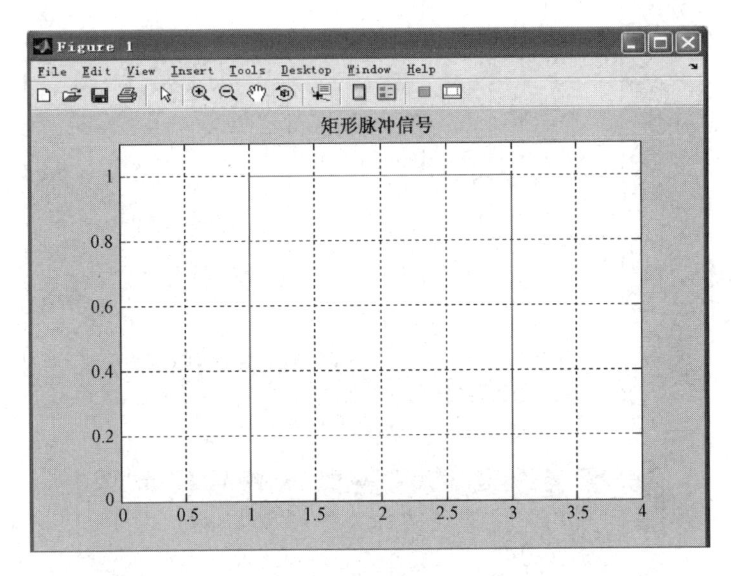

图 9-4　矩形脉冲信号

5. 单位阶跃信号 $u(t)$

例题 9-5： 单位阶跃信号的 MATLAB 实现如下：

```
t=0:0.001:4;
ft=(t>1);
plot(t,ft);
axis([0,4,-0.1,1.2]);
title('单位阶跃信号'); grid on;
```

运行后得到的波形如图 9-5 所示。

6. 单位脉冲序列 $\delta(k)$

对于单位脉冲序列一般可以通过两种方法来得到。

第一种方法是借助于 MATLAB 中的零矩阵函数 zeros 表示。

零矩阵 zeros(1,M)会产生一个由 M 个零组成的列向量。

例题 9-6： 有限区间的 $\delta(k)$ 的 MATLAB 实现如下：

```
k=-20:20;
delta=[zeros(1,20),1,zeros(1,20)];
```

```
stem(k,delta); axis([-20,20,0,1.1]);
title('单位脉冲序列');grid on;
```

运行后得到的波形如图9-6所示。

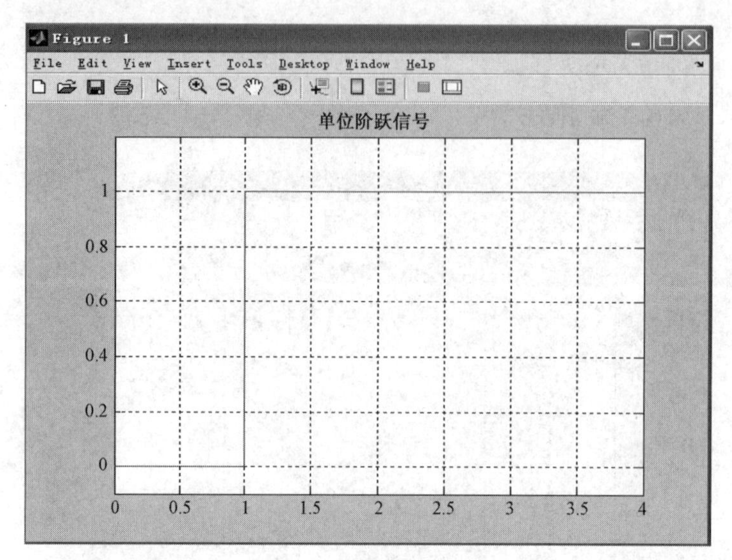

图9-5　单位阶跃信号

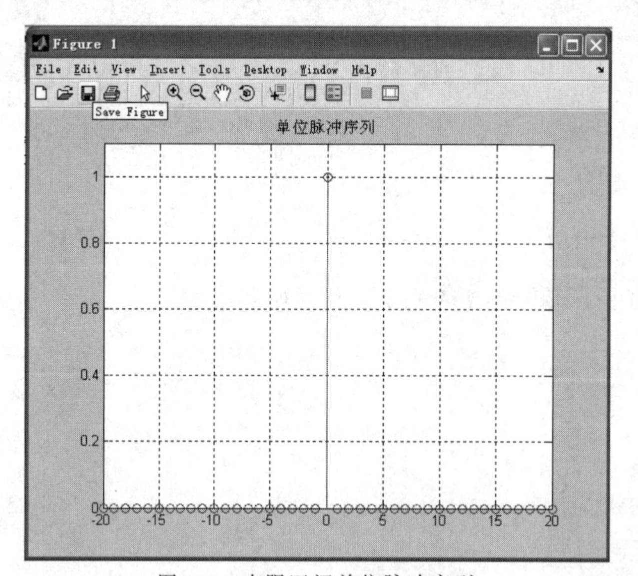

图9-6　有限区间单位脉冲序列

第二种方法是将单位脉冲序列写成MATLAB函数,利用关系运算"等于"来实现它。

例题9-7：单位脉冲序列$\delta(k-k_0)$在$k_1<k<k_2$范围内,其MATLAB实现如下:

```
function[f,k]=impseq(k0,k1,k2)
%产生 f(k)=delta(k-k0);k1<=k<=k2
k=[k1:k2];f=[(k-k0)==0];
```

该程序中的关系运算(k-k0)=0的结果是一个0-1矩阵,即$n=n_0$时返回"真"值1,$n\neq n_0$时返回"非真"值0。

7. 单位阶跃序列 $u(k)$

对于单位阶跃序列，一般可以通过两种方法来得到。

第一种方法是借助 MATLAB 中的单位矩阵函数 ones 表示。单位矩阵 ones(1,M)会产生一个由 M 个1组成的列向量。

例题 9-8： 有限区间的 $u(k)$ 可以表示为

```
k=-20:20;
uk=[zeros(1,20),ones(1,21)];title('单位阶跃序列');grid on;
stem(k,uk); axis([-20,20,0,1.1]);grid on;
```

运行后得到的波形如图 9-7 所示。

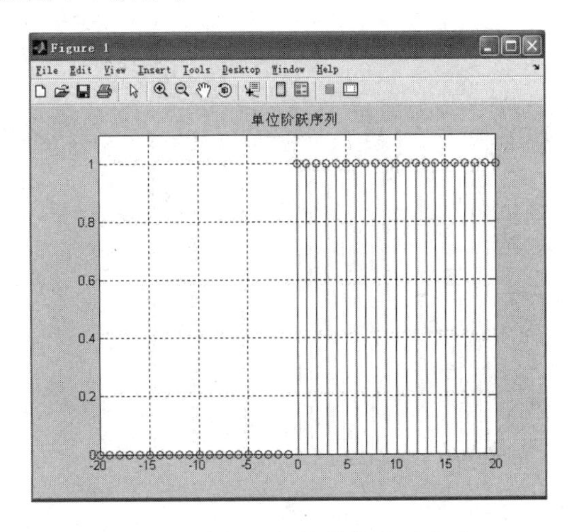

图 9-7　有限区间的单位阶跃序列

第二种方法是将单位序列写成 MATLAB 函数，并利用关系运算“大于等于”来实现它。

例题 9-9： 单位阶跃序列 $u(k-k_0)$ 在 $k_1 \leqslant k \leqslant k_2$ 范围内，其 MATLAB 实现如下：

```
function(f,k)=stepseq(k0,k1,k2)
%产生 f(k)=u(k-k0);k1<=k<=k2
k=[k1:k2];f=[(k-k0)>=0];
```

该程序中的关系运算(k-k0)>=0 的结果也是一个 0-1 矩阵，即 $k \geqslant k_0$ 时返回“真”值1，$k < k_0$ 时返回“非真”值0。

9.2.2　用 MATLAB 实现信号的基本运算

1. 连续信号的尺度变换、翻转、平移

例题 9-10： 已知信号 $f(t)$ 的波形如图 9-8 所示，试画出 $f\left(-\frac{t}{3}+2\right)$ 的波形。

解：本例题可以用符号运算来求解。其 MATLAB 实现如下：

```
syms t;
ft1=sym('(-t+1)*rectpuls(t-0.5,1)');
ft2=sym('rectpuls(t+0.5,1)');
ft3=ft1+ft2;
subplot(2,3,1);
ezplot(ft3,[-1.5,1.5]);
title('f(t)'); grid on;
ft4=subs(ft3,-t);        %用一个新变量-t 替换 ft3 中的默认值
subplot(2,3,2);
ezplot(ft4,[-1.5,1.5]);
title('f(-t)'); grid on;
ft5=subs(ft3,-t+2);
subplot(2,3,3);
ezplot(ft5,[0.5,3.5]);
title('f(-t+2)'); grid on;
ft6=subs(ft5,t/3);
subplot(2,3,4);
ezplot(ft6,[2.5,9.5]);
title('f(-t/3+2)'); grid on;
ft7=subs(ft3,-t/3+2);
subplot(2,3,5);
ezplot(ft7,[2.5,9.5]);
title('f(-t/3+2)'); grid on;
```

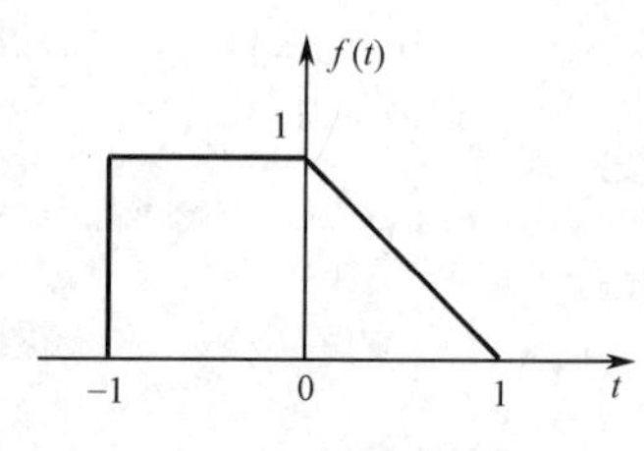

图 9-8 信号 f(t)的波形

程序的运算结果如图 9-9 所示。

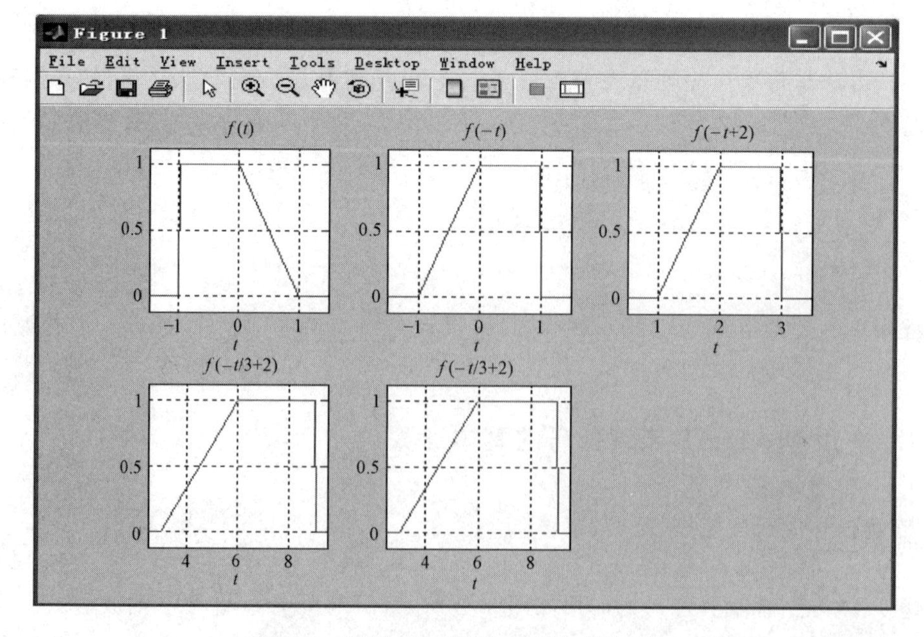

图 9-9 例题 9-10 信号 $f(t)$的时域变换

2. 离散信号的基本运算

例题 9-11： 已知单位序列 $\delta(k)$的定义为

$$\delta(k)=\begin{cases}1, & k=0\\0, & k\neq 0\end{cases}$$

用 MATLAB 绘制单位序列 $\delta(k+k_0)$。

解：先编写单位序列 $\delta(k+k_0)$的子程序 dwxl()，如下所示。

```
function dwxl(k1,k2,k0)
k=k1:k2;
n=length(k);
f=zeros(1,n);
f(1,-k0-k1+1)=1;
stem(k,f,'filled');
axis([k1,k2,0,1.5]);
title('单位序列'); grid on;
```

再设 $-5\leqslant k\leqslant 5$，并且序列为 $\delta(k+1)$，则调用命令为

```
dwxl(-5,5,1)
```

程序执行后产生的波形如图 9-10 所示。

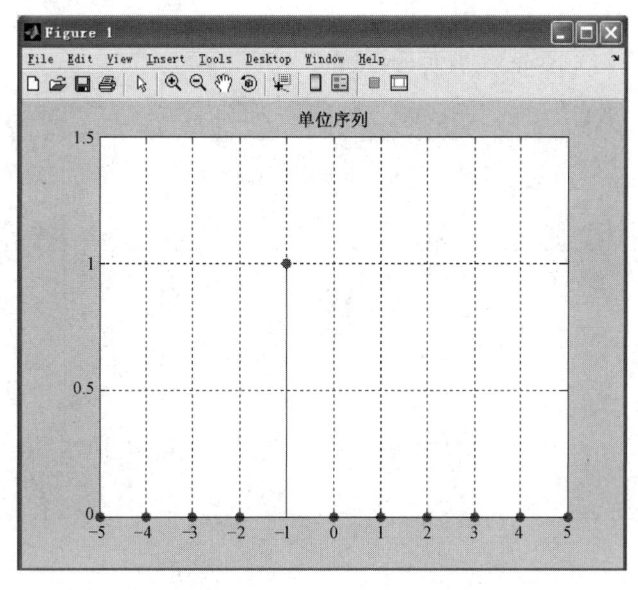

图 9-10　$\delta(k+k_0)$的信号波形

3. 卷积积分

根据卷积积分定义，有

$$f(t)=f_1(t)*f_2(t)=\int_{-\infty}^{\infty}f_1(\tau)f_2(t-\tau)\mathrm{d}\tau$$

$$f(kT) \approx \sum_{m=-\infty}^{\infty} f_1(mT)f_2(kT-mT)T = T[f_1(k) * f_2(k)]$$

上式说明:连续时间信号的卷积可以用各自取样后的离散时间信号的卷积再乘上取样间隔 T 来近似。取样间隔 T 越小,得到的误差就越小。

MATLAB 中有一个进行离散卷积的函数 conv(f1,f2),可用于对矩阵(序列)f1 和 f2 做卷积运算。这是一个适合做离散卷积的函数,矩阵中元素的步长(间隔)默认为 1。处理连续信号的卷积时,f1 和 f2 应取相同的卷积步长(间隔),结果再乘以实际步长(对连续信号取样间隔)。

例题 9-12: 求函数 $f_1(t)=(1+t)[u(t)-u(t-1)]$和 $f_2(t)=u(t-1)-u(t-2)$的卷积 $f_1(t) * f_2(t)$。

解:程序如下所示。

```
%juanji
fs=1000;t=-1.1:1/fs:2.1;
x11=(1+t).*((t>=0)-(t>=1));
x12=((t>=1)-(t>=2));
y1=conv(x11,x12)/fs;
n=length(y1);tt=(0:n-1)/fs-2.2;
subplot(221),plot(t,x11),grid on;
subplot(222),plot(t,x12),grid on;
subplot(212),plot(tt,y1),grid on;
```

程序运行后会得到如图 9-11 所示的波形。

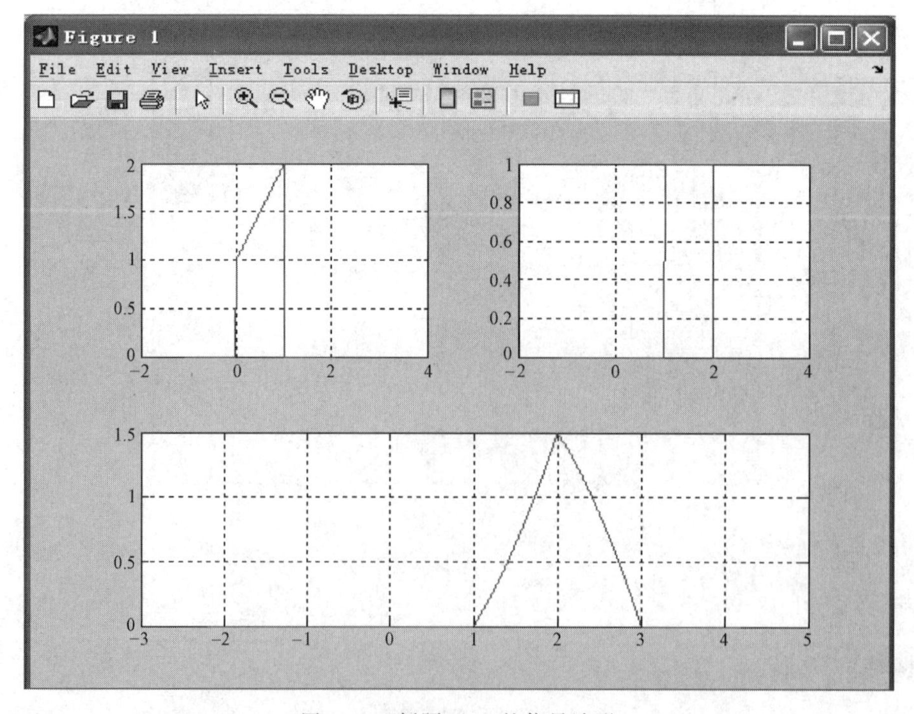

图 9-11 例题 9-12 的信号波形

例题 9-13：已知序列 $x(k)=\{1,2,3,4;k=0,1,2,3\}$，$y(k)=\{1,1,1,1,1;k=0,1,2,3,4\}$，计算卷积和 $x(k)*y(k)$，并画出卷积结果。

解：程序如下所示。

```
x=[1,2,3,4];
y=[1,1,1,1,1];
z=conv(x,y)
N=length(z);
stem(0:N-1,z); grid on;
```

运行结果为 z=1　3　6　10　10　9　7　4。

程序运行后得到如图 9-12 所示的波形。

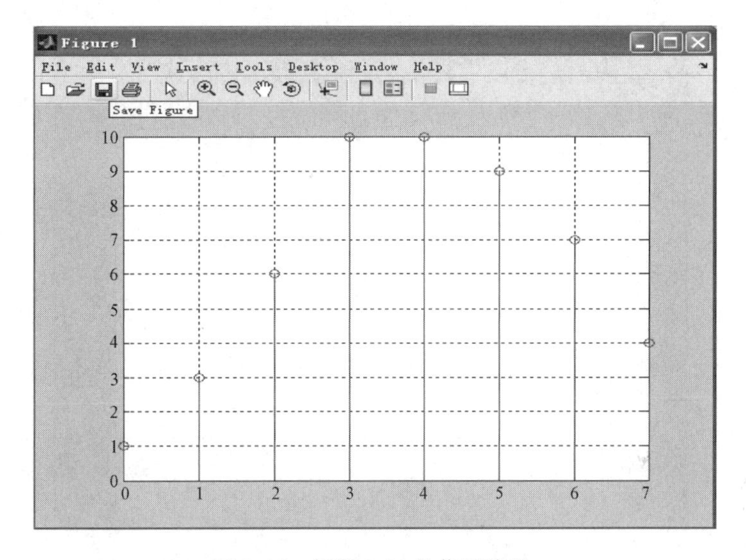

图 9-12　例题 9-13 的信号波形

9.3　LTI 连续时间系统的时域分析

1. LTI 连续时间系统零状态响应的求解

LTI 连续时间系统一般用常系数微分方程描述，其零状态响应可通过初始状态为零的微分方程得到。在 MATLAB 中可以利用函数 lsim 来求解，其调用方式为

```
y=lsim(sys,x,t)
```

其中，t 表示计算系统响应的抽样点向量；x 是系统输入信号向量；sys 是 LTI 系统模型，用来表示微分方程、差分方程、状态方程。在求解微分方程时，微分方程的 LTI 系统模型 sys 要借助 tf 函数获得，其调用方式为

```
sys=tf(b,a)
```

其中，b 和 a 分别为微分方程右端和左端各项的系数向量。

例题 9-14：求解方程$\frac{\mathrm{d}^2 y(t)}{\mathrm{d}t}+4\frac{\mathrm{d}y(t)}{\mathrm{d}t}+3y(t)=\frac{\mathrm{d}x(t)}{\mathrm{d}t}+3x(t)$，$x(t)=\mathrm{e}^{-t}u(t)$的零状态响应。

解：程序如下所示。

```
sys=tf([1 3],[1 4 3]);
t=0:0.01:10;
x=exp(-1*t);
y=lsim(sys,x,t);
plot(t,y);xlabel('t(sec)');ylabel('y(t)');axis([t(1) t(length(t)) -0.5 1]);
grid on
```

程序运行结果如图 9-13 所示。

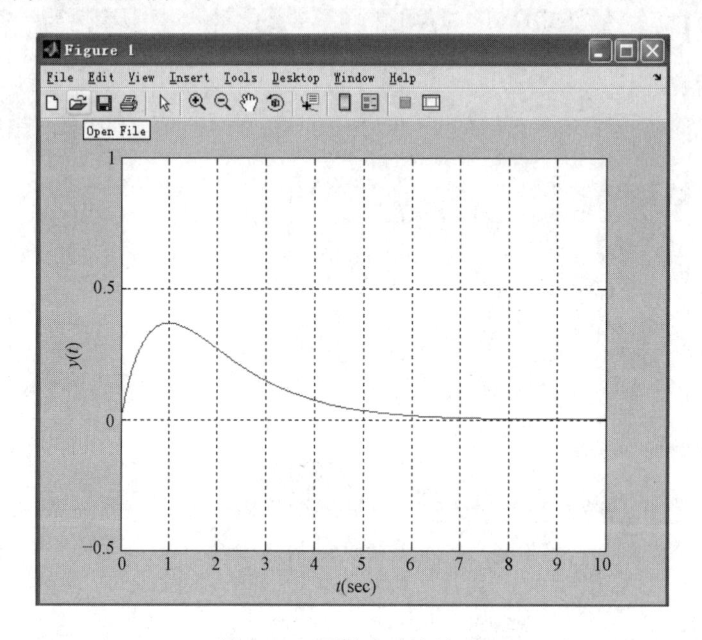

图 9-13 零状态响应波形

2. LTI 连续时间系统单位冲激响应和单位阶跃响应的求解

在 MATLAB 中，求解冲激响应时可以使用函数 impulse，求解阶跃响应时可以使用函数 step。其调用方式为

```
h(t)=impulse(sys,t)
g(t)=step(sys,t)
```

其中，t 表示计算系统响应的抽样点向量；sys 是 LTI 系统模型。

例题 9-15：求解例题 9-14 的单位冲激响应和单位阶跃响应。

解：程序如下所示。

```
sys=tf([1 3],[1 4 3]);
t=0:0.01:10;
```

```
x=exp(-1 * t);
h=impulse(sys,t);
g=step(sys,t);
subplot(211),plot(t,h);xlabel('t(sec)');ylabel('h(t)');axis([t(1) t(length(t)) -1 1]);
grid on ;
subplot(212),plot(t,g);xlabel('t(sec)');ylabel('g(t)');axis([t(1) t(length(t)) 0 1.5]);
grid on ;
```

程序运行结果如图 9-14 所示。

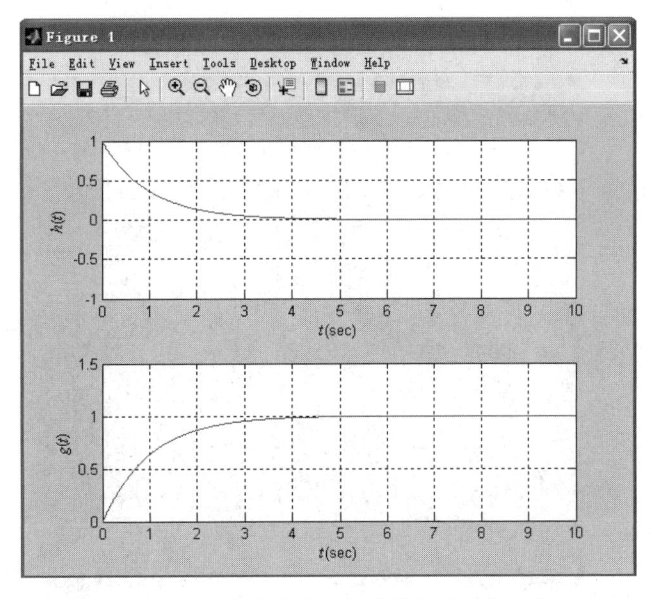

图 9-14　单位冲激响应和单位阶跃响应波形

3. LTI 连续时间系统的仿真

用 MATLAB 的 Simulink 工具箱可实现对 LTI 连续时间系统的仿真。

例题 9-16： 试用 MATLAB 的 Simulink 工具箱仿真如图 9-15 所示的二阶电路。

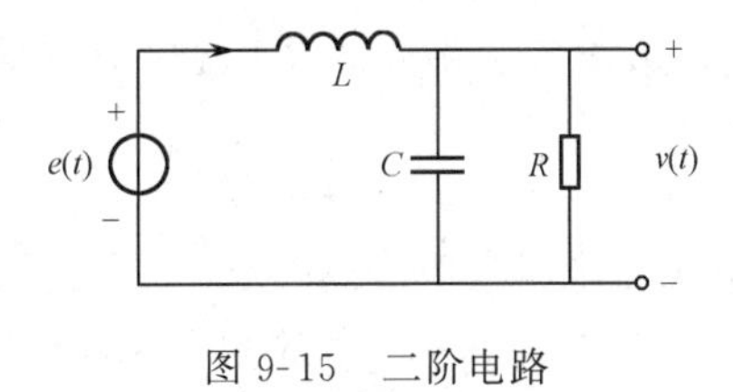

图 9-15　二阶电路

解：LC 并联电路的方程为

$$v''(t)+\frac{1}{RC}v'(t)+\frac{1}{LC}v(t)=\frac{1}{LC}e(t)$$

取$\frac{1}{RC}=1.5$，$\frac{1}{LC}=1$，$e(t)=u(t)$。仿真电路图如图 9-16(a)所示，响应的波形如图 9-16(b)所示。

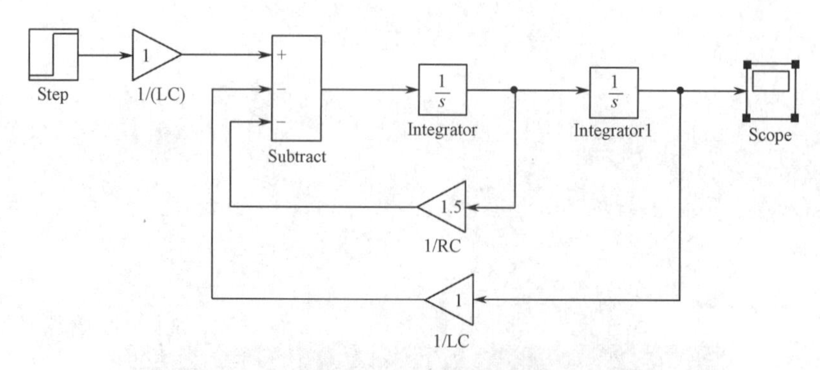

(a) 仿真电路图

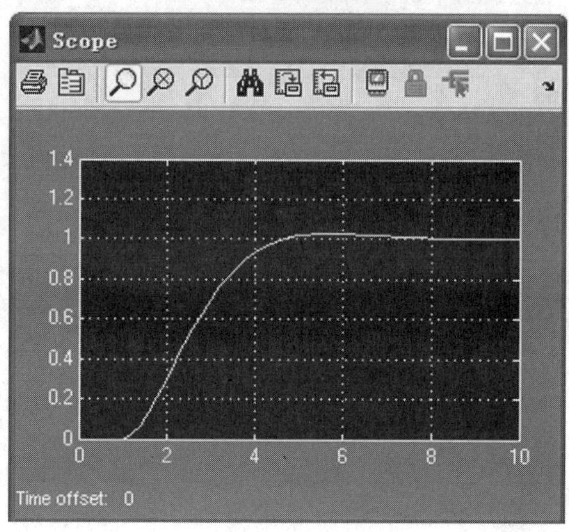

(b) 响应波形

图 9-16　系统仿真电路图及响应波形

9.4　LTI 离散时间系统的时域分析

1. LTI 离散时间系统零状态响应的求解

LTI 离散时间系统一般都可用如下线性常系数差分方程描述：

$$\sum_{i=0}^{m} a_i y(k-i) = \sum_{j=0}^{m} b_j x(k-j)$$

式中，$x(k)$和 $y(k)$分别表示系统的输入和输出；m 是差分方程的阶数。

在零初始状态下，MATLAB 提供了一个专用函数 filter()。该函数能求出由差分方程描述的离散时间系统在指定时间范围内输入序列时所产生的响应序列的数值解。其调用方式为

```
y=filter(b,a,x)
```

其中，b 和 a 是由描述系统的差分方程系数决定的，表示离散时间系统的两个行向量；x 是包含输入序列非零样值点的行向量。

例题 9-17：已知描述离散时间系统的差分方程为

$$y(k)+y(k-1)+0.25y(k-2)=x(k)$$

试用 MATLAB 绘出该系统单位阶跃响应 $g(k)$ 的时域波形。

解：程序如下所示。

```
a=[1 1 0.25];
b=[1];
t=0:15;
x=ones(1,length(t));
y=filter(b,a,x);
stem(t,y);
title('单位阶跃响应');
xlabel('k');
ylabel('g(k)'); grid on;
```

运行程序后会得到如图 9-17 所示的波形。

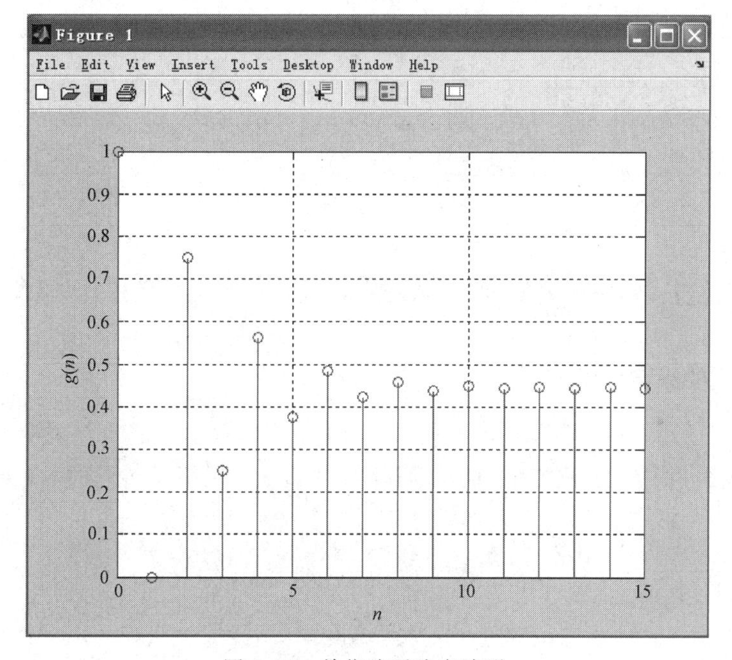

图 9-17　单位阶跃响应波形

2. LTI 离散时间系统单位脉冲响应的求解

在 MATLAB 中，求解离散时间系统的单位脉冲响应时，可使用函数 impz。

例题 9-18： 已知某离散时间系统的差分方程为

$$y(k)+3y(k-1)+2y(k-2)=x(k)$$

求该系统的单位序列响应 $h(k)$。

解：程序如下所示。

```
k=0:10;
a=[1 3 2];
b=[1];
h=impz(b,a,k);
```

```
stem(k,h);
grid on;
```

程序运行后会得到如图 9-18 所示的波形。

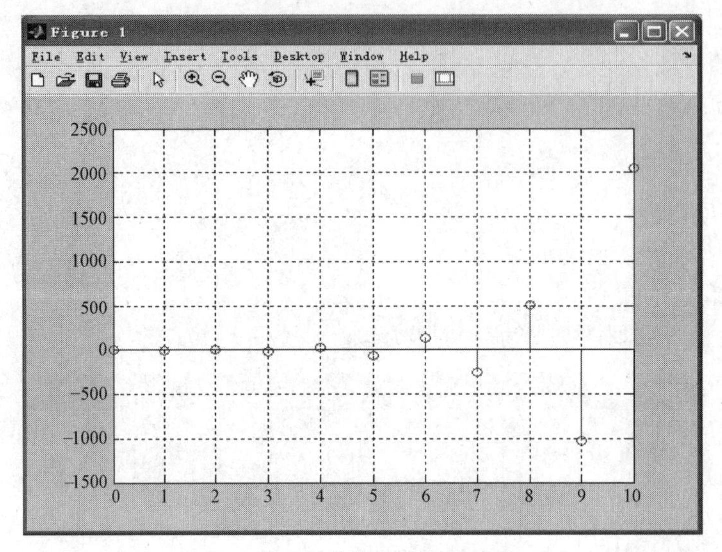

图 9-18 单位序列响应的波形

9.5 连续信号的频谱分析及连续系统的频域分析

1. 周期信号的频谱分析

例题 9-19: 已知周期矩形脉冲 $f(t)$的脉冲幅度 $A=1$,宽度为 τ,重复周期为 T,将其展开为复指数形式的傅里叶级数,并研究当周期矩形脉冲的宽度 τ 和周期 T 变化时对频谱的影响。

解:根据傅里叶级数得到周期矩形脉冲信号的傅里叶系数为

$$F_n=A\tau \mathrm{Sa}\left(\frac{n\pi\tau}{T}\right)=A\tau \mathrm{sinc}\left(\frac{n\tau}{T}\right)$$

下面的 MATLAB 程序给出了 $\tau=1$、$T=10$,$\tau=1$、$T=3$ 和 $\tau=2$、$T=10$ 三种情况下的傅里叶系数。

```
n=-30:30;tao=1;T=10;w1=2*pi/T;
x=n*tao/T;fn=tao*sinc(x);
subplot(311);stem(n*w1,fn);title('tao=1,T=10'); grid on;
n=-30:30;tao=1;T=3;w2=2*pi/T;
x=n*tao/T;fn=tao*sin(x);
n2=round(30*w1/w2);
n=-n2:n2;
fn=fn(30-n2+1:30+n2+1);
subplot(312);stem(n*w2,fn);
title('tao=1,T=3'); grid on;
n=-30:30;tao=2;T=10;w3=2*pi/T;
```

```
x=n * tao/T;fn=tao * sinc(x);
subplot(313);stem(n * w3,fn);
title('tao=2,T=10'); grid on;
```

程序运行后会得到如图 9-19 所示的波形。

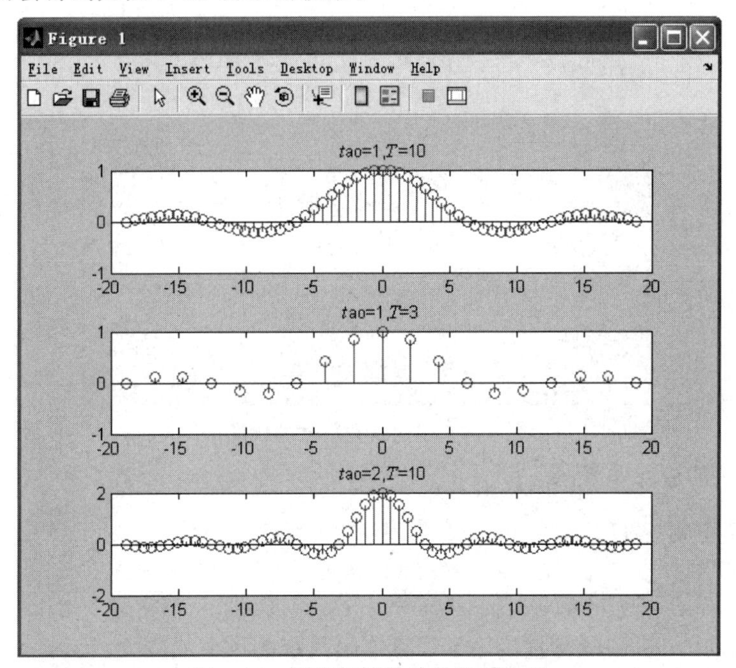

图 9-19　周期矩形脉冲的频谱分析

从图 9-19 可以看出，脉冲宽度越大，信号频谱带宽越小；周期越小，谱线间间隔越大。

2. 非周期信号的傅里叶变换

进行傅里叶变换时，主要会应用 fourier 函数和 ifourier 函数分别进行傅里叶正变换和傅里叶逆变换。这两个函数都会接受由 sym 函数定义的符号变量，如下面求阶跃信号的傅里叶变换的 MATLAB 代码。

```
ft=sym('Heaviside(t)');
fourier(ft)
ans =pi * dirac(w)-i/w
```

例题 9-20： 求单边指数信号 $f(t)=\mathrm{e}^{-3t}u(t)$的傅里叶变换，并画出其幅度谱。

解：程序如下所示。

```
ft=sym('exp(-3 * t) * Heaviside(t)');      %定义单边指数信号
Fw=simplify(fourier(ft))                    %傅里叶变换
Ff=subs(Fw,'2 * pi * f','w');               %将 Fw 中的角频率替换为频率分量
Ff_conj=conj(Ff);                           %求傅里叶变换的共轭函数
GF=sqrt(Ff * Ff_conj)                       %求幅度谱
ezplot(GF);
grid on;
```

运行结果为 Fw =1/(3+i * w)。

```
GF=(1/(3+2*i*pi*f)/(3-2*i*pi*conj(f)))^(1/2)
```

运行程序后会得到如图9-20所示的波形。

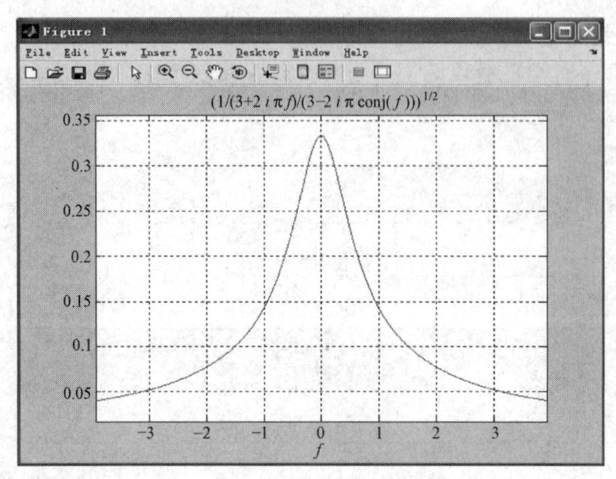

图9-20 单边指数信号的幅度谱

3. 连续系统的频率特性

当系统的频率响应$H(\mathrm{j}\omega)$是$\mathrm{j}\omega$的有理多项式时,有

$$H(\mathrm{j}\omega)=\frac{B(\omega)}{A(\omega)}=\frac{b_N(\mathrm{j}\omega)^N+b_{N-1}(\mathrm{j}\omega)^{N-1}+\cdots+b_1+b_0}{a_M(\mathrm{j}\omega)^M+b_{M-1}(\mathrm{j}\omega)^{M-1}+\cdots+a_1+a_0}$$

MATLAB的freqs函数可直接用于计算连续系统的频率响应,其调用形式为

```
H=freqs(b,a,ω)
```

其中,a和b分别是$H(\mathrm{j}\omega)$的分母和分子多项式的系数向量;ω为需计算的$H(\mathrm{j}\omega)$的抽样点(数组ω中最少需包含两个ω的抽样点)。

例题9-21:设某低通滤波器的频率响应为

$$H(\mathrm{j}\omega)=\frac{1}{(\mathrm{j}\omega)^2+3(\mathrm{j}\omega)+1}$$

试画出该系统的幅频特性$|H(\mathrm{j}\omega)|$和相频特性$\varphi(\omega)$。

解:程序如下所示。

```
w=linspace(0,10,500);
b=[1];
a=[1,3,1];
H=freqs(b,a,w);
subplot(211);plot(w,abs(H));
set(gca,'xtick',[0,2,4,6,8,10]);
set(gca,'ytick',[0,0.4,0.707,1]);grid;
xlabel('omega(rad/s)');
ylabel('H(j\omega)');
subplot(212);plot(w,angle(H));
set(gca,'xtick',[0,2,4,6,8,10]);grid;
xlabel('omega(rad/s)');
ylabel('\phi(\omega)');
```

程序运行后会得到如图 9-21 所示的波形。

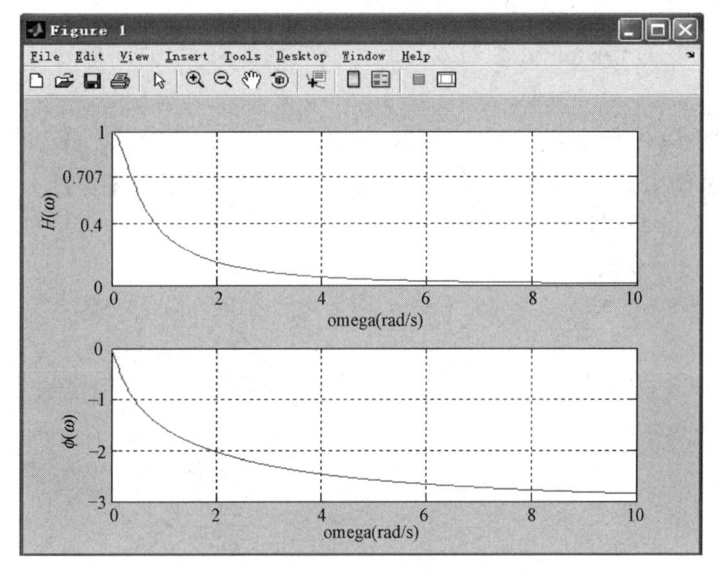

图 9-21　系统的幅频特性和相频特性

9.6　LTI 连续时间系统的 s 域分析

1. 拉普拉斯变换

用 MATLAB 进行拉普拉斯变换主要会应用到 laplace 函数和 ilaplace 函数，它们分别用于进行拉普拉斯变换和拉普拉斯逆变换，其调用形式为

```
F=laplace(f)
f=ilaplace(F)
```

其中，f 和 F 分别为时域表示式和 s 域表示式的符号表示。这两个函数都接受由 sym 函数定义的符号变量。

例题 9-22： 试求：(1) $f(t)=te^{-(t-2)}u(t-1)$的拉普拉斯变换；

(2) $F(s)=\dfrac{2s^2+6s+6}{(s^2+2s+2)(s+2)}$的拉普拉斯逆变换。

解：

(1) 程序为

```
f=sym('t * exp(2-t) * Heaviside(t-1)');
F=laplace(f)
```

运行结果为 F=exp(2) * (exp(-s-1)/(s+1)+exp(-s-1)/(s+1)^2)。

(2) 程序为

```
F=sym('(2 * s^2+6 * s+6)/(s+2)/(s^2+2 * s+2)');
f=ilaplace(F)
```

运行结果为 f =exp(-t) * cos(t)+exp(-t) * sin(t)+exp(-2 * t)。

2. 用 MATLAB 实现 $F(s)$的部分分式的展开

利用 MATLAB 的 residue 函数可以得到复频域表示式 $F(s)$的部分分式展开式,其调用形式为

```
[r,p,k]=residue(num,den)
```

其中,num,den 分别为 $F(s)$分子多项式和分母多项式的系数向量;r 为部分分式的系数;p 为极点;k 为多项式的系数,若 $F(s)$为真分式,则 k 为零。

例题 9-23: 已知象函数 $F(s)$为

$$F(s)=\frac{s+2}{s^3+4s^2+3s}$$

用部分分式展开法求其逆变换。

解:程序如下所示。

```
format rat
num=[1 2];
den=[1 4 3 0];
[r,p]=residue(num,den)
```

运行结果为　r=−1/6　　−1/2　　2/3

　　　　　　p=−3　　　−1　　　0

因此,$F(s)$展开为　$F(s)=\dfrac{2/3}{s}+\dfrac{-1/2}{s+1}+\dfrac{-1/6}{s+3}$。

对应的时间函数为　$f(t)=(\frac{2}{3}-\frac{1}{2}e^{-t}-\frac{1}{6}e^{-3t})u(t)$。

3. LTI 连续时间系统时间响应的分析

例题 9-24: 已知系统的单位冲激响应为 $h(t)=[e^{-t}-e^{-2t}]u(t)$,输入为 $x(t)=u(t)$。

(1) 用拉普拉斯变换求系统的输出 $y(t)$;(2) 用 MATLAB 的函数 step 或 lsim 画出响应曲线 $y(t)$。

解:(1) 程序为

```
h=sym('(exp(-t)-exp(-2*t))*Heaviside(t)');
x=sym('Heaviside(t)');
y=ilaplace(laplace(h)*laplace(x))
```

运行结果为　y=1/2−exp(−t)+1/2*exp(−2*t)。

(2) 用 MATLAB 的函数 step 编程时,需要知道系统函数 $H(s)$。本例题中 $H(s)=\dfrac{1}{s^2+3s+2}$,程序如下所示。

```
num=1;den=[1,3,2];t=0:0.01:5;
yt=step(num,den,t);
plot(t,yt);title('ste Presponse');
axis([0,5,0,.5]);xlabel('Time,seconds');ylabel('y(t)');grid;
```

程序运行后会得到如图 9-22 所示的波形。

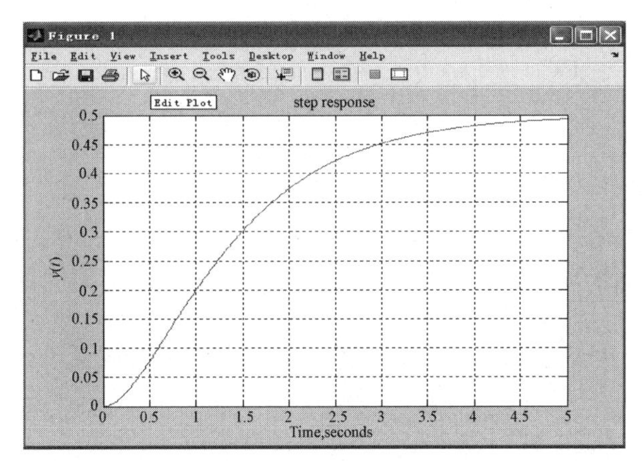

图 9-22　LTI 系统的响应分析

9.7　LTI 离散时间系统的 z 域分析

1. Z 变换

用 MATLAB 进行 Z 变换时主要用到 ztrans 函数和 iztrans 函数，它们分别用于进行 Z 变换和 Z 逆变换。

例题 9-25： (1) 求函数 $x(k)=a^k u(k)$的 Z 变换。

解：程序为

```
xk=sym('a^k * Heaviside(k)');
xz=ztrans(xk);simplify(xz)
```

运行结果为

```
ans =-z/(-z+a)
```

(2) 已知 $X(z)=\dfrac{z}{(z-1)(z-2)^2}$，$|z|>2$，求 $x(k)$。

解：程序为

```
xz=sym('z/(z-1)/(z-2)^2');
xk=iztrans(xz);simplify(xk)
```

运行结果为

```
ans=-2^k+2^(-1+k)*k+1
```

2. 用 MATLAB 实现 $X(z)$的部分分式的展开

利用 MATLAB 的 residue 函数可以得到 $X(z)$的部分分式的展开式，类似于前面讲过的拉普拉斯象函数的部分分式展开。

例题 9-26： 已知 $X(z)=\dfrac{2z^{-2}+4z^{-3}}{1-5z^{-1}+8z^{-2}-4z^{-3}}$，$|z|>2$，试对 $X(z)$进行部分分式的展开，并求 $x(k)$。

解：程序为

```
num=[0,0,2,4];
```

```
den=[1,-5,8,-4];
[r,p,k]=residuez(num,den)
```

运行结果为

```
r=-7.0000    2.000     6.0000
p= 2.0000    2.0000    1.0000
k=-1
```

因此,$X(z)$具有如下展开形式。

$$X(z)=\frac{-7}{1-2z^{-1}}+\frac{2}{(1-2z^{-1})^2}+\frac{6}{1-z^{-1}}-1$$

上式可改写为

$$X(z)=\frac{-7}{1-2z^{-1}}+\frac{z\cdot 2z^{-1}}{(1-2z^{-1})^2}+\frac{6}{1-z^{-1}}-1$$

所以有

$$x(k)=-7(2)^k u(k)+(k+1)(2)^{k+1}u(k+1)+6u(k)-\delta(k)$$

整理得

$$x(k)=-5(2)^k u(k)+2k(2)^k u(k+1)+6u(k)-\delta(k)$$

3. LTI 离散时间系统的 z 域分析

MATLAB 提供了许多函数以用于离散时间系统的 z 域分析,主要包括以下几个。

(1) impz 函数,用于进行单位序列响应的求解。

(2) step 函数,用于进行单位阶跃响应的求解。

(3) freqz 函数,用于进行系统频率响应的分析。

(4) zplane 函数,用于绘制系统零、极点图。

例题 9-27:已知一 LTI 离散因果系统的系统函数为

$$H(z)=\frac{z^2+2z+1}{3z^5-z^4+1}$$

试用 MATLAB 画出其零、极点分布图,求其单位序列响应 $h(n)$ 和频率响应 $H(e^{j\theta})$,并判断该系统是否稳定。

解:程序如下所示。

```
a=[3 -1 0 0 0 1];
b=[1 2 1];
figure(1);zplane(b,a); axis([0,40,-0.4,1]);grid on;
num=[0 1 2 1];
den=[3 -1 0 0 0 1];
h=impz(num,den);
figure(2);stem(h);axis([0,40,-0.4,1]); grid on;
[H,w]=freqz(num,den);
figure(3);
plot(w/pi,abs(H)) ;grid on;
```

程序运行后得到如图 9-23 所示的波形。

从图 9-23(a)中可以看出,该系统的极点全在单位圆内,所以该系统是稳定的。

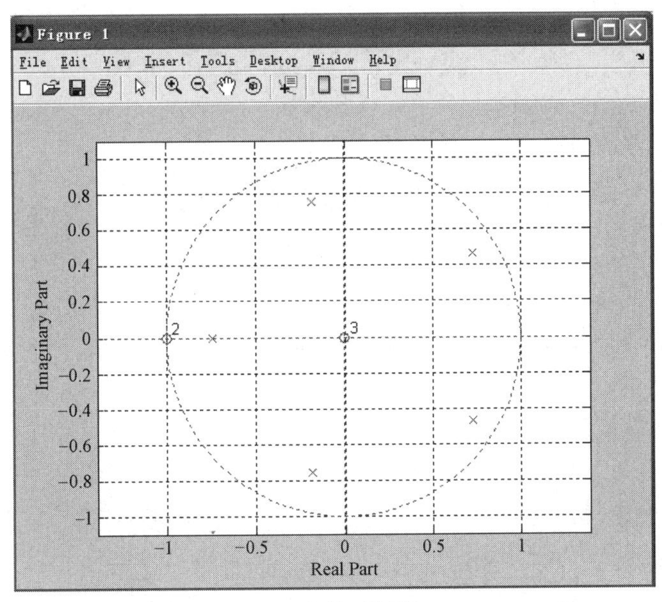

（a）零、极点图

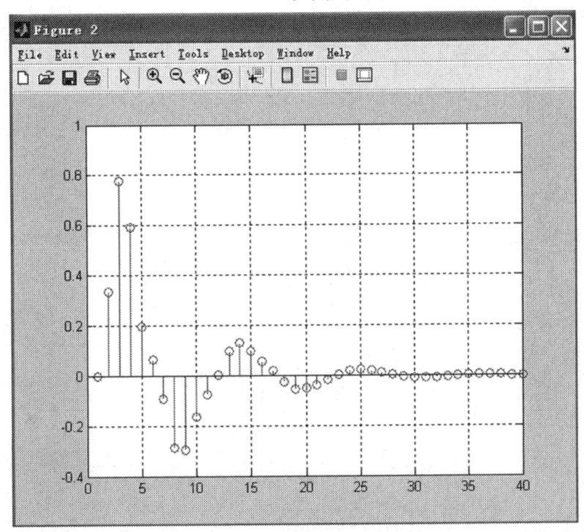

（b）单位脉冲响应

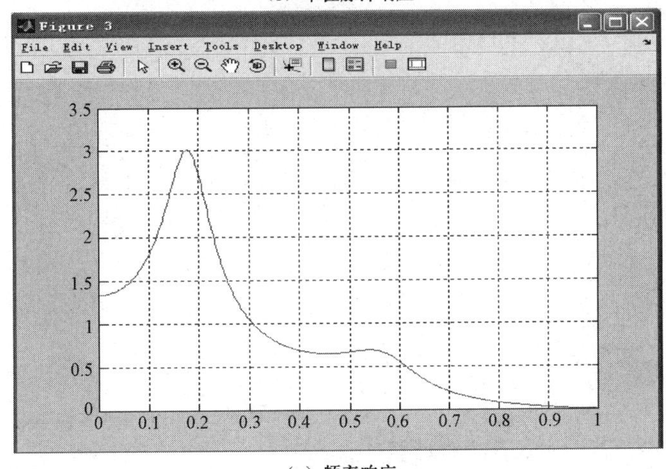

（c）频率响应

图9-23　LTI离散因果系统的分析

9.8 系统的状态变量分析

1. 由系统微分方程到状态方程的转换

MATLAB 提供了一个 tf2ss 函数,它能把描述系统的微分方程转换为等价的状态方程,其调用形式为

```
[A,B,C,D]=tf2ss(num,den)
```

其中,num,den 分别表示系统函数 $H(s)$的分子和分母多项式;A,B,C,D 分别为状态方程的矩阵。

例题 9-28: 已知系统的微分方程为

$$y'''(t)+6y''(t)+11y'(t)+6y(t)=2e'(t)+8e(t)$$

试写出其状态方程和输出方程。

解:由微分方程可求得系统函数为 $H(s)=\dfrac{2s+8}{s^3+6s^2+11s+6}$。

程序为

```
num=[2,8];
den=[1,6,11,6];
[A,B,C,D]=tf2ss(num,den)
```

运行结果为

```
A=-6    -11    -6
   1      0     0
   0      1     0
B =1
   0
   0
C =0      2     8
D =0
```

则系统的状态方程为

$$\begin{bmatrix}\dot{x}_1(t)\\ \dot{x}_2(t)\\ \dot{x}_3(t)\end{bmatrix}=\begin{bmatrix}-6 & -11 & -6\\ 1 & 0 & 0\\ 0 & 1 & 0\end{bmatrix}\begin{bmatrix}x_1(t)\\ x_2(t)\\ x_3(t)\end{bmatrix}+\begin{bmatrix}1\\ 0\\ 0\end{bmatrix}e(t)$$

输出方程为

$$y(t)=[0\quad 2\quad 8]\begin{bmatrix}x_1(t)\\ x_2(t)\\ x_3(t)\end{bmatrix}$$

2. 由系统状态方程到系统函数的计算

利用 MATLAB 提供的函数 ss2tf,可以计算出由状态方程得到的系统函数矩阵,其调用

形式为

```
[num,den]=ss2tf(A,B,C,D,n)
```

其中,A,B,C,D 分别表示状态方程的矩阵;n 表示由函数 ss2tf 计算的与第 n 个输入相关的系统函数;返回值 num 表示系统函数第 n 列的 m 个元素的分子多项式;den 表示系统函数的分母多项式系数。

例题 9-29: 已知一离散时间系统的状态方程和输出方程为

$$\begin{bmatrix} x_1(k+1) \\ x_2(k+1) \end{bmatrix}=\begin{bmatrix} -3 & -2 \\ 1 & 0 \end{bmatrix}\begin{bmatrix} x_1(k) \\ x_2(k) \end{bmatrix}+\begin{bmatrix} 1 \\ 0 \end{bmatrix}e(k)$$

$$y(k)=\begin{bmatrix} 1 & 1 \end{bmatrix}\begin{bmatrix} x_1(k) \\ x_2(k) \end{bmatrix}$$

试求该系统的系统函数。

解:程序为

```
A=[-3,-2;1,0];
B=[1;0];
C=[1,1];
D=0;
[num,den]=ss2tf(A,B,C,D)
```

运行结果为

```
num=0    1    1
den=1    3    2
```

因此得

$$H(z)=\frac{z+1}{z^2+3z+2}$$

3. 用 MATLAB 求解连续时间系统的状态方程

连续时间系统的状态方程的一般形式为

$$\dot{x}(t)=Ax(t)+Bf(t)$$
$$y(t)=Cx(t)+Df(t)$$

求解其状态方程时,首先由 sys=ss(A,B,C,D)获得状态方程的计算机表示模型,再由 lsim 函数获得其状态方程的数值解。lsim 函数的调用形式为

```
[y,  t0  x]=lsim(sys,f,t,x0)
```

其中,sys 表示函数 ss 构造的状态方程模型;t 表示需计算的输出样本点,t=0:dt:tfinal;f(:,n)表示系统第 n 个输入在 t 上的抽样值;x0 表示系统的初始状态(可默认);y(:,n)表示系统的第 n 个输出;t0 表示实际计算时所用的样本点;x 表示系统的状态。

例题 9-30: 已知某一连续时间系统的状态方程、输出方程和初始条件为

$$\begin{bmatrix} \dot{x}_1(t) \\ \dot{x}_2(t) \end{bmatrix}=\begin{bmatrix} -3 & 1 \\ -2 & 0 \end{bmatrix}\begin{bmatrix} x_1(t) \\ x_2(t) \end{bmatrix}+\begin{bmatrix} 1 \\ 0 \end{bmatrix}u(t)$$

$$y(t)=\begin{bmatrix} 0 & 1 \end{bmatrix}\begin{bmatrix} x_1(t) \\ x_2(t) \end{bmatrix}$$

其初始状态为$\begin{bmatrix} x_1(0^-) \\ x_2(0^-) \end{bmatrix} = \begin{bmatrix} 2 \\ 0 \end{bmatrix}$,求系统的输出响应曲线和状态变量响应曲线。

解：程序为

```
A=[-3,1;-2,0];B=[1;0];
C=[0,1];D=0;
x0=[2;0];
t=0:0.01:8;
e=ones(length(t),1);
[y,x]=lsim(A,B,C,D,e,t,x0);
subplot(211);plot(t,y,'k');
xlabel('t');ylabel('y(t)'); grid on;
subplot(212);plot(t,x(:,1),'k',t,x(:,2),'k--');
xlabel('t');ylabel('x(t)');
legend('x_1(t)','x_2(t)') ;grid on;
```

运行该程序后得到如图 9-24 所示的波形。

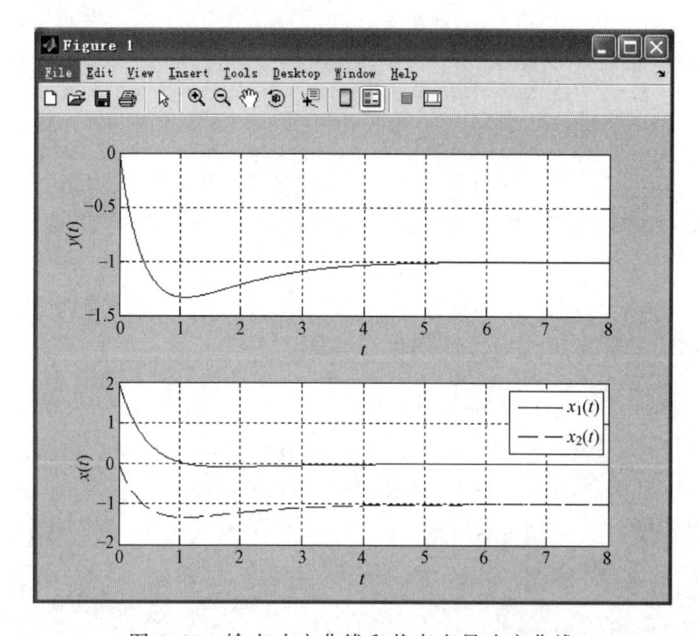

图 9-24 输出响应曲线和状态变量响应曲线

离散时间系统的状态方程的求解方法与连续时间系统的求解方法类似,在此不再赘述。

附　　录

附录 A　常用数学表

1. $\sin(A \pm B) = \sin A \cos B \pm \cos A \sin B$
2. $\cos(A \pm B) = \cos A \cos B \mp \sin A \sin B$
3. $\cos A \cos B = \frac{1}{2}[\cos(A+B) + \cos(A-B)]$
4. $\sin A \sin B = \frac{1}{2}[\cos(A-B) - \cos(A+B)]$
5. $\sin A \cos B = \frac{1}{2}[\sin(A+B) + \sin(A-B)]$
6. $\sin A + \sin B = 2\sin\frac{A+B}{2}\cos\frac{A-B}{2}$
7. $\sin A - \sin B = 2\sin\frac{A-B}{2}\cos\frac{A+B}{2}$
8. $\cos A + \cos B = 2\cos\frac{A+B}{2}\cos\frac{A-B}{2}$
9. $\cos A - \cos B = -2\sin\frac{A+B}{2}\sin\frac{A-B}{2}$
10. $\sin 2A = 2\sin A \cos A$
11. $\cos 2A = 2\cos^2 A - 1 = 1 - 2\sin^2 A = \cos^2 A - \sin^2 A$
12. $\sin\frac{1}{2}A = \sqrt{\frac{1-\cos A}{2}}$　　　$\sin^2 A = \frac{1-\cos 2A}{2}$
13. $\cos\frac{1}{2}A = \sqrt{\frac{1+\cos A}{2}}$　　　$\cos^2 A = \frac{1+\cos 2A}{2}$
14. $\sin x = \frac{e^{jx} - e^{-jx}}{2j}$　　　$\cos x = \frac{e^{jx} + e^{-jx}}{2}$
15. $e^{jx} = \cos x + j\sin x$
16. $\sin(\omega t + \varphi) = \cos(\omega t + \varphi - 90°)$
17. $e^x = 1 + x + \frac{1}{2!}x^2 + \cdots + \frac{1}{k!}x^k + \cdots$

附录B 常用连续信号的卷积积分

序号	$f_1(t)$	$f_2(t)$	$f_1(t) * f_2(t)$
1	$f(t)$	$\delta(t)$	$f(t)$
2	$f(t)$	$\delta'(t)$	$f'(t)$
3	$f(t)$	$u(t)$	$\int_{-\infty}^{t} f(\tau)\mathrm{d}\tau$
4	$u(t)$	$u(t)$	$tu(t)$
5	$tu(t)$	$u(t)$	$\frac{1}{2}t^2u(t)$
6	$\mathrm{e}^{-\alpha t}u(t)$	$u(t)$	$\frac{1}{\alpha}(1-\mathrm{e}^{-\alpha t})u(t)$
7	$\mathrm{e}^{-\alpha_1 t}u(t)$	$\mathrm{e}^{-\alpha_2 t}u(t)$	$\frac{1}{\alpha_2-\alpha_1}(\mathrm{e}^{-\alpha_1 t}-\mathrm{e}^{-\alpha_2 t})u(t),\alpha_1 \neq \alpha_2$
8	$\mathrm{e}^{-\alpha t}u(t)$	$\mathrm{e}^{-\alpha t}u(t)$	$t\mathrm{e}^{-\alpha t}u(t)$
9	$tu(t)$	$\mathrm{e}^{-\alpha t}u(t)$	$\left(\frac{\alpha t-1}{\alpha^2}+\frac{1}{\alpha^2}\mathrm{e}^{-\alpha t}\right)u(t)$
10	$t\mathrm{e}^{-\alpha_1 t}u(t)$	$\mathrm{e}^{-\alpha_2 t}u(t)$	$\left[\frac{(\alpha_2-\alpha_1)t-1}{(\alpha_2-\alpha_1)^2}\mathrm{e}^{-\alpha_1 t}+\frac{1}{(\alpha_2-\alpha_1)^2}\mathrm{e}^{-\alpha_2 t}\right]u(t)$ $\alpha_1 \neq \alpha_2$
11	$t\mathrm{e}^{-\alpha t}u(t)$	$\mathrm{e}^{-\alpha t}u(t)$	$\frac{1}{2}t^2\mathrm{e}^{-\alpha t}u(t)$

附录 C　常用信号的卷积和

序号	$f_1(k)$	$f_2(k)$	$f_1(k) * f_2(k)$
1	$f(k)$	$\delta(k)$	$f(k)$
2	$f(k)$	$u(k)$	$\sum_{i=-\infty}^{k} f(i)$
3	$u(k)$	$u(k)$	$(k+1)u(k)$
4	$ku(k)$	$u(k)$	$\frac{1}{2}(k+1)ku(k)$
5	$\alpha^k u(k)$	$u(k)$	$\frac{1-\alpha^{k+1}}{1-\alpha}u(k), \alpha \neq 0$
6	$\alpha_1^k u(k)$	$\alpha_2^k u(k)$	$\frac{\alpha_1^{k+1}-\alpha_2^{k+1}}{\alpha_1-\alpha_2}u(k), \alpha_1 \neq \alpha_2$
7	$\alpha^k u(k)$	$\alpha^k u(k)$	$(k+1)\alpha^k u(k)$
8	$ku(k)$	$\alpha^k u(k)$	$\frac{k}{1-\alpha}u(k)+\frac{\alpha(\alpha^k-1)}{(1-\alpha)^2}u(k)$
9	$ku(k)$	$ku(k)$	$\frac{1}{6}(k+1)k(k-1)u(k)$
10	$\alpha_1^k \cos(\beta k+\theta)u(k)$	$\alpha_2^k u(k)$	$\frac{\alpha_1^{k+1}\cos[\beta(k+1)+\theta-\varphi]-\alpha_2^{k+1}\cos[\theta-\varphi]}{\sqrt{\alpha_1^2+\alpha_2^2-2\alpha_1\alpha_2\cos\beta}}u(k)$ $\varphi = \arctan\left[\frac{\alpha_1\sin\beta}{\alpha_1\cos\beta-\alpha_2}\right]$

附录D 常用周期信号的傅里叶系数表

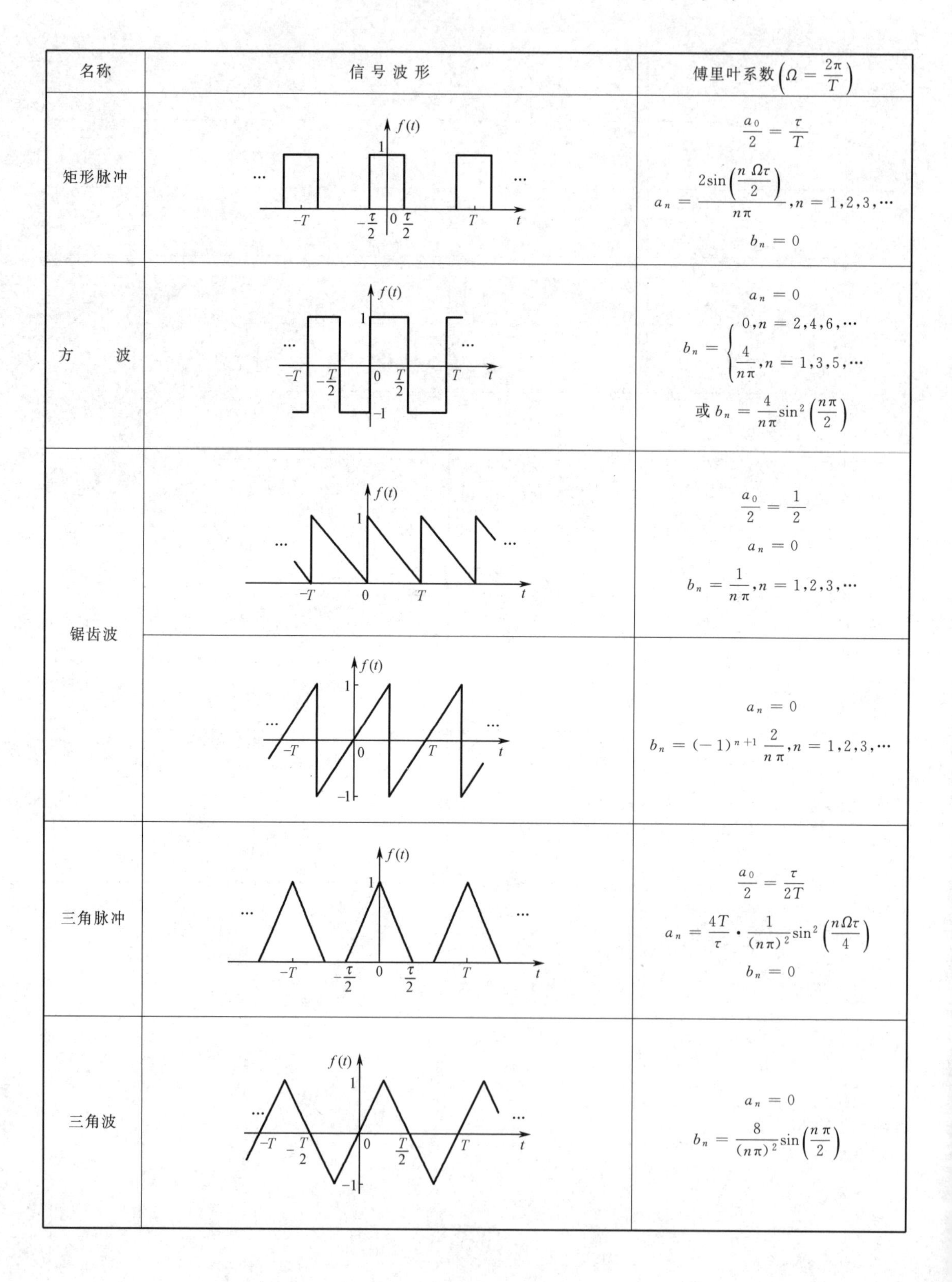

名称	信号波形	傅里叶系数$\left(\Omega=\frac{2\pi}{T}\right)$
矩形脉冲		$\frac{a_0}{2}=\frac{\tau}{T}$ $a_n=\frac{2\sin\left(\frac{n\Omega\tau}{2}\right)}{n\pi},n=1,2,3,\cdots$ $b_n=0$
方　　波		$a_n=0$ $b_n=\begin{cases}0,n=2,4,6,\cdots\\ \frac{4}{n\pi},n=1,3,5,\cdots\end{cases}$ 或 $b_n=\frac{4}{n\pi}\sin^2\left(\frac{n\pi}{2}\right)$
锯齿波		$\frac{a_0}{2}=\frac{1}{2}$ $a_n=0$ $b_n=\frac{1}{n\pi},n=1,2,3,\cdots$
		$a_n=0$ $b_n=(-1)^{n+1}\frac{2}{n\pi},n=1,2,3,\cdots$
三角脉冲		$\frac{a_0}{2}=\frac{\tau}{2T}$ $a_n=\frac{4T}{\tau}\cdot\frac{1}{(n\pi)^2}\sin^2\left(\frac{n\Omega\tau}{4}\right)$ $b_n=0$
三角波		$a_n=0$ $b_n=\frac{8}{(n\pi)^2}\sin\left(\frac{n\pi}{2}\right)$

续表

名称	信号波形	傅里叶系数$\left(\Omega=\frac{2\pi}{T}\right)$
半波余弦	$f(t)$; 1; …; $-T$; $-\frac{T}{4}$; 0; $\frac{T}{4}$; T; t	$\frac{a_0}{2}=\frac{1}{\pi}$ $a_n=\frac{-2}{\pi(n^2-1)}\cos\left(\frac{n\pi}{2}\right)$ $b_n=0$
全波余弦	$f(t)$; 1; …; $-T$; $-\frac{T}{2}$; 0; $\frac{T}{2}$; T; t	$\frac{a_0}{2}=\frac{2}{\pi}$ $a_n=\frac{-4}{\pi(n^2-1)}\cos\left(\frac{n\pi}{2}\right)$ $b_n=0$

附录 E　常用信号的傅里叶变换表

名　称	时间函数 $f(t)$		傅里叶变换 $F(\mathrm{j}\omega)$
	表达式	波形图	
矩形脉冲(门函数)	$g_\tau(t)=\begin{cases}1, & \lvert t\rvert<\frac{\tau}{2}\\ 0, & \lvert t\rvert>\frac{\tau}{2}\end{cases}$	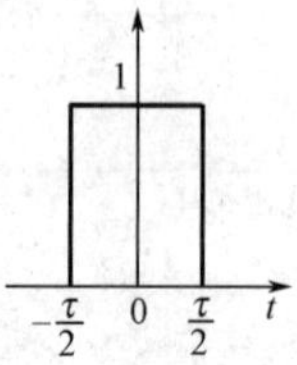	$\tau\mathrm{Sa}\left(\frac{\omega\tau}{2}\right)=\frac{2}{\omega}\sin\left(\frac{\omega\tau}{2}\right)$
三角脉冲	$f_\Delta(t)=\begin{cases}1-\frac{2\lvert t\rvert}{\tau}, & \lvert t\rvert<\frac{\tau}{2}\\ 0, & \lvert t\rvert>\frac{\tau}{2}\end{cases}$	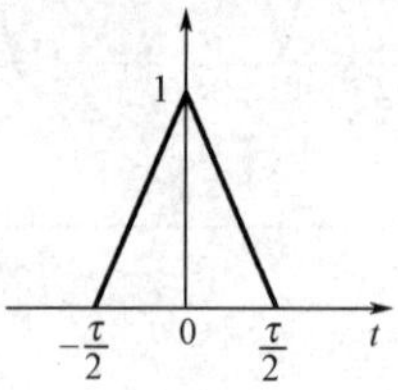	$\frac{\tau}{2}\mathrm{Sa}^2\left(\frac{\omega\tau}{4}\right)$
锯齿脉冲	$\begin{cases}\frac{1}{\tau}\left(t+\frac{\tau}{2}\right), & \lvert t\rvert<\frac{\tau}{2}\\ 0, & \lvert t\rvert>\frac{\tau}{2}\end{cases}$	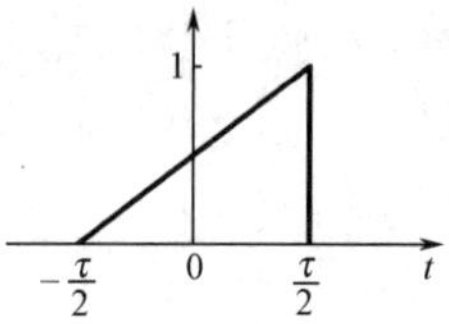	$\mathrm{j}\frac{1}{\omega}\left[\mathrm{e}^{-\mathrm{j}\frac{\omega\tau}{2}}-\mathrm{Sa}\left(\frac{\omega\tau}{2}\right)\right]$
单边指数脉冲	$\mathrm{e}^{-\alpha t}u(t),\alpha>0$	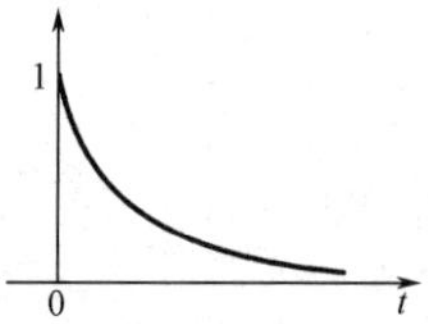	$\frac{1}{\alpha+\mathrm{j}\omega}$
偶双边指数脉冲	$\mathrm{e}^{-\alpha\lvert t\rvert},\alpha>0$	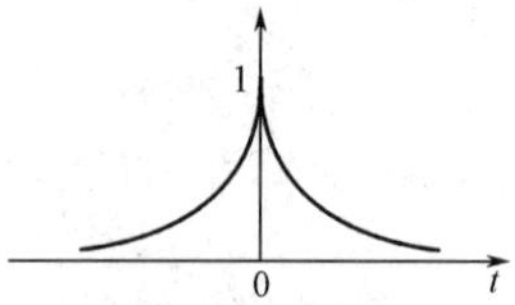	$\frac{2\alpha}{\alpha^2+\omega^2}$
奇双边指数脉冲	$\begin{cases}-\mathrm{e}^{\alpha t}, & t<0\\ \mathrm{e}^{-\alpha t}, & t>0\end{cases},\alpha>0$	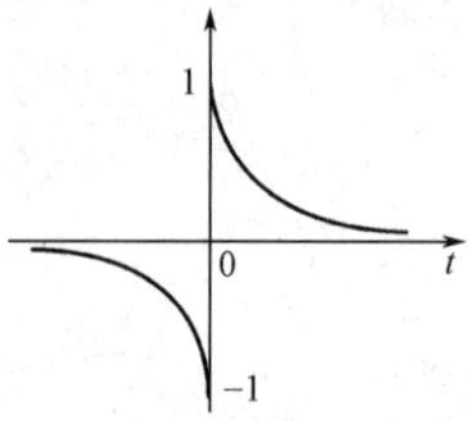	$-\mathrm{j}\frac{2\omega}{\alpha^2+\omega^2}$

附录 F　奇异信号的频谱

序号	时间函数 $f(t)$	傅里叶变换 $F(\mathrm{j}\omega)$
1	$\delta(t)$	1
2	1	$2\pi\delta(\omega)$
3	$\delta'(t)$	$\mathrm{j}\omega$
4	$u(t)$	$\pi\delta(\omega)+\dfrac{1}{\mathrm{j}\omega}$
5	$\mathrm{sgn}(t)$	$\dfrac{2}{\mathrm{j}\omega}$
6	t	$\mathrm{j}2\pi\delta'(\omega)$
7	$\|t\|$	$-\dfrac{2}{\omega^2}$
8	$\mathrm{e}^{\mathrm{j}\omega_0 t}$	$2\pi\delta(\omega-\omega_0)$

附录 G　常用右边序列的 Z 变换表

序列	序列 $x(k)$　$k\geqslant 0$	Z 变换 $X(z)$	收　敛　域
1	$\delta(k)$	1	$\|z\|\geqslant 0$
2	$u(k)$	$\frac{z}{z-1}$	$\|z\|>1$
3	a^k	$\frac{z}{z-a}$	$\|z\|>\|a\|$
4	$a^k u(k-1)$	$\frac{1}{z-a}$	$\|z\|>\|a\|$
5	k	$\frac{z}{(z-1)^2}$	$\|z\|>1$
6	k^2	$\frac{z(z+1)}{(z-1)^3}$	$\|z\|>1$
7	k^3	$\frac{z(z^2+4z+1)}{(z-1)^4}$	$\|z\|>1$
8	ka^{k-1}	$\frac{z}{(z-a)^2}$	$\|z\|>\|a\|$
9	ka^k	$\frac{az}{(z-a)^2}$	$\|z\|>\|a\|$
10	$k^2 a^k$	$\frac{az(z+a)}{(z-a)^3}$	$\|z\|>\|a\|$
11	e^{ak}	$\frac{z}{z-e^a}$	$\|z\|>e^a$
12	$ne^{a(k-1)}$	$\frac{z}{(z-e^a)^2}$	$\|z\|>e^a$
13	$\cos k\omega_0$	$\frac{z(z-\cos\omega_0)}{z^2-2z\cos\omega_0+1}$	$\|z\|>1$
14	$\sin k\omega_0$	$\frac{z\sin\omega_0}{z^2-2z\cos\omega_0+1}$	$\|z\|>1$
15	$e^{-ak}\cos\omega_0 k$	$\frac{z(z-e^{-a}\cos\omega_0)}{z^2-2ze^{-a}\cos\omega_0+e^{-za}}$	$\|z\|>e^{-a}$
16	$e^{-ak}\sin\omega_0 k$	$\frac{ze^{-a}\sin\omega_0}{z^2-2ze^{-a}\cos\omega_0+e^{-2a}}$	$\|z\|>e^{-a}$
17	$ch(\beta k)$	$\frac{z(z-ch\beta)}{z^2-2zch\beta+1}$	$z>e^{\beta}$
18	$sh(\beta k)$	$\frac{zsh\beta}{z^2-2zch\beta+1}$	$\|z\|>e^{\beta}$
19	$\frac{(k+1)(k+2)\cdots(k+m)}{m!}a^k u(k)$	$\frac{z^{m+1}}{(z-a)^{m+1}}$	$\|z\|>\|a\|$
20	$\frac{k(k-1)\cdots(k-m+1)}{m!}u(k)$	$\frac{z}{(z-1)^{m+1}}$	$\|z\|>1$
21	$\frac{k!}{(k-j+1)!\ (j-1)!}a^{k-j+1}u(k)$　$k\geqslant j$	$\frac{z}{(z-a)^j}$	$\|z\|>a$

附录 H　常用左边序列的 Z 变换表

序号	序列 $x(k)\quad k<0$	Z 变换 $X(z)$	收　敛　域
1	$-u(-k-1)$	$\frac{z}{z-1}$	$\|z\|<1$
2	$-a^k u(-k-1)$	$\frac{z}{z-a}$	$\|z\|<\|a\|$
3	$-u(-k)$	$\frac{1}{z-1}$	$\|z\|<1$
4	$-a^k u(-k)$	$\frac{1}{z-a}$	$\|z\|<\|a\|$
5	$-ku(-k)$	$\frac{1}{(z-1)^2}$	$\|z\|<1$
6	$-(k+1)a^k u(-k-1)$	$\frac{z^2}{(z-1)^2}$	$\|z\|<\|a\|$

附录Ⅰ 汉英名词对照

第1章

信息	information
消息	message
信号	signal
确定信号	determinate signal
随机信号	random signal
一维信号	one-dimensional signal
多维信号	multi-dimensional signal
连续时间信号	continuous time signal
离散时间信号	discrete time signal
模拟信号	analog signal
数字信号	digital signal
周期信号	periodic signal
非周期信号	non-periodic signal
功率信号	power signal
能量信号	energy signal
基本信号	basic signal
奇异信号	singularity signal
常量信号	constant signal
函数	function
抽样函数	sampling function
单位斜坡函数	unit ramp function
单位阶跃函数	unit step function
单位冲激函数	unit impulse function
冲激偶函数	impulse doublet function
门函数	gate function
符号函数	signum function
冲激强度	impulse intensity
卷积	convolution
卷积积分	convolution integral
卷积和	convolution sum
序列	sequence
单位阶跃序列	unit step sequence
单位样值序列	unit sample sequence
系统	system
动态系统	dynamic system
可逆系统	invertible system

线性系统	linear system
非线性系统	nonlinear system
时不变系统	time-invariant system
时变系统	time-varying system
因果系统	causal system
非因果系统	non-causal system
稳定系统	stable system
不稳定系统	non-stable system
齐次性	homogeneity
可加性	superposition property
线性时不变	Linear Time-Invariant, LTI
有界输入/有界输出	Bound-Input / Bound-Output, BIBO
变换域分析	transform domain analysis

第 2 章

连续时间系统	continuous-time system
时域分析	time domain analysis
微分方程	differential equation
齐次解	homogeneous solution
特解	particular solution
全解	complete solution
初始条件	initial condition
自由响应	natural response
强迫响应	forced response
固有频率	natural frequency
暂态响应	transient response
稳态响应	steady state response
初始条件	initial condition
特征方程	characteristic equation
特征根	characteristic root
零输入响应	zero-input response
零状态响应	zero-state response
冲激响应	impulse response
阶跃响应	step response
杜阿密尔积分	Duhamel integral

第 3 章

离散时间系统	discrete-time system
差分方程	difference equation
前向差分方程	forward difference equation
后向差分方程	backward difference equation

单位序列响应	unit sequence response
延迟单元	delay element

第4章

傅里叶级数	Fourier series
正交函数	orthogonal function
正交函数集	set of orthogonal functions
完备的正交函数集	complete set of orthogonal functions
复指数函数	complex exponential function
欧拉公式	Euler's formula
实函数	real function
虚函数	imaginary function
复函数	complex function
偶函数	even function
奇函数	odd function
奇谐函数	odd harmonic function
偶谐函数	even harmonic function
傅里叶系数	Fourier coefficient
直流分量	direct component
基波分量	fundamental component
谐波分量	harmonic component
吉布斯现象	Gibbs phenomenon
狄里赫利条件	Dirichlet condition
傅里叶变换	Fourier transform
傅里叶逆变换	inverse Fourier transform
频谱	frequency spectrum
频谱图	spectrum plot
幅度频谱	amplitude spectrum
相位频谱	phase spectrum
能量谱	energy spectrum
时限信号	time-finite signal
带限信号	band-limited signal
理想抽样	ideal sampling
时域抽样定理	time domain sampling theorem
频域抽样定理	frequency domain sampling theorem
奈奎斯特间隔	Nyquist interval
奈奎斯特频率	Nyquist frequency
理想低通滤波器	ideal low-pass filter
高通滤波器	high-pass filter
带通滤波器	band-pass filter
带宽	band width

无失真传输	distortionless transmission
线性失真	linear distortion
非线性失真	nonlinear distortion
幅度失真	amplitude distortion
相位失真	phase distortion
帕塞瓦尔定理	Parseval's theorem
频域分析	frequency domain analysis
幅频响应	amplitude frequency response
相频响应	phase frequency response
全通系统	all-pass system
最小相移系统	Minimum-phase system
佩利-维纳准则	Paley-Wiener criterion
希尔伯特变换	Hilbert transform

第 5 章

离散傅里叶级数	Discrete Fourier Series, DFS
离散时间傅里叶变换	Discrete Time Fourier transform, DTFT
离散傅里叶变换	Discrete Fourier Transform, DFT
快速傅里叶变换	Fast Fourier Transform, FFT
复指数序列	complex exponential sequence
线性卷积	linear convolution
圆周卷积	circular convolution

第 6 章

拉普拉斯变换	Laplace transform
拉普拉斯逆变换	inverse Laplace transform
双边拉普拉斯变换	two-side Laplace transform
单边拉普拉斯变换	one-side Laplace transform
广义傅里叶变换	generalized Fourier transform
因果信号	causal signal
反因果信号	anti-causal signal
收敛性	convergence property
象函数	transform function
原函数	original function
收敛域	region of convergence, ROC
收敛轴	axis of convergence
收敛坐标	abscissa of convergence
有理分式	rational fraction
部分分式展开法	partial-fraction expansion method
留数法	residue method
拉普拉斯变换分析法	Laplace transform analysis method

系统算子	system operator
系统函数	system function
零点	zero
极点	pole
零极点图	zero-pole plot (diagram)
频率响应	frequency response
反馈系统	feedback system
罗斯-霍维茨判据	Routh-Hurwitz criterion
信号流图	signal flow graph
节点	node
支路	branch
传输值	transmittance
源点	source node
汇点	sink node
通路	path
开通路	open path
前向通路	forward path
环路	closed loop
自环	self-loop
梅森公式	Mason's formula
特征行列式	characteristic determinant

第7章

Z 变换	Z transform
Z 逆变换	inverse Z transform
双边 Z 变换	two-side Z transform
单边 Z 变换	one-side Z transform
变换域分析	transform domain analysis
双边序列	two-sided sequence
有界序列	limitary-amplitude sequence
因果序列	causal sequence
反因果序列	anti-causal sequence
幂级数展开法	power series expansion
朱里准则	Jury criterion

第8章

状态	state
状态变量	state variable
状态方程	state equation
输出方程	output equation
状态矢量	state vector

控制矩阵	control matrix
输出矩阵	output matrix
系统矩阵	system matrix
预解矩阵	resolvent matrix
状态转移矩阵	state transition matrix
状态转移函数	state transition function
凯莱-哈密顿定理	Cayley-Hamilton theorem
可控性(可控制性)	controllability
可观性(可观测性)	observability

习题答案

第1章

1-1　答案略

1-2　答案略

1-3　(1) 是，$T=2\pi$　(2) 否　(3) 是，$T=2$　(4) 是，$N=6$

(5) 是，$T=\frac{\pi}{8}$　(6) 是，$N=8$　(7) 是，$N=10$　(8) 是，$N=3$

1-4～1-7　答案略

1-8　$\nabla f(k)=u(k-1)$

1-9　(1) $f(t)=u(-t-2)+(2t+5)u(t+2)-(t+5)u(t+1)-(t-1)u(t-1)$

(2) $f(k)=-\delta(k+3)+\delta(k+1)+2\delta(k)+\delta(k-2)$

1-10　(1) 16　(2) $\frac{13}{8}$　(3) 0　(4) 6　(5) -5

(6) $\delta(t)-e^{-t}u(t)$　(7) $\delta'(t)+\delta(t)$　(8) 4　(9) $\delta(t)+2u(t)$　(10) 1

(11) $\frac{1}{4}$　(12) $2u(t)$

1-11　(1) $0.5(1-e^{-2t})u(t)$　(2) $(t-1)u(t-1)$

(3) $0.5e^{2}[1-e^{-2(t-2)}]u(t-2)$　(4) $\frac{a\sin t-\cos t+e^{-at}}{a^{2}+1}u(t)$

1-12　(1) $(3^{k+1}-2^{k+1})u(k)$　(2) $(3\times2^{k}-2\times3^{k})u(-k)$

(3) $(3^{1-k}-2^{1-k})u(-k)$　(4) $[12.5-5\times0.5^{k}-0.5\times0.2^{k}]u(k)$

1-13　答案略

1-14　$A=\frac{1}{1-e^{-3}}$

1-15　答案略

1-16　$f(t)=e^{-t}u(t)$

1-17　$p(k)=\{0.12,\ 0.17,\ 0.2,\ 0.21,\ 0.16,\ 0.09,\ 0.04,\ 0.01\}$

$\uparrow k=0$

1-18　$v'''(t)+\frac{m_1\mu_2+m_2\mu_1}{m_1m_2}v''(t)+\frac{\mu_1\mu_2+k(m_1+m_2)}{m_1m_2}v'(t)+\frac{k(\mu_1+\mu_2)}{m_1m_2}v(t)=\frac{k}{m_1m_2}f(t)$

1-19　(1) $u''_{C}(t)+\frac{1}{RC}u'_{C}(t)+\frac{1}{LC}u_{C}(t)=\frac{1}{LC}u_{S}(t)$

(2) $i''_L(t)+\frac{1}{RC}i'_L(t)+\frac{1}{LC}i_L(t)=\frac{1}{L}u'_S(t)+\frac{1}{RLC}u_S(t)$

1-20 $y(k)-(1+\alpha-\beta)y(k-1)=f(k)$

1-21 (a) $y'''(t)+2y'(t)+3y(t)=f''(t)+4f(t)$

(b) $y(k)-2y(k-1)+3y(k-2)=4f(k)-5f(k-1)+6f(k-2)$

(c) $y''(t)+3y'(t)+2y(t)=f(t)$

(d) $y(k)-2y(k-2)=2f(k)+3f(k-1)-4f(k-2)$

1-22 (1) 是 (2) 否 (3) 是

1-23 (1) 线性、时变 (2) 非线性、时不变

1-24 (1) 线性、时变、非因果、稳定 (2) 非线性、时不变、因果、稳定

(3) 线性、时变、因果、不稳定 (4) 线性、时变、因果、稳定

1-25 非线性、时不变、因果、稳定

1-26 (1) $\delta(t)-2e^{-2t}u(t)$ (2) $0.5(1-e^{-2t})u(t)$

1-27 $y_3(t)=[-e^{-t}+3\cos(\pi t)]u(t)$

1-28 $4+7e^{-t}-3e^{-2t}, t\geqslant 0$

1-29 答案略

1-30 $y_3(t)=(3e^{-t}+4e^{-2t})u(t)-[4e^{-(t-1)}-14e^{-2(t-1)}]u(t-1)+[2e^{-(t-2)}-7e^{-2(t-2)}]u(t-2)$

1-31 $y_{zs2}(k)=\{\cdots, 0, 1, 3, 6, 5, 3, 0, \cdots\}$

$\uparrow k=2$ (指向 1)

第 2 章

2-1 (1) $y_{zi}(t)=(4e^{-t}-3e^{-2t})u(t)$, $y_{zi}(t)=(-2e^{-t}+\frac{1}{2}e^{-2t}+\frac{3}{2})u(t)$

(2) $y_{zi}(t)=(4t+1)e^{-2t}u(t)$, $y_{zs}(t)=[-(t+2)e^{-2t}+2e^{-t}]u(t)$

(3) $y_{zi}(t)=e^{-t}\sin t u(t)$, $y_{zs}(t)=e^{-t}\sin t u(t)$

2-2 $i''(t)+5i'(t)+6i(t)=u_s(t)$, $i_{zs}(t)=(e^{-t}-2e^{-2t}+e^{-3t})u(t)A$

2-3 $h(t)=(t+1)e^{-2t}u(t)$

2-4 $h(t)=e^{-2(t-2)}u(3-t)$

2-5 $h(t)=(e^{-2t}+2e^{-3t})u(t)$

2-6 $f(t)=(e^{-t}-e^{-2t})u(t)$

2-7 $h(t)=u(t)+u(t-1)+u(t-2)-u(t-3)-u(t-4)-u(t-5)$

2-8 $h(t)=u(t)-u(t-1)$

2-9 (1) $y(t)=(1-e^{-5t})u(t)$

(2) $-e^{-5t}u(t)$, 1, $(e^{-5t}-e^{-t})u(t)$, $(e^{-t}-2e^{-5t}+1)u(t)$

2-10 $y(0_-)=0.5$, $y'(0_-)=-0.5$, $A=0.5$

2-11 (1) $h(t)=2\delta(t)-6e^{-2t}u(t)$

(2) $y_{zs1}(t)=\left(\frac{3}{2}-t-\frac{3}{2}e^{-2t}\right)u(t)$

(3) $y_{zs2}(t)=(1.5-t-1.5e^{-2t})u(t)+(-1.5+t-1.5e^{2-2t})u(t-1)$

2-12 $y_{zs}(t)=\delta(t)-2e^{-2t}u(t)+e^{-2(t-2)}u(t-2)$

2-13 $h(t)=\begin{cases} t, & 0\leqslant t\leqslant 1 \\ 2-t, & 1\leqslant t\leqslant 2 \\ 0, & t<0,t>2 \end{cases}$

2-14 提示:利用卷积积分的微积分特性来求。

2-15 (1) $y_{zi}(t)=e^{-t}u(t)$ (2) $y_3(t)=2e^{-t}u(t)-te^{-t}u(t)$

2-16 $h(t)=\left(\frac{1}{4}e^{-t}+\frac{7}{4}e^{-5t}\right)u(t)$

2-17 $h(t)=\delta(t)-\delta(t-2)$, $y_{zs}(t)=u(t-1)-u(t-3)-u(t-5)+u(t-7)$

第3章

3-1 (1) $y_{zi}(k)=(2k-1)(-1)^k u(k)$, $y_{zs}(k)=\left[\left(2k+\frac{8}{3}\right)(-1)^k+\frac{1}{3}\left(\frac{1}{2}\right)^k\right]u(k)$

(2) $y_{zi}(k)=-\frac{1}{3}[(-1)^k+2\cdot(2)^k]u(k)$, $y_{zs}(k)=\left[\frac{1}{6}(-1)^k+\frac{4}{3}(2)^k-\frac{1}{2}\right]u(k)$

3-2 $h(k)=0.5[(0.6)^k+(0.4)^k]u(k)$

3-3 $y_{zs}(k)=2\cos\left(\frac{k\pi}{4}\right)$

3-4 $y(k)=a^k u(k-1)-a^{k-2}u(k-3)$

3-5 $h(k)=[1+(6k+8)(-2)^k]u(k)$

3-6 $y_{zs}(k)=\{1,\ 1,\ 2,\ 1,\ 2,\ 1,\ 1\}$

$\uparrow k=1$

3-7 $h(k)=2\delta(k)-(0.5)^k u(k)$

3-8 $h(k)=u(k)-u(k-4)$

3-9 $h(k)=\{2,\ 1\}$

$\uparrow k=2$

3-10 (1) $y(k)-(1+\gamma)y(k-1)=f(k), h(k)=(1+\gamma)^k u(k)$

(2) $y(k)=\begin{cases}[10050(1.005)^k-10000]u(k), & k\leqslant 60 \\ 3556(1.005)^{k-60}, & k>60\end{cases}$

(3) 4年= 48个月,$y(48)=2768$元; 20年= 240个月,$y(240)=8727$元

3-11 $y_{zs}(k)=\left[1+\left(\frac{1}{2}\right)^{k+1}\right]u(k)$

3-12 $y(k)=2y(k-1)+1$, $y(k)=(2^k-1)u(k)$

3-13 $y(k)-\frac{2}{3}y(k-1)=0$, $y(k)=2\left(\frac{2}{3}\right)^k$

3-14 (1) $y_{zs}(k)=2^k[u(k)-u(k-4)]-2^{k-2}[u(k-2)-u(k-6)]$

(2) $y_{zs}(k)=\frac{1-0.5^{k+1}}{0.5}u(k)-\frac{1-0.5^{k-4}}{0.5}u(k-5)$

第 4 章

4-1 不完备

4-2 $F_n=\dfrac{1+e^{-jn\pi}}{2\pi(1-n^2)}$, $n=0,\pm1,\pm2,\cdots$

4-3 共有 28 根谱线(包括直流)

4-4 答案略

4-5 (1) $F(j\omega)=g_{4\pi}(\omega)e^{-j2\omega}$ (2) $F(j\omega)=2\pi e^{-a|w|}$

4-6 $F(j\omega)=j\,\dfrac{2[\omega\tau\cos(\omega\tau)-\sin(\omega\tau)]}{\omega^2\tau}$

4-7 (1) $j\,\dfrac{1}{2}\cdot\dfrac{dF\left(j\,\frac{\omega}{2}\right)}{d\omega}$ (2) $-\left[\omega\,\dfrac{dF(j\omega)}{d\omega}+F(j\omega)\right]$ (3) $\dfrac{1}{2}F\left(j\,\dfrac{\omega}{2}\right)e^{-j\frac{5}{2}\omega}$

(4) $\dfrac{1}{2}e^{-j\frac{3(\omega-1)}{2}}F\left(j\,\dfrac{1-\omega}{2}\right)$ (5) $|\omega|F(j\omega)$

4-8 (1) $\dfrac{-4j\omega}{(1+\omega^2)^2}$ (2) $-2j\pi\omega e^{-|\omega|}$

4-9 (1) $-\pi^2\delta(t)$ (2) $\cos(2\pi t)$ (3) $\dfrac{\sin(2\pi t)}{16\pi t}$

4-10 (a) $\dfrac{A\sin[\omega_0(t+t_0)]}{\pi(t+t_0)}$ (b) $-\dfrac{2A}{\pi t}\sin^2\left(\dfrac{\omega_0 t}{2}\right)$

4-11 $f(t)=u(t+3)-u(t+1)+u(t-1)-u(t-3)$

4-12 $F(j\omega)=\dfrac{j\omega e^2}{2+j\omega}$

4-13 $H(j\omega)=e^{-j2\omega}S(-jb\omega)$

4-14 $H(j\omega)=-j\mathrm{sgn}(\omega)$

4-15 $Y(j\omega)=\dfrac{1}{2}\left[\pi\delta(\omega+a)+\dfrac{e^{-ja(\omega+a)}}{j(\omega+a)}+\pi\delta(\omega-a)+\dfrac{e^{-ja(\omega-a)}}{j(\omega-a)}\right]$

4-16 $y(t)=\dfrac{3}{4}\mathrm{sgn}t-2e^{-t}u(t)+\dfrac{1}{2}e^{-2t}u(t)-\dfrac{3}{4}\mathrm{sgn}(t-1)+2e^{-(t-1)}u(t-1)-\dfrac{1}{2}e^{-2(t-1)}u(t-1)$

4-17 (1) $X(\omega)=-\dfrac{2\left(\sin\frac{\omega}{2}\right)^2}{\omega}$ (2) $f(t)u(t)=u(t)-u(t-1)$

4-18 (1) $h(t)=u(t)-u(t-1)$

(2) $y_{zs1}(t)=y_{zs}(t-1)$, $y_{zs2}(t)=y_{zs}(t)-y_{zs}(t-1)$,

$y_{zs3}(t)=y_{zs}(t+1)+2y_{zs}(t)+y_{zs}(t-1)$

4-19 10^{-4} s, 5×10^3 Hz

4-20 $\omega_1+\omega_2$

4-21 50π

4-22 $\dfrac{\pi}{2}$ s

4-23　5118750Hz(约5MHz)

4-24　$f_{\text{smin}}=\dfrac{2\omega_2}{\pi}$

4-25　(1) $T_{\text{smax}}=0.25\text{s}$　(2) $F_s(\text{j}\omega)=4\sum\limits_{k=-\infty}^{\infty}F(\omega-8\pi k)$　(3) $Y(\text{j}\omega)=H(\text{j}\omega)F_s(\text{j}\omega)$

4-26　答案略

4-27　答案略

4-28　$H(\text{j}\omega)=e^{-\text{j}\pi/2\sin\theta}\cos(\pi/2\sin\theta)$

4-29　$F_3(\text{j}\omega)=\begin{cases}\omega+5, & -5\leqslant\omega\leqslant-1\\ 4, & -1\leqslant\omega\leqslant1\\ -\omega+5, & 1\leqslant\omega\leqslant5\\ 0, & |\omega|>5\end{cases}$

$F_4(\text{j}\omega)=4\pi[\delta(\omega+3)+\delta(\omega-3)]+(\omega+5)u(\omega+2)-(\omega+1)u(\omega+1)$
$-(\omega-1)u(\omega-1)+(\omega-5)u(\omega-2)$

4-30　(1) $y_1(t)=1-\dfrac{1}{\pi}\sin(2\pi t)$　(2) $y_2(t)=\left[\dfrac{\sin(2\pi t)}{\pi t}\right]^2$

4-31　(1) $Y(\text{j}\omega)=10\sum\limits_{k=-\infty}^{\infty}X(\omega-20\pi k)$　(2) $Y(\text{j}\omega)=\dfrac{1}{2}[X(\omega+20)+X(\omega-20)]$

4-32　(1) $F_1(\text{j}\omega)=H_1(\text{j}\omega)[u(\omega+\omega_m)-u(\omega-\omega_m)]$

(2) $T_{\text{smax}}=\dfrac{\pi}{\omega_m}$　(4) $\omega_m\leqslant\omega_c\leqslant3\omega_m$

4-33　(1) $F(\text{j}\omega)=g_2(\omega)$　(3) $y(t)=\dfrac{1}{2}f(t)$

4-34　$y(t)=1+2\cos\left(t-\dfrac{\pi}{3}\right)$

4-35　$y(t)=\dfrac{2\sin t}{\pi t}\cos5t$

第5章

5-1　(1) $F_n=\begin{cases}-\text{j}6\text{e}^{-\text{j}\frac{\pi}{6}}, & n=1\\ \text{j}6\text{e}^{\text{j}\frac{\pi}{6}}, & n=11\\ 0, & n\text{ 为其他整数}\end{cases}$　(2) $F_n=\dfrac{15}{16-8\text{e}^{-\text{j}\frac{\pi}{2}n}}$

5-2　$F_n=10\text{e}^{-\text{j}\frac{4\pi n}{5}}\dfrac{\sin\left(\dfrac{\pi n}{2}\right)}{\sin\left(\dfrac{\pi n}{10}\right)},0\leqslant n\leqslant9$

5-3　$f(k)=\{8,12,12,8\}$
$\uparrow k=0$

5-4　答案略

5-5 (1) $f(k)=\{2,6,9,4,8,1\}$ ($\uparrow k=0$ at 2)　(2) $f(k)=\{6,7,9,8\}$ ($\uparrow k=0$ at 6)

(3) $f(k)=\{3,6,9,8,4\}$ ($\uparrow k=0$ at 3)　(4) $L=6$

5-6 (1) $F(e^{j\theta})=\dfrac{\sin(3\theta)}{\sin(0.5\theta)}e^{-j\frac{5}{2}\theta}$；　(2) $F(e^{j\theta})=2e^{-j2\theta}\cos\theta+4e^{-j\frac{5}{2}\theta}\cos(0.5\theta)$

(3) $F(e^{j\theta})=\dfrac{1}{1-0.5e^{-j\theta}}$

5-7 $F(n)=1+2e^{-j\frac{\pi}{2}n}-e^{-j\pi n}+3e^{-j\frac{3\pi}{2}n}$，

$F(0)=5$，　$F(1)=2+j$，　$F(2)=-5$，　$F(3)=2-j$

5-8 (1) $F(n)=1$　(2) $F(n)=e^{-j\frac{2\pi}{N}k_0 n}$

(3) $F(n)=\dfrac{1-a^N}{1-ae^{-j\frac{2\pi}{N}n}}$　(4) $F(n)=N\delta(n)$

5-9 答案略

5-10 (1) $\dfrac{1}{2}[F((n-l))_N+F((n+l))_N]G_N(n)$　(2) $\dfrac{1}{2j}[F((n-l))_N-F((n+l))_N]G_N(n)$

5-11 (1) $\dfrac{N}{2}\sin\left(\dfrac{2\pi k}{N}\right)G_N(k)$　(2) $\dfrac{N}{2}\cos\left(\dfrac{2\pi k}{N}\right)G_N(k)$

(3) $-\dfrac{N}{2}\sin\left(\dfrac{2\pi k}{N}\right)G_N(k)$

5-12 $F_n=N\delta(n)$

5-13 答案略

5-14 答案略

5-15 答案略

5-16 答案略

第6章

6-1 (1) $F(s)=\dfrac{1-e^{-2s}}{s}$　(2) $F(s)=\dfrac{1}{(s+2)^2}$

(3) $F(s)=\dfrac{2}{(s+1)^2+4}$　(4) $F(s)=2-\dfrac{3}{s+7}$

(5) $F(s)=\dfrac{1}{2}\left(\dfrac{1}{s}+\dfrac{s}{s^2+4\beta^2}\right)$　(6) $F(s)=\dfrac{2s^3-24s}{(s^2+4)^3}$

(7) $F(s)=\ln\dfrac{s+a}{s}$　(8) $F(s)=\dfrac{\pi}{2}-\arctan\dfrac{s}{\beta}$

(9) $F(s)=\dfrac{2(s+1)}{[(s+1)^2+1]^2}$　(10) $F(s)=e^{-s}\left(\dfrac{2}{s^3}+\dfrac{2}{s^2}+\dfrac{1}{s}\right)$

(11) $F(s)=2e^{-t_0 s}+3$　(12) $F(s)=\dfrac{1}{s+1}[1-e^{-2(s+1)}]$

6-2 (1) $aF(as+1)$　(2) $aF(as+a^2)$

6-3 答案略

6-4 (1) $f(t)=\frac{4}{3}(1-e^{-\frac{3}{2}t})u(t)$ (2) $f(t)=\frac{1}{5}(1-\cos\sqrt{5}t)u(t)$

(3) $f(t)=\sin tu(t)+\delta(t)$ (4) $f(t)=[(t^2-t+1)e^{-t}-e^{-2t}]u(t)$

(5) $f(t)=2[e^{-(t-1)}-e^{-2(t-1)}]u(t-1)$ (6) $f(t)=tu(t-2)$

(7) $f(t)=\frac{e^{-9t}-1}{t}u(t)$ (8) $f(t)=\frac{1-e^{-t}}{t}u(t)$

(9) $f(t)=\delta'(t)+\delta'(t-1)+\delta'(t-2)+\cdots$

(10) $f(t)=\delta(t)-\delta(t-2)+\delta(t-4)-\delta(t-6)+\cdots$

6-5 (1) $f(0_+)=1.5$， $f(\infty)=0$ (2) $f(0_+)=0$， $f(\infty)=0$

6-6 (1) $f(0_+)=2$， $f(\infty)=\frac{20}{3}$ (2) 2

6-7 (a) $H(s)=\frac{1}{6}$ (b) $H(s)=\frac{1}{s^4+3s^2+1}$

(c) $H(s)=\frac{(s^2+1)^2}{5s^4+5s^2+1}$ (d) $H(s)=\frac{(s+1)^2}{s^2+5s+2}$

6-8 (1) $y_{zi}(t)=e^{-t}u(t)$ (2) $y(t)=(2-t)e^{-t}u(t)$

6-9 (1) $y_a(t)=u(t)-u(t-T)$

(2) $y(t)=(e^{-2t}-e^{-3t})u(t)-[e^{-2(t-T)}-e^{-3(t-T)}]u(t-T)$

(3) $H(s)=\frac{1-e^{-sT}}{s^2+5s+6}$， $y''(t)+5y'(t)+6y(t)=f(t)-f(t-T)$

6-10 强迫响应$(3\sin 2t-2\cos 2t)u(t)$

6-11 (2) $H(s)=\frac{1}{(s+1)^2}$， $h(t)=te^{-t}u(t)$ (3) $i_L(0_-)=1$， $v_c(0_-)=0$

6-12 $h(t)=\delta(t)-e^{-t}u(t)$

6-13 (1) $H(s)=\frac{s+\frac{4}{3}}{s+1}$， $\mathrm{Re}[s]>-1$ (2) $h(t)=\delta(t)+\frac{1}{3}e^{-t}u(t)$

(3) $y'(t)+y(t)=f'(t)+\frac{4}{3}f(t)$

6-14 $y_{zs}(t)=-2tu(t)+2(t+2)u(t+2)-2(t-2)u(t-2)+2(t-4)u(t-4)$

6-15 $h(t)=\sum_{m=1}^{\infty}h_0(t-4m)$， 其中 $h_0(t)=[2e^{-t}\cos 3t-\frac{2}{3}e^{-t}\sin 3t]u(t)$

6-16 $F_1(s)=\frac{s}{s^2+4}$， $F_2(s)=\frac{2}{s^2+4}$， $\mathrm{Re}[s]>0$

6-17 $y(t)=\frac{\sqrt{2}}{2}\cos(t-45°)+\frac{1}{2}\cos(\sqrt{3}t-60°)$

6-18 (1) $a_0=4$、 $a_1=3$、 $b_0=-3$、 $b_1=-7$

(2) $y_{zi}(t)=(e^{-t}+3e^{-2t}-2e^{-3t})u(t)$， $h(t)=(-2e^{-t}-e^{-3t})u(t)$

6-19 (1) $y''(t)+5y'(t)+6y(t)=f''(t)+3f'(t)+2f(t)$ 或 $y'(t)+3y(t)=f'(t)+f(t)$

(2) $y_{zi}(t)=(4e^{-2t}-2e^{-3t})u(t)$ (3) $y(0_-)=2$、 $y'(0_-)=-2$

6-20 (1) $y(t)=(5e^{-t}-4e^{-2t})u(t)$,全部为自由响应,强迫响应分量为0

$y_{zi}(t)=(4e^{-t}-3e^{-2t})u(t)$, $y_{zs}(t)=(e^{-t}-e^{-2t})u(t)$

6-21 (1) $H(s)=\dfrac{1}{s^2+s+1}$, $h(t)=\dfrac{2\sqrt{3}}{3}e^{-\frac{1}{2}t}\sin\dfrac{\sqrt{3}}{2}tu(t)$

(2) $y_{zs}(t)=\dfrac{e^2}{3}\left[e^{-2t}+e^{-\frac{1}{2}t}\left(-\cos\dfrac{\sqrt{3}}{2}t+\sqrt{3}\sin\dfrac{\sqrt{3}}{2}t\right)\right]u(t)$

6-22 (1) $H(s)=\dfrac{5}{s^2+2s+5}$, $|H(j\omega)|=\dfrac{5}{\sqrt{\omega^4-6\omega^2+25}}$

(2) $H(s)=\dfrac{2s}{s^2+2s+5}$, $|H(j\omega)|=\dfrac{2w}{\sqrt{w^4-6w^2+25}}$

(3) $H(s)=\dfrac{s^2}{s^2+2s+5}$, $|H(j\omega)|=\dfrac{\omega^2}{\sqrt{\omega^4-6\omega^2+25}}$

6-23 答案略

6-24 $K<4$

6-25 答案略

6-26 答案略

6-27 $h(t)=\dfrac{1}{6}(3e^{-t}-e^{-\frac{1}{3}t})u(t)$, $g(t)=\dfrac{1}{2}(e^{-\frac{1}{3}t}-e^{-t})u(t)$

6-28 $v(t)=-0.1te^{-t}u(t)$

6-29 (1) $H(s)=\dfrac{-s}{s^2+3s+2}$

(2) 零点为0, 极点为-1和-2

(3) $|H(j\omega)|=\dfrac{\omega}{\sqrt{(2-\omega^2)^2+9\omega^2}}$, 带通滤波器

6-30 (1) $H(s)=\dfrac{K}{s^2+(3-K)s+1}$

(2) $K<3$

(3) $K=3$, $h(t)=3\sin tu(t)\text{V}$

6-31 $H(s)=\dfrac{s(s+2)}{s^3+6s^2+10s+6}$

6-32 (a) $H(s)=\dfrac{H_1H_2H_3H_4H_5+H_1H_6H_5(1-G_3)}{1-H_2G_2-H_2H_3G_1-G_3-H_4G_4-G_4G_1H_6+H_2G_2H_4G_4+H_2G_2G_3}$

(b) 令 $\Delta=1-H_2G_2-H_2H_3G_1-G_3-H_4G_4-G_4G_1H_6+H_2G_2H_4G_4+H_2G_2G_3$

$H_{11}(s)=\dfrac{Y_1(s)}{F_1(s)}=\dfrac{1}{\Delta}[H_1H_8(1-H_4G_4-G_3)]$

$H_{12}(s)=\dfrac{Y_1(s)}{F_2(s)}=\dfrac{1}{\Delta}[H_7G_4G_1H_8]$

$H_{21}(s)=\dfrac{Y_2(s)}{F_1(s)}=\dfrac{1}{\Delta}[H_1H_2H_3H_4H_5+H_1H_6H_5(1-G_3)]$

$$H_{22}(s)=\frac{Y_2(s)}{F_2(s)}=\frac{1}{\Delta}[H_5H_7(1-G_3-H_2G_2-H_2H_3G_1+G_2H_2G_3)]$$

6-33 (1) $H(s)=\dfrac{-3(s^2+s+1)}{s^2+2s+2}$

(2) $y''(t)+2y'(t)+2y(t)=-3[f''(t)+f'(t)+f(t)]$

(3) 系统稳定

6-34 (1) 不稳定 (2) 不稳定 (3) 不稳定

第7章

7-1 (1) $F(z)=\dfrac{-5z}{(z-2)(3z-1)},\dfrac{1}{3}<|z|<2$ (2) $F(z)=\dfrac{-3z}{(z-2)(2z-1)},\dfrac{1}{2}<|z|<2$

(3) $F(z)=\dfrac{32z^5}{2z-1},\dfrac{1}{2}<|z|<\infty$

7-2 (1) $F(z)=3z^{-2}+2z^{-5}$, $0<|z|\leqslant\infty$ (2) $F(z)=1+\dfrac{1}{z}$, $0<|z|\leqslant\infty$

(3) $F(z)=\dfrac{1}{2z(2z-1)}$, $0.5<|z|\leqslant\infty$ (4) $F(z)=\dfrac{2z}{2z-1}$, $0\leqslant|z|<0.5$

(5) $F(z)=\dfrac{1-(0.5z^{-1})^{10}}{1-0.5z^{-1}}$, $0<|z|\leqslant\infty$ (6) $F(z)=\dfrac{z}{2(z-1)^2}$, $1<|z|\leqslant\infty$

7-3 $F(z)=\dfrac{2z}{z^2-4}$

7-4 (1) $F(z)=\dfrac{z}{z+1},|z|>1$ (2) $F(z)=\dfrac{z^3}{z^3-\dfrac{1}{64}},|z|>\dfrac{1}{4}$

7-5 $F(z)=2$

7-6 $\dfrac{z}{z-1}F(2z),|z|>1$

7-7 $F(z)=\dfrac{z}{z-e^{-2T}}-\dfrac{z}{z-e^{-3T}}$

7-8 (1) $F(z)=\dfrac{z}{z-1}\left(\dfrac{z^4-1}{z^4}\right)^2$, $|z|>1$ (2) $F(z)=\dfrac{1}{(z-1)^2}$, $|z|>1$

(3) $F(z)=\dfrac{2z}{(z-1)^3}$, $|z|>1$ (4) $F(z)=\dfrac{z^2}{z^2+1}$, $|z|>1$

(5) $F(z)=\dfrac{\sqrt{2}z(2z-1)}{4z^2+1}$, $|z|>0.5$ (6) $F(z)=\dfrac{z(z^2-1)}{(z^2+1)^2}$, $|z|>1$

7-9 (1) $f(k)=[2(-2)^k-(-1)^k]u(k)$ (2) $f(k)=\left[-3\left(\dfrac{1}{2}\right)^k+2\left(\dfrac{1}{3}\right)^k\right]u(-k-1)$

(3) $f(k)=-4u(-k-1)-(k+3)\left(\dfrac{1}{2}\right)^k u(k)$ (4) $f(k)=\dfrac{1}{4}[(-1)^k+2k-1]u(k)$

7-10 $f(k)=-\dfrac{1}{3}(0.5)^k u(k)-\dfrac{4}{3}\cdot 2^k u(-k-1)$

7-11　$f(k)=8\delta(k+3)-2\delta(k)+\delta(k-1)-\delta(k-2)$

7-12　$f(0)=2$，　$f(\infty)=0$

7-13　答案略

7-14　(1) $H(z)=\dfrac{z-\dfrac{1}{a}}{z-a}$　　(2) $|H(e^{j\omega})|=\dfrac{1}{a}$　　(3) 系统为全通滤波器

7-15　(1) $H_2(z)=\dfrac{z-1}{z^2+z+0.5}$　(2) 系统是稳定的，因为 $H(z)$ 的三个极点都在单位圆内

7-16　(1) $H(z)=\dfrac{z}{z^2-z-1}$，　收敛域 $|z|>\dfrac{1+\sqrt{5}}{2}$

(2) $h(k)=\dfrac{1}{\sqrt{5}}\left[\left(\dfrac{1+\sqrt{5}}{2}\right)^k-\left(\dfrac{1-\sqrt{5}}{2}\right)^k\right]u(k)$

(3) $H(z)=\dfrac{\dfrac{1}{\sqrt{5}}}{1-\dfrac{1+\sqrt{5}}{2}z^{-1}}+\dfrac{-\dfrac{1}{\sqrt{5}}}{1-\dfrac{1-\sqrt{5}}{2}z^{-1}}$

(4) 因为系统的收敛域中不包括单位圆，所以不稳定

$$h(k)=-\frac{1}{\sqrt{5}}\left[\left(\frac{1+\sqrt{5}}{2}\right)^k u(-k-1)+\left(\frac{1-\sqrt{5}}{2}\right)^k u(k)\right]$$

7-17　(1) $h(k)=\dfrac{3}{2}\delta(k)-2(-1)^k u(k)+\dfrac{1}{2}(-2)^k u(k)$

(2) $y(k)+3y(k-1)+2y(k-2)=f(k-1)+3f(k-2)$

7-18　零点为 0 和 1，极点为 $\pm j0.8$

7-19　(1) $y(k)-0.3y(k-1)-0.1y(k-2)=f(k)-0.2f(k-1)$

(3) $f(k)=0.2^{(k-1)}u(k-1)$　　(4) $y(-1)=10$、　$y(-2)=-30$

7-20　(1) 零点为 -0.2 和 -1，　极点为 0.4 和 -0.5　　(2) 稳定

(3) $h(k)=-3\delta(k)+7(0.4)^k u(k)-(-0.5)^k u(k)$

7-21　$h(k)=\dfrac{4}{15}(0.5)^k u(k)+\dfrac{2}{3}\times 2^k u(-k-1)-\dfrac{2}{5}\times 3^k u(-k-1)$

7-22　(1) $H(z)=\dfrac{36z^2-10z}{12z^2-7z+1}$，　　$h(k)=\left[2\left(\dfrac{1}{3}\right)^k+\left(\dfrac{1}{4}\right)^k\right]u(k)$

(2) $y_{zi}(k)=\left[\dfrac{4}{3}\left(\dfrac{1}{3}\right)^k-\dfrac{3}{4}\left(\dfrac{1}{4}\right)^k\right]u(k)$，　$y_{zs}(k)=\left[2\left(\dfrac{1}{3}\right)^k+\left(\dfrac{1}{4}\right)^k\right]u(k)$

7-23　(1) $h(k)=\dfrac{16}{17}\delta(k)-\dfrac{1}{17}\delta(k-2)$　　(2) $y(k)=\dfrac{16}{17}f(k)-\dfrac{1}{17}f(k-2)$

(3) $y(k)=\dfrac{16}{17}u(k)-\dfrac{1}{17}u(k-2)$

7-24　$H(e^{j\omega})=e^{-j\frac{3\omega}{2}}\cos\omega\cdot\cos\left(\dfrac{\omega}{2}\right)$

7-25　$y(k)=f(k)+a_1y(k-1)+a_2y(k-2)+a_3y(k-3)+a_4y(k-4)$
$+a_5y(k-5)+a_6y(k-6)+a_7y(k-7)+a_8y(k-8)$

7-26 (1) $h(k)=\frac{1}{\pi k}\left[\sin\left(\frac{5\pi}{12}k\right)-\sin\left(\frac{\pi}{3}k\right)\right]$; (2) 0

7-27 (1) $H(z)=\frac{z^2+\frac{1}{3}z}{\left(z-\frac{1}{2}\right)\left(z-\frac{1}{4}\right)}$ (2) $y(k)-\frac{3}{4}y(k-1)+\frac{1}{8}y(k-2)=f(k)+\frac{1}{3}f(k-1)$

(3) $h(k)=\frac{1}{3}\left[10\left(\frac{1}{2}\right)^k-7\left(\frac{1}{4}\right)^k\right]u(k)$

7-28 (1) $H(z)=\frac{z}{z^2-z-6}$, 收敛域$|z|>3$

(2) $h(k)=\frac{1}{5}[3^k-(-2)^k]u(k)$ (3) $y(k)=-\frac{1}{2}(-3)^k$

7-29 (1) $y(k)+\frac{1}{8}y(k-3)=2f(k)-f(k-1)$

7-30 $y(k)+3y(k-1)+2y(k-2)=f(k-1)+5f(k-2)$

7-31 (1) $H(z)=\frac{az^2+z}{z^2+\frac{3}{4}z+\frac{1}{8}}$, $a=\frac{16}{3}$

$$y(k)+\frac{3}{4}y(k-1)+\frac{1}{8}y(k-2)=\frac{16}{3}f(k)+f(k-1)$$

(2) $y_{zs}(k)=\frac{16}{3}\left(-\frac{1}{4}\right)^k u(k)+\left(-\frac{1}{4}\right)^{k-1}u(k-1)$

7-32 (1) $a=-\frac{9}{8}$; (2) $y(k)=-\frac{1}{4}$

7-33 $H(e^{j\theta})=\frac{2e^{j\theta}}{4e^{j\theta}-1}$

7-34 (1) $H(z)=\frac{10z+2}{5z^2+5z+2}$

(2) $5y(k)+5y(k-1)+2y(k-2)=10f(k-1)+2f(k-2)$

(3) 系统稳定

第8章

8-1
$$\begin{cases}\dot{x}_1=-\frac{R}{2L}x_1-\frac{1}{2L}x_3+\frac{1}{2L}x_4+\frac{1}{2L}f\\ \dot{x}_2=\frac{1}{L}x_3+\frac{1}{L}x_4\\ \dot{x}_3=\frac{1}{2C}x_1-\frac{1}{C}x_2-\frac{1}{2RC}x_3-\frac{1}{2RC}x_4+\frac{1}{2RC}f\\ \dot{x}_4=-\frac{1}{2C}x_1-\frac{1}{C}x_2-\frac{1}{2RC}x_3-\frac{1}{2RC}x_4+\frac{1}{2RC}f\end{cases}$$

$$y=-\frac{R}{2}x_1-\frac{1}{2}x_3-\frac{1}{2}x_4+\frac{1}{2}f$$

其中状态变量为接地电感中的电流 x_1(方向自上而下)，水平位置电感中的电流 x_2(方向自左向右)，电容的电压 x_3 和 x_4(方向为左正右负)。

8-2 $$\begin{bmatrix}\dot{i}_L(t)\\ \dot{v}_c(t)\end{bmatrix}=\begin{bmatrix}-\dfrac{R_3}{L} & \dfrac{1}{L}\\ -\dfrac{1}{C} & \dfrac{-1}{\dfrac{R_1R_2}{R_1+R_2}C}\end{bmatrix}\begin{bmatrix}i_L(t)\\ v_c(t)\end{bmatrix}+\begin{bmatrix}0\\ \dfrac{1}{R_1C}\end{bmatrix}f(t)$$

$$y(t)=[R_3\quad 0]\begin{bmatrix}i_L(t)\\ v_c(t)\end{bmatrix}$$

8-3 $$x_1(k+1)=(1+\gamma)[(1-\beta)x_1(k)+\alpha x_2(k)]$$
$$x_2(k+1)=(1+\gamma)[\beta x_1(k)+(1-\alpha)x_2(k)]$$
$$y(k)=x_1(k)+x_2(k)$$

式中，$x_1(k)$为该城市人口数，$x_2(k)$为外地人口数，$y(k)$为全国总人口数，k 为年。

为了预测未来人口数，还需要知道某起始年份的人口数 $x_1(0)$和 $x_2(0)$作为初始条件。

8-4 (1) $$\begin{bmatrix}\dot{x}_1\\ \dot{x}_2\end{bmatrix}=\begin{bmatrix}0 & 1\\ -3 & -4\end{bmatrix}\begin{bmatrix}x_1\\ x_2\end{bmatrix}+\begin{bmatrix}0\\ 1\end{bmatrix}f$$

$$y(t)=[1\quad 1]\begin{bmatrix}x_1\\ x_2\end{bmatrix}$$

(2) $$\begin{bmatrix}\dot{x}_1\\ \dot{x}_2\\ \dot{x}_3\end{bmatrix}=\begin{bmatrix}0 & -0.5 & -1.5\\ 0 & 0 & 1\\ -1 & 1 & 2\end{bmatrix}\begin{bmatrix}x_1\\ x_2\\ x_3\end{bmatrix}+\begin{bmatrix}1 & 0\\ 0 & 0\\ -1 & 1\end{bmatrix}\begin{bmatrix}f_1\\ f_2\end{bmatrix}$$

$$\begin{bmatrix}y_1\\ y_2\end{bmatrix}=\begin{bmatrix}1 & 0 & 0\\ 0 & 1 & 0\end{bmatrix}\begin{bmatrix}x_1\\ x_2\\ x_3\end{bmatrix}$$

8-5 (1) $\boldsymbol{\phi}(t)=\begin{bmatrix}2e^{-t}-e^{-2t} & 2e^{-t}-2e^{-2t}\\ e^{-2t}-e^{-t} & 2e^{-2t}-e^{-t}\end{bmatrix}$ (2) $\mathbf{A}=\begin{bmatrix}0 & 2\\ -1 & -3\end{bmatrix}$

8-6 (1) $\begin{bmatrix}\dot{x}_1\\ \dot{x}_2\end{bmatrix}=\begin{bmatrix}-a & -2\\ b-a & -3\end{bmatrix}\begin{bmatrix}x_1\\ x_2\end{bmatrix}+\begin{bmatrix}2\\ 2\end{bmatrix}f$， $y(t)=[1\quad -1]\begin{bmatrix}x_1\\ x_2\end{bmatrix}+f$

(2) $a>-3$， $b>-\dfrac{a}{2}$

8-7 (1) $\begin{bmatrix}x_1(t)\\ x_2(t)\end{bmatrix}=\begin{bmatrix}12e^{-2t}-9e^{-3t}\\ 9e^{-3t}-6e^{-2t}\end{bmatrix}u(t)$

(2) $y(t)=\delta(t)+6e^{-2t}u(t)$

(3) 稳定

8-8 (1) $H(s)=\dfrac{s+1}{s^2+4s+3}$， $y''(t)+4y'(t)+3y(t)=f'(t)+f(t)$

(2) $x_1(0_-)=0$、$x_2(0_-)=1$

8-9　(1) $\begin{bmatrix}\dot{x}_1\\ \dot{x}_2\\ \dot{x}_3\end{bmatrix}=\begin{bmatrix}0 & 1 & 0\\ 0 & 0 & 1\\ -6 & -11 & -6\end{bmatrix}\begin{bmatrix}x_1\\ x_2\\ x_3\end{bmatrix}+\begin{bmatrix}0\\ 0\\ 1\end{bmatrix}f(t)$，　$y(t)=[8\quad 2\quad 0]\begin{bmatrix}x_1\\ x_2\\ x_3\end{bmatrix}$

(2) $y(t)=(\mathrm{e}^{-t}-2\mathrm{e}^{-2t}+\mathrm{e}^{-3t})u(t)$

(3) $H(s)=\dfrac{3s^{-1}}{1+s^{-1}}+\dfrac{-4s^{-1}}{1+2s^{-1}}+\dfrac{s^{-1}}{1+3s^{-1}}$

8-10　$\boldsymbol{h}(t)=\begin{bmatrix}(2-t)\mathrm{e}^{-t} & (1-t)\mathrm{e}^{-t}\\ (1-2t)\mathrm{e}^{-t} & -(1+2t)\mathrm{e}^{-t}\\ \delta(t)+\mathrm{e}^{-t} & \delta(t)+\mathrm{e}^{-t}\end{bmatrix}$

8-11　(1) $\begin{bmatrix}x_1(k+1)\\ x_2(k+1)\end{bmatrix}=\begin{bmatrix}0 & 1\\ b & a\end{bmatrix}\begin{bmatrix}x_1(k)\\ x_2(k)\end{bmatrix}+\begin{bmatrix}0 & 0\\ 1 & b\end{bmatrix}\begin{bmatrix}f_1(k)\\ f_2(k)\end{bmatrix}$

$$y(k)=[1\quad 0]\begin{bmatrix}x_1(k)\\ x_2(k)\end{bmatrix}+[0\quad 1]\begin{bmatrix}f_1(k)\\ f_2(k)\end{bmatrix}$$

(2) $y(k)-ay(k-1)-by(k-2)=f_1(k-2)+f_2(k)-af_2(k-1)$

8-12　(1) $\begin{cases}x_1(k)=0.5^{k-1}u(k-1)\\ x_2(k)=\dfrac{1}{6}[7\cdot 0.5^{1-k}-0.5^{k-1}]u(k-1)\end{cases}$

$y(k)=0.5^{k-2}u(k-1)$

(2) $y(k)-0.5y(k-1)=2f(k-1)$

8-13　(1) $\begin{bmatrix}x_1(k+1)\\ x_2(k+1)\end{bmatrix}=\begin{bmatrix}-\dfrac{1}{2} & 0\\ \dfrac{1}{2} & 2\end{bmatrix}\begin{bmatrix}x_1(k)\\ x_2(k)\end{bmatrix}+\begin{bmatrix}1\\ 1\end{bmatrix}f(k)$，　$y(k)=[1\quad 1]\begin{bmatrix}x_1(k)\\ x_2(k)\end{bmatrix}$

(2) $H(z)=\dfrac{2z-1}{z^2-1.5z-1}$

(3) $y(k)-1.5y(k-1)-y(k-2)=2f(k-1)-f(k-2)$

(4) $H_1(z)=\dfrac{z-0.5}{z+0.5}$

8-14　(1) $x(t)=\begin{bmatrix}12\mathrm{e}^{-2t}-9\mathrm{e}^{-3t}\\ -6\mathrm{e}^{-2t}+9\mathrm{e}^{-3t}\end{bmatrix},t\geqslant 0$；　$y(t)=\delta(t)+6\mathrm{e}^{-2t}u(t)$

(2) $\begin{bmatrix}\dot{\rho}_1(t)\\ \dot{\rho}_2(t)\end{bmatrix}=\begin{bmatrix}-2 & 0\\ 0 & -3\end{bmatrix}\begin{bmatrix}\rho_1\\ \rho_2\end{bmatrix}+\begin{bmatrix}1\\ 2\end{bmatrix}f$；　$\begin{bmatrix}\rho_1(0)\\ \rho_2(0)\end{bmatrix}=\begin{bmatrix}5\\ 7\end{bmatrix}$

(3) $\begin{bmatrix}\rho_1(t)\\ \rho_2(t)\end{bmatrix}=\begin{bmatrix}6\mathrm{e}^{-2t}\\ 9\mathrm{e}^{-3t}\end{bmatrix},t\geqslant 0$；　$y(t)=\delta(t)+6\mathrm{e}^{-2t}u(t)$

8-15　(1) $\dot{x}_1(t)=-x_1(t)+3x_2(t)+f_1(t)$

$\dot{x}_2(t)=-2x_1(t)+4x_2(t)+f_2(t)$

$y(t)=x_1(t)-x_2(t)+f_2(t)$

(3) $[H(s)]=\begin{bmatrix}\dfrac{1}{s-1} & \dfrac{s-2}{s-1}\end{bmatrix}$

(4) $y_{zs}(t)=2u(t)$

8-16 (1) $v=\begin{bmatrix}2 & 1\\-1 & -1\end{bmatrix}x$ $\left(或\ v=\begin{bmatrix}2 & 1\\1 & 1\end{bmatrix}x\right)$

(2) $y=\begin{bmatrix}0 & -1\\-4 & -6\end{bmatrix}v$ $\left(或\ y=\begin{bmatrix}0 & 1\\-4 & 2\end{bmatrix}v\right)$

8-17 (1) 系统可控,但不可观 (2) $H(s)=\dfrac{1}{(s+1)^2}$

8-18 (1) 可观测 (2) $x_1(0)=2$, $x_2(0)=3$

参考文献

[1] 郑君里,应启珩,杨为理. 信号与系统(第3版). 北京:高等教育出版社,2011

[2] 吴大正,杨林耀,张永瑞等. 信号与线性系统分析(第4版). 北京:高等教育出版社,2005

[3] 曾禹村,张宝俊,沈庭芝等. 信号与系统(第4版). 北京:北京理工大学出版社,2018

[4] 管致中,夏恭恪,孟桥. 信号与线性系统(第6版). 北京:高等教育出版社,2016

[5] 王宝祥. 信号与系统(第4版). 北京:高等教育出版社,2015

[6] 胡光锐,徐昌庆. 信号与系统. 上海:上海交通大学出版社,2013

[7] 陈后金. 信号与系统(第3版). 北京:高等教育出版社,2020

[8] 邹云屏,林桦,邹旭东. 信号与系统分析(第2版). 北京:科学出版社,2009

[9] 段哲民,尹熙鹏. 信号与系统(第4版). 北京:电子工业出版社,2020

[10] 陈生潭,郭宝龙,李学武等. 信号与系统(第4版). 西安:西安电子科技大学出版社,2014

[11] 徐天成,谷亚林,钱玲. 信号与系统(第4版). 北京:电子工业出版社,2012

[12] 邢丽冬,潘双来. 信号与线性系统(第3版). 北京:清华大学出版社,2020

[13] 沈元隆,周井泉. 信号与系统(第2版). 北京:人民邮电出版社,2009

[14] 于慧敏. 信号与系统(第2版). 北京:化学工业出版社,2008

[15] 王世一. 数字信号处理(修订版). 北京:北京理工大学出版社,2006

[16] 王松林,张永瑞,郭宝龙等. 信号与线性系统分析教学指导书(第4版). 北京:高等教育出版社,2006